전기공학개론

최충석 지음

도서출판 동화기술

머리말

전기는 인류가 발명한 여러 가지 기술 중에서 최고의 선물이며, 생활의 편리성과 안전성이 입증된 에너지이다. 전기 분야의 진보는 인간의 삶과 질을 향상시키고 산업 현장의 생산성 향상에 크게 기여하고 있다. 특히, 전기 에너지는 사용 환경과 형태에 따라 주택, 공장, 빌딩, 조명, 차량, 가전, 정보, 통신, 소방 등 다양하게 응용된다.

현대 사회에서 전기 분야의 응용은 그 대상과 폭의 한계가 없다는 것이 공통된 해석이며, 인류의 밝은 미래를 위해서 필연적으로 발전되고 응용되어야 한다. 전기에 대한 새로운 기술의 태동을 위한 응용 및 융합 시스템이 점점 증가함에 따라 학습의 범위 및 패턴 등도 변화가 필요하다. 즉, 우리들의 일상생활에서 활용하는 전기는 물론 산업 현장에서 다루는 설비나 기기 등의 인진을 획보히기 위해서는 전기공학의 기초 지식이 없이는 효율적으로 접근하고, 문제를 해결해 가는데 한계가 있다.

전기공학개론은 각 장마다 전문 용어에 대한 기초 지식을 설명할 때 고려되어야 하는 개념에 충실했으며, 독자의 이해를 증진시키기 위해 한자와 영문을 병기하여 그 뜻을 설명하는 데 도움을 주고자 하였다. 그리고 매 단원에서 제시하고 있는 주제에 대해 실제도, 개략도, 회로도, 응용 분야 및 관련 예제 등을 적절하게 제시하여 전기공학 분야를 입문하는 공학도, 학생들을 지도하는 교수님, 산업 현장에서 지식 기반이 부족한 엔지니어 등이 쉽게 활용할 수 있도록 단원을 구성하여 학습자가 내용을 이해하고 지식을 터득하는 데 도움이 되도록 집필하였다.

전기공학개론의 구성은 제15장으로 구성하였으며, 기호, 단위 표기 및 물리량 등을 부록으로 제시하였다. 서적의 도입부에 정전계의 기초를 제시하여 전기와 관련된 기본 정의 및 법칙 등을 설명하였다. 또한, 자기의 현상 및 법칙, 자기의 현상 및 법칙, 회로망의 정리, 교류 전력과 에너지, 공진 회로, 3상 회로, 대칭좌표법 및 응용, 비정현파 교류 회로, 직류기, 유도 전동기 등을 순차적으로 제시하여 학습자의 학습 효율성과 학문의 체계성을 이해하는데 도움이 되도록 구성하였다. 또한, 도서의 후반부에 전자 회로의 기초, 연산 증폭기, 증폭 회로, 조합 논리 회로, 메모리와 프로그램 가능한 논리 소자 등의 기본 개념을 제시하여 향후 학습할 소방전기설비, 소방전기실습, 전기안전공학, 전기화재공학 등의 학습을 진행하는 데 자연스럽게 연결될 수 있도록 지식의 연결 고리를 제공하였다.

지난 몇 년간 전기공학개론을 집필함에 있어서 최선을 다하였으나 부족함이 있다는 것을 잘 알고 있다. 하지만 다양한 분야와 융합된 전기공학의 개론 해석 및 활용 등에 조금이라도 기여하는 마음으로 현시점에서 탈고하기로 결정한 것이다.

그리고 독자들께서도 잘 아시는 바와 같이 서적의 출판은 저자의 원고를 출판사가 받아 도서 출판 전문가들에 의해서 제작되어 소비자들에게 보급되고 있다. 도서 출판 전문가들은 도서의 편집, 제작, 출판 및 보급 등에 대해서는 최고의 전문가들이다. 그러나 그들은 서적의 전반적인 부분에 대해서 전문가이지만 도서의 내용 및 활용 범위 등 세부적인 전문 지식에 대한 이론, 정보와 근거 등이 부족한 것이 현실이다.

그러므로 본 저서를 접하는 교수님, 엔지니어 및 관련 종사자 등의 조언과 충고는 본 저서의 문제점을 해결하거나 개선하는 데 직접적인 도움이 된다. 잘못된 정보와 지식을 방치하면 관련 종사자들이 그릇된 지식을 얻게 되고, 그 악순환의 고리는 관련 전문가 집단의 수준 저하 및 신뢰성 상실로 이어진다. 따라서 본 저서를 접하는 전문가들의 조언과 지적이 우리 모두를 위하고 관련 지식 산업의 성장에 기여한다는 사명감을 인식하시어 적극적인 충고와 조언을 부탁드립니다.

끝으로 이 책이 독자들에게 반려가 되어 향후 지속 성장 가능한 전문가가 되시는 데 동반자가 되기를 기대하는 바이며, 본 저서의 집필에 참고 자료가 되었던 여러 저서의 저자들과 출판을 위해 정성을 기울여 주신 도서출판 동화기술 관계자 여러분께 깊은 감사의 말씀을 올립니다.

(이메일) enetek@naver.com

(이동전화) 010.3695.7460

저자 최충석 씀

차 례

Chapter 1

정전계

1.1 정전계와 쿨롱의 법칙

자연계에 존재하는 물질을 마찰시키면 전기가 발생한다는 사실을 초기 인류는 인지한 것으로 판단된다. 물질을 마찰시켰을 때 발생되는 전기를 마찰전기(摩擦電氣, frictional electricity or triboelectricity)라 한다. 모피, 유리, 운모, 명주, 목재, 수지, 금속, 셀룰로이드 등 임의로 두 개의 물질을 마찰시키면 한쪽은 정(正), 다른 한쪽은 부(負)로 대전(帶電, electrification)하게 된다. 대전된 전기의 이동을 허용하지 않으면 부도체(不導體, non-conductor) 또는 절연체(絕緣體, insulator)이다. 반대로 전기가 자유로이 이동할 수 있는 물질을 도체(導體, conductor)라 하며 은(Ag; silver), 구리(Cu; copper), 금(Au; aurum), 알루미늄(Al; aluminium) 등이 있다.

프랑스 물리학자 쿨롱(Charles-Augustin de Coulomb, 1736～1806)은 하나의 대전체 가까이에 다른 대전체를 놓으면 두 개의 전하 사이에 힘이 작용한다는 사실을 실험으로 증명하였다. 이것은 대전체의 근처에 전기적 영향이 미치는 공간이 형성되며, 다른 도전체가 가까이 오면 그 물체에 힘이 미친다는 것이다. 이와 같이 전기적인 힘이 작용하는 공간을 전계(電界, electric field)라고 한다. 특히 전하가 정지하고 있을 때의 전계를 정전계(靜電界, electrostatic field)라고 한다.

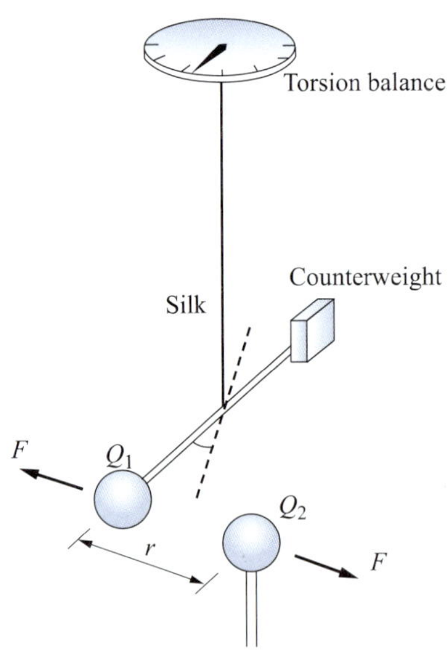

그림 1.1 비틀림 저울을 사용한 쿨롱의 실험

그림 1.1은 비틀림 저울(torsion balance)을 사용한 쿨롱의 실험을 나타낸 것이다. 원자에서 핵과 전자 사이의 힘은 만유인력보다 전기력이 훨씬 크므로 만유인력은 무시하고 쿨롱의 법칙을 사용하여 계산하였다. 전하(電荷, electric charge)를 갖는 물체 상호간의 거리를 정확하게 설정하기 위한 극히 미소한 대전체를 가정하고 이것을 점전하(點電荷, point charge)라고 말한다. 실제에 있어 대전체의 크기에 비하여 거리가 매우 클 때의 대전체를 점(點, point)이라고 판단해도 결과는 큰 오차가 없다. 거리 r [m]만큼 떨어져 있는 두 개의 정지된 점전하 Q_1, Q_2 사이에 작용하는 힘을 F [N]라 하면 다음과 같은 식으로 표현이 가능하다.

$$F = k\frac{Q_1 Q_2}{r^2}\ [\mathrm{N}] \tag{1.1}$$

즉, 두 점전하 사이에 작용하는 힘은 Q_1과 Q_2 사이의 곱에 비례하고 거리의 제곱에 반비례하며, 방향은 Q_1과 Q_2 사이를 연결하는 직선상에 있다. Q_1과 Q_2가 같은 극성이면 반발력(半撥力, repulsive force)이 작용하며, 다른 극성이면 흡인력(吸引力, attractive force)이 작용한다. 그리고 관계식에 적용된 k는 비례 상수를 의미하며, 식 (1.1)을 쿨롱의 법칙(Coulomb's law)이라고 한다. 이 법칙은 상당히 가까운 거리까지 적용할 수 있으며, 원자 내의 전자 사이 및 원자핵과 전자 사이의 계산에도 이용할 수 있지만 핵 내부에서는 적용할 수 없다. 일반적으로 두 개의 전하 사이의 거리가 10^{-12} [m] 이하에는 적용할 수 없다. 이 단위계에서는 길이의 단위를 [m], 질량을 [kg], 시간을 [s]라 한다. 그리고 힘의 단위는 뉴턴(newton)이며, [kg · m/s^2]로 표현된다.

식 (1.1)에서 k를 지배하는 것은 물질의 유전율(誘電率, permittivity)이며, 유전율은 진공의 유전율(space permittivity or dielectric constant in vacuum)과 비유전율(比誘電率, relative permittivity)의 곱으로 나타낸다. 즉, $\epsilon = \epsilon_0 \epsilon_r$이며, 진공 중에서 비유전율 $\epsilon_r = 1$이다.

$$\epsilon_0 = 8.855 \times 10^{-12}\ [\mathrm{F/m}] \tag{1.2}$$

$$\frac{1}{4\pi\epsilon_0} \fallingdotseq 9 \times 10^9 \tag{1.3}$$

그러므로 식 (1.1)은 다음과 같이 표현이 가능하다.

$$F = k\frac{Q_1 Q_2}{r^2} = \frac{1}{4\pi\epsilon_0}\frac{Q_1 Q_2}{\epsilon_r r^2} = 9 \times 10^9 \frac{Q_1 Q_2}{\epsilon_r r^2}\ [\mathrm{N}] \tag{1.4}$$

예제 1.1 어떤 공기 중에서 ±1 [C]의 두 점전하가 1 [m] 거리에 놓여 있을 때 작용하는 힘은 얼마인가?

풀이 쿨롱의 법칙을 이용하여 해결할 수 있다.

$$F = \frac{1}{4\pi\epsilon_0}\frac{Q_1 Q_2}{r^2} = 9\times 10^9 \frac{Q_1 Q_2}{r^2} = 9\times 10^9 \frac{1\times 1}{1} = 9\times 10^9 \text{ [N]}$$

예제 1.2 한 변의 길이가 10 [cm]인 정삼각형(A, B, C)의 두 정점(A, B)에 각각 $+10^{-5}$ [C], -10^{-5} [C]의 전하가 위치하였을 때 다른 정점 C에 $+10^{-8}$ [C]의 전하를 놓았을 때 이 전하에 작용하는 힘은 어떤 관계인가?

풀이 A 정점의 전하와 C 정점의 전하 사이에 작용하는 힘을 F_{AC}이라 하면 다음과 같다.

$$F_{AC} = \frac{1}{4\pi\epsilon_0}\frac{Q_A Q_C}{r^2} = 9\times 10^9 \frac{(10^{-5})(10^{-8})}{(0.1)^2} = 9\times 10^{-2} \text{ [N]}$$

B 정점의 전하와 C 정점의 전하 사이에 작용하는 힘을 F_{BC}이라 하면 다음과 같다.

$$F_{BC} = \frac{1}{4\pi\epsilon_0}\frac{Q_B Q_C}{r^2} = 9\times 10^9 \frac{(-10^{-5})(10^{-8})}{(0.1)^2} = -9\times 10^{-2} \text{ [N]}$$

즉, F_{AC}와 F_{BC}의 크기는 같고 방향이 반대인 것을 알 수 있다.

1.2 전계와 전기력선

전기적인 성질을 갖고 있는 전하 사이에는 쿨롱의 법칙에 따른 힘이 작용하는 것을 알 수 있다. 따라서 그 주위의 전계의 모양을 조사하려면 점전하(點電荷, point charge)로 된 검전하(檢電荷, test charge)를 이용하면 된다. 검전하에 작용하는 힘을 단위 점전하에 작용하는 힘으로 환산하면 그 점에 작용하는 전계의 세기(intensity of electric field)를 의미한다. 그리고 이러한 전기력이 작용하는 공간을 그 대전체에 의한 전계(電界, electric field)라 한다. 따라서 δQ를 검전하라 하고, δF를 δQ에 작용하는 힘이라 하면 전계의 세기 E는 다음과 같이 정의된다.

$$E = \lim_{\delta Q \to \infty} \frac{\delta F}{\delta Q} \ [\mathrm{N/C}] \tag{1.5}$$

M.K.S 단위계에서는 $\delta Q = 1$ [C]에 작용하는 힘이 1 [N]이 되는 전계의 세기 E를 단위로 하며, 다음과 같은 관계가 있다.

$$E = [\mathrm{N/C}] = \frac{[\mathrm{N \cdot m}]}{[\mathrm{C \cdot m}]} = \left[\frac{\mathrm{J}}{\mathrm{C}} \frac{1}{\mathrm{m}}\right] = [\mathrm{V/m}] \tag{1.6}$$

그리고 전계의 세기 E [V/m]인 점의 전하 Q [C]가 받는 힘은 다음과 같다.

$$F = QE \ [\mathrm{N}] \tag{1.7}$$

$$E = \frac{F}{Q} \ [\mathrm{N/C = V/m}] \tag{1.8}$$

즉, 힘의 방향은 전계의 방향과 일치하는 것을 알 수 있다. 전계의 원천인 전하 분포에 따른 진공 중에서 전계의 계산 예를 나타내면 다음과 같다.

$$E = \frac{F}{Q} = \frac{1}{4\pi\epsilon_0\epsilon_r} \frac{Q}{r^2} \fallingdotseq \frac{1}{4\pi\epsilon_0} \frac{Q}{r^2} \ [\mathrm{V/m}] \tag{1.9}$$

맥스웰(James Clerk Maxwell, 1777～1851)은 이 검전하에 작용하는 힘의 원인은 검전하가 존재하는 장소에 있어서의 전계에 있다고 하였다. 점전하로 전계 내의 각 점을 조사하면 각 점의 전계의 세기와 방향을 알 수 있지만 이것을 그림으로 나타내면 전계의 모양은 더욱 명료하게 된다. 이것은 그림 1.2와 같이 나타내는 것을 전기력선(電氣力線, electric line of force)이며, 다음과 같은 성질을 갖고 있다.

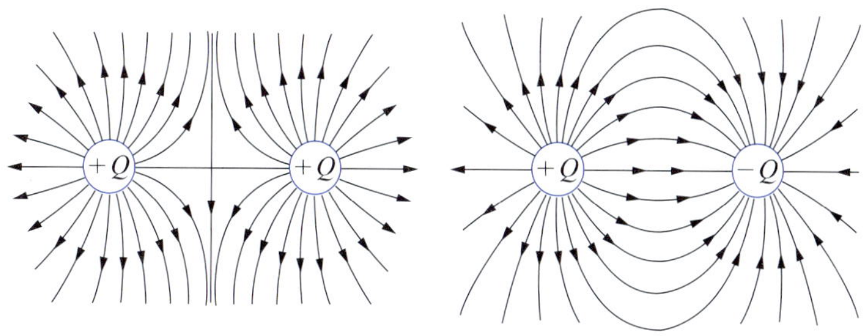

(a) 같은 극성의 전기력선 (b) 다른 극성의 전기력선

그림 1.2 전기력선의 분포 및 방향

전기력선의 성질

① 전기력선은 전계가 그린 공간 곡선이며, 선상의 임의의 점에서 접선이 전계의 세기의 방향을 나타낸다.
② 전기력선의 방향은 전위가 높은 곳에서 낮은 곳으로 향한다.
③ 전기력선은 정(+) 방향에서 부(−) 방향으로 흐르거나 무한원까지 퍼진다.
④ 두 개의 전기력선은 교차하지 않는다.
⑤ 정전계에서 전기력선은 폐곡선이 되지 않는다.
⑥ 전기력선은 등전위면과 직교한다.

예제 1.3 대기 중에서 어떤 공간의 A점에 Q[C]의 전하, B점에 $4Q$[C]의 전하가 직선거리 1 [m] 간격을 두고 놓여 있을 때 전계의 세기가 0인 점은 A점으로부터 몇 [m]인가?

풀이 부호가 같은 경우 전계의 세기가 0인 점은 두 전하 사이에 존재하며 그림 1.3과 같이 그 점까지의 거리를 x [m]라 할 때 전계는 반대 방향으로 작용한다.

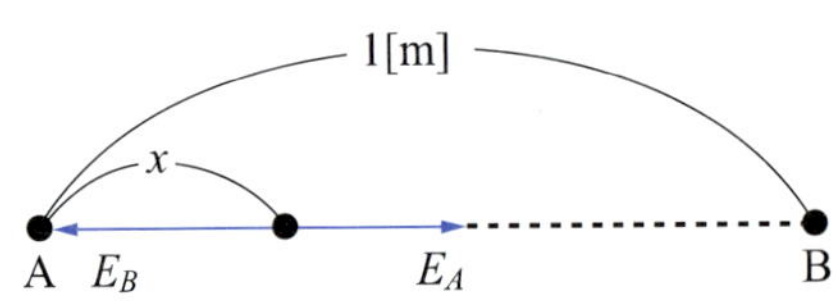

그림 1.3 전계의 세기

$$E = \frac{1}{4\pi\epsilon_0}\left[\frac{Q}{x^2} - \frac{4Q}{(1-x)^2}\right] = 0$$

그러므로 $\frac{Q}{x^2} = \frac{4Q}{(1-x)^2}$이다.

그리고 이것을 정리하면 $4x^2 = (1-x)^2$이다.

$$\therefore\ x = \frac{1}{3}\ [\mathrm{m}]$$

1.3 전위

여러 개의 점전하에 대한 전계는 각각의 전하에 대한 벡터 합(vector sum)을 구하면 된다. 다른 하나의 방법은 전위(電位, electric potential)라는 스칼라량(scalar quantity)을 사용하면 쉽게 얻을 수 있다. 전계 중의 두 점 P_1에서 P_2로 전하 Q를 이동하는 데 필요한 일을 계산한다. P_1과 P_2 사이의 거리를 δl이라고 하면 이때 수행한 일 δW는 그림 1.4에서 다음과 같이 나타낼 수 있다.

$$\delta W = -QE\,\delta l \cos\theta \ [\mathrm{J}] \tag{1.10}$$

따라서 전계 중의 임의의 점 A에서 B까지 전하 Q를 이동시키는데 필요한 일은 다음과 같이 표현된다.

$$W_{AB} = -\int_A^B QE \cdot \delta l \ [\mathrm{J}] \tag{1.11}$$

즉, 이 만큼의 에너지를 Q가 있는 전계에 가하지 않으면 전하를 A에서 B로 이동시킬 수 없다. 특히 단위 전하를 A에서 B까지 이동시키는 데 필요로 하는 일의 양을 AB 사이의 전위차(電位差, electric potential difference)라고 한다. 이것을 V_{AB}로 나타내면 다음과 같이 표현된다.

$$V_{AB} = -\int_A^B E \cdot dl \ [\mathrm{V}] \tag{1.12}$$

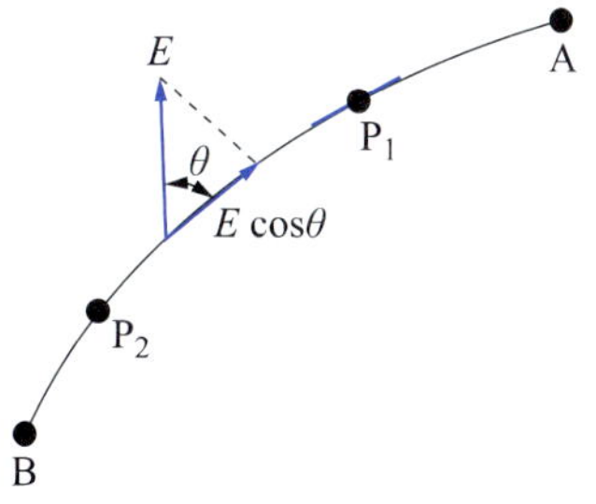

그림 1.4 두 점 사이의 일

식 (1.12)의 적분은 일반적으로 도중의 경로에 의해서 변한다. 그러나 자연계의 모든 물질은 에너지 보존의 법칙에 의해 지배를 받는다. 따라서 전계가 도중의 경로에는 관계하지 않음을 알 수 있고, 두 점 사이의 전위차는 두 점에 의해서만 정해지고 폐곡선을 따라서 일주하면 반드시 다음과 같은 식이 성립한다.

$$\oint E \cdot dl = 0 \tag{1.13}$$

그러면 한 개의 점전하에 대한 전계 내의 두 점 사이의 전위차를 구해보자. 그림 1.5에서 점 P에 전하 Q가 있고 P점에서 점 A, B까지의 거리를 각각 r_1, r_2라 하면 적분 경로를 AB의 직선이라 하고, P점에서 이 위의 임의의 한 점 T까지의 거리를 r이라고 하자. 그러므로 식 (1.9)를 식 (1.12)에 대입하면 다음과 같은 결과를 얻을 수 있다.

$$V_{AB} = -\int_A^B E \cdot dl = -\frac{Q}{4\pi\epsilon_0}\int_{r_1}^{r_2}\frac{1}{r^2}dr = \frac{Q}{4\pi\epsilon_0}\left(\frac{1}{r_2} - \frac{1}{r_1}\right) [\mathrm{V}] \tag{1.14}$$

그러므로 한 쪽의 점을 고정시켜 놓으면 다른 모든 점과의 전위차를 비교할 수 있게 된다. 기준 점 A를 무한원점으로 하였을 때 이 점과 B점 사이의 전위차를 B점의 전위(電位, electric potential)라 한다.

$$V_B = -\int_\infty^B E \cdot dl \ [\mathrm{V}] \tag{1.15}$$

$$V_B = \frac{Q}{4\pi\epsilon_0}\frac{1}{r_2} \ [\mathrm{V}] \tag{1.16}$$

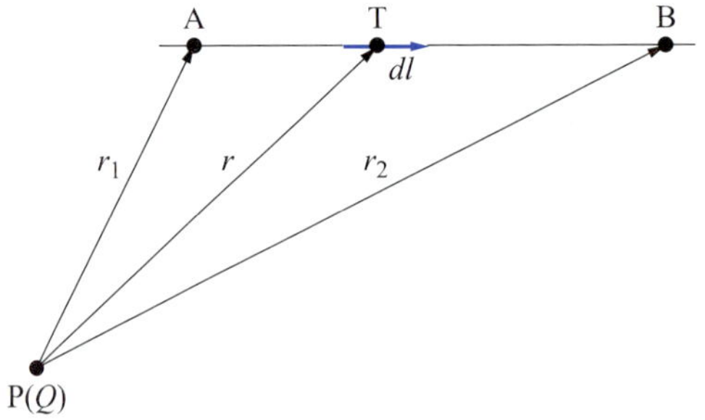

그림 1.5 두 점 사이의 전위차

전위 혹은 전위차의 M.K.S 단위는 볼트(volt)라고 한다. 1 [C]의 전하를 운반하는 데 필요한 일이 1 [J]일 때의 전위 또는 전위차가 1 [V]이다. 실제 산업 현장에서 정전 현상이 거의 미치지 않는 장소를 기준으로 한다는 의미에서 대지(大地, earth)를 영전위(零電位, zero potential)라 하고, 이것을 기준 전위(基準 電位, reference potential)라 한다.

예제 1.4 어떤 원점에 전하 $Q = 0.4\,[\mu C]$인 점전하가 있을 때 두 점 A(4, 0, 0) [m]와 B(0, 3, 0) [m] 사이의 전위차 V_{BA} [V]는 얼마인가?

풀이 전하가 있는 원점에서 A점까지의 거리 $r_1 = 4$ [m]이고, B점까지의 거리 $r_2 = 3$ [m]이므로 두 점 사이의 전위차는 다음과 같다.

$$V_{BA} = V_B - V_A = \frac{Q}{4\pi\epsilon_0}\left(\frac{1}{r_2} - \frac{1}{r_1}\right)$$
$$= (9\times 10^9)\times(0.4\times 10^{-6})\times\left(\frac{1}{3} - \frac{1}{4}\right) = 300\ [\mathrm{V}]$$

즉, A점에 비하여 B점의 전위가 300 [V] 높다는 것을 의미한다.

1.4 등전위면과 전위 경도

등전위면(等電位面, equipotential surface)은 전계 E [V/m]가 존재하는 면이며, 그 위의 각 점의 전위가 서로 같은 면이다. 예를 들어 한 개의 점전하에 의한 전계는 식 (1.16)에서 전하로부터의 거리가 일정하면 전위도 일정하므로 등전위면의 전하를 중심으로 하는 동심구면이며, 그림 1.6과 같은 점선으로 표시되는 것이 등전위면이다.

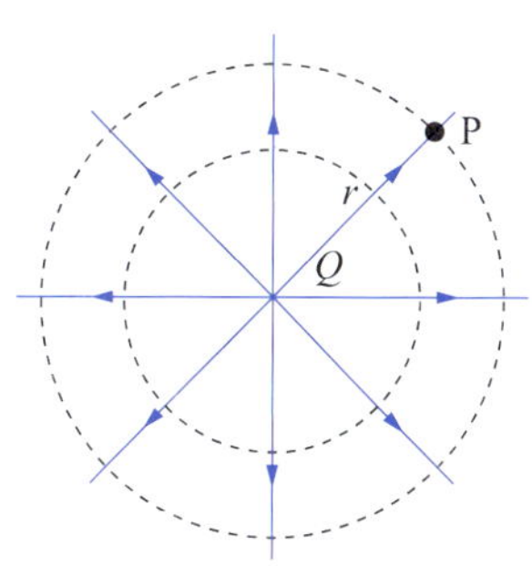

그림 1.6 점전하와 등전위면

등전위면의 성질

① 등전위면은 폐곡면이다.
② 서로 다른 전위를 나타내는 등전위면은 교차하지 않는다. 왜냐하면 전계 내의 각 점의 전위는 그 위치에 따라 결정되는 유일한 값만 가지므로 그 점은 반드시 하나의 등전위면에만 속하기 때문이다.
③ 등전위면의 내부에 전위가 높은 등전위면이 있으면 내부에 정(+) 전하가 존재하고, 반대로 전위가 낮은 등전위면이 있으면 부(−) 전하가 존재한다.
④ 전기력선과 등전위면은 직교한다.

만일 전기력선과 직교하지 않으면 그림 1.7과 같이 전계 E [V/m]의 등전위면 AB 위의 성분은 '0'이 아니다. 그러므로 같은 면 위의 두 점 AB 사이에서는 $-\int_A^B E\cdot dl$이 반드시 '0'이 아니다. 즉, 등전위면 위의 임의의 두 점 사이에는 전위차가 있는 경우도 있다. 그런데 등전위면 상에서는 전위가 같으므로 임의의 두 점 사이의 전위차는 반드시 '0'이 되기 때문이다. $E=0$일 때는 반드시 직교한다고 할 수 없다. 다시 말하면 여러 개의 전하에 의한 쿨롱의 합력이 '0'이 되어 평형이 되는 점을 평형점(平衡點, point of equilibrium)이라 한다.

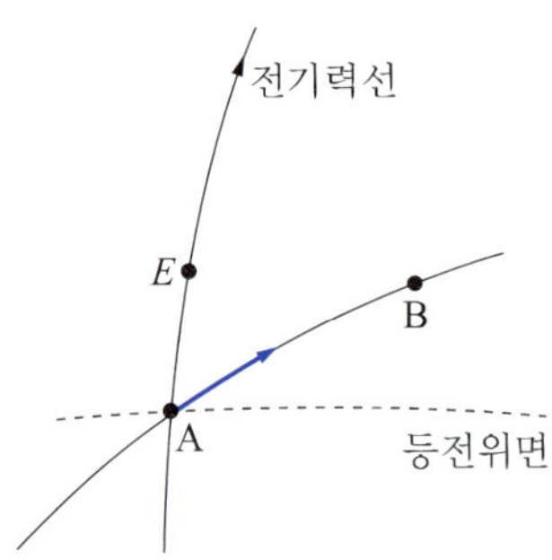

그림 1.7 전기력선과 등전위면

그림 1.8과 같이 전위 V의 등전위면 S_1과 이것보다 약간 전위가 다른 $V+\delta V$의 등전위면 S_2를 그린다. 임의의 수직방향 직선과 S_1, S_2와의 교점 P_1, P_2 사이의 전위차는 δV이다. P_1, P_2 사이의 거리를 δn이라 하고, E의 n방향의 성분을 E_n이라고 하면 다음과 같은 수식이 가능하다.

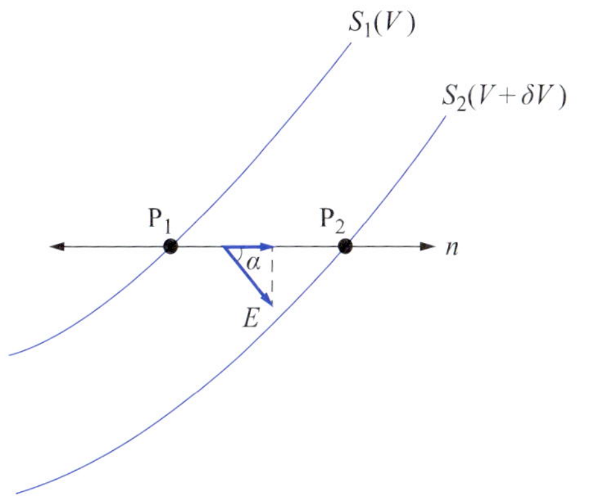

그림 1.8 등전위면 S_1, S_2

$$\delta V = -E_n \delta n = -E \delta n \cos\alpha \text{ [V]} \tag{1.17}$$

여기서, α는 전계 E와 n 사이의 각이다.

따라서 식 (1.17)은 다음과 같이 나타낸다.

$$E_n = -\frac{\partial V}{\partial n} \text{ [V/m]} \tag{1.18}$$

식 (1.18)에서 임의의 방향에 대한 전계는 그 방향에 대한 전위의 부(−)의 경도(傾度, gradient)라고 할 수 있다. 마찬가지 방법으로 전계의 직각 좌표축 방향의 성분은 다음과 같이 나타낼 수 있다.

$$E_x = -\frac{\partial V}{\partial x} \text{ [V/m]} \tag{1.19}$$

$$E_y = -\frac{\partial V}{\partial y} \text{ [V/m]} \tag{1.20}$$

$$E_z = -\frac{\partial V}{\partial z} \text{ [V/m]} \tag{1.21}$$

따라서 전계의 세기 E는 벡터의 합으로 나타낼 수 있다.

$$E = \mathrm{i}E_x + \mathrm{j}E_y + \mathrm{k}E_z = -\mathrm{i}\frac{\partial V}{\partial x} - \mathrm{j}\frac{\partial V}{\partial y} - \mathrm{k}\frac{\partial V}{\partial z} \text{ [V/m]} \tag{1.22}$$

$\dfrac{\partial V}{\partial x}$, $\dfrac{\partial V}{\partial y}$, $\dfrac{\partial V}{\partial z}$를 좌표축 방향의 성분으로 하는 벡터 $\left(\mathrm{i}\dfrac{\partial V}{\partial x} + \mathrm{j}\dfrac{\partial V}{\partial y} + \mathrm{k}\dfrac{\partial V}{\partial z}\right)$를 전위 경도(電位 傾度, potential gradient)라고 한다. 이것을 grad V로 나타내면 다음과 같다.

$$\mathrm{grad}\ V = \left(\mathrm{i}\frac{\partial V}{\partial x} + \mathrm{j}\frac{\partial V}{\partial y} + \mathrm{k}\frac{\partial V}{\partial z}\right) \tag{1.23}$$

$$E = -\mathrm{grad}\ V\ [\mathrm{V/m}] \tag{1.24}$$

또한, 벡터 연산자 ∇(nabla)를 정의하면 다음과 같다.

$$\nabla = \mathrm{i}\frac{\partial}{\partial x} + \mathrm{j}\frac{\partial}{\partial y} + \mathrm{k}\frac{\partial}{\partial z} \tag{1.25}$$

$$\nabla V = \mathrm{grad}\ V \tag{1.26}$$

벡터 미적분학에서 기울기 또는 경도는 스칼라장에서 최대의 증가율을 나타내는 벡터장을 뜻한다. 기울기를 나타내는 벡터장을 화살표로 표시할 때 화살표의 방향은 증가율이 최대가 되는 방향이며, 화살표의 크기는 증가율이 최대일 때 증가율의 크기를 나타낸다.

예제 1.5 전위 함수 $V=3xy+z+2$ [V]일 때 점 (4, −4, 4)에 있어서 전계의 세기는?

풀이 $E=-\mathrm{grad}\,V=-\nabla V$ [V/m]이므로 다음과 같이 계산된다.

$$\begin{aligned} E &= -\nabla V \\ &= -\left[\frac{\partial}{\partial x}(3xy+z+2)\mathrm{i} + \frac{\partial}{\partial y}(3xy+z+2)\mathrm{j} + \frac{\partial}{\partial z}(3xy+z+2)\mathrm{k}\right] \\ &= -(3y\mathrm{i}+3x\mathrm{j}+\mathrm{k})\ [\mathrm{V/m}] \end{aligned}$$

1.5 가우스의 법칙

19세기 독일의 위대한 수리물리학자 가우스(Carl Friedrich Gauss)는 1840년 퍼텐셜에 관한 가우스의 정리(Gauss's theorem)를 발견하였다. 전기력선의 밀도는 전계의 세기와 일치하므로 임의의 한 개의 면 S에 대해서 E_n은 E의 dS에 수직한 방향의 성분에 대한 $\int_S E_n dS$를 구하면 이것이 그 면을 통과하는 전기력선의 수라는 것을 입증하였다.

$$\oint_S E_n dS = \oint_S E \cdot dS \tag{1.27}$$

그림 1.9(a)와 같이 점전하 Q를 포위하는 폐곡면 S를 가정한다. S에서 발산되는 전기력선의 총수는 다음과 같다.

$$\Phi = \oint_S E \cdot dS = \frac{Q}{4\pi\epsilon_0}\oint_S \frac{1}{r^2} \cdot dS \ [\mathrm{Wb}] \tag{1.28}$$

그림 1.9(b)와 같이 δS는 P를 중심, 반지름 r인 구면의 일부라고 하면 δS는 r에 수직이다. 이 때 $\delta\omega$는 입체각(立體角, solid angle)이며, 단위는 라디안(radian)이다. 따라서 식 (1.28)은 Q를 포위하는 폐곡면을 의미하며 다음과 같다.

$$\Phi = \frac{Q}{4\pi\epsilon_0}\oint_S d\omega \ [\mathrm{Wb}] \tag{1.29}$$

일반적으로 폐곡면 내의 한 점이 폐곡면을 보는 입체각은 그 점을 중심으로 하는 구면을 보는 입체각과 같으며, 구의 반지름을 R이라 하면 구의 표면적은 $4\pi R^2$이 되므로

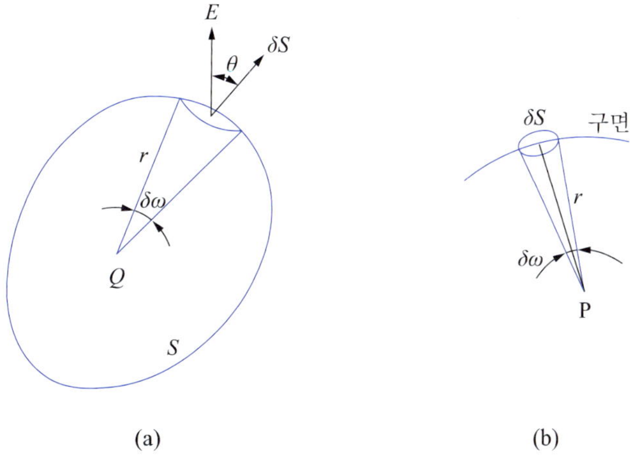

그림 1.9 면 S에서 나오는 전기력선 및 입체각

그 입체각은 $(4\pi R^2)/R^2 = 4\pi$이다. 따라서 식 (1.28)에서 그 입체각은 4π가 되어 다음과 같다.

$$\Phi = \frac{Q}{4\pi\epsilon_0} 4\pi = \frac{Q}{\epsilon_0} \text{ [Wb]} \tag{1.30}$$

폐곡면 내부에 Q_1, Q_2, Q_3, $\cdots$, Q_n의 전하가 있을 때에는 각각의 전하에 대한 전계를 E_1, E_2, E_3, $\cdots$, E_n이라 하면 다음과 같이 표현된다.

$$\oint_S E \cdot dS = \oint_S E_1 \cdot dS + \oint_S E_2 \cdot dS + \oint_S E_3 \cdot dS + \cdots + \oint_S E_n \cdot dS \tag{1.31}$$

이 식의 우변 각 항에 대해서 식 (1.30)을 구한 것과 같이 적용하면 다음과 같다.

$$\Phi = \oint E \cdot dS = \frac{1}{\epsilon_0} \sum Q_i \text{ [Wb]} \tag{1.32}$$

만일 전하 Q가 그림 1.10과 같이 폐곡면의 외측에 있을 때 Q를 정점으로 하는 원추형을 가정하고, 이것이 폐곡면을 절단하는 면적을 δS_1, δS_2라고 하면 δS_1, δS_2의 면적 벡터의 방향은 Q에 대해서 같은 방향이 되어야 한다. 따라서 식 (1.28)을 이용하여 식 (1.29)를 구한 것과 마찬가지로 δS_1을 통과하여 폐곡면에서 나오는 전기력선의 수 $\delta \Phi_1$은 다음과 같이 표현된다.

$$\delta \Phi_1 = -\frac{Q}{4\pi\epsilon_0} \frac{1}{r^2} \delta S_1 = -\frac{Q}{4\pi\epsilon_0} \delta\omega \text{ [Wb]} \tag{1.33}$$

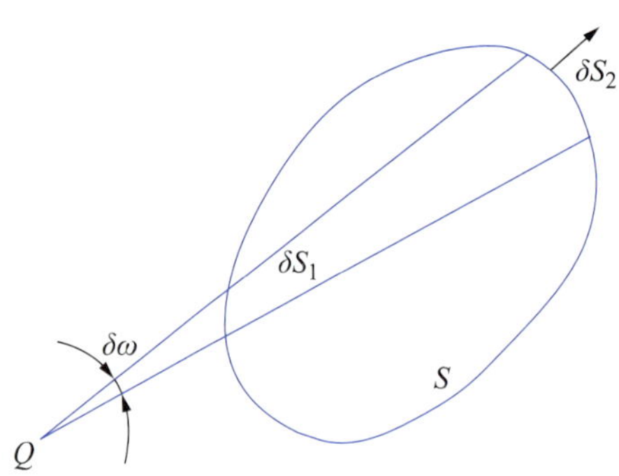

그림 1.10 폐곡면을 절단하는 면적 δS_1과 δS_2

동일한 방법으로 $\delta\Phi_2$를 구하면 다음과 같이 표현된다.

$$\delta\Phi_2 = \frac{Q}{4\pi\epsilon_0}\frac{1}{r^2}\delta S_2 = \frac{Q}{4\pi\epsilon_0}\delta\omega \text{ [Wb]} \tag{1.34}$$

따라서 δS_1, δS_2를 통과하여 폐곡면에서 나오는 전기력선의 수 $\delta\Phi_1 + \delta\Phi_2$는 다음과 같다.

$$\delta\Phi_1 + \delta\Phi_2 = \frac{Q}{4\pi\epsilon_0}(-\delta\omega + \delta\omega) = 0 \tag{1.35}$$

이것을 폐곡면 전체에 대해서 계산해도 '0'이 되는 것을 알 수 있다. 그러므로 전계 내의 임의의 폐곡면에서 나오는 전기력선의 총수는 내부에 있는 전하 총량의 $1/\epsilon_0$배와 같다. 즉, 외부에 있는 전하는 관계하지 않는 것이며, 이것을 가우스의 정리(Gauss's theorem)라고 정의한다.

1.6 가우스 법칙의 계산

전하 분포에 대한 전계를 구하기 위해서 가우스 법칙을 이용하여 편리하게 그 값을 구할 수 있다. 예를 들어 구도체, 동심구, 무한 원주, 무한 평면, 무한 평행판, 도체 표면 등의 전계 및 전위는 다음과 같은 관계가 성립한다.

1 구도체에 생성되는 전계 및 전위

전하 Q [C], 구의 반지름 a [m]일 때의 전계 및 전위는 다음과 같다.

1. 구 외부($r > a$)의 전계 및 전위

일반적으로 전하는 도체의 표면에 존재하므로 가우스의 정리를 적용하면 다음과 같다.

$$E = \frac{Q}{4\pi\epsilon_0}\frac{1}{r^2} \text{ [V/m]} \tag{1.36}$$

$$V = \frac{Q}{4\pi\epsilon_0}\frac{1}{r}\ [\mathrm{V}] \tag{1.37}$$

2. 구 내부($r<a$)의 전계 및 전위

① 전하가 표면에만 존재할 때

가우스의 정리에서 알 수 있듯이 일반적으로 전하는 도체에 존재하므로 다음과 같다.

$$E_i = 0\ [\mathrm{V/m}] \tag{1.38}$$

$$V_i = V_a = \frac{Q}{4\pi\epsilon_0}\frac{1}{a}\ [\mathrm{V}] \tag{1.39}$$

② 전하가 내부까지 균일하게 분포할 때

전하가 모두 균일하게 분포되었다는 조건이 있으므로 가우스의 정리를 적용하면 다음과 같다.

$$E_i = \frac{Q}{4\pi\epsilon_0}\frac{r}{a^3}\ [\mathrm{V/m}] \tag{1.40}$$

$$V_i = \frac{3Q}{8\pi\epsilon_0}\frac{a^2-r^2}{a^3}\ [\mathrm{V}] \tag{1.41}$$

예제 1.6 공기 중에서 점 A(3, 0, 0) [m]에 25×10^{-6} [C]의 전하가 있다. 점 B(6, 4, 0) [m]의 전계의 세기를 크기와 방향으로 나타내시오.

풀이 거리 벡터($\vec{r}$)는 $\overrightarrow{BA}$와 같으므로 주어진 값을 정리하면 다음과 같다.

$$\overrightarrow{BA} = (6-3)i + (4-0)j = 3i + 4j$$

그러므로 크기와 방향을 결정하면 다음과 같다.

$$r = \sqrt{(3^2+4^2)} = 5\ [\mathrm{m}]$$

$$\vec{r_0} = \frac{3}{5}i + \frac{4}{5}j$$

따라서 전계의 세기는 다음과 같다.

$$E = \frac{1}{4\pi\epsilon_0}\frac{Q}{r^2}\vec{r_0}$$
$$= (9\times10^9)\times\left(\frac{25\times10^{-6}}{5^2}\right)\times\left(\frac{3}{5}i+\frac{4}{5}j\right) = 9\times10^3\times\left(\frac{3}{5}i+\frac{4}{5}j\right)\ [\mathrm{V/m}]$$

2 동심구에 생성되는 전계 및 전위

그림 1.11과 같이 동심구가 있을 때 내구의 반경을 a [m], 외구의 안쪽 반경을 b [m], 외구의 바깥쪽 반경을 c [m]라 하면 다음과 같이 전계 및 전위를 나타낸다.

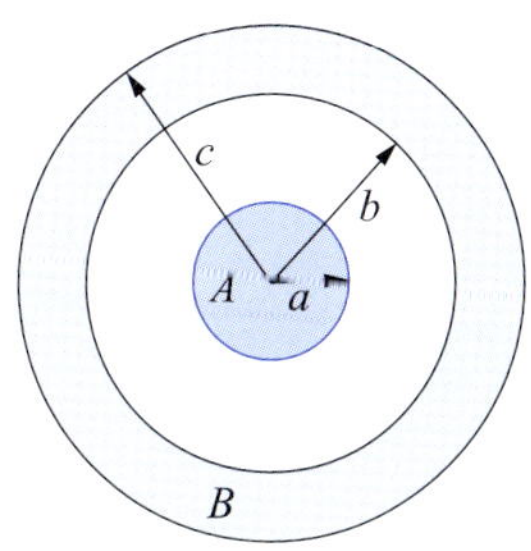

그림 1.11 동심구의 단면도

1. 도체 A에만 Q[C]의 전하가 있을 때 전계는 도체 사이 $a\sim b$와 도체 밖 $c\sim\infty$에 모두 존재하며, 도체 내부에는 존재하지 않는다.

① 도체 사이 및 밖의 전계

$$E = \frac{Q}{4\pi\epsilon_0}\frac{1}{r^2}\ [\mathrm{V/m}] \tag{1.42}$$

② 내구 A도체의 전위

$V_A = -\int_{\infty}^{a} E\cdot dl$이나 전계가 '0'인 곳 $b\sim c$는 필요하지 않으므로 다음과 같이 나타낸다.

$$V_A = \frac{Q}{4\pi\epsilon_0}\left(\frac{1}{a} - \frac{1}{b} + \frac{1}{c}\right) \text{[V]} \tag{1.43}$$

③ 외구 B도체의 전위

$$V_B = \frac{Q}{4\pi\epsilon_0}\frac{1}{c} \text{ [V]} \tag{1.44}$$

2. 외구 B도체에만 Q[C]의 전하가 있을 때 전계는 도체 밖 $c \sim \infty$에만 존재한다.

① 도체 사이의 전계

$$E = 0 \text{ [V/m]} \tag{1.45}$$

② 도체 밖의 전계

$$E = \frac{Q}{4\pi\epsilon_0}\frac{1}{r^2} \text{ [V/m]} \tag{1.46}$$

③ 내구의 전위

$$V_A = \frac{Q}{4\pi\epsilon_0}\frac{1}{c} \text{ [V]} \tag{1.47}$$

④ 외구의 전위

$$V_B = \frac{Q}{4\pi\epsilon_0}\frac{1}{c} \text{ [V]} \tag{1.48}$$

3. 내구에는 $+Q$[C], 외구에는 $-Q$[C]의 전하가 있을 때 전계는 도체 사이에만 존재한다.

① 도체 사이의 전계

$$E = \frac{Q}{4\pi\epsilon_0}\frac{1}{r^2} \text{ [V/m]} \tag{1.49}$$

② 도체 밖의 전계

$$E = 0 \text{ [V/m]} \tag{1.50}$$

③ 내부 도체의 전위

$$V_A = \frac{Q}{4\pi\epsilon_0}\left(\frac{1}{a} - \frac{1}{b}\right) \text{ [V]} \tag{1.51}$$

④ 외부 도체의 전위

$$V_B = 0 \text{ [V]} \tag{1.52}$$

예제 1.7 진공 중에서 내구의 반지름이 2 [cm]인 도체 A와 내외 반지름이 각각 4 [cm], 5 [cm]인 도체구 B를 동심으로 놓고 도체구 A에 $Q_A = 2\times10^{-10}$ [C]의 전하를 대전시키고 도제구 B에는 전하를 주지 않았을 때 내부 도체구 A의 전위는 얼마인가?

풀이 내구 A도체의 전위를 구하는 문제이다. 이 때 전계가 0인 곳은 외부 도체이므로 다음과 같은 수식을 이용하면 계산이 가능하다.

$$\begin{aligned} V_A &= \frac{Q}{4\pi\epsilon_0}\left(\frac{1}{a} - \frac{1}{b} + \frac{1}{c}\right) \\ &= (9\times10^9)\times(2\times10^{-10})\times\left(\frac{1}{0.02} - \frac{1}{0.04} + \frac{1}{0.05}\right) = 81 \text{ [V]} \end{aligned}$$

3 무한 원주(원통) 도체에 대한 전계 및 전위차

그림 1.12와 같이 동심 원주가 있을 때 반경을 a [m], 단위 길이마다 선전하 밀도가 λ [C/m]일 때의 전계 및 전위는 다음과 같이 나타낸다.

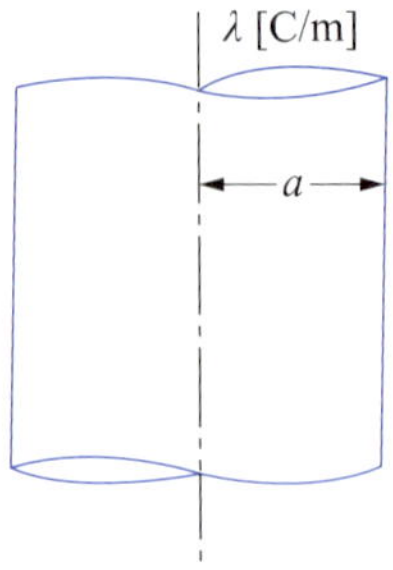

그림 1.12 동심 원주

1. 원주 외부($r > a$)의 전계

$$E = \frac{\lambda}{2\pi\epsilon_0}\frac{1}{r}\ [\mathrm{V/m}] \tag{1.53}$$

2. 원주 내부($r < a$)의 전계

① 전하가 표면에만 존재할 때

$$E_i = 0\ [\mathrm{V/m}] \tag{1.54}$$

② 전하가 고르게 분포되었을 때

$$E_i = \frac{\lambda}{2\pi\epsilon_0}\frac{r}{a^2}\ [\mathrm{V/m}] \tag{1.55}$$

3. 원주 밖의 전위차

원주 중심에서 r_1 [m]되는 A점과 r_2 [m]되는 B점 사이의 전위차는 다음과 같이 나타낸다.

$$V_{AB} = \frac{\lambda}{2\pi\epsilon_0}\ln\left(\frac{r_2}{r_1}\right)\ [\mathrm{V}] \tag{1.56}$$

예제 1.8 진공 중에서 무한장 직선 전하에서 4 [m] 떨어진 곳의 전계가 9×10^6 [V/m]이다. 선전하 밀도 λ [C/m]는 얼마인가?

풀이 무한장 원주의 전계를 구하기 위해서는 다음과 같은 수식이 적용된다.

$$E = \frac{\lambda}{2\pi\epsilon_0}\frac{1}{r}\ [\mathrm{V/m}]$$

$$\lambda = 2\pi\epsilon_0 \times r \times E = \frac{4}{18\times10^9}\times(9\times10^6) = 2\times10^{-3}\ [\mathrm{C/m}]$$

4 무한 평면 도체에 의한 전계 및 전위

단위 면적당의 면전하 밀도가 σ [C/m^2]일 때의 전계 및 전위는 다음과 같이 나타낸다.

1. 전계

전계는 거리에 관계없이 평등 전계를 형성한다.

$$E = \frac{\sigma}{2\epsilon_0}\ [\mathrm{V/m}] \tag{1.57}$$

2. 전위

r_1 [m]되는 A점과 r_2 [m]되는 B점 사이의 전위차는 다음과 같이 나타낸다.

$$V_{AB} = -\int_{r_2}^{r_1} E\cdot dl = \frac{\sigma}{2\epsilon_0}(r_2 - r_1)\ [\mathrm{V/m}] \tag{1.58}$$

예제 1.9 진공 중에서 전하밀도 $\pm6\times10^{-9}$ [C/m^2]인 무한 평면이 간격 2 [m] 떨어져 있을 때 임의의 점에서 전계의 세기는 얼마인가?

풀이 무한 평면에서 전계는 거리에 관계없이 평등 전계를 형성한다.

$$E = \frac{\sigma}{2\epsilon_0} = \frac{6\times10^{-9}}{(2)\times(8.855\times10^{-12})} \fallingdotseq 340\ [\mathrm{V/m}]$$

5 무한히 넓은 2매의 평행판 도체 내부의 전계 및 전위차

간격에 비해 넓이가 상대적으로 큰 평행판 콘덴서 내부의 전계를 구하기 위한 것으로 한쪽 면에 $+\sigma$ [C/m^2], 다른 쪽에 $-\sigma$ [C/m^2]의 전하가 있을 때이다.

1. 내부의 전계

내부의 전계는 거리와 관계없이 평등 전계이며, 외부에는 전계가 존재하지 않는 것을 알 수 있다.

$$E = \frac{\sigma}{\epsilon_0} \text{ [V/m]} \tag{1.59}$$

2. 간격 d[m]인 양면 사이의 전위차

$$V = E \cdot d = \frac{\sigma}{\epsilon_0} \cdot d \text{ [V]} \tag{1.60}$$

예제 1.10 간격이 2 [mm], 단면적이 10 [mm^2]인 평행 전극에 1,000 [V]의 직류 전압을 공급할 때 전극 사이의 전계의 세기는 얼마인가?

풀이 전계의 세기는 거리에 반비례하고 인가된 전압에 비례한다.

$$E = \frac{V}{d} = \frac{1{,}000}{2 \times 10^{-3}} = 5 \times 10^5 \text{ [V/m]}$$

6 도체 표면의 전계

그림 1.13과 같이 도체 표면의 전기력선은 도체 면에 수직이고, 도체 내에서는 전계가 없으므로 가우스 정리를 적용하면 다음과 같이 나타낼 수 있다. 이 때 면전하 밀도는 σ [C/m^2]이다.

$$\oint E \cdot dS = ES = \frac{S\sigma}{\epsilon_0} \tag{1.61}$$

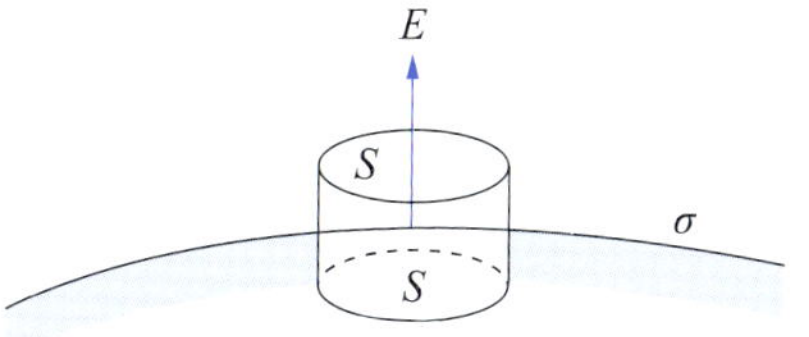

그림 1.13 도체 표면의 전계

그러므로 도체 표면의 전계는 다음과 같다.

$$E = \frac{\sigma}{\epsilon_0} \text{ [V/m]} \tag{1.62}$$

도체 표면에서 전계는 거리에 무관하며 일정하다는 것을 알 수 있다. 만일 도체의 전위 V가 주어졌을 때 표면의 외향 법선을 n이라고 하면 표면에 수직한 전계의 크기는 다음과 같다.

$$E = -\frac{\partial V}{\partial n} \text{ [V/m]} \tag{1.63}$$

따라서 식 (1.62)와 식 (1.63)은 같으므로 다음과 같은 결과를 얻을 수 있다.

$$\frac{\partial V}{\partial n} = -\frac{\sigma}{\epsilon_0} \text{ [V/m]} \tag{1.64}$$

즉, 도체의 표면 밀도, 전위 및 전계의 관계를 표시하는 식이며, 이것을 쿨롱 등식(coulomb equation)이라고 한다.

예제 1.11 진공 중에 있는 임의의 구도체 표면에서 발산되는 전계의 세기가 2×10^3 [V/m]일 때 면전하 밀도 σ [C/m^2]는 얼마인가?

풀이 도체 표면에서 전계는 거리에 무관하며 일정하므로 다음과 같이 표현된다.

$$E = \frac{\sigma}{\epsilon_0} \text{ [V/m]}$$

따라서 면전하 밀도는 다음과 같다.

$$\sigma = \epsilon_0 E = (8.855 \times 10^{-12}) \times (2 \times 10^3) = 1.771 \times 10^{-8} \text{ [C/m}^2\text{]}$$

1.7 정전 응력

대전 도체의 표면에 작용하는 정전 응력(靜電 應力)을 구하기 위해서는 그림 1.13과 같이 도체 표면의 미소 면적 부분 δS를 가정하자. 이 부분의 전계는 식 (1.62)로 표시되지만 이것은 δS 부분의 전하에 의한 E_{1n}과 δS 이외의 부분에 의한 전계 E_{2n}의 합성 값이라고 가정할 수 있으며, 다음과 같이 나타낼 수 있다.

$$E = E_{1n} + E_{2n} = \frac{\sigma}{\epsilon_0} \ [\mathrm{V/m}] \tag{1.65}$$

또한, 도체 내부에서는 δS의 부분에 의한 전계는 식 (1.65)의 것과 크기는 동일하며, 방향은 반대이므로 도체 내부의 전계가 0이 된다.

$$E_{1n} - E_{2n} = 0 \tag{1.66}$$

그러므로 식 (1.65) 및 식 (1.66)에서 다음과 같은 결과를 얻을 수 있다.

$$E_{1n} = E_{2n} = \frac{\sigma}{2\epsilon_0} \ [\mathrm{V/m}] \tag{1.67}$$

따라서 δS 부분의 전계 중에서 δS 이외의 전하에 의한 전계는 $\sigma/2\epsilon_0$이고, 이 전계에 의하여 δS 부분의 전하 $\sigma\,\delta S$가 힘을 받게 되며 힘 F는 다음과 같다.

$$F = E_{2n}\sigma\,\delta S = \frac{1}{2}\frac{\sigma^2}{\epsilon_0}\delta S \ [\mathrm{N}] \tag{1.68}$$

따라서 도체 표면의 단위 면적에 작용하는 힘 f는 다음과 같다.

$$f = \frac{F}{\delta S} = \frac{1}{2}\frac{\sigma^2}{\epsilon_0} = \frac{1}{2}\epsilon_0 E^2 \ [\mathrm{N/m^2}] \tag{1.69}$$

이것을 정전 응력(靜電 應力) 또는 정전 압력(靜電 壓力)이라고 한다. 이 힘은 σ^2 또는 E^2에 비례하므로 대전 전하의 종류에 관계없이 항상 정(正)이고 외부로 향하므로 이로 인하여 도체 표면은 외부로부터 장력을 받으며, E의 값이 주위 공기의 절연 내력 3×10^6 [V/m]보다 커지면 코로나 방전이 발생할 때도 있다.

예제 1.12 반지름이 3 [cm]의 절연된 도체구를 대전시켜서 전위 15×10^{3} [V]로 하였을 때의 정전 응력은 얼마인가?

풀이 구도체의 전계 및 단위 면적당의 정전 응력은 다음과 같다.

$$E=\frac{V}{d}=\frac{15\times10^{3}}{3\times10^{-2}}=5\times10^{5}\ [\mathrm{V/m}]$$

$$f=\frac{1}{2}\epsilon_0 E^2=\frac{1}{2}\times(8.855\times10^{-12})\times(5\times10^{5})^2 \fallingdotseq 1.1\ [\mathrm{N/m^2}]$$

연습문제

01 자연계에 존재하는 물질을 마찰하면 전기가 발생하는 데 이것을 무엇이라 하는가?

정답 마찰 전기

02 모피, 유리, 운모, 명주, 목재, 수지, 금속, 셀룰로이드 등 임의의 두 개를 마찰시키면 한쪽은 정(正), 다른 한쪽은 부(負)의 극성을 나타내는 것을 무엇이라 하는가?

정답 대전

03 은(Ag), 구리(Cu), 금(Au), 알루미늄(Al) 등과 같이 전기가 자유로이 이동할 수 있는 물질은 무엇인가?

정답 도체

04 하나의 대전체 가까이에 다른 대전체를 놓으면 두 개의 전하 사이에 힘이 작용한다는 사실을 실험으로 증명한 사람은?

정답 쿨롱

05 두 점전하 사이에 작용하는 힘은 Q_1과 Q_2 사이의 곱에 비례하고 거리의 제곱에 반비례하며, 방향은 Q_1과 Q_2 사이를 연결하는 직선상에 있다는 법칙은?

정답 쿨롱의 법칙

06 유전체 중에서 진공의 유전율(space permittivity) 값은?

정답 $\epsilon_0 = 8.855 \times 10^{-12}$ [F/m]

07 점전하에 작용하는 힘을 단위 점전하에 작용하는 힘으로 환산하여 나타내는 것은?

정답 전계

08 실제 산업 현장에서 정전 현상이 거의 미치지 않는 장소를 기준으로 한다는 의미에서 대지(大地, earth)를 영전위(零電位, zero potential)라 하고 이것을 무엇이라 하는가?

정답 기준 전위

09 전계 E [V/m] 중의 면이며 그 위의 각 점의 전위가 서로 같은 면을 무엇이라 하는가?

정답 등전위면

10 전계 내의 임의의 폐곡면에서 나오는 전기력선의 총수는 내부에 있는 전하의 총량의 $1/\epsilon_0$배와 같으며, 외부에 있는 전하는 관계하지 않는다는 법칙은?

정답 가우스의 법칙

11 도체 표면의 단위 면적에 작용하는 힘을 나타내는 것으로 대전 전하의 종류에 관계없이 항상 정(正)이고 외부로 향하므로 이로 인하여 도체 표면은 외부로부터 장력을 받는데 이것을 무엇이라 하는가?

정답 정전 응력

Chapter 2

자기의 현상 및 법칙

2.1 자기 현상

자철광(磁鐵鑛, magnetite)이 철을 끌어당기는 성질이 있다는 사실을 발견한 것은 인류가 철을 사용하기 시작한 후라고 생각된다. 자석은 쇠붙이를 끌어당기는 성질이 있으며, 중심을 매달면 남과 북을 가리킨다. 이러한 성질의 근원을 자기(磁氣, magnetism)라고 하고, 그 물체를 자석(磁石, magnet)이라 한다. 자침이 남북을 가리키는 것은 지구 자체가 큰 구상의 자석으로 북극 부근에 S극이 있고, 남극 부근에는 N극이 있기 때문이다. 적도 부근에서는 수평으로 유지되는 자침도 지구의 극에 가까워지면 점점 기울어지는 이유는 지구 자기가 그림 2.1과 같은 자력선으로 작용하기 때문이다.

자석에는 막대 자석, 말굽 자석, 자침, 전자석 등이 있다. 자석은 양 끝에 가장 강한 자기를 가지고 있는데 이 부분을 자극(磁極, magnetic pole)이라 한다. 자석의 자극은 주위의 물질에 대하여 자기적인 힘을 미치는 데 이 힘을 자기력(磁氣力, magnetic force)이라고 하며, 자기력이 미치는 공간을 자계(磁界, magnetic field)라고 한다. 자계의 형태는 눈으로 보이지 않으므로 자계의 상태를 표시하는 가상의 선을 자기력선(磁氣力線, line of magnetic force)이라고 한다. 이 자기력선은 그림 2.2에 나타낸 것과 같이 자기력선 상호간에는 교차하지 않으며, 자석의 N극에서 발산하여 S극으로 수렴하는 성질을 가지고 있다.

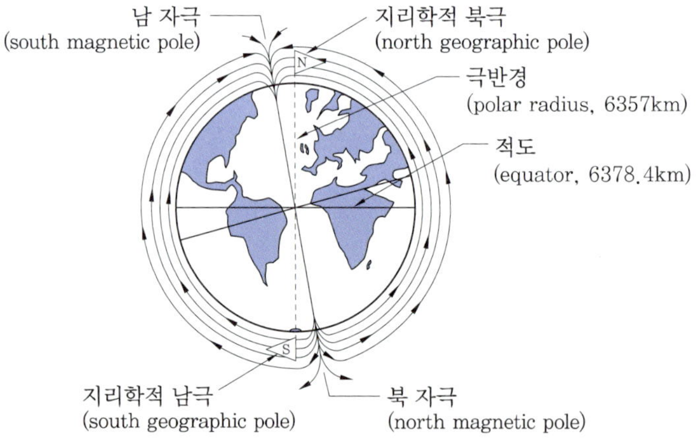

그림 2.1 지구의 자기 현상

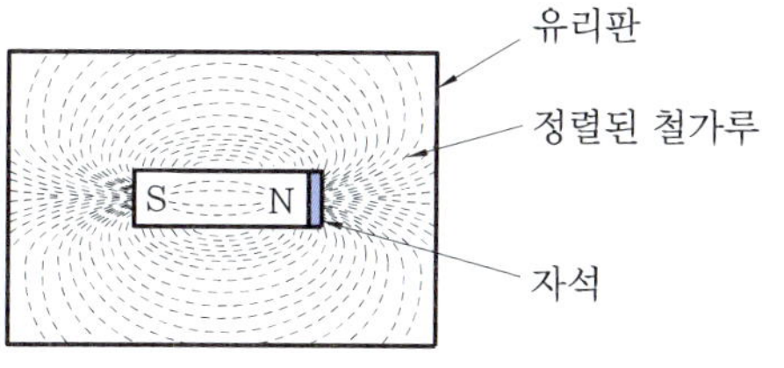

(a) 자석의 극성

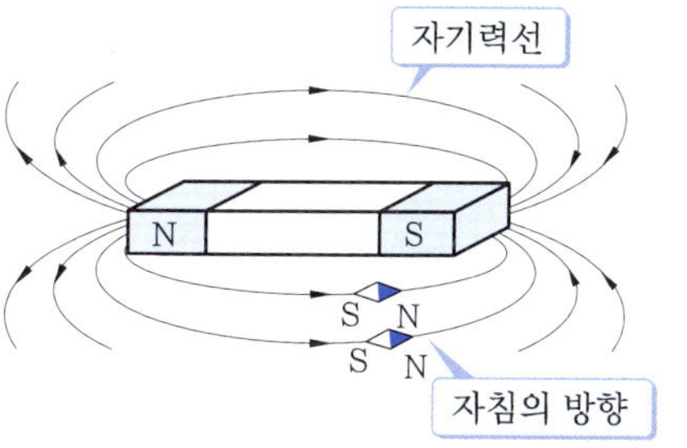

(b) 자석의 자기력선

그림 2.2 자석의 극성과 자기력선

2.2 쿨롱의 법칙

자석 사이에 작용하는 힘의 양을 해석하는 데 정지되어 있는 정전기에 작용하는 쿨롱의 법칙이 동일하게 적용된다. 그림 2.3(a)와 같이 N극과 S극의 자석을 공기 중에 놓으면 서로 간에 흡인력(吸引力, attractive force)이 작용할 것이다. 그런데 자석에서는 자극을 분리할 수 없으므로 힘을 측정하기 위한 자석은 매우 가늘고 길어서 한 자석의 양극이 서로 영향을 미치지 않는 매우 긴 것을 가정한다. 이와 같은 자극을 점자극(點磁極, point pole)이라 하고, 그림 2.3(b)와 같이 나타낸다. 이러한 조건일 때 두 점자극을 각각 m_1, m_2, 자극 사이의 거리를 r, 자극 상호간에 작용하는 힘을 F라 하면 다음과 같은 함수로 나타낸다.

$$F \propto \frac{m_1 m_2}{r^2} \text{ [N]} \tag{2.1}$$

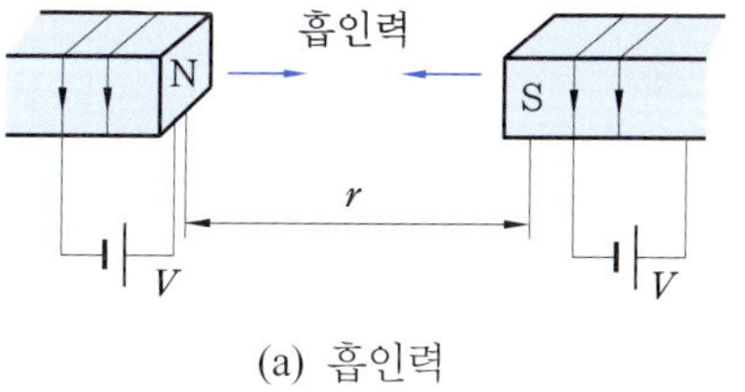

(a) 흡인력

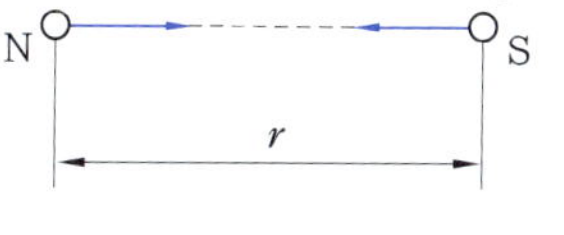

(b) 점자극

그림 2.3 쿨롱의 법칙

$$F = k\frac{m_1 m_2}{r^2}\ [\mathrm{N}] \tag{2.2}$$

자석에 작용하는 힘의 방향은 두 자극을 연결하는 직선상에 있다. 이것을 자기에 관한 쿨롱의 법칙(Coulomb's law)이라 하고, 이 법칙으로부터 자극의 세기에 대한 단위가 정의된다. M.K.S 단위계에서는 진공 중에 서로 같은 세기의 두 점자극을 1 [m] 거리에 놓았을 때 작용하는 힘이 6.33×10^4 [N]이 되는 것을 단위로 하여 1웨버(Weber, [Wb])라 한다. 따라서 이 단위계에 의하면 $k = 6.33 \times 10^4$이 되어 식 (2.2)는 다음과 같이 나타낸다.

$$F = 6.33 \times 10^4 \frac{m_1 m_2}{r^2}\ [\mathrm{N}] \tag{2.3}$$

m_1, m_2는 웨버[Wb]이고, r은 거리[m]이다. 정전계에 관한 쿨롱의 법칙과 동일한 형태로 나타내기 위해 다음과 같은 수식을 이용한다.

$$6.33 \times 10^4 = \frac{1}{4\pi\mu_0} \tag{2.4}$$

진공에 대한 투자율(透磁率, permeability) μ_0는 다음과 같다.

$$\mu_0 = \frac{1}{4\pi \times 6.33 \times 10^4} = 4\pi \times 10^{-7}\ [\mathrm{H/m}] \tag{2.5}$$

따라서 쿨롱의 법칙은 매질의 비투자율이 μ_r이라고 할 때 다음과 같이 표현된다.

$$F = \frac{1}{4\pi\mu_0}\frac{m_1 m_2}{\mu_r r^2} = 6.33 \times 10^4 \frac{m_1 m_2}{\mu_r r^2}\ [\mathrm{N}] \tag{2.6}$$

그리고 진공의 투자율 μ_0의 단위는 다음과 같다.

$$\mu_0 = [\mathrm{Wb^2/N \cdot m^2}] = [\mathrm{H/m}] \tag{2.7}$$

투자율은 진공의 투자율과 비투자율의 곱으로 나타낸다.

$$\mu = \mu_0 \mu_r = 4\pi \times 10^{-7} \times \mu_r\ [\mathrm{H/m}] \tag{2.8}$$

μ_r은 매질의 종류에 따라 결정되는 값이므로 매질의 비투자율(比透磁率, relative permeability)이라고 한다.

예제 2.1 공기 중에서 2.5×10^{-4} [Wb], 4×10^{-3} [Wb]의 두 자극 사이에 작용하는 힘이 6.33 [N]이었다면 두 자극 사이의 거리[cm]는?

풀이 공기 중에서 비투자율 $\mu_r = 1$이므로 두 자극 사이에 작용하는 힘은 다음과 같다.

$F = \frac{1}{4\pi\mu_0}\frac{m_1 m_2}{\mu_r r^2} = 6.33\times10^4 \frac{m_1 m_2}{\mu_r r^2}$ [N]을 변환하면 다음과 같다.

$$r = \pm\sqrt{\frac{1}{4\pi\mu_0}\frac{m_1 m_2}{F}}$$

$$\therefore\ r = \sqrt{\frac{6.33\times10^4\,(2.5\times10^{-4})\times(4\times10^{-3})}{6.33}} = 0.1\ [\mathrm{m}] = 10\ [\mathrm{cm}]$$

2.3 자계의 세기와 자속 밀도

1 자계의 세기

자석의 자극 근처에 다른 작은 자석이나 철편을 놓아두면 여기에 자력이 작용하는 것을 알 수 있다. 이와 같이 자기의 힘이 미치는 공간을 자계(磁界, magnetic field) 또는 자기장이라고 한다. 이때 자기장의 상태를 표시하기 위하여 자계의 크기와 방향은 다음과 같이 정의한다.

자계 중의 한 점에 단위 점자하인 1 [Wb]를 놓았을 때 이 자하에 작용하는 힘의 크기 및 방향을 그 점에서의 자계의 세기(intensity of magnetic field) 또는 자기력(磁氣力, magnetic force)이라 하며, 기호는 H, 단위는 [A/m] 또는 [N/Wb]를 사용한다. 즉, 1 [A/m]의 자계의 세기는 1 [Wb]의 자하에 1 [N]의 자기력이 작용하는 자계의 크기를 나타내며, 자계의 크기와 방향을 함께 나타내는 것을 자계의 세기라고 한다. 만일 m [Wb]의 점자극에서 r [m] 떨어진 점의 자계의 세기 H는 다음과 같이 나타낸다.

$$H = \frac{m}{4\pi\mu r^2} = 6.33\times10^4 \frac{m}{\mu_r r^2}\ [\mathrm{A/m}] \tag{2.9}$$

H [A/m]의 자계 내에 m [Wb]의 자극을 놓았을 때 이 자극에 작용하는 힘 F [N]는 다음과 같이 나타낸다.

$$F = mH \,[\mathrm{N}] \tag{2.10}$$

2 자속 밀도

자계의 상태를 나타내기 위하여 자력선을 이용하는 방법에 대하여 설명하였다. 이 방법은 $+m$ [Wb]의 자극에서 공기 중에서는 m/μ_0개의 자력선이 나오고, 비투자율이 μ_r인 매질 중에서는 $m/\mu_0\mu_r$개의 자력선이 나오게 되므로 1개의 자극에서 나오는 자력선의 수가 자극의 위치와 주변 매질에 따라 달라지므로 불편하다. 이 불편을 없애기 위해 자극이 어떤 매질 중에 있더라도 $+m$ [Wb]의 자극에서는 언제나 m개의 자력선이 나온다고 가정하면 이 선에 의하여 자계의 상태를 나타내도록 한다. 이와 같은 자력선을 자속(磁束, magnetic flux)이라 하며, 기호는 Φ, 단위는 자극의 세기와 같은 단위인 웨버[Wb]를 사용한다.

즉, 단위 면적당 자속선의 수를 자속 밀도(磁束 密度, magnetic flux density)라 하고 대문자 B로 정의하며, 그 크기는 다음과 같이 정의된다.

$$B = \frac{\Phi}{A} \,[\mathrm{Wb/m^2}] \tag{2.11}$$

여기서, B는 자속 밀도[$\mathrm{Wb/m^2}$], Φ는 자속[Wb], A는 단면적[$\mathrm{m^2}$]이다.

그림 2.4에 나타낸 바와 같이 자속 Φ는 단면적 A를 통과하는 자속선의 수를 의미한다. 자기력선은 발산하는 전체 수는 수렴하는 전체 수와 같다. 또한, 자기력선 사이의 간격이 좁은 곳은 밀도가 높고, 간격이 넓은 곳은 밀도가 낮음을 알 수 있다. SI 단위로 자속 밀도는 테슬라(tesla, [T]) 단위로 측정한다.

$$1\,[\mathrm{T}] = 1\,[\mathrm{Wb/m^2}] \tag{2.12}$$

결론적으로 자계의 크기 H [A/m]와 자속 밀도 B [$\mathrm{Wb/m^2}$] 사이에는 다음의 관계로 나타낼 수 있다.

$$B = \mu H = \mu_0 \mu_r H \,[\mathrm{Wb/m^2}] \tag{2.13}$$

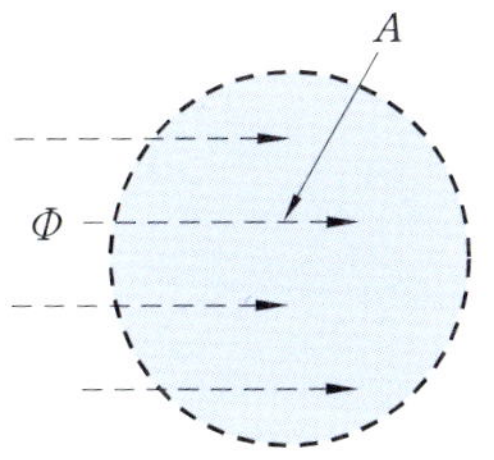

그림 2.4 자기력선

예제 2.2 단면적 4[cm²]의 철심에 6×10^{-4}[Wb]의 자속을 통하게 하려면 2,800 [AT/m]의 자계가 필요하다. 이 철심의 비투자율은 얼마인가?

풀이 자속밀도와 자계의 세기는 다음과 같은 관계가 있다.

$$B = \mu H = \mu_0 \mu_r H = \frac{\Phi}{A}\ [\text{Wb/m}^2]$$

그러므로 철심의 비투자율은 다음과 같다.

$$\mu_r = \frac{B}{\mu_0 H} = \frac{\Phi/A}{\mu_0 H} = \frac{\Phi}{\mu_0 HA}$$

$$= \frac{6\times10^{-4}}{(4\pi\times10^{-7})\times2{,}800\times(4\times10^{-4})} \fallingdotseq 426$$

예제 2.3 100[AT/m]의 자계 중에서 어떤 자극을 놓았을 때 받는 힘이 2×10^2[N]일 때의 자하[Wb]는 얼마인가?

풀이 작용력 $F = mH$[N]이므로 자하는 다음과 같이 구할 수 있다.

$$m = \frac{F}{H} = \frac{2\times10^2}{100} = 2\ [\text{Wb}]$$

2.4 자위 및 자위차

어떤 공간 내에 점자하(點磁荷, point magnetic charge) m' [Wb]의 자극을 놓았을 때 이 자극에 작용하는 힘이 F[N]이라면 자계의 세기 H[AT/m]는 다음과 같이 나타낸다.

$$H = \frac{F}{m'} \ [\text{N}] \tag{2.14}$$

그러므로 자계의 세기(H)는 단위 정자하(正磁荷, positive magnetic charge)에 작용하는 힘과 같으며, 자기력의 방향과 일치한다. 점자하 m' [Wb]를 자계 H의 역방향으로 이것과 θ의 기울기를 이루는 방향으로 거리 δl만큼 움직일 때의 일 dW는 다음과 같이 표현된다.

$$dW = -F\delta l = -m' H \delta l \tag{2.15}$$

즉, 점자하 m' [Wb]를 점 B에서 A까지 이동시키는 데 필요한 일은 다음과 같다.

$$W = -m' \int_B^A H \cdot \delta l \ [\text{J}] \tag{2.16}$$

따라서 무한 원점에서 자계 중의 임의의 P점까지 단위 점자하를 운반하는 데 소요되는 일을 그 점에 대한 자위(磁位, magnetic potential)라 하며 다음과 같다.

$$U_P = \frac{W}{m'} = -\int_\infty^P H \cdot \delta l = -\int_\infty^P H \cos\theta\, \delta l \ [\text{AT}] \tag{2.17}$$

그리고 단위 점자하를 자계의 역방향으로 두 점 A, B 사이를 움직일 때의 일을 자위차(磁位差, magnetic potential difference)라고 하며, 다음과 같이 표현한다.

$$U = \frac{W}{m'} = -\int_B^A H \cdot \delta l = -\int_B^A H \cos\theta\, \delta l \ [\text{AT}] \tag{2.18}$$

자위의 단위는 1 [Wb]의 자하를 운반할 때의 일이 1 [J]이 되는 두 점 사이의 자위차를 의미하며, 1 [J/Wb] 또는 1 [AT] 등으로 정의 된다. 또한, θ는 자계 H와 거리 δl이 이루는 각이다.

그림 2.5와 같이 공기 중에 점자하 m [Wb]에서 r [m]의 거리에 있는 한 점 P의 자계는 식 (2.9)와 같으므로 이것을 식 (2.18)에 대입하고 A, B를 m에서 각각 r_1, r_2의 거리에 있는 점이라 하면 $\theta = \pi$, $r = r_2 - l$ 등의 관계가 있다. 그러므로 A, B 두 점 사이의 자위는 다음과 같다.

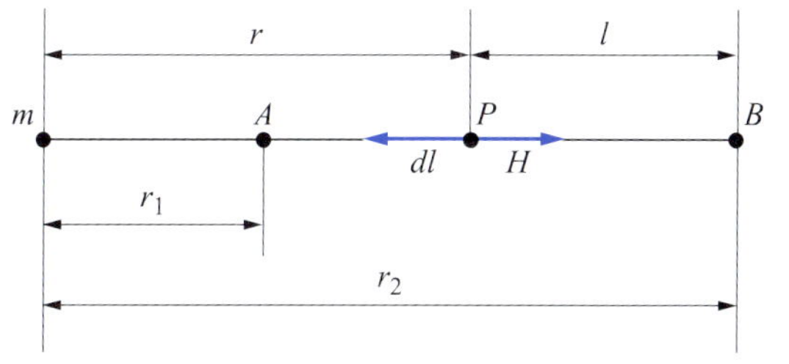

그림 2.5 두 점 사이의 자위차

$$U = -\int_0^{r_2 - r_1} \frac{m}{4\pi\mu_0}(-1)\,dl \tag{2.19}$$

$$= \frac{m}{4\pi\mu_0}\left[\frac{1}{r_2 - l}\right]_0^{r_2 - r_1} = \frac{m}{4\pi\mu_0}\left(\frac{1}{r_1} - \frac{1}{r_2}\right) \text{[AT]}$$

만일 $r_2 \to \infty$일 때의 자위 U는 A점의 자위 U_A는 다음과 같다.

$$U_A = \frac{1}{4\pi\mu_0}\frac{m}{r_1} \text{ [AT]} \tag{2.20}$$

마찬가지 방법으로 B점의 자위 U_B는 다음과 같다.

$$U_B = \frac{1}{4\pi\mu_0}\frac{m}{r_2} \text{ [AT]} \tag{2.21}$$

그러므로 식 (2.20) 및 식 (2.21)의 차를 나타내면 다음과 같다.

$$U = U_A - U_B = -\int_B^A H \cdot dl \text{ [AT]} \tag{2.22}$$

즉, 두 점 A, B 사이의 자위차는 A점의 자위와 B점의 자위차를 나타낸다. 자계 H의 l방향의 성분을 H_l이라 하면 식 (2.22)의 관계에서 알 수 있듯이 다음과 같은 관계가 있다.

$$H_l = H\cos\theta = \frac{-dU}{dl} \text{ [AT/m]} \tag{2.23}$$

또한, U의 성분을 x, y, z 각각의 함수로 나타내면 자계 H는 다음과 같다.

$$H = -\mathrm{grad}\, U = -\nabla U = -\left(\mathrm{i}\frac{\partial U}{\partial x} + \mathrm{j}\frac{\partial U}{\partial y} + \mathrm{k}\frac{\partial U}{\partial z}\right) [\mathrm{AT/m}] \qquad (2.24)$$

자계 중에서 같은 자위의 점으로 이루어진 면을 등자위면(等磁位面, equimagnetic potential surface)이라고 하며, 자력선과 직교한다. 그런데 자기에는 전기의 도체에 해당하는 성분이 없으므로 어떤 물체를 자계 중에 놓았을 때 표면이 항상 등자위면이 되는 것은 아니다.

2.5 전기 쌍극자

물질은 (−) 전하를 띤 전자와 (+)를 띤 핵이 평형을 이루고 전기적으로 중성을 이루고 있다. 그러나 총 (−) 전하와 총 (+) 전하의 위치가 일치하지 않을 때 (−) 전하를 띤 물질과 (+) 전하를 띤 물질이 일정한 거리를 두고 떨어져 있는 상태를 전기 쌍극자(電氣 雙極子, electric dipole)라고 한다.

그림 2.6과 같은 형태로 자극의 세기가 $\pm m$ [Wb], 길이가 l [m]인 미소 자석이 놓여 있을 때 임의의 점에서 자위 및 자계를 구할 수 있다. 자석의 중심을 좌표의 원점으로 취했을 때 임의의 점 $P(r, \theta)$의 자위 U는 다음과 같다.

$$U = \frac{m}{4\pi\mu_0}\left(\frac{1}{r_1} - \frac{1}{r_2}\right) = \frac{m}{4\pi\mu_0}\frac{r_2 - r_1}{r_1 r_2} \ [\mathrm{AT}] \qquad (2.25)$$

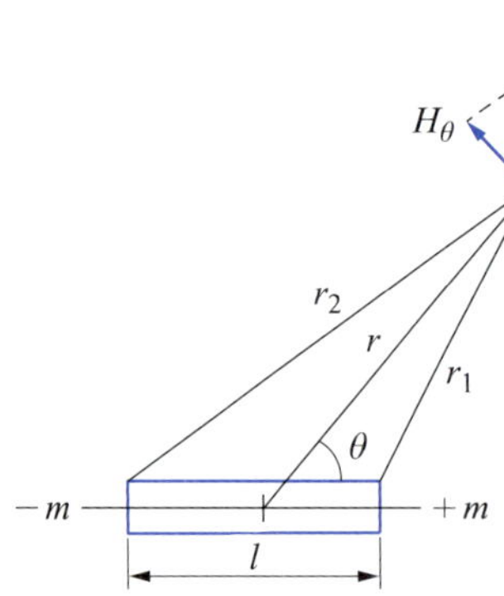

그림 2.6 미소 자석

r_1과 r_2는 다음과 같이 나타낼 수 있다.

$$r_1 \fallingdotseq r - \frac{l}{2}\cos\theta \tag{2.26}$$

$$r_2 \fallingdotseq r + \frac{l}{2}\cos\theta \tag{2.27}$$

그러므로 식 (2.26)과 식 (2.27)을 식 (2.25)에 대입하여 정리하면 다음과 같다.

$$\begin{aligned} U &= \frac{m}{4\pi\mu_0}\frac{r_2 - r_1}{r_1 r_2} = \frac{m}{4\pi\mu_0}\frac{\left(r+\frac{l}{2}\cos\theta\right)-\left(r-\frac{l}{2}\cos\theta\right)}{\left(r-\frac{l}{2}\cos\theta\right)\left(r+\frac{l}{2}\cos\theta\right)} \\ &= \frac{m}{4\pi\mu_0}\frac{l\cos\theta}{\left(r^2-\frac{l^2}{4}\cos^2\theta\right)}\ [\mathrm{AT}] \end{aligned} \tag{2.28}$$

미소 자석이므로 l은 매우 작고, 미소 사식의 중심에서 임의의 점 P까지의 거리 r은 상대적으로 멀다. 즉, $r \gg l$의 관계가 성립하므로 자위는 다음과 같이 나타낼 수 있다.

$$U = \frac{m}{4\pi\mu_0}\frac{l\cos\theta}{r^2}\ [\mathrm{AT}] \tag{2.29}$$

그리고 자기 모멘트 $M = ml$ [Wb · m]이므로 식 (2.29)는 다음과 같다.

$$U = \frac{1}{4\pi\mu_0}\frac{M\cos\theta}{r^2}\ [\mathrm{AT}] \tag{2.30}$$

또한, 임의의 점 P의 자계 H의 r방향과 이에 대한 수직 방향의 성분을 구좌표계의 미분 방정식으로 나타내면 H_r 및 H_θ는 다음과 같다.

$$H_r = -\frac{\partial U}{\partial r} = \frac{2M\cos\theta}{4\pi\mu_0 r^3}\ [\mathrm{AT/m}] \tag{2.31}$$

$$H_\theta = -\frac{1}{r}\frac{\partial U}{\partial\theta} = \frac{M\sin\theta}{4\pi\mu_0 r^3}\ [\mathrm{AT/m}] \tag{2.32}$$

즉, 전기 쌍극자의 값과 같은 패턴이 된다. 그리고 임의의 점 P에서 자계 H의 크기 및 방향은 다음과 같다.

$$H = \sqrt{H_r^2 + H_\theta^2} = \frac{M}{4\pi\mu_0 r^3}\sqrt{3\cos^2+1}\ [\mathrm{AT/m}] \tag{2.33}$$

$$\psi = \tan^{-1}\left(\frac{1}{2}\tan\theta\right) \tag{2.34}$$

예제 2.4 그림 2.7과 같은 미소 자석의 중심축과 60° 의 각도로 2 [m] 떨어진 점 P에서의 자위 U를 구하시오. 단, 미소 자석의 길이는 10 [cm], 자하는 2×10^{-2} [Wb]이다.

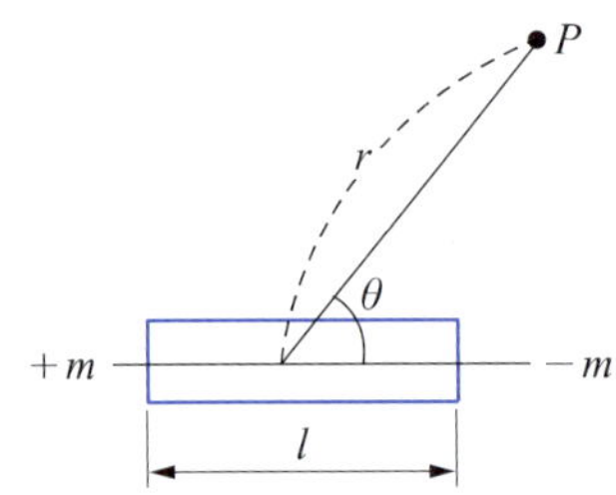

그림 2.7 미소 자석의 자위

풀이 자기 모멘트 $M = m\,l$ [Wb·m]으로 나타낸다. 그러므로 주어진 값을 대입하면 다음과 같다.

$$M = m\,l = (10\times10^{-2})\times(2\times10^{-2}) = 2\times10^{-3}\ [\mathrm{Wb\cdot m}]$$

그리고 자위는 다음과 같이 표현되므로 자기 모멘트를 대입하여 구할 수 있다.

$$U = \frac{1}{4\pi\mu_0}\frac{M\cos\theta}{r^2}$$
$$= (6.33\times10^4)\times\frac{(2\times10^{-3})\times(0.5)}{2^2} \fallingdotseq 15.8\ [\mathrm{AT}]$$

예제 2.5 자기 쌍극자의 자기 모멘트는 6×10^{-3} [Wb], 쌍극자 중심으로부터의 거리는 80 [cm], 쌍극자의 정방향 각도는 60° 일 때 자기 쌍극자에 의한 자위 U는 얼마인가?

풀이 전기쌍극자에서 자위는 다음과 같이 구할 수 있다.

$$U = \frac{1}{4\pi\mu_0}\frac{M\cos\theta}{r^2}$$
$$= (6.33\times10^4)\times\frac{(6\times10^{-3})\times(0.5)}{(80\times10^{-2})^2} \fallingdotseq 296.7\ [\mathrm{AT}]$$

2.6 자계 중의 회전력

그림 2.8과 같은 상태에서 자계 H가 있을 때 길이 l, 자기 모멘트 $M=ml$인 미소 자석이 있다. 미소 자석의 N극 및 S극에는 자계와 같은 방향과 반대 방향으로 $f=mH$인 힘이 작용하므로 화살표와 같은 시계 회전 방향으로 회전하는 데 이것을 회전력 또는 토크 T(torque)라고 한다.

$$T = f\,l\sin\theta = mHl\sin\theta = m\,l\,H\sin\theta = MH\sin\theta\ [\mathrm{N\cdot m}] \qquad (2.35)$$

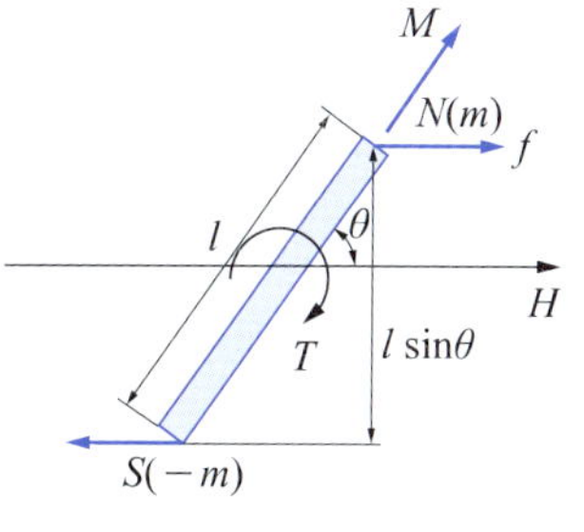

그림 2.8 미소 자석의 회전력

그리고 회전력은 언제나 방향이 있으므로 이것을 벡터로 표시할 수 있다. 그림 2.9에서 벡터 $\breve{A}$와 $\breve{B}$가 이루는 각을 $\theta(0\le\theta\le\pi)$라고 하면 다음과 같이 정의되는 $\breve{A}$와 $\breve{B}$의 벡터적(vector product or cross product)이라고 하며, $\breve{A}\times\breve{B}$ 또는 $[\breve{A}\ \breve{B}]$와 같이

나타낸다. 따라서 크기는 $\breve{A}$와 $\breve{B}$로 형성되는 평행 4변형의 면적은 $AB\sin\theta$이며, 방향은 $\breve{A}$와 $\breve{B}$를 포함하는 평면에 수직이고 $\breve{A}$에서 $\breve{B}$로 회전할 때의 오른나사의 진행 방향과 일치한다. 또한, 이것으로부터 다음과 같은 관계가 성립하는 벡터적의 계산이 가능하다.

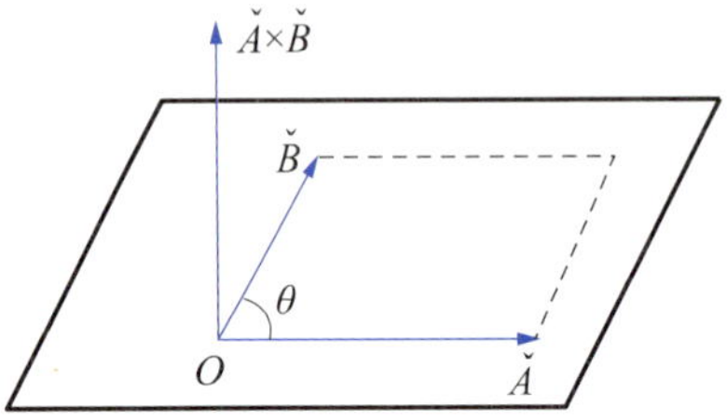

그림 2.9 자계 중의 회전력

1. 교환 법칙

$\breve{A}\times\breve{B} = -\breve{B}\times\breve{A}$: 성립한다.

$\breve{A}\times\breve{B} \neq \breve{B}\times\breve{A}$: 성립하지 않는다.

2. 결합 법칙

$(c\breve{A})\times\breve{B} = \breve{A}\times(c\breve{B}) = c(\breve{A}\times\breve{B})$: 성립한다.

$\breve{A}\cdot(\breve{B}\times\breve{C}) = (\breve{A}\cdot\breve{B})+(\breve{A}\cdot\breve{C})$: 성립한다.

$\breve{A}\times(\breve{B}\times\breve{C}) \neq (\breve{A}\times\breve{B})\times\breve{C}$: 성립하지 않는다.

3. 배분 법칙

$\breve{A}(\breve{B}\times\breve{C}) = (\breve{A}\times\breve{B})+(\breve{A}\times\breve{C})$: 성립한다.

그리고 벡터는 표기 및 방법에 따라 스칼라적(scalar product or dot product)과 벡터적(vector product or cross product)으로 구분된다. 스칼라적은 다음과 같이 나타낸다.

$$\mathbf{A}\cdot\mathbf{B} = a_x b_x + a_y b_y + a_z b_z = |\mathrm{A}||\mathrm{B}|\cos\theta = \mathbf{B}\cdot\mathbf{A} \tag{2.36}$$

또한, 벡터적은 다음과 같이 나타낸다.

$$\mathbf{A}\times\mathbf{B} = |\mathrm{A}||\mathrm{B}|_{\mathbf{n}}\sin\theta \tag{2.37}$$

$_{\mathbf{n}}$은 A와 B 평면에 직각인 단위 벡터(unit vector)이다. 그리고 벡터의 동질성은 다음과 같은 관계가 있다.

$$\mathbf{i}\cdot\mathbf{i} = \mathbf{j}\cdot\mathbf{j} = \mathbf{k}\cdot\mathbf{k} = 1 \tag{2.38}$$

$$\mathbf{i}\cdot\mathbf{j} = \mathbf{j}\cdot\mathbf{k} = \mathbf{k}\cdot\mathbf{i} = 0 \tag{2.39}$$

$$\mathbf{i}\times\mathbf{i} = \mathbf{j}\times\mathbf{j} = \mathbf{k}\times\mathbf{k} = 0 \tag{2.40}$$

$$\mathbf{i}\times\mathbf{j} = \mathbf{k},\quad \mathbf{j}\times\mathbf{k} = \mathbf{i},\quad \mathbf{k}\times\mathbf{i} = \mathbf{j} \tag{2.41}$$

예제 2.6 자극의 세기는 60 [Wb], 길이가 10 [cm]인 자석을 2 [AT/m]의 자계와 평등 자계에 30° 만큼 기울여 놓으면 자석이 받는 회전력은 얼마인가?

풀이 자성체에 작용하는 회전력은 다음과 같다.

$$\begin{aligned} T &= MH\sin\theta = ml\,H\sin\theta \\ &= (60)\times(10\times10^{-2})\times(2)\times\left(\frac{1}{2}\right) = 6\,[\mathrm{N\cdot m}] \end{aligned}$$

예제 2.7 20×10^{-6} [Wb·m]의 자기 모멘트를 가진 봉 자석을 자계의 수평 성분이 20 [AT/m]인 곳에 자기 자오면으로부터 90° 회전하는 데 필요한 일은 얼마인가?

풀이 자성체가 회전하는데 필요한 에너지는 다음과 같이 나타낸다.

$$W = \int_0^\theta T\cdot d\theta = MH\int_0^\theta \sin\theta\cdot d\theta = MH(1-\cos\theta)\ [\mathrm{J}]$$

그러므로 주어진 값을 이용하여 계산하면 다음과 같다.

$$\begin{aligned} W &= MH(1-\cos\theta) \\ &= (20\times10^{-6})\times(20)\times(1-\cos 90^\circ) = 4\times10^{-4}\,[\mathrm{J}] \end{aligned}$$

2.7 물질의 자화 현상

자연계에 존재하는 어떤 물질을 자계 내에 놓으면 그 물질의 단면에 자극이 형성되어 자화되는 데 이와 같은 현상을 자기 유도(磁氣 誘導, magnetic induction)라 하며, 이렇게 자화되는 물질을 자성체(磁性體, magnetic substance)라 한다.

1 자화의 근원

자기 모멘트(magnetic moment)는 자기 능률이라고도 한다. 자기 모멘트의 발생은 흐르는 전류가 만드는 것, 외부 자기장 안에 놓인 자석 또는 전류 회로에 의한 것, 원자핵 주위를 회전하는 전자에 의한 것 등이 있다. 크기와 방향을 가지는 벡터량으로 방향은 S(－)극에서 N(＋)극으로 향한다. 자기량과 함께 자성을 나타내는 양의 하나이지만 자석의 세기는 자기량보다는 자기 모멘트의 크기로 표시한다. 또한, 폐회로를 흐르는 전류는 그 회로를 주변으로 하는 얇은 자석판과 동등한 작용을 가지는데 이 경우의 자기 모멘트는 전류의 방향을 오른 나사가 도는 방향으로 할 때 나사의 진행 방향을 따른다.

일반적으로 자기장 H 안에 자석 또는 전류 회로를 놓으면 자석이나 회로에는 모멘트를 가진 짝힘이 작용한다. 특히 자기 모멘트의 방향이 자기장에 수직일 때 최대의 모멘트를 갖는 짝힘이 생긴다. 또한, 원자 내에서 원자핵의 주위를 회전하는 전자의 경우도 폐회로를 흐르는 전류와 등가이므로 자기 모멘트를 생각할 수 있다. 즉, 궤도 자기 모멘트는 연속적인 값을 가질 수 없고, 자기 모멘트의 최소 단위에 정수를 곱한 보어 마그네톤(Bohr magneton)이라는 비연속적인 값만을 얻을 수 있다.

그림 2.10은 원자의 자기 능률을 나타낸 것으로 스핀 자기 능률 M_s(spin magnetic moment)와 궤도 운동 자기 능률 M(orbital motion magnetic moment)을 나타낸 것이다. '0'점을 중심으로 $+e$인 전하를 갖는 원자핵이 있으며, 그 주위를 반지름 r의 궤도 운동을 하고 있는 $-e$의 전하를 갖는 전자가 자전하고 있는 것을 나타내고 있다. 즉, 전자는 자전하면서 원자핵의 주위를 궤도 운동하고 있는 것이다.

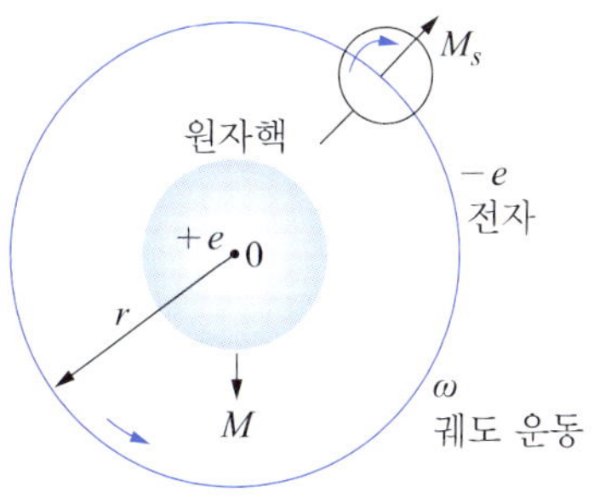

그림 2.10 원자의 자기 능률

전자의 궤도 운동을 구하기 위해 반지름 r의 원운동을 하고 있는 전자의 회전 각속도를 ω라 하면 매초 $\omega/2\pi$회의 속도로 회전하므로 이 전자의 회전에 의해서 발생하는 전류 $I = -e\omega/2\pi$ [A]이다. 전류 I [A]가 단면적 S [m^2]을 포위하는 폐회로에서 발생되는 자기 능률 $M = \mu_0 NSI$ [Wb · m]이다. 그리고 코일의 감은 수 N을 '1'이라 하면 $M = \mu_0 SI$ [Wb · m]이 되고, 단면적 $S = \pi r^2$ [m^2]을 대입하면 전자의 궤도 운동에 따른 자기 능률(M)은 다음과 같다.

$$M = \mu_0 \left(-\frac{e\,\omega}{2\pi} \right) \pi r^2 = -\frac{1}{2} \mu_0\, e\, \omega\, r^2 \ [\text{Wb} \cdot \text{m}] \tag{2.42}$$

이 전자의 질량이 m일 때 전자의 각운동량 $P = m\omega r^2$이므로 궤도 운동 자기 능률 M(orbital motion magnetic moment)은 다음과 같이 표현된다.

$$M = -\frac{\mu_0\, e}{2\, m} P \ [\text{Wb} \cdot \text{m}] \tag{2.43}$$

궤도 운동 자기 능률만을 실험적으로 실증할 수 없으므로 궤도 운동 이외의 전자는 다른 각운동량이 있을 것으로 가정한다. 그리고 그 때의 에너지를 스핀 자기 능률 M_s (spin magnetic moment)라 정의한다. 실험에 의해 입증된 결과에 의하면 스핀 자기 능률은 각운동량 P와 다음과 같은 관계가 있다.

$$M_s = -\frac{\mu_0\, e}{m} P \ [\text{Wb} \cdot \text{m}] \tag{2.44}$$

즉, 스핀 자기 능률은 궤도 운동 자기 능률의 2배가 되는 것을 알 수 있다. 이것을 일반화하여 나타내면 다음과 같다.

$$M = -g\frac{\mu_0 e}{2m}P\,[\mathrm{Wb\cdot m}] \tag{2.45}$$

g는 자이로 자기 계수(磁器係數, gyromagnetic coefficient)라고 한다. 궤도 운동에 대해서는 $g=1$, 스핀에 대해서는 $g=2$가 된다. 강자성체는 스핀에 대하여 $g=2$ 또는 '2'에 가까운 값이 실측되고 있다. 따라서 강자성체의 역할은 $g=2$인 스핀에 의한 자기 능률이므로 강자성체에 대한 자성의 본질이라는 것을 알 수 있다.

2 자화의 세기

자석을 반복하여 절단하면 그 절단면에 새로운 극성이 나타나는 것이 자성체의 성질이다. 자계 내에 있는 자성체 중의 한 점의 미소 체적 δv를 취하고 이 점에서의 자화 방향까지 고려하여 그 자기 능률을 벡터 δM이라 할 때 자화의 세기 또는 자화도(磁化度, intensity of magnetization)는 다음과 같다.

$$J = \lim_{\delta v \to 0}\frac{\delta M}{\delta v} = \frac{dM}{dv}\,[\mathrm{Wb/m^2}] \tag{2.46}$$

자기 능률의 방향은 S극에서 N극으로 향하는 벡터이다. 그러므로 자화의 세기도 자화된 자성체 내부의 S극에서 N극으로 향하는 벡터이다. 또한, 미소 체적의 자화 방향에 대한 단면적을 δS, 자하를 δm이라고 하면 자화의 세기에 대한 크기 J는 다음과 같다.

$$J = \lim_{\delta S \to 0}\frac{\delta m}{\delta S} = \frac{dm}{dS}\,[\mathrm{Wb/m^2}] \tag{2.47}$$

즉, 자화의 세기는 그 체적의 단면에 나타낼 수 있다. 자성체의 길이가 l [m]이라면 체적에 대한 자화의 세기는 다음과 같다.

$$J = \frac{m \times l}{S \times l} = \frac{M}{V}\,[\mathrm{Wb/m^2}] \tag{2.48}$$

V는 자성체의 체적[m^3]이므로 자화의 세기는 단위 체적에 대한 자기 모멘트로도 정의할 수 있다.

예제 2.8 길이 10 [cm], 원형 단면의 지름 4 [cm]인 자성체를 길이의 방향으로 균일하게 자화시키기 위한 자화의 세기는 0.3 [Wb/m²]이었다. 이 자성체의 자기 모멘트 M [Wb·m]은 얼마인가?

풀이 자화의 세기 $J = \lim_{\delta v \to 0} \dfrac{\delta M}{\delta v} = \dfrac{dM}{dv}$ [Wb/m²]이다.

그러므로 $J = \dfrac{M}{V}$ [Wb/m²]에서 자기 모멘트는 다음과 같다.

$$
\begin{aligned}
M &= J \cdot V = J \cdot S \cdot l = J \cdot \pi r^2 \cdot l \\
&= (0.3) \times \pi \times (2 \times 10^{-2})^2 \times (10 \times 10^{-2}) \\
&\fallingdotseq 3.77 \times 10^{-5} \text{ [Wb} \cdot \text{m]}
\end{aligned}
$$

3 투자율과 자화율

동일한 물리계에서 서로 다른 물질의 전자석이 사용된다면 그 자석의 세기는 사용된 철심에 의해서 변하게 될 것이다. 이 변화의 주된 원인은 철심을 통과하는 자속선의 수가 많고 적음에 따라 지배받기 때문이다. 또한, 물질을 자계 내에 놓으면 그 단면에 자극이 생긴다. 이 때 물질은 자화되었다고 한다. 이와 같은 현상을 자기 유도(磁氣誘導, magnetic induction)라고 하며, 이렇게 자화된 물질을 자성체라고 한다. 즉, 자속에 민감하게 반응하는 것을 자성체라 하며, 이 물질들은 고투자율을 가지고 있다. 물질의 투자율(透磁率, permeability)은 그 물질을 통과하는 자속선을 나타내는 측정 단위이며, 전기 회로의 전도(傳導, conduction)와 유사하다.

투자율(μ)은 진공의 투자율(μ_0)과 비투자율(μ_r)의 곱으로 표시된다. μ_0는 진공(眞空, vacuum)의 투자율이고, μ_r는 비투자율(比透磁率, relative permeability)을 의미한다. 일반적으로 강자성체의 비투자율은 $\mu_r \geq 100$이고, 공기 중에서의 비자성 물질은 $\mu_r = 1$이 된다.

$$\mu = \mu_0 \mu_r \text{ [H/m]} \tag{2.49}$$

$$\mu_r = \frac{\mu}{\mu_0} \tag{2.50}$$

$$\mu_0 = 4\pi \times 10^{-7} \text{ [H/m]} \tag{2.51}$$

비투자율 μ_r은 회로 내의 다른 물리량에 대해서 영향을 받는 변수이기 때문에 도식화 할 수 없다.

자성체의 종류는 강자성체, 상자성체, 반자성체 등으로 분류한다. 강자성체(强磁性體, ferromagnetic)는 그림 2.11(a)에서 자화되는 정도가 매우 강하며 자석을 없애도 잔류 자기가 많이 남아 있는 물질로서 니켈(Ni), 철(Fe), 코발트(Co), 망간(Mn) 또는 이들의 합금(合金, alloy) 등이 해당된다. 상자성체(常磁性體, paramagnetic)는 그림 2.11(b)와 같이 자화되는 물질로 알루미늄, 주석, 백금 등이 해당되며, 반자성체(反磁性體, diamagnetic)는 그림 2.11(c)와 같이 구리(Cu), 납(Pb), 아연(Zn) 등이 있다.

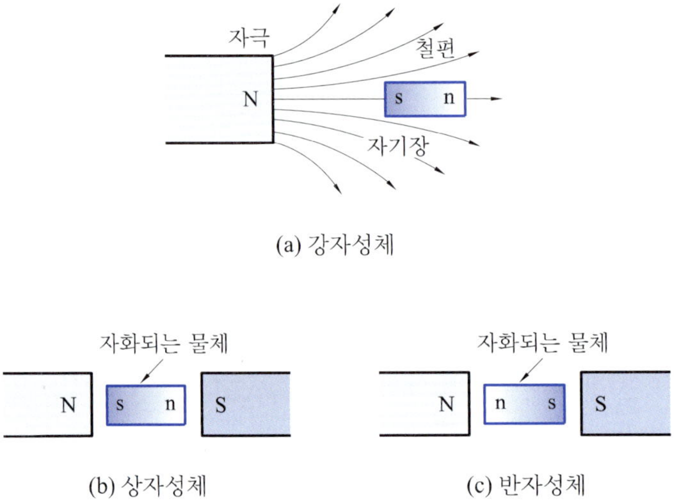

(a) 강자성체

(b) 상자성체

(c) 반자성체

그림 2.11 자성체의 자기 유도

예제 2.9 자계의 세기 1,500 [AT/m] 되는 점의 자속 밀도가 2.8 [Wb/m²]이다. 이 공간의 비투자율은 얼마인가?

풀이 자속밀도와 자계는 다음과 같은 관계가 있다.

$$B = \mu H = \mu_0 \mu_r H \, [\text{Wb/m}^2]$$

그러므로 비투자율은 다음과 같이 계산된다.

$$\mu_r = \frac{B}{\mu_0 H} = \frac{2.8}{(4\pi \times 10^{-7}) \times 1{,}500} \doteqdot 1{,}486$$

물질의 자화의 세기 J는 자성체의 종류에 따라 결정되는 자화율 χ와 자계의 세기 H의 곱으로 나타낼 수 있다.

$$J = \chi H \ [\mathrm{Wb/m^2}] \tag{2.52}$$

식 (2.52)를 자속 밀도 $B = \mu_0 H + J$ [Wb/m^2]에 대입하여 정리하면 다음과 같다.

$$B = \mu_0 H + \chi H = (\mu_0 + \chi)H = \mu H \ [\mathrm{Wb/m^2}] \tag{2.53}$$

여기서, μ는 자성체의 투자율(投資率, permeability)이다. 진공의 투자율 μ_0 [H/m]와 μ의 비율을 그 자성체의 비투자율 μ_r(比投資率, relative permeability)이라 한다. 그리고 자화율 χ(磁化率, magnetic susceptibility)와 진공의 투자율 μ_0의 비율을 비자화율 χ_r(比磁化率, relative magnetic susceptibility)이라하며, 다음과 같은 관계가 있다.

$$\mu = \mu_0 + \chi \tag{2.54}$$

$$\chi = \mu - \mu_0 = \mu_0(\mu_r - 1) = \mu_0 \chi_r \tag{2.55}$$

$$\chi_r = \mu_r - 1 \quad \text{또는} \quad \mu_r = 1 + \chi_r \tag{2.56}$$

$$\mu = \mu_0(1 + \chi_r) \tag{2.57}$$

즉, 자성체의 비투자율 μ_r이 큰 물질일수록 자화가 잘 된다. 그리고 자화율 χ는 자성체에 단위 자계를 주었을 때 생기는 자화를 나타내는 양이다.

예제 2.10 반지름이 2 [cm]인 원형 단면을 가진 환상 철심에 비투자율이 600인 코일을 감고 이것에 전류가 흐를 때 철심 중의 자계의 세기가 500 [AT/m]이었다. 자화율 χ [H/m]와 자화의 세기 J [Wb/m^2]은 얼마인가?

풀이 자화율은 다음과 같다.

$$\begin{aligned}\chi &= \mu - \mu_0 = \mu_0(\mu_r - 1) \\ &= (4\pi \times 10^{-7}) \times (600 - 1) \fallingdotseq 7.52 \times 10^{-4} \ [\mathrm{H/m}]\end{aligned}$$

그러므로 자화의 세기는 다음과 같다.

$$J = \chi H = (7.52 \times 10^{-4}) \times 500 = 0.376 \ [\mathrm{Wb/m^2}]$$

2.8 자기 회로

자기 회로는 자성체와 전원을 접속한 회로이며, 그림 2.12와 같은 자기 회로를 예로 들어 설명하기로 한다. 이와 같이 철심에 코일을 감고 전류를 흘리면 철심 내에 자속이 발생한다. 이때 자속 Φ는 코일의 권수 N이 많을수록 흐르는 전류 I가 클수록 커진다. 이처럼 자속을 만들 수 있는 원동력이 되는 것을 기자력(起磁力, m.m.f; magneto-motive force)이라 하며, 기호는 F이다. 단위는 암페어 턴(Ampere Turn)으로 [AT]를 사용한다.

$$F = NI \text{ [AT]} \tag{2.58}$$

이 기자력에 의하여 생기는 자속의 양은 Φ [Wb]이며, 기자력이 클수록 자속이 많이 생기는데 이 경우 자속이 통과하는 철심의 통로를 자기 회로(磁氣 回路, magnetic circuit)라고 한다. 지금 코일의 감은 수를 N회, 자기 회로의 평균 길이를 l [m]로 하여 전류를 I [A] 만큼 흘리면 코일 내부의 자계는 다음과 같이 나타낸다.

$$H = \frac{NI}{l} \text{ [AT/m]} \tag{2.59}$$

이 자계에 의하여 철심이 자화하여 철심 내부에 발생되는 자속 밀도를 B [Wb/m^2], 철심의 투자율을 μ라고 하면 자속 밀도는 다음과 같이 나타낸다.

$$B = \mu H \text{ [Wb/m}^2\text{]} \tag{2.60}$$

따라서 철심 내부를 통과하는 전 자속 Φ는 철심의 단면적이 A [m^2]이므로 다음과 같이 나타낸다.

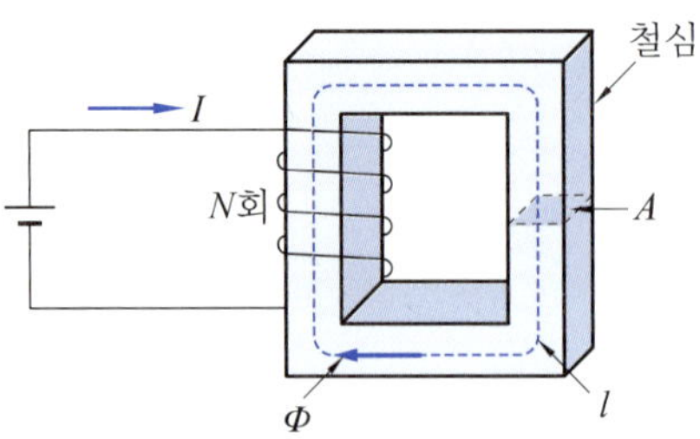

그림 2.12 자기 회로

$$\Phi = BA = \mu HA = \mu \frac{NI}{l} A = \frac{NI}{\left(\frac{l}{\mu A}\right)} = \frac{NI}{R_m} \text{ [Wb]} \tag{2.61}$$

분모항의 R_m 값은 다음과 같이 나타내며, 자기 저항(磁氣 抵抗, reluctance)이라고 한다.

$$R_m = \frac{l}{\mu A} = \frac{NI}{\Phi} \text{ [AT/Wb]} \tag{2.62}$$

따라서 자기 회로를 통과하는 자속 Φ [Wb]는 기자력 NI [AT]에 비례하고, 자기 저항 R_m [AT/Wb]에 반비례한다. 이러한 관계를 자기 회로에 관한 옴의 법칙이라고 한다. 전기 회로와 자기 회로를 비교하면 유사한 특성이 있으며, 이를 표 2.1에 나타낸다.

표 2.1 전기 회로와 자기 회로의 비교

전기 회로		자기 회로	
전압	$V = IR$ [V]	기자력	$F = NI$ [AT]
전류	$I = \frac{V}{R}$ [A]	자속	$\Phi = \frac{F}{R_m}$ [Wb]
전기 저항	$R = \frac{V}{I}$ [Ω]	자기 저항	$R_m = \frac{l}{\mu A}$ [AT/Wb]
전계의 세기	$E = \frac{V}{d}$ [V/m]	자계의 세기	$H = \frac{F}{l}$ [A/m]
전속 밀도	$D = \frac{Q}{A}$ [C/m^2]	자속 밀도	$B = \frac{\Phi}{A}$ [Wb/m^2]

예제 2.11 환상 철심에 감은 코일에 5 [A]의 전류를 흘리면 200 [AT]의 기자력이 생기는 것으로 한다면 코일의 권수는 얼마로 하여야 하는가?

풀이 $F = NI$ [AT]이므로 코일의 권수는 다음과 같다.

$$N = \frac{F}{I} = \frac{200}{5} = 40 \text{ [회]}$$

예제 2.12 철심이 든 환상 솔레노이드에서 1,000 [AT]의 기자력에 의해서 철심 내에 5×10^{-5} [Wb]의 자속이 통하면 이 철심 내의 자기 저항은 몇 [AT/Wb]인가?

풀이 자속, 자속 밀도, 단면적 등은 다음과 같은 관계가 있다.

$$\Phi = BA = \mu HA = \mu\frac{NI}{l}A = \frac{NI}{\left(\frac{l}{\mu A}\right)} = \frac{NI}{R_m}\ [\mathrm{Wb}]$$

그러므로 자기 저항은 다음과 같이 구할 수 있다.

$$R_m = \frac{F}{\Phi} = \frac{1{,}000}{5\times10^{-5}} = 2\times10^{7}\ [\mathrm{AT/Wb}]$$

2.9 히스테리시스 곡선

니켈, 철, 코발트, 망간 등과 같은 강자성체(强磁性體, ferromagnetic)를 자화시킬 때 자계의 세기 H를 증가시키면 자속 밀도 B도 증가하게 된다. 그러나 자계의 세기를 계속 증가시켜도 자속 밀도는 어느 범위에 이르면 증가하지 않게 되는데 이와 같은 현상을 자기 포화(磁氣 飽和, magnetic saturation)라 한다.

그림 2.13은 자계의 세기 H와 자속 밀도 B의 관계를 나타낸 것인데 이 곡선을 자화 곡선(磁化 曲線, magnetization curve) 또는 B-H 곡선이라고 한다.

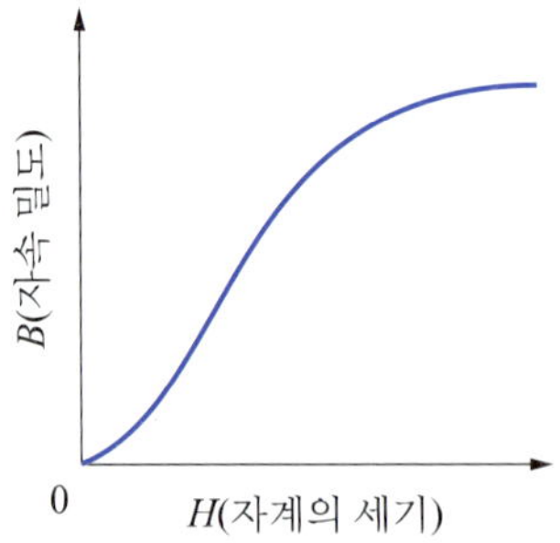

그림 2.13 자화 곡선

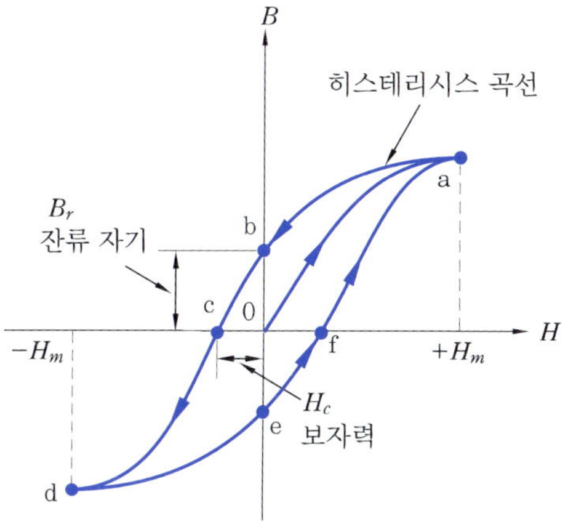

그림 2.14 **히스테리시스 곡선**

자화되지 않은 강자성체를 자장 중에 놓고 자계의 세기를 그림 2.14의

$$0 \rightarrow +H_m \rightarrow 0 \rightarrow -H_m \rightarrow 0 \rightarrow +H_m$$

과 같이 변화시키면 철편 중의 자속 밀도 B는

$$0 \rightarrow \mathrm{a} \rightarrow \mathrm{b} \rightarrow \mathrm{c} \rightarrow \mathrm{d} \rightarrow \mathrm{e} \rightarrow \mathrm{f} \rightarrow \mathrm{a}$$

와 같이 변화한다.

이 경우 B와 H의 관계를 표시한 곡선을 히스테리시스 곡선(hysteresis loop)이라고 한다. 자성체를 $+H_m$으로 자화시킨 후 자계의 세기 H를 '0'으로 하여도 자성체는 B_r 값만큼 자기가 남게 되는데 이를 잔류 자기(殘留 磁氣, residual magnetization)라고 한다. 이 잔류 자기 B_r 값을 '0'으로 만드는데 소요되는 자계의 세기 H_c를 보자력(保磁力, coercive force)이라고 한다.

히스테리시스 환을 1회 그려서 처음의 a점에 되돌아가면 히스테리시스 환의 면적만큼 여분의 에너지가 필요로 하게 됨을 알 수 있다.

$$w_k = \oint H \cdot dB = \text{히스테리시스 내의 면적} \tag{2.63}$$

자계의 에너지는 처음과 동일하므로 히스테리시스 면적에 해당하는 에너지는 손실이며, 이것은 열로 발산된다는 것이 확인되었다. 전기기기에서는 대부분 교류를 사용하므로 1 [Hz]에서 w_h만큼의 에너지가 소비되므로 매초 f [Hz]에서는 단위 체적당 다음과 같은 손실이 발생한다.

$$P_h = f w_h \,[\mathrm{W/m^3}] \tag{2.64}$$

P_h는 히스테리시스 손실이다. 이러한 히스테리시스 손실은 규소강(硅素鋼, silicon steel)을 사용함으로써 줄일 수 있다. 그리고 스테인메츠(Steinmetz)는 여러 가지 전기 기기용 자성체를 조사하여 w_h가 최대 사용 자속 밀도의 약 1.6제곱에 비례한다는 실험식을 다음과 같이 얻었다.

$$w_h = \eta B_m^{1.6} \,[\mathrm{J/m^3}] \tag{2.65}$$

이 실험식에서 η는 히스테리시스 계수(hysteresis coefficient)라고 부르며, 재료에 따라 다른 값을 나타낸다. 또한, B_m의 지수 1.6은 스테인메츠의 상수(Steinmetz's constant)라고 부른다.

2.10 앙페르의 오른나사 법칙

도선에 전류가 흐를 때 그 주위에 자계가 발생한다는 현상을 1820년 덴마크의 물리학자 에르스텟(H.C. Oersted, 1777～1851)에 의해서 발견되었다. 에르스텟은 도선 가까이에 놓은 자침이 도선에 흐르는 전류에 의하여 움직인다는 사실로부터 전류가 흐르는 도선 주위에 자계가 발생된다는 것을 발견하였다. 그림 2.15에 나타낸 바와 같이 도체 주위에는 동심원상으로 철가루가 배열되는 것을 볼 수 있는데 이로 미루어 보아 도체에 전류가 흐르면 도체 주위에는 자기장이 형성됨을 알 수 있다.

그 후 1822년 프랑스의 과학자 앙페르(A.M. Ampere, 1775～1836)의 실험적 연구에서 중요한 법칙을 발견하였다. 이때 자기력선의 방향은 전류가 흐르는 방향으로 오른 나사가 진행할 때 나사의 회전 방향과 일치한다. 이것을 앙페르의 오른나사 법칙(Ampere's right-handed screw rule)이라고 하며, 이를 그림 2.16에 나타낸다.

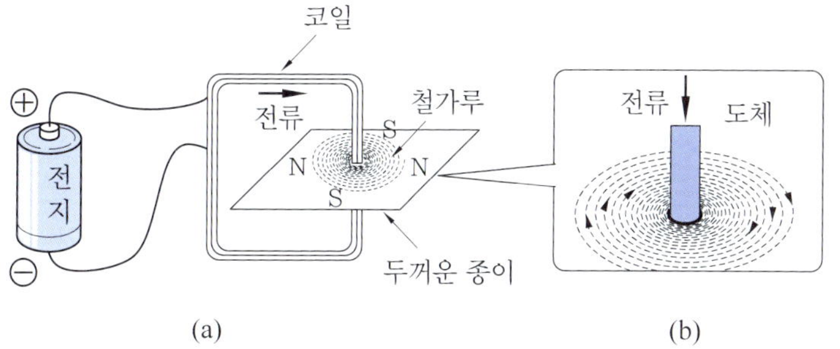

그림 2.15 전류에 의한 자기장의 발생

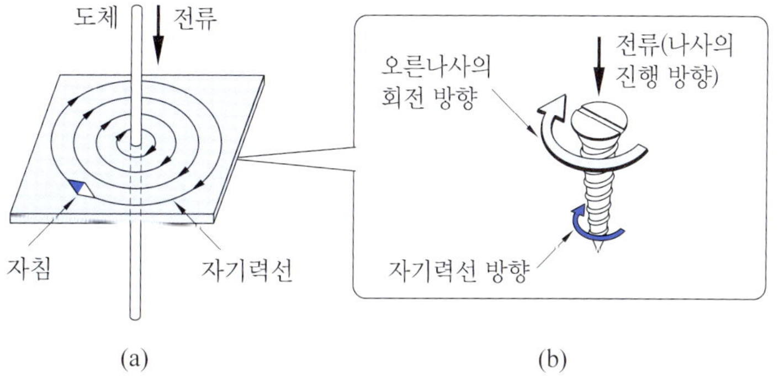

그림 2.16 앙페르의 오른나사 법칙

2.11 플레밍의 법칙

존 앰브로즈 플레밍(John Ambrose Fleming, 1849~1945)은 영국의 전기기술자이며, 물리학자이다. 그는 플레밍의 법칙을 고안한 것과 2극 진공관의 발명으로 유명하다. 플레밍의 법칙은 전류, 자장, 도체 운동의 3방향에 관한 것으로 플레밍의 오른손 법칙(Fleming's right hand rule)과 플레밍의 왼손 법칙(Fleming's left hand rule)으로 이루어져 있다. 마이클 패러데이에 의하여 발견된 전자기 유도 현상을 판단하기 쉽도록 인간의 손 모양으로 표시한 것이다.

1 플레밍의 왼손 법칙

그림 2.17(a)와 같이 N극과 S극으로 형성된 자기장 B [Wb/m^2] 내에 도체를 놓고, 도체에 직류 전류 I [A]를 흘려주면 도체는 힘을 받아 움직이게 되는데 이 힘 F를 전자력(電磁力, e.m.f; electromagnetic force)이라고 한다. 그런데, 전자력의 크기 F [N]은 다음 식으로 나타낼 수 있다.

$$F = BIl\sin\theta \ [\mathrm{N}] \tag{2.66}$$

B는 자속 밀도[Wb/m^2], I는 전류[A], l는 도체의 길이[m]이다.

전자력에 의한 도체의 이동 방향은 플레밍의 왼손 법칙(Fleming's left hand rule)에 따른다. 이 법칙은 그림 2.17(b)와 같이 왼손의 세 손가락을 서로 직각으로 펼치고, 둘째 손가락을 자기장 방향, 셋째 손가락을 전류의 방향에 일치시킬 때 엄지 손가락 방향이 도체의 운동 방향이 된다. 전동기의 회전 방향은 플레밍의 왼손 법칙에 의하여 결정된다.

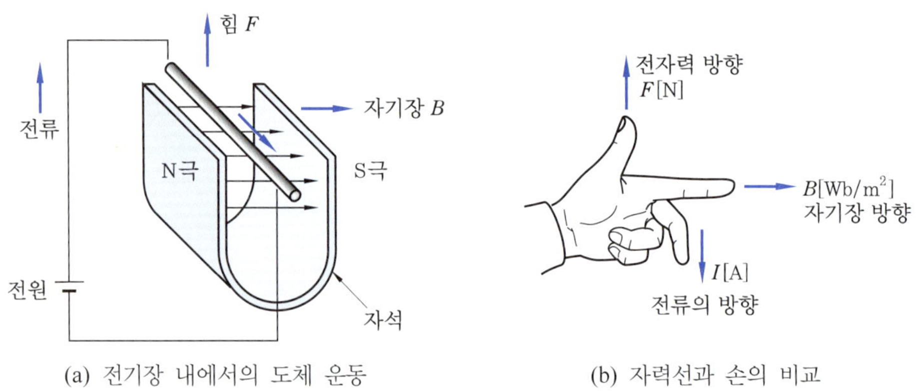

(a) 전기장 내에서의 도체 운동 (b) 자력선과 손의 비교

그림 2.17 플레밍의 왼손 법칙에 의한 전자력 발생의 방향

예제 2.13 자속 밀도 0.8 [Wb/m^2]인 평등 자계 내에 자계의 방향과 30° 의 방향으로 놓은 길이 10 [cm]의 도체에 5 [A]의 전류가 흐를 경우 도체가 받는 힘은 얼마인가?

풀이 전류가 흐를 때 도체가 받는 힘은 다음과 같은 수식으로 구할 수 있다.

$$F = BIl\sin\theta$$
$$= 0.8 \times 5 \times 10 \times 10^{-2} \times \sin 30° = 0.2\ [\mathrm{N}]$$

2 플레밍의 오른손 법칙

그림 2.18은 전자 유도에 관한 실험 방법을 나타낸 것이다. 그림 2.18(a)에서 N극과 S극 사이의 자기장 내에 있는 도체를 상하로 움직이게 되면 도체에 기전력이 유도되어 검류계의 바늘이 움직이게 된다. 마찬가지로 그림 2.18(b)에서 코일 내부로 자석을 넣었다 뺐다 하면 코일에 기전력이 유도되어 검류계의 바늘이 움직이게 된다. 이러한 현상들을 전자 유도(電磁 誘導, electromagnetic induction)라고 한다. 이때 N극과 S극 사이의 자기장 B 내에서 도체가 힘 F의 방향으로 운동을 하게 될 때 유도되는 전류 I의 방향을 나타낸 것이 플레밍의 오른손 법칙(Fleming's right hand rule)이다. 이 법칙은 그림 2.19와 같이 오른손의 세 손가락을 서로 직각으로 펼치고, 첫째 손가락을 도체의 운동 방향, 둘째 손가락을 자기장의 방향에 일치시킬 때 셋째 손가락의 방향이 전류가 흐르는 방향이 된다. 발전기의 전압 발생 방향은 플레밍의 오른손 법칙에 의하여 결정된다.

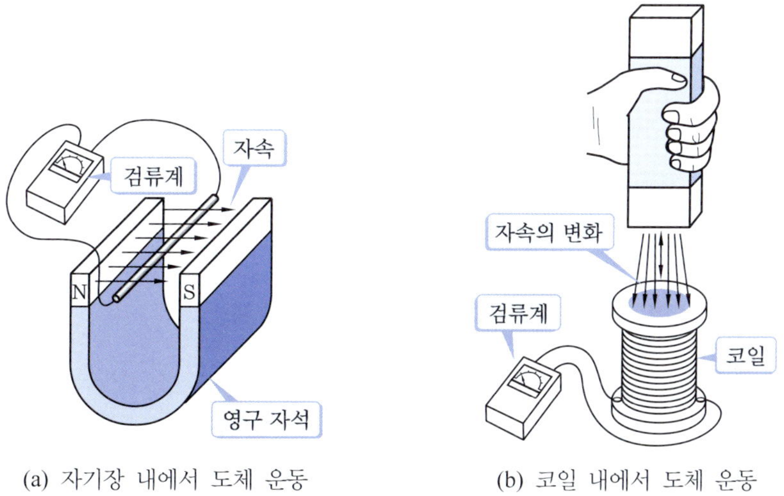

(a) 자기장 내에서 도체 운동 (b) 코일 내에서 도체 운동

그림 2.18 전자 유도의 현상

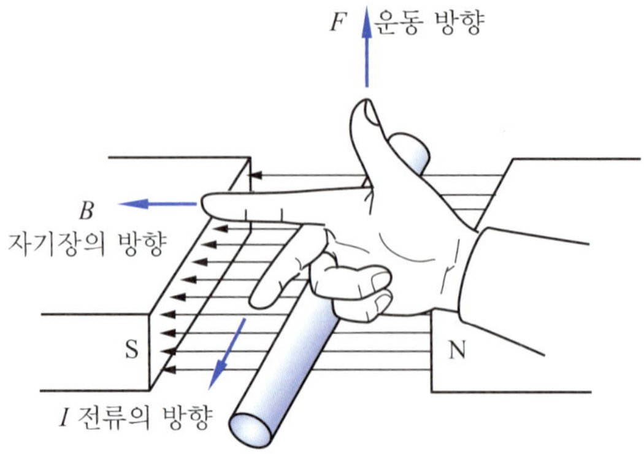

그림 2.19 플레밍의 오른손 법칙에 의한 전류의 발생 방향

예제 2.14 어떤 공간에서 0.2 [Wb/m^2]의 평등 자계 속에 자계와 직각 방향으로 놓인 길이 30 [cm]의 도체를 자계와 30° 의 방향으로 30 [m/s]의 속도로 이동시킬 때 도체 양단에 유기되는 기전력은 얼마인가?

풀이 도체에 유기되는 기전력은 다음과 같이 구할 수 있다.

$$e = Blv\sin\theta = 0.2\times 0.3\times 30\times \sin 30° = 0.9\,[\mathrm{V}]$$

예제 2.15 어떤 공간에서 1 [Wb/m^2]의 자속 밀도에 수직으로 놓인 길이 1 [m]인 도체에 1 [N]의 힘이 작용한 것으로 측정되었다면 도체에 흐르는 전류는 얼마인가?

풀이 $F = BIl\sin\theta$ [N]이므로 전류는 다음과 같다.

$$I = \frac{F}{Bl\sin\theta} = \frac{1}{1\times 1\times \sin 90°} = 1\,[\mathrm{A}]$$

2.12 비오-사바르의 법칙

프랑스의 물리학자 비오(Jean-Baptiste Biot, 1774~1862)와 그의 조수인 사바르(Félix Savart, 1791~1841)는 1820년 전류가 흐르는 도선에 의해 만들어지는 자기장의 세기를 계산할 수 있는 적분식을 제안했다. 이것을 비오-사바르의 법칙(Biot-Savart's law)이라고 부르며, 자석의 성질은 전기와 무관한 성질이 아니라 전하에 의해 만들어지는 성질이라는 것이 밝혀진 것이다.

즉, 전선에 흐르는 전류에 의해서 발생되는 자계의 세기는 전류의 크기와 거리에 따라 다르게 된다. 그림 2.20(a)와 같이 전류 I [A]가 흐르는 도체의 미소 부분 dl [m] 지점에서 r [m] 떨어진 P점의 자계의 세기 dH [A/m]는 dl과 점 P를 연결하는 방향이 dl과 이루는 각을 θ [rad]라고 할 때 다음과 같이 나타낸다. 이 식을 비오-사바르의 법칙(Biot-Savart's law)이라고 한다.

$$dH = \frac{I\,dl\sin\theta}{4\pi r^2}\ [\mathrm{AT/m}] \tag{2.67}$$

예를 들면 그림 2.20(b)에서와 같이 반지름이 r [m]인 원형 코일에 전류가 흐를 때 원형 코일의 중심에서의 자계의 세기 H_0는 다음과 같이 나타낸다.

$$H_0 = \int_0^{2\pi r}\frac{I\,dl\sin 90°}{4\pi r^2} = \frac{I}{4\pi r^2}\int_0^{2\pi r} dl\ [\mathrm{AT/m}] \tag{2.68}$$

따라서, 반지름이 r [m]일 때 구의 표면적 $S=4\pi r^2$ [m^2]이고, 구의 원둘레 $l=2\pi r$ [m]이다.

만일 원형 코일의 감은 횟수가 N일 경우에 자계의 세기는 다음과 같이 나타낸다.

$$H = \frac{NI}{2r}\ [\mathrm{AT/m}] \tag{2.69}$$

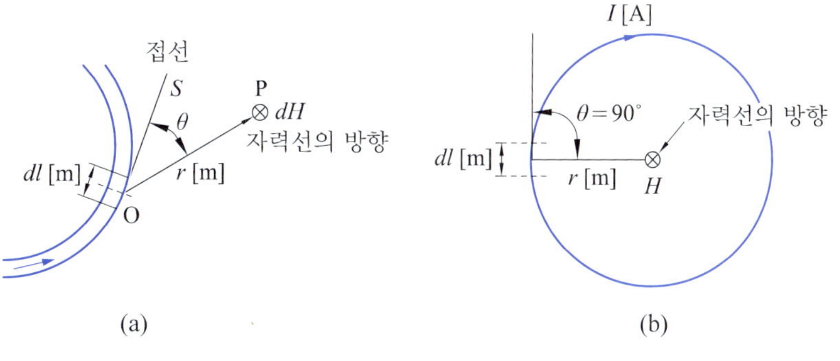

그림 2.20 비오-사바르의 법칙

예제 2.16 반지름이 40 [cm]인 원형 코일에 전류 100 [A]가 흐르고 있다. 이때 중심점에서의 자계의 세기는 얼마인가?

풀이 원형 코일의 중심에서 작용하는 자계의 세기는 다음과 같이 구할 수 있다.

$$H = \frac{NI}{2r} = \frac{100}{2\times 40\times 10^{-2}} = 125\ [\mathrm{AT/m}]$$

예제 2.17 진공 중에 놓인 평행 2회선에 흐르는 전류가 각각 2 [A], 3 [A]이고, 선간 거리가 10 [cm]일 때 두 선간에 작용하는 힘 [N]은 얼마인가?

풀이 평행한 2선간에 작용하는 힘은 다음과 같이 나타낸다.

$$F = \frac{\mu_0 I_1 I_2}{2\pi r}\ [\mathrm{N}]$$

그러므로 작용하는 힘은 다음과 같다.

$$F = \frac{\mu_0 I_1 I_2}{2\pi r} = \frac{(4\pi\times 10^{-7})\times 2\times 3}{2\pi\times(10\times 10^{-2})} = 12\times 10^{-6}\ [\mathrm{N}]$$

연습문제

01 자석은 쇠붙이를 끌어당기는 성질이 있으며, 중심을 매달면 남북을 가리키는 근원을 (　　　　)라 한다.

정답 자기

02 자계의 형태는 눈으로 보이지 않으므로 자계의 상태를 표시하는 가상의 선을 (　　　　)이라고 한다.

정답 자기력선

03 공기 중에서 0.1 [m] 떨어진 두 자극 2.5×10^{-4} [Wb], 4×10^{-3} [Wb] 사이에 작용하는 힘은?

정답 6.33 [N]

04 어떤 철심의 비투자율이 1,000이고, 자계의 세기가 200 [AT/m]이라면 자속 밀도는 얼마인가?

정답 $8\pi\times10^{-2}$ [Wb/m^2]

05 자극의 세기가 100 [AT/m]의 자계 중에서 5×10^{-2} [Wb]의 자하를 놓았을 때 받는 힘은 얼마인가?

정답 5 [N]

06 자성체의 종류 중에서 강자성체는 자화되는 정도가 매우 강하며 자석을 없애도 잔류 자기가 많이 남아 있는 물질로서 (　　　　,　　　　,　　　　,　　　　) 등이 있다.

정답 니켈, 철, 코발트, 망간

07 환상 철심에 코일을 100회 감고, 전류를 10 [A] 흘리면 기자력은 얼마가 발생하는가?

정답 1,000 [AT]

08 강자성체를 자화시킬 때 자계의 세기를 증가시키면 자속 밀도도 증가하게 된다. 그러나 자계의 세기를 계속 증가시켜도 자속 밀도는 어느 범위에 이르면 증가하지 않게 되는데 이와 같은 현상을 (　　　　)라 한다.

정답 자기 포화

09 플레밍의 왼손 법칙에서 왼손의 세 손가락을 서로 직각으로 펼치고, 첫째 손가락은 (　　　　), 둘째 손가락은 (　　　　), 셋째 손가락은 (　　　　)과 일치한다.

정답 도체의 운동 방향, 자기장의 방향, 전류의 방향

10 2 [Wb/m^2]의 평등 자계 속에 자계와 직각 방향으로 놓인 길이 50 [cm]의 도체를 자계와 60° 의 방향으로 50 [m/s]의 속도로 이동시킬 때 도체 양단에 유기되는 기전력은 얼마인가?

정답 $e \fallingdotseq 43.3$ [V]

Chapter 3

회로망의 정리

3.1 회로망의 용어

여러 개의 전원과 회로 소자로 구성된 회로망(回路網, network)의 효율적인 해석을 위해 그림 3.1과 같이 회로 소자의 이름이 정의되어 있다. 그림 3.1(a)의 회로에 대한 위상 그래프(topological graph)의 예를 그림 3.1(b)에 나타낸다. 그리고 그림 3.1(c)와 같이 그래프의 각 선에 화살표를 붙여 기준 방향을 표시하면 방향성 그래프(oriented graph, directed graph)라고 부른다. 시스템 내의 회로망을 해석하기 위해 사용되는 용어는 다음과 같은 것이 있으며, 그림 3.2에 그래프로 나타낸다.

① **절점 또는 마디(node or vertex)**

회로망에서 두 개 또는 그 이상의 소자가 연결되는 점(a, b, c, d)이다.

② **지로 또는 가지(branch)**

절점과 절점 사이에 연결된 회로 소자이다.

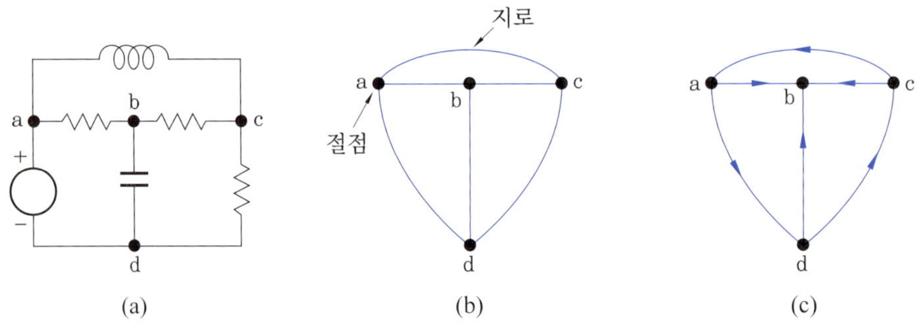

그림 3.1 회로망과 그래프(1)

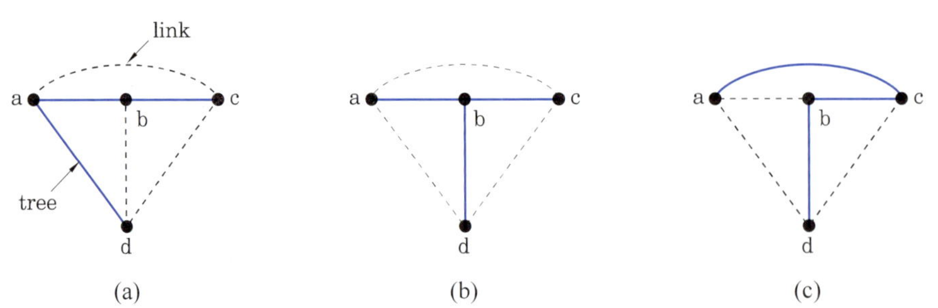

그림 3.2 회로망과 그래프(2)

③ **폐로(loop)**

몇 개의 지로를 통하여 일주하면서 완결되는 폐회로(closed loop)이다.

④ **회로망 그래프(network graph)**

그림 3.1(b)와 같이 지로가 어떤 소자를 나타내는가를 불문에 붙이고, 이것을 하나의 선분으로 대표하여 절점 사이를 연결한 것이다.

⑤ **방향성 그래프(directed graph)**

그림 3.1(c)와 같이 지로마다 화살표를 붙여서 전류의 방향 및 전압 강하의 방향을 표시한 그래프를 말하며, 화살표가 없는 것은 무방향성 그래프(undirected graph)이다.

⑥ **평면 회로망(planner network)**

어느 지로도 교차하지 않도록 평면상에 그 회로도를 그릴 수 있는 회로망을 말하며, 그와 같이 그릴 수 없는 회로를 비평면 회로망(non-planner graph)이다.

⑦ **메시(mesh)**

평면 회로망에서 형성되는 작은 폐회로들을 말한다.

⑧ **트리(tree)**

주어진 회로망 그래프에서 모든 절점을 폐로의 형성 없이 연결한 부분 그래프(sub-graph)를 말하며, 주어진 회로망에 대하여 트리는 여러 개가 있을 수 있다.

⑨ **링크(link)**

주어진 트리에 대하여 트리 지로 이외의 회로망 그래프의 모든 지로를 말하며, 링크의 수는 지로의 총수에서 트리 지로의 수를 뺀 것과 같다(그림 3.2).

⑩ **능동 회로망(active network)**

회로망 중에 전원이 포함된 것이다.

⑪ **수동 회로망(passive network)**

회로망 중에 전원을 포함하지 않은 것이다.

⑫ **능동 소자(active element)**

회로망을 구성하는 소자 중에서 에너지를 공급하는 소자이다.

⑬ **수동 소자(passive element)**

회로망을 구성하는 소자 중에서 에너지를 공급할 수 없는 소자이다.

⑭ **선형 소자(linear element)**
수동 소자의 전압 전류 특성이 직선으로 나타나는 소자이다.

⑮ **선형 회로망(linear network)**
선형 소자만으로 구성된 회로망이다.

⑯ **비선형 회로망(nonlinear network)**
비선형 소자를 포함하는 회로망이다.

3.2 노드 전압법

일반적으로 회로망의 해석은 분기 전류 및 노드 전압을 계산하는 것이다. 그러므로 모든 변수를 명확하게 객관화하는 것이 중요하며, 알고 있는 변수와 모르는 변수를 정해야 한다. 즉, 지정된 변수를 체계적으로 제시할 수 있는 회로 방정식을 수립하고, 적절한 해법을 사용하여 해를 구하는 것이다. 노드 전압의 해석은 회로의 해석에서 가장 보편적으로 사용하는 방법으로 선형 회로에 주로 적용된다.

회로망의 해석을 위해 적용되는 노드 전압법(node voltage method)은 각각의 노드에서 전압을 독립 변수로 정의한다. 노드 중의 하나를 기준 노드(reference node)라 하며, 나머지 각각의 노드 전압은 기준 노드를 기준으로 결정된다. 또한, 각각의 노드 전압이 정의되면 각 분기에 흐르는 전류를 결정하기 위한 인접한 두 노드 사이에 옴의 법칙을 적용한다.

노드 전압법에서 각각의 분기 전류는 하나 또는 그 이상의 노드 전압으로 나타낼 수 있으므로 전류는 표면적으로 나타나지 않는다. 그리고 각 분기 전류를 노드 전압의 항으로 정의한 후에 키르히호프의 전류 법칙(K.C.L)을 각각의 노드에 적용한다. 즉, n개의 노드가 있는 회로에 대해서 n개의 선형방정식을 수립할 수 있다. 그러나 노드 전압 중의 하나는 기준 노드 전압이기 때문에 이미 알고 있는 값인 '0'으로 가정한다. 그러므로 $n-1$개의 노드 전압에 대해서 $n-1$개의 독립적인 선형방정식을 수립할 수 있는 것이다. 일반적으로 회로망을 효과적으로 해석하기 위해서 적용되는 노드 전압법은 다음과 같은 절차를 따른다.

① 일반적으로 접지되어 있는 부분을 기준 노드로 선택한다. 이 노드는 대부분의 소자들이 연결되어 있고, 다른 모든 노드 전압은 이 노드를 기준으로 결정한다.

② 나머지 $n-1$개의 노드 전압을 독립 또는 종속 변수로 정의한다. 회로에 구성된 m개의 전압원 각각은 종속 변수로 분류한다. 즉, 노드가 전압원에 연결되어 있지 않으면 그 노드의 전압은 독립 변수로 다룬다.
③ 독립 변수로 분류된 각각의 노드에 키르히호프의 전류 법칙을 적용하고, 각각의 분기 전류를 인접한 노드 전압의 항으로 나타낸다.
④ $n-1-m$개의 미지수로 구성된 연립방정식[1)]의 해를 구하면 해석이 완료된다.

노드 해석법의 적용 방법을 이해하기 위해 그림 3.3(a)와 같은 회로를 가정한다. 노드 및 분기 회로의 특성을 적절하게 설명하기 위해 그림 3.3(b)와 같이 등가 회로를 구성하고 각각의 전류 및 저항의 방향을 정의한다. 따라서 회로망의 어느 부분이 노드인지 명확하게 표시되며, 전류의 방향 역시 명확하게 결정된다.

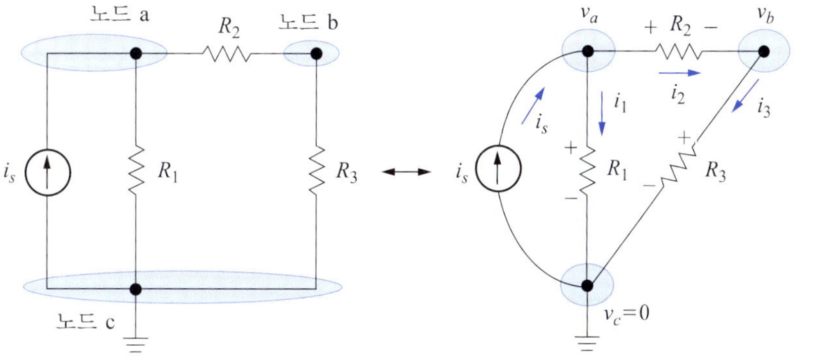

(a) 일반 회로 (b) 등가 회로

그림 3.3 노드 해석의 예

노드 a 및 노드 b에 키르히호프의 전류 법칙(K.C.L)을 적용하고 수식을 세우면 다음과 같다.

$$i_s - i_1 - i_2 = 0 \tag{3.1}$$

$$i_2 - i_3 = 0 \tag{3.2}$$

그리고 노드 c에 키르히호프의 전류 법칙(K.C.L)을 적용하고 수식을 세우면 식

1) 연립방정식은 미지수와 수의 연산으로 이루어진 여러 개의 방정식을 한꺼번에 고려하고자 나열한 형태를 말한다.

(3.3)과 같으며, 접지되어 있는 기준 노드에 K.C.L을 적용할 필요가 없다는 것을 알 수 있을 것이다.

$$i_1 + i_3 - i_s = 0 \tag{3.3}$$

그러므로 회로망의 해석을 위해 적용된 전류 i_1, i_2, i_3는 독립 변수인 v_1, v_2, v_3의 함수로 표현할 수 있다. 즉, 옴의 법칙을 적용하여 i_1을 나타내면 다음과 같다. 이 식은 노드 a에서 노드 c로 흐르는 전류 i_1이 발생시키는 양단의 전위차 $v_a - v_c$ 사이에 R_1이 있기 때문이다.

$$i_1 = \frac{v_a - v_c}{R_1} \text{ [A]} \tag{3.4}$$

그러므로 이와 같은 방법을 i_2와 i_3에 각각 적용하면 다음과 같이 식을 얻을 수 있다.

$$i_2 = \frac{v_a - v_b}{R_2} \text{ [A]} \tag{3.5}$$

$$i_3 = \frac{v_b - v_c}{R_3} \text{ [A]} \tag{3.6}$$

식 (3.4)와 식 (3.5)를 식 (3.1)과 식 (3.2)에 대입하면 다음과 같다.

$$i_s - \frac{v_a - v_c}{R_1} - \frac{v_a - v_b}{R_2} = 0 \tag{3.7}$$

$$\frac{v_a - v_b}{R_2} - \frac{v_b - v_c}{R_3} = 0 \tag{3.8}$$

그리고 v_c는 접지되어 있는 노드이므로 $v_c = 0$이며, 식 (3.7)과 식 (3.8)을 정리하면 다음과 같다.

$$\left(\frac{1}{R_1} + \frac{1}{R_2}\right) v_a + \left(-\frac{1}{R_2}\right) v_b = i_s \tag{3.9}$$

$$\left(-\frac{1}{R_2}\right) v_a + \left(\frac{1}{R_2} + \frac{1}{R_3}\right) v_b = 0 \tag{3.10}$$

예제 3.1 어떤 회로망이 그림 3.4와 같이 구성되어 있다. $I_1=2\,[\mathrm{A}]$, $I_2=4\,[\mathrm{A}]$, $R_1=1\,[\mathrm{k\Omega}]$, $R_2=2\,[\mathrm{k\Omega}]$, $R_3=4\,[\mathrm{k\Omega}]$, $R_4=2\,[\mathrm{k\Omega}]$일 때 노드 전압법을 이용하여 각각의 저항에 흐르는 전류를 계산하시오.

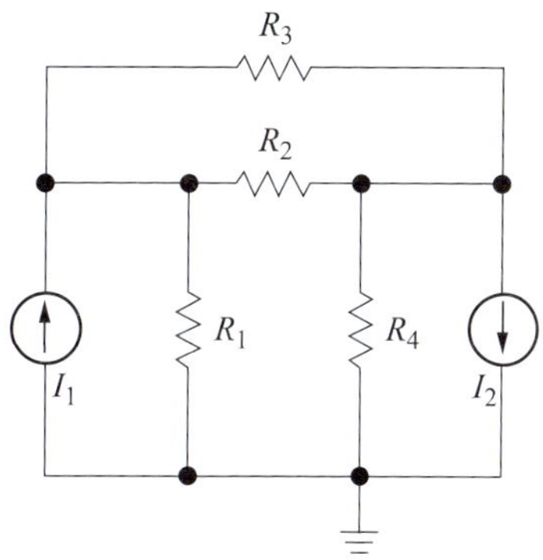

그림 3.4

풀이 ① 회로망의 하단에 접지되어 있는 노드를 기준 노드로 결정한다.

② 그림 3.5와 같이 노드 1 및 노드 2를 나타낸다. 그러므로 회로망에는 2개의 독립변수 v_1과 v_2가 만들어진다.

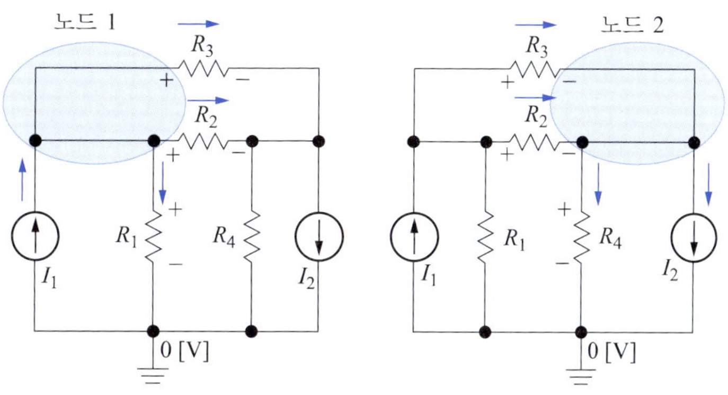

(a) 노드 1 (b) 노드 2

그림 3.5

③ 노드 1과 노드 2에 키르히호프의 전류 법칙을 적용하여 수식을 구성하면 다음과 같다.

<노드 1> $I_1 - I_{R_1} - I_{R_2} - I_{R_3} = 0$이다.

$$I_1 - \frac{v_1 - 0}{R_1} - \frac{v_1 - v_2}{R_2} - \frac{v_1 - v_2}{R_3} = 0$$

<노드 2> $I_{R_2} + I_{R_3} - I_{R_4} - I_2 = 0$이다.

$$\frac{v_1 - v_2}{R_2} + \frac{v_1 - v_2}{R_3} - \frac{v_2 - 0}{R_4} - I_2 = 0$$

이 식들을 변수 분리하여 미지의 노드 전압의 수식으로 나타내면 다음과 같다.

$$\text{노드 1 : } \left(\frac{1}{R_1} + \frac{1}{R_2} + \frac{1}{R_3}\right)v_1 + \left(-\frac{1}{R_2} - \frac{1}{R_3}\right)v_2 = I_1$$

$$\text{노드 2 : } \left(-\frac{1}{R_2} - \frac{1}{R_3}\right)v_1 + \left(\frac{1}{R_2} + \frac{1}{R_3} + \frac{1}{R_4}\right)v_2 = -I_2$$

④ 저항과 전류를 대입하여 정리하면 다음과 같다.

노드 1 : $1.75\,v_1 - 0.75\,v_2 = 2$

노드 2 : $-0.75\,v_1 + 1.25\,v_2 = -4$

그러므로 두 개의 연립방정식을 풀면 v_1과 v_2는 다음과 같이 행렬식[2]으로 나타낼 수 있다.

$$v_1 = \frac{\begin{vmatrix} 2 & -0.75 \\ -4 & 1.25 \end{vmatrix}}{\begin{vmatrix} 1.75 & -0.75 \\ -0.75 & 1.25 \end{vmatrix}} = \frac{(2 \times 1.25) - (-0.75 \times -4)}{(1.75 \times 1.25) - (-0.75 \times -0.75)} = \frac{-0.5}{1.625}$$

$$\fallingdotseq -0.3\,[\mathrm{V}]$$

$$v_2 = \frac{\begin{vmatrix} 1.75 & 2 \\ -0.75 & -4 \end{vmatrix}}{\begin{vmatrix} 1.75 & -0.75 \\ -0.75 & 1.25 \end{vmatrix}} = \frac{(1.75 \times -4) - (2 \times -0.75)}{(1.75 \times 1.25) - (-0.75 \times -0.75)} = \frac{-5.5}{1.625}$$

$$= -3.4\,[\mathrm{V}]$$

따라서 각각의 저항에 흐르는 전류는 다음과 같다.

$$i_{R_1} = \frac{v_1 - 0}{R_1} = \frac{-0.3}{1{,}000} = -0.3\,[\mathrm{mA}]$$

$$i_{R_2} = \frac{v_1 - v_2}{R_2} = \frac{-0.3 - (-3.4)}{2{,}000} = 1.55\,[\mathrm{mA}]$$

$$i_{R_3} = \frac{v_1 - v_2}{R_3} = \frac{-0.3-(-3.4)}{4{,}000} = 0.775\ [\mathrm{mA}]$$

$$i_{R_4} = \frac{v_2 - 0}{R_4} = \frac{-3.4}{2{,}000} = -1.7\ [\mathrm{mA}]$$

3.3 망전류법

회로망을 해석하는 또 다른 방법은 독립 변수로 망전류(網電流, mesh current)를 이용하는 망전류법(網電流法, mesh current method)이다. 이 방법은 노드 전압법과 유사한 특성을 갖고 있다. 즉, 독립 변수와 망전류를 사용하여 적절한 수의 독립 방정식을 세우는 것이다. 망전류법은 지정된 방향으로 저항에 흐르는 전류가 결정되면 저항에 걸리는 전압의 극성을 그림 3.6과 같이 정의하는 것이다.

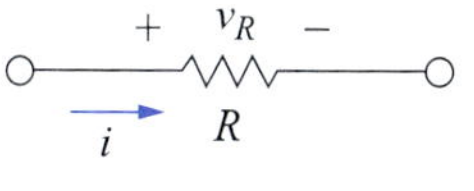

그림 3.6 저항의 극성 결정

그리고 키르히호프의 전압 법칙(K.V.L)을 적용하여 폐회로에 대한 전압의 합은 '0'이 된다. 즉, 그림 3.7의 회로에 K.V.L을 적용하면 간단하게 방정식을 제시할 수 있다. 이와 같은 방식으로 회로를 해석하여 방정식을 구성하면 회로 내의 망의 수와 일치한다. 망이 회로 내에서 쉽게 구성되기 때문에 회로망을 해석하는 데 효율성이 높으며, 방정식의 구성이 체계적이다. 이와 같은 작업이 완료되면 다음은 선형 회로에 대해 망전류법을 적용하는 절차가 필요하다.

2) 행렬식은 정사각 행렬에 어떤 특정한 방법으로 하나의 수를 대응시키는 함수이다. 행렬식은 역행렬이 존재하는지를 판단하는 근거가 되며, 문자의 수와 식의 수가 같은 연립일차방정식의 근이 유일하게 존재하는지를 결정하는 데 중요한 역할을 한다.

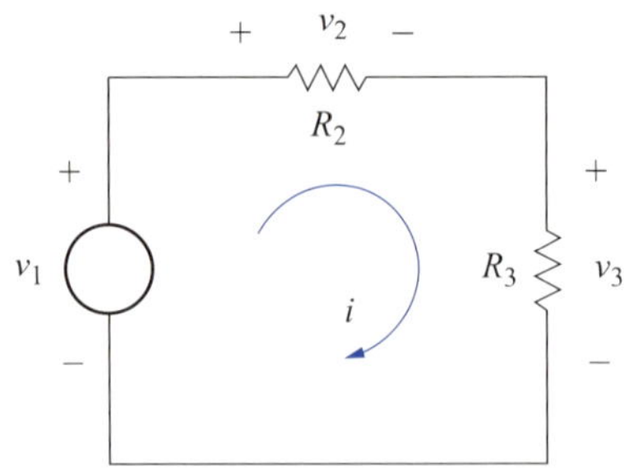

그림 3.7 회로망에 K.V.L을 적용

망전류법을 회로망에 적용할 때 주의할 점은 일관되게 전류의 방향을 선택하는 것이다. 즉, 회로 방정식을 수립하는 데 있어서 실수를 줄이기 위해서 일반적으로 망전류의 방향은 시계의 회전과 같은 쪽으로 정의한다. 그러면 회로망의 망전류를 설명하기 위해 그림 3.8과 같은 회로를 가정한다.

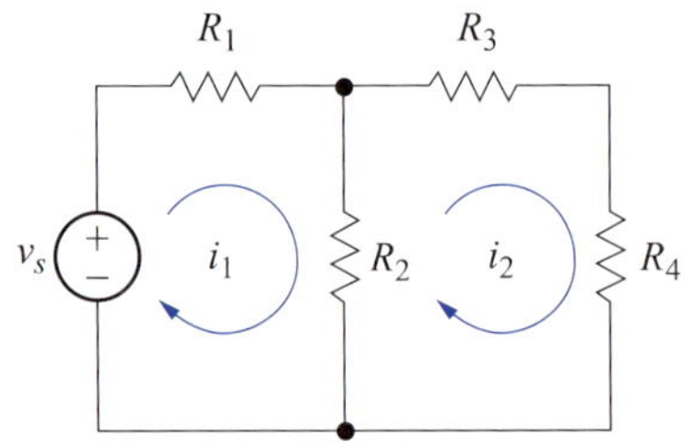

그림 3.8 2개의 회로망이 있는 회로

제시된 회로망은 2개의 망을 가진 회로이므로 그림 3.9와 같이 정의할 수 있으며, 망전류 i_1과 i_2에 대한 2개의 방정식을 구성할 수 있다. 망전류 i_1이 저항 R_1에 흐르는 전류와 같지만 저항 R_2에 흐르는 전류와 같지 않다는 점에 주의해야 한다. 저항 R_2에 흐르는 분기 전류는 두 망전류 사이의 차인 $i_1 - i_2$를 나타낸 것이다. 그러므로 망전류법의 해석에 적용된 규칙에 따라 전압 v_2의 극성이 이미 정의되었기 때문에 다음과 같이 나타낼 수 있다.

$$v_2 = (i_1 - i_2)\,R_2 = v_s - v_1 \text{ [V]} \tag{3.11}$$

그리고 $v_1 = i_1 R_1$이므로 망로 1에 대한 수식을 완성하면 다음과 같이 나타낸다.

$$v_s - i_1 R_1 - (i_1 - i_2)\,R_2 = 0 \tag{3.12}$$

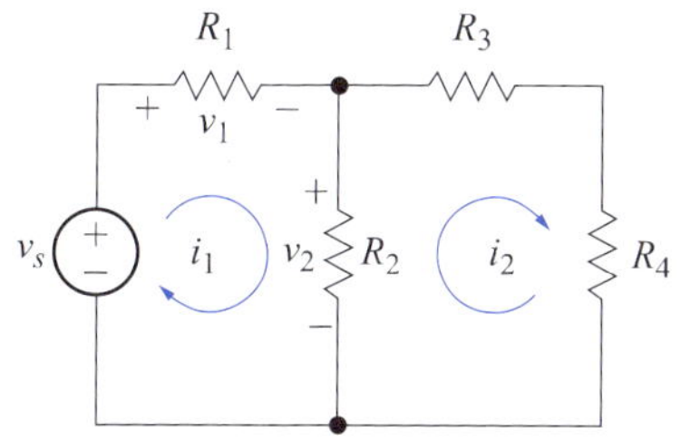

그림 3.9 망 1의 전류와 전압의 결정

망 2에도 이와 같은 방법을 그림 3.10과 같이 적용할 수 있으며, 시계 방향으로 흐르는 망전류 i_2를 따라 망 2 주변에 지정되는 전압을 나타낼 수 있다. 망전류 i_2는 저항 R_3과 R_4를 통과하는 전류는 $(i_2 - i_1)$과 같다. 그리고 이 저항에 걸리는 전압은 다음과 같다.

$$v_2 = (i_2 - i_1)R_2 = (-v_3) + (-v_4) \text{ [V]} \tag{3.13}$$

그리고 $v_3 = i_2 R_3$, $v_4 = i_2 R_4$이므로 망로 2에 K.V.L을 적용하여 수식을 완성하면 다음과 같이 나타낸다.

$$(i_2 - i_1)R_2 + i_2 R_3 + i_2 R_4 = 0 \tag{3.14}$$

그리고 식 (3.13)과 식 (3.11)이 다른 이유는 각각의 망에 대한 전압을 시계 방향으로 초기에 설정되었고, 그 규칙을 일관성 있게 적용하였기 때문이다. 망전류법의 해석에 있어서 적용되는 중요한 규칙이다. 즉, 두 망전류가 반대 방향으로 저항 R_2에 흐르기 때문이며, 두 개의 망에서 저항 v_2에 대한 전압 극성의 지정이 반대가 된 것이다. 그러므로 두 개의 망에 대한 방정식을 조합하면 다음과 같이 나타낼 수 있다.

$$(R_1 + R_2)i_1 - R_2 i_2 = v_s \tag{3.15}$$

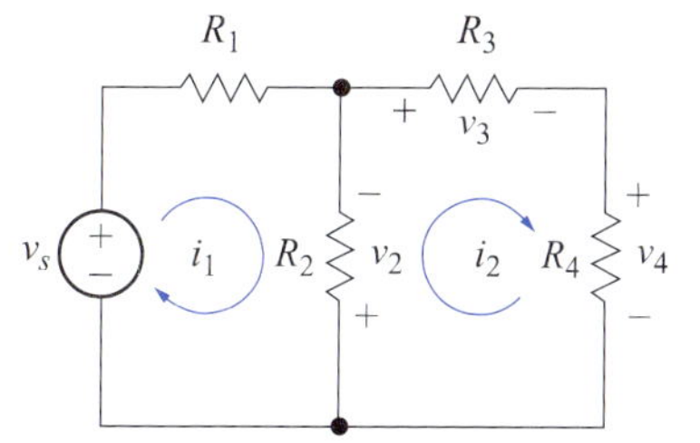

그림 3.10 망 2의 전류와 전압의 결정

$$-R_2 i_1 + (R_2 + R_3 + R_4) i_2 = 0 \tag{3.16}$$

따라서 식 (3.15)와 식 (3.16)의 두 개의 방정식을 풀면 각각의 망전류 i_1과 i_2를 구할 수 있다. 그리고 이와 같은 회로망의 망전류법을 해석하는 절차는 다음과 같이 요약된다.

① 회로망 해석의 신뢰성을 높이기 위해 각각의 망전류를 일관성 있게 적용한다. 일반적으로 망전류는 시계 방향으로 설정하며, 전원측에 전류원이 존재할 때는 전류원의 방향과 일치시키는 것이 회로 해석에 편리하다.

② n개의 망과 m개의 전류원을 갖는 회로망에서는 $n-m$개의 독립된 방정식이 존재하며, 미지의 망전류는 $n-m$개의 독립 변수가 있다.

③ 미지의 망전류를 포함하는 각각의 망에 키르히호프의 전압 법칙(K.V.L)을 적용하고, 각각의 전압을 하나 또는 그 이상의 망전류 항으로 나타낸다.

④ $n-m$개의 미지수를 갖는 연립방정식을 풀면 각각의 망전류를 구할 수 있다.

예제 3.2 어떤 회로망이 그림 3.11과 같이 구성되어 있다. $V_1 = 10\,[\mathrm{V}]$, $V_2 = 20\,[\mathrm{V}]$, $V_3 = 2\,[\mathrm{V}]$, $R_1 = 5\,[\Omega]$, $R_2 = 10\,[\Omega]$, $R_3 = 20\,[\Omega]$, $R_4 = 40\,[\Omega]$일 때 망전류법을 이용하여 망전류를 구하시오.

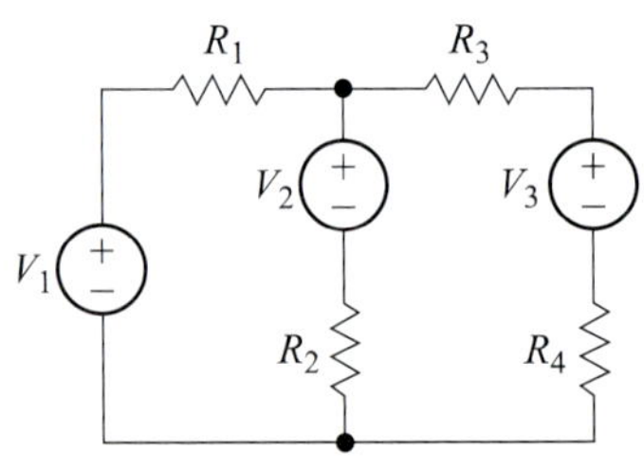

그림 3.11 전압원이 있는 회로망

풀이 ① 그림 3.11의 회로망에서 미지의 i_1과 i_2 두 개가 있음을 알 수 있다.

② 회로망에서 미지의 망전류 i_1과 i_2를 구하기 위해 그림 3.12와 같은 회로를 가정한다. 망 1과 망 2에서 저항 R_2에 걸리는 전압 v_2의 극성이 서로 다르다는 것을 주의해야 한다.

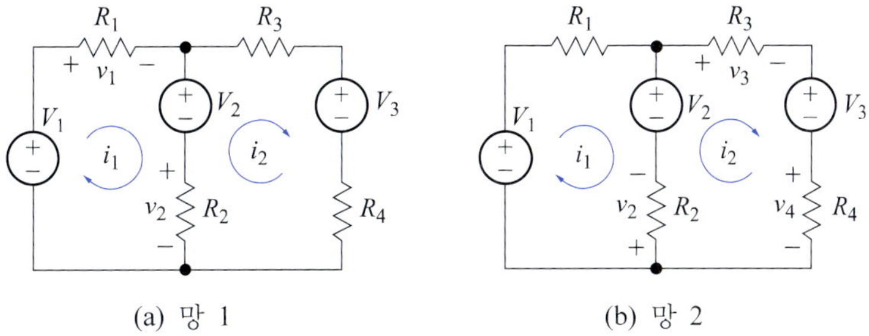

그림 3.12 망 1과 망 2

③ 그림 3.12를 근거로 망전류에 대한 회로망 방정식을 다음과 같이 구성한다.

$$\text{망 1}: V_1 - i_1R_1 - V_2 - R_2(i_1 - i_2) = 0$$
$$\text{망 2}: -R_2(i_2 - i_1) + V_2 - R_2i_2 - V_3 - R_4i_2 = 0$$

④ 두 개의 연립방정식에 제시된 값을 넣고 정리하면 다음과 같다.

$$\text{망 1}: 10 - 5i_1 - 20 - 10(i_1 - i_2) = 0$$
$$\text{망 2}: -10(i_2 - i_1) + 20 - 20i_2 - 2 - 40i_2 = 0$$

⑤ 두 개의 연립방정식을 계산하면 다음과 같다.

$$\text{망 1}: -15i_1 + 10i_2 = 10$$
$$\text{망 2}: 10i_1 - 70i_2 = -18$$

$$i_1 = \frac{\begin{vmatrix} 10 & 10 \\ -18 & -70 \end{vmatrix}}{\begin{vmatrix} -15 & 10 \\ 10 & -70 \end{vmatrix}} = \frac{(10\times-70)-(10\times-18)}{(-15\times-70)-(10\times10)} = \frac{-520}{950} \fallingdotseq -0.55\,[\mathrm{A}]$$

$$i_2 = \frac{\begin{vmatrix} -15 & 10 \\ 10 & -18 \end{vmatrix}}{\begin{vmatrix} -15 & 10 \\ 10 & -70 \end{vmatrix}} = \frac{(-15\times-18)-(10\times10)}{(-15\times-70)-(10\times10)} = \frac{170}{950} \fallingdotseq 0.18\,[\mathrm{A}]$$

예제 3.3 전류원이 있는 회로망이 그림 3.13과 같이 구성되어 있다. $V_s = 10\,[\mathrm{V}]$, $I_s = 2\,[\mathrm{A}]$, $R_1 = 5\,[\Omega]$, $R_2 = 10\,[\Omega]$, $R_3 = 15\,[\Omega]$일 때 망전류법을 이용하여 v_x를 구하시오.

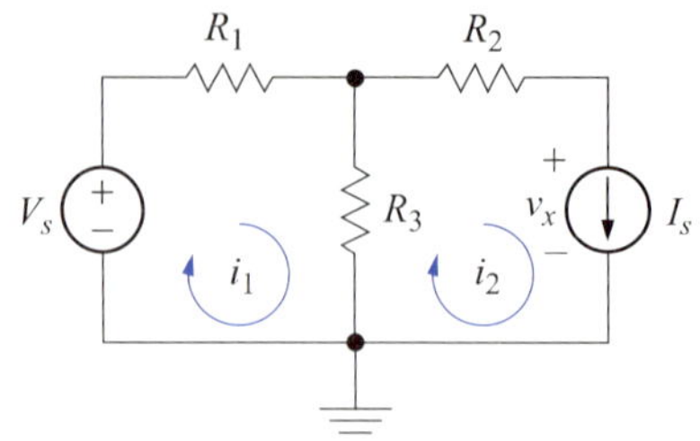

그림 3.13 **전류원이 있는 회로망**

풀이 ① 회로망에서 망 2의 전류 i_2가 전류원 I_s와 동일함을 알 수 있다.

② 망 1의 전류 i_1을 구하기 위해 키르히호프의 전압 법칙(K.V.L)을 적용하여 수식을 구성하면 다음과 같다.

$$V_s - i_1R_1 - (i_1 - i_2)R_3 = 0$$

그러므로 주어진 값들을 대입하여 정리하면 망 1의 전류 i_1은 다음과 같다.

$$10 - 5i_1 - (i_1 - 2) \times 15 = 0$$
$$i_1 = 2\,[\text{A}]$$

③ 그러므로 미지의 전압 v_x를 구하기 위해서는 망 2에 키르히호프의 전압 법칙(K.V.L)을 적용하여 수식을 구성하면 다음과 같다.

$$v_x - (i_2 - i_1)R_3 - i_2R_2 = 0$$

그리고 $I_s = i_2$이므로 미지의 전압 v_x의 수식은 다음과 같다.

$$\begin{aligned} v_x &= (i_2 - i_1)R_3 + i_2R_2 \\ &= (2 - i_1) \times 15 + 2 \times 10 \\ &= -15i_1 + 50\,[\text{V}] \end{aligned}$$

따라서 망 1에서 얻은 $i_1 = 2$ [A]를 수식에 대입하면 미지의 전압 v_x를 구할 수 있다.

$$\begin{aligned} v_x &= -15i_1 + 50 \\ &= (-15) \times 2 + 50 \\ &= 20\,[\text{V}] \end{aligned}$$

3.4 브리지 회로망

회로망 내에서 R, L, C의 값을 측정하는데 있어서 브리지 회로(bridge circuit)가 일반적으로 사용된다. 그림 3.14는 브리지 회로망의 기본 회로이며, 휘스톤 브리지(Wheatstone bridge)라 한다.

D는 검류계(檢流計, detector, galvanometer) 또는 수화기를 나타내며 가변 임피던스의 변화에 의해 b, d점의 전위가 같아지게 되면 D에는 전류가 흐르지 않는다. 이와 같은 것을 브리지의 평형 상태라 하며, 이러한 평형 상태가 되면 a−b 사이의 전위차와 a−d 사이의 전위차가 같고, b−c 사이 및 d−c 사이의 전위차 역시 같게 나타난다.

$$Z_1 I_1 = Z_2 I_2 \tag{3.17}$$

$$Z_3 I_1 = Z_4 I_2 \tag{3.18}$$

이 식을 정리하면 다음과 같은 관계가 성립되는 것을 알 수 있다.

$$\frac{Z_2}{Z_1} = \frac{Z_4}{Z_3} \tag{3.19}$$

또는

$$Z_1 Z_4 = Z_2 Z_3 \tag{3.20}$$

즉, 브리지 회로에서 3개의 임피던스를 알고 있으면 나머지 미지의 임피던스를 구할 수 있으므로 회로의 특성 해석에 자주 이용된다.

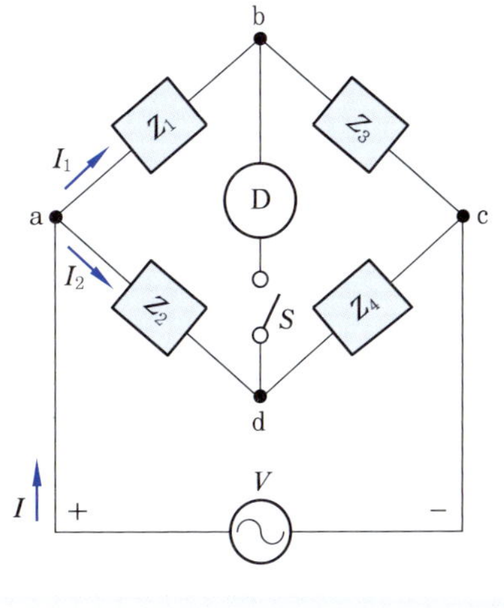

그림 3.14 브리지 회로

예제 3.4 그림 3.15와 같은 브리지 회로망에 흐르는 전류 I_1, I_2, I_3 및 $I_{5\Omega}$를 구하시오.

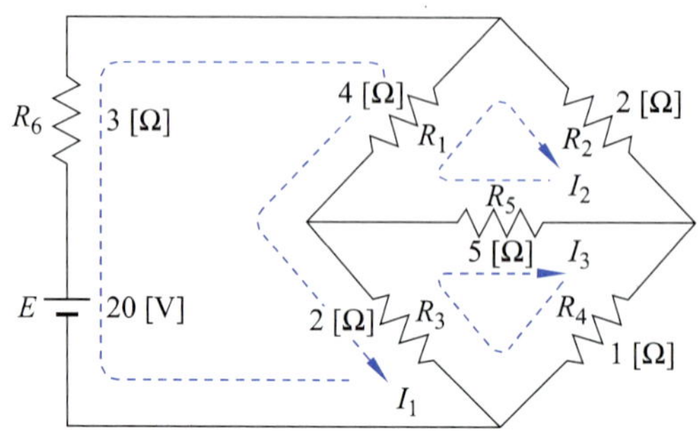

그림 3.15 브리지 회로망

풀이 망로 해석법을 각각의 루프에 적용하여 수식을 세우면 다음과 같은 수식을 얻을 수 있다.

$$(3+4+2)I_1 - 4I_2 - 2I_3 = 20$$
$$(4+5+2)I_2 - 4I_1 - 5I_3 = 0$$
$$(2+5+1)I_3 - 2I_1 - 5I_2 = 0$$

위의 식을 정리하면 다음과 같다.

$$9I_1 - 4I_2 - 2I_3 = 20$$
$$-4I_1 + 11I_2 - 5I_3 = 0$$
$$-2I_1 - 5I_2 + 8I_3 = 0$$

그러므로 방정식을 풀면 다음과 같이 전류를 구할 수 있다.

$$I_1 = 4\,[\mathrm{A}]$$
$$I_2 = \frac{8}{3}\,[\mathrm{A}]$$
$$I_3 = \frac{8}{3}\,[\mathrm{A}]$$

그러므로 5 [Ω]에 흐르는 전류는 다음과 같다.

$$I_{5\Omega} = I_2 - I_3 = \frac{8}{3} - \frac{8}{3} = 0\,[\mathrm{A}]$$

예제 3.5 그림 3.16과 같은 브리지 회로망이 있다. 회로망은 4개의 저항과 전원 전압으로 구성되어 있다. $R_1 = R_2 = R_3 = 2\,[\Omega]$, $v_s = 12\,[\mathrm{V}]$, $v_{ab} = 2\,[\mathrm{V}]$일 때 R_x를 구하시오.

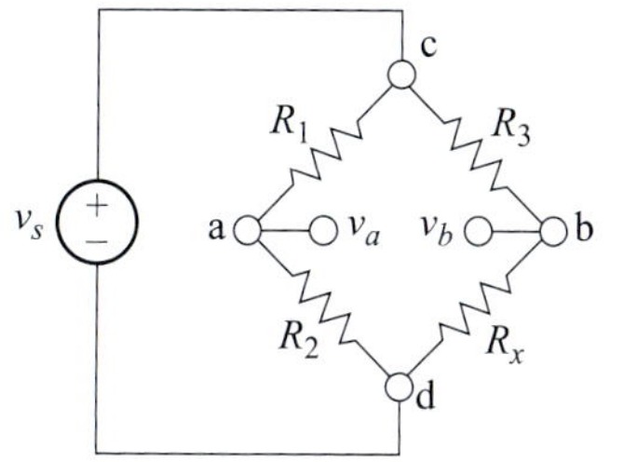

그림 3.16 브리지 회로

풀이 ① 주어진 회로에서 $R_1 - R_2$ 및 $R_3 - R_x$ 각각은 직렬로 연결된 것을 알 수 있다.

② 각각의 직렬 연결 회로가 병렬로 구성되어 있으므로 그림 3.17과 같이 변형된 등가 회로를 제시할 수 있다.

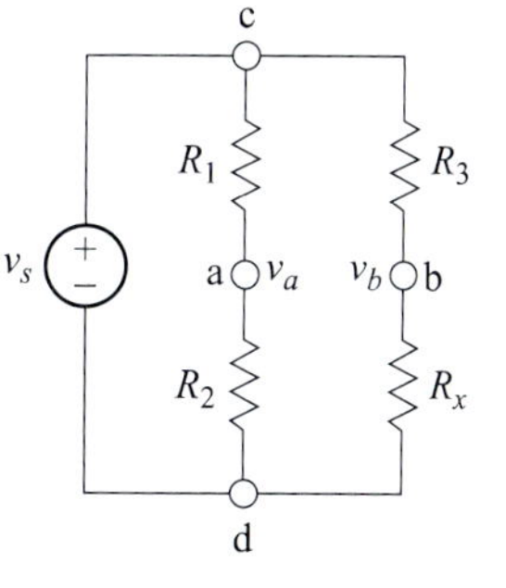

그림 3.17 변형된 등가 회로

③ 각각의 직렬 회로에 전압 분배 법칙을 적용하여 수식을 나타내면 다음과 같다.

$$v_{ad} = v_s \frac{R_2}{R_1 + R_2}\,[\mathrm{V}]$$

$$v_{bd} = v_s \frac{R_x}{R_3 + R_x}\,[\mathrm{V}]$$

④ 그러므로 a 단자와 b 단자 사이에 걸리는 전압은 다음과 같다.

$$v_{ab} = v_{ad} - v_{bd} = v_s\left(\frac{R_2}{R_1+R_2} - \frac{R_x}{R_3+R_x}\right) \text{[V]}$$

⑤ 따라서 주어진 값을 대입하여 정리하면 미지의 저항 R_x를 구할 수 있다.

$$2 = 12 \times \left(\frac{2}{2+2} - \frac{R_x}{2+R_x}\right)$$

그러므로 $R_x = 1$ [Ω]이다.

3.5 중첩의 정리

시스템의 회로망에 다수의 전원이 포함되어 있을 때 각각의 가지에 흐르는 전류를 구하기에 편리한 법칙이다. 회로망에 다수의 전원이 포함되어 있는 경우에 각각의 지로에 흐르는 전류는 전원이 각각 단독으로 작용하고 있는 각 가지 전류를 중첩시킨 대수합이 같다는 것이 중첩의 정리(重疊 定理, principle of superposition)이다. 단, 각각의 전원이 단독으로 작용한다고 생각할 때 나머지 전원을 제거하여 도선을 단락시켜 놓아야 한다.

예를 들어 그림 3.18(a)와 같이 전원이 두 개 포함되어 있는 회로에서 전류 I_3을 구해 보기로 하자. 중첩의 원리에 의하여 그림 3.18(b)와 같이 10 [V]의 전원을 단락시키고, 회로에는 12 [V]의 전원만이 존재한다고 가정하여 I_{31}을 구하면 다음과 같이 나타낸다.

$$\begin{aligned} I_{31} &= I_{11} \cdot \frac{R_2}{R_2+R_3} = \frac{V_1}{R_1 + \dfrac{R_2 \cdot R_3}{R_2+R_3}} \times \frac{R_2}{R_2+R_3} \\ &= \frac{12}{3+\dfrac{4\times 2}{4+2}} \times \frac{4}{4+2} = \frac{24}{13} \text{ [A]} \end{aligned} \quad (3.21)$$

다음에 그림 3.18(c)와 같이 12 [V]의 전원을 단락시키고, 회로에는 10 [V]의 전원만이 존재한다고 가정하면 다음과 같이 나타낸다.

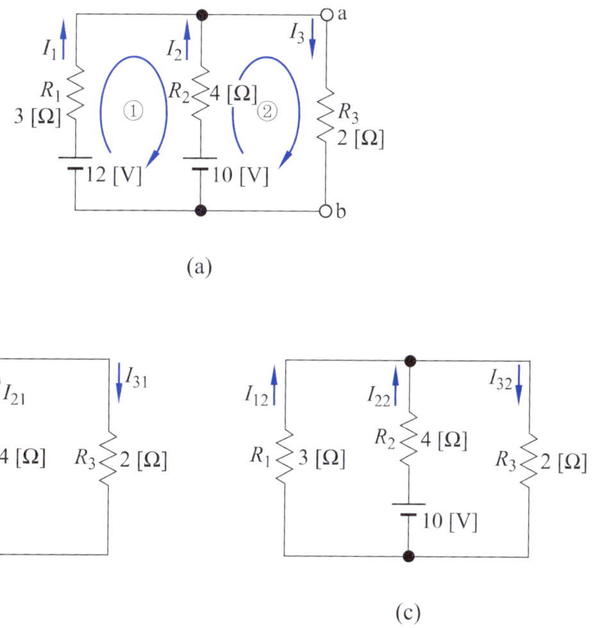

그림 3.18 중첩의 원리

$$I_{32} = I_{22} \cdot \frac{R_1}{R_1 + R_3} = \frac{V_2}{R_2 + \dfrac{R_1 \cdot R_3}{R_1 + R_3}} \times \frac{R_1}{R_1 + R_3}$$

$$= \frac{10}{4 + \dfrac{3 \times 2}{3+2}} \times \frac{3}{3+2} = \frac{15}{13}\ [\mathrm{A}] \qquad (3.22)$$

그러므로 중첩의 원리에 의하여 I_{31}과 I_{32}가 동시에 존재한다고 가정하여 중첩시키면 I_3을 다음과 같이 나타낸다.

$$I_3 = I_{31} + I_{32} = \frac{24}{13} + \frac{15}{13} = \frac{39}{13} = 3\ [\mathrm{A}] \qquad (3.23)$$

이상의 결과는 키르히호프의 법칙을 적용하여 계산하여도 같은 결과를 얻을 수 있으며, 교류 회로에도 적용이 가능하다.

예제 3.6 어떤 회로망에서 그림 3.19과 같이 $I_B = 10$ [A], $V_G = 12$ [V], $R_B = 3$ [Ω], $R_G = 2$ [Ω], $R = 1$ [Ω]으로 구성되어 있다. 중첩의 원리를 이용하여 회로 R에 걸리는 전압을 해석하시오.

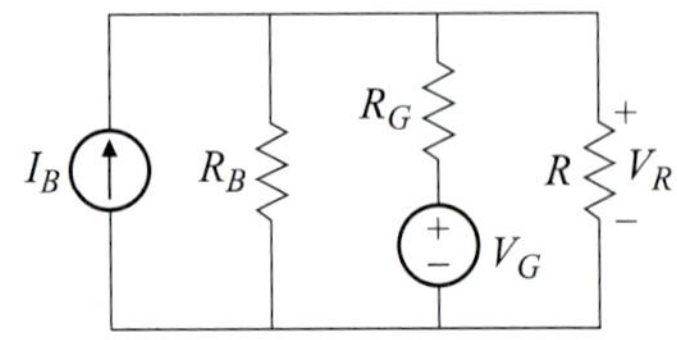

그림 3.19 중첩의 원리 예

풀이 ① 회로 해석의 편리성을 위해 R에 걸리는 전압의 접지 노드와 극성을 표시한다.

② 먼저 그림 3.20과 같이 전압원을 제거한 회로를 구성한다. 그리고 이 회로에 키르히호프의 전류 법칙(K.C.L)을 적용하여 회로 방정식을 수립하면 다음과 같다.

$$I_B - \frac{V_{R-I}}{R_B} - \frac{V_{R-I}}{R_G} - \frac{V_{R-I}}{R} = 0$$

$$V_{R-I} = \frac{I_B}{1/R_B + 1/R_G + 1/R} = \frac{10}{1/3 + 1/2 + 1/1} \fallingdotseq 5.45 \text{ [V]}$$

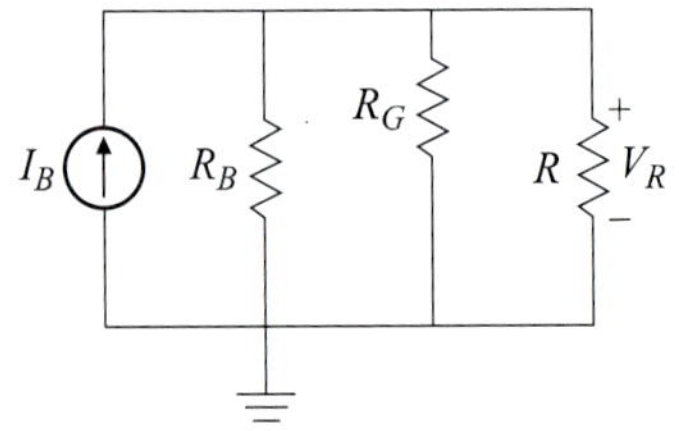

그림 3.20 전압원을 제거한 회로

③ 그림 3.21과 같이 전류원을 제거한 회로를 구성한다. 그리고 이 회로에 키르히호프의 전류 법칙(K.C.L)을 적용하여 회로 방정식을 수립하면 다음과 같다.

$$\frac{V_{R-V}}{R_B} + \frac{V_{R-V} - V_G}{R_G} + \frac{V_{R-V}}{R} = 0$$

$$V_{R-V} = \frac{V_G/R_G}{1/R_B + 1/R_G + 1/R} = \frac{12/2}{1/3 + 1/2 + 1/1} \fallingdotseq 3.27 \text{ [V]}$$

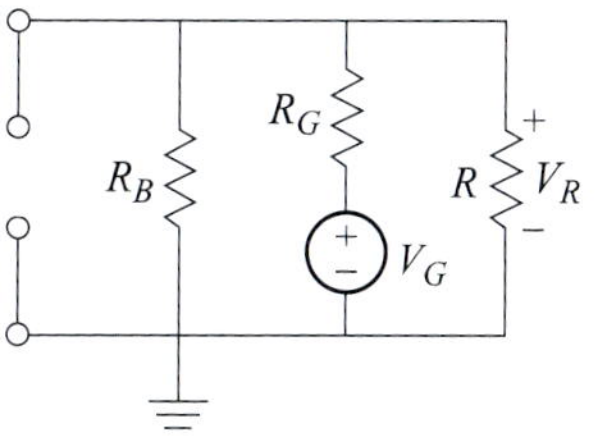

그림 3.21 전류원을 제거한 회로

④ 각각의 회로에서 구한 값을 합하면 R에 걸리는 전압이며, 다음과 같다.

$$V_R = V_{R-I} + V_{R-V} = 5.45 + 3.27 = 8.72\ [\mathrm{V}]$$

3.6 테브낭의 정리

회로망을 해석할 때 주로 사용되는 것이 테브낭의 정리(Thevenin's theorem)이며, 1883년 프랑스의 통신공학자 테브낭(Léon Charles Thévenin, 1857～1926)에 의해서 제안되었다. 그림 3.22(a)와 같이 능동 회로망이 있는 2단자 회로망은 그림 3.22(b)와 같은 독립 전원을 테브낭 등가 전압(V_{Th})이라 하고, 직렬로 연결된 저항을 테브낭 등가 저항(R_{Th})이라 정의한다.

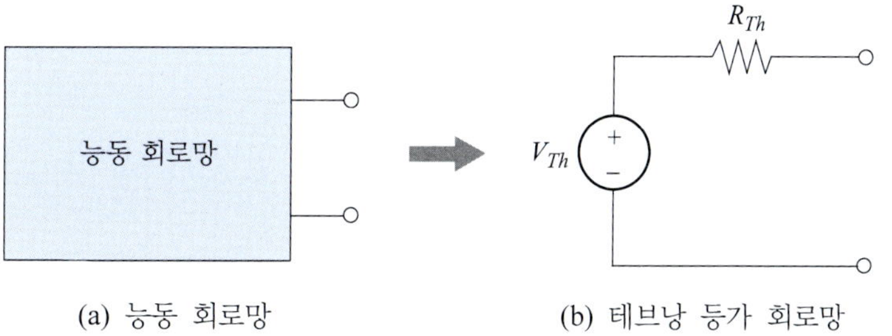

그림 3.22 능동 회로망과 테브낭 등가 회로망

그리고 이와 같이 개방된 2단자 회로망은 그림 3.23과 같이 나타낼 수 있다. 즉, 개방된 회로망이므로 테브낭 등가 저항(R_{Th})을 통해서 전류가 흐를 수 없고 개방 전압

(v_{oc})은 '0'이다. 그러므로 키르히호프의 전압 법칙(K.V.L)을 회로망에 적용하면 테브낭 등가 전압(V_{Th})과 개방 전압(v_{oc})은 동일하며, 다음과 같은 수식이 성립된다.

$$V_{Th} = v_{oc} \tag{3.24}$$

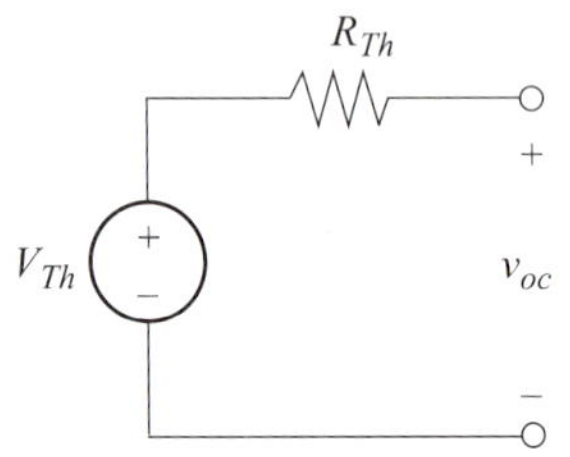

그림 3.23 개방된 2단자 회로망

그리고 개방된 2단자 회로망을 단락시키면 그림 3.24와 같다. 따라서 단락된 회로망을 통해서 흐르는 단락 전류(i_{sc})는 다음과 같이 나타낼 수 있다.

$$i_{sc} = \frac{V_{Th}}{R_{Th}} \text{ [A]} \tag{3.25}$$

그러므로 테브낭 등가 저항(R_{Th})는 다음과 같이 표현이 가능하다.

$$R_{Th} = \frac{V_{Th}}{i_{sc}} = \frac{v_{oc}}{i_{sc}} \text{ [}\Omega\text{]} \tag{3.26}$$

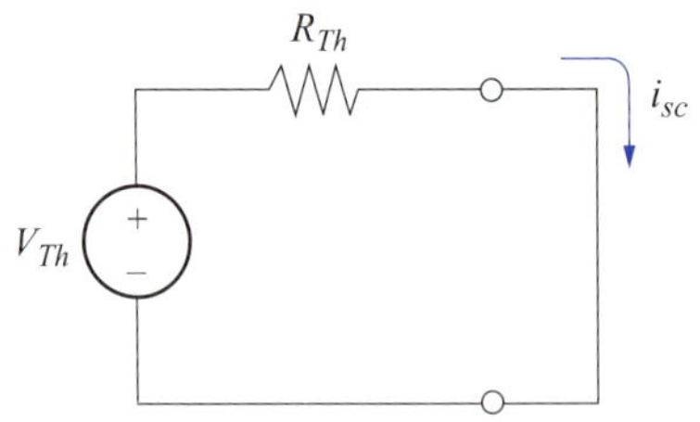

그림 3.24 단락된 회로망

그리고 3.25(a)와 같이 부하 R_L에 흐르는 전류를 구할 때 R_L을 제외한 나머지 부분인 단자 a, b 좌측의 전원을 포함하는 능동 회로망은 그림 3.25(b)의 점선과 같이 등가 대치가 가능하다.

그러므로 능동 회로망은 하나의 등가 전압(V_{Th})과 하나의 등가 저항(R_{Th})이 직렬 접속된 전압원 회로로 등가 대치할 수 있다. 그림 3.25(a)와 같은 능동 회로망도 그 임의의 두 단자 a, b의 바깥쪽에 대해서는 이것을 등가적으로 하나의 전압과 하나의 저항과 직렬 접속된 것으로 대치할 수 있는 그림 3.25(b)와 같이 나타낼 수 있다. 이때 등가 전압(V_{Th})의 값은 원래 회로망에서 단자 a, b를 개방했을 때의 개방 전압과 같다. 그리고 등가 저항(R_{Th})의 값은 능동 회로망 내의 모든 전원을 단락시킨 후 단자 a, b에서 회로망 측을 향해 바라본 저항과 같다. 결국, 부하 저항(R_L)에 흐르는 전류(I_L)은 다음과 같이 나타낸다.

$$I_L = \frac{V_{Th}}{R_{Th} + R_L} \text{ [A]} \tag{3.27}$$

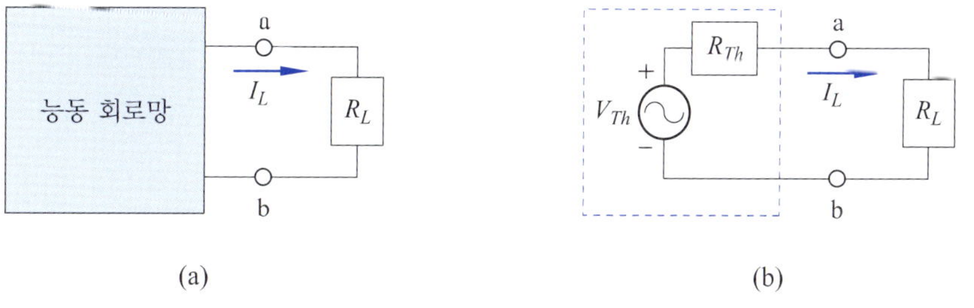

그림 3.25 부하가 연결된 테브낭의 등가 회로망

예제 3.7 그림 3.26과 같은 회로망에서 부하 저항 R_L에서 바라본 테브낭의 등가 저항 R_{Th}는 얼마인가? 단, $V = 12$ [V], $R_1 = R_2 = R_3 = R_4 = 2$ [Ω], $I = 2$ [A]이다.

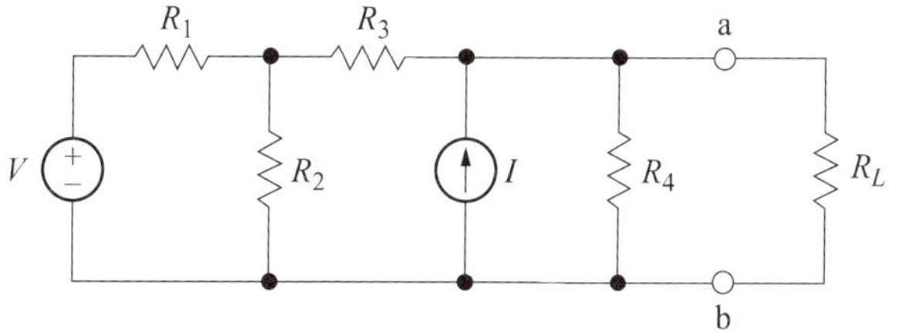

그림 3.26 등가 저항의 계산

풀이 테브낭의 정리를 이용한 등가 저항 R_{Th}를 구하기 위해서는 전압원은 단락시키고, 전류원을 개방해야 하므로 그림 3.27과 같은 회로를 제안할 수 있다.

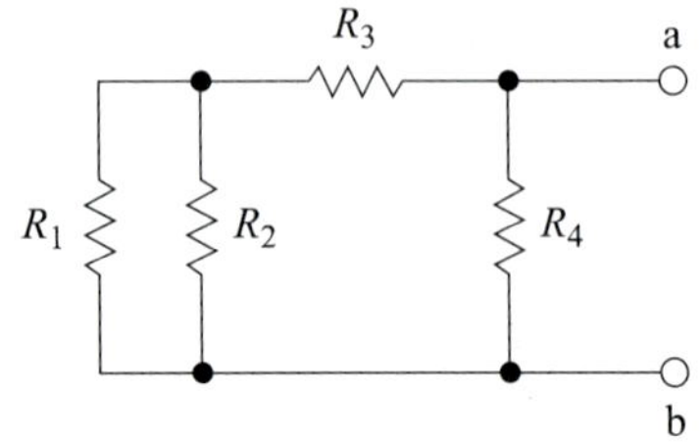

그림 3.27 전압원은 단락하고 전류원은 개방된 회로

단자 a, b 바라본 등가 저항은 수식은 다음과 같다.

$$R_{Th} = ((R_1 \parallel R_2) + R_3) \parallel R_4 = ((2 \parallel 2) + 2) \parallel 2 = 1.2\,[\Omega]$$

예제 3.8 그림 3.28과 같은 회로망에서 개방 전압 v_{oc}는 얼마인가? 단, $V = 12\,[\mathrm{V}]$, $R_1 = 2\,[\Omega]$, $R_2 = R_3 = 10\,[\Omega]$, $R_4 = 20\,[\Omega]$이다.

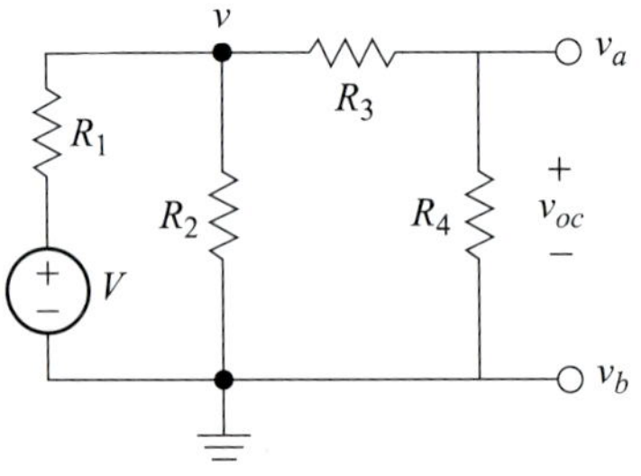

그림 3.28 개방 전압의 계산

풀이 ① 테브낭의 정리를 이용하여 등가 전압을 구하기 위해서는 먼저 부하를 제거하고 개방 전압 v_{oc}를 회로에 표시한다.

② v_b는 기준 노드와 같으므로 v_a는 수치적으로 개방 전압 v_{oc}와 같게 된다.

③ 다른 노드 전압을 v라 하면 노드 전압법을 적용하고, 키르히호프의 전류 법칙(K.C.L)에 의해 다음과 같은 두 개의 방정식을 얻을 수 있다.

$I_V - I_{R_3} - I_{R_2} = 0$이다.

$$\frac{V-v}{R_1}-\frac{v}{R_2}-\frac{v-v_a}{R_3}=0$$

$I_{R_3}-I_{R_4}=0$이다.

$$\frac{v-v_a}{R_3}-\frac{v_a}{R_4}=0$$

④ 각각의 방정식에 주어진 값을 대입하여 정리하면 다음과 같다.

$$-0.7v+0.1v_a=-6$$
$$0.1v-0.15v_a=0$$

⑤ 그러므로 두 방정식을 계산하면 v와 v_a를 구할 수 있다.

$$v=\frac{\begin{vmatrix}-6 & 0.1\\ 0 & -0.15\end{vmatrix}}{\begin{vmatrix}-0.7 & 0.1\\ 0.1 & -0.15\end{vmatrix}}=\frac{(-6\times-0.15)-(0.1\times0)}{(-0.7\times-0.15)-(0.1\times0.1)}=\frac{0.9}{0.095}\fallingdotseq 9.47\,[\mathrm{V}]$$

$$v_a=\frac{\begin{vmatrix}-0.7 & -6\\ 0.1 & 0\end{vmatrix}}{\begin{vmatrix}-0.7 & 0.1\\ 0.1 & -0.15\end{vmatrix}}=\frac{(-0.7\times0)-(-6\times0.1)}{(-0.7\times-0.15)-(0.1\times0.1)}=\frac{0.6}{0.095}\fallingdotseq 6.32\,[\mathrm{V}]$$

⑥ 따라서 개방 전압 v_{oc}은 다음과 같이 표현된다.

$$v_{oc}=v-v_a=9.47-6.32=3.15\,[\mathrm{V}]$$

예제 3.9 그림 3.29의 회로에서 테브낭의 등가 방식을 적용하여 부하 전류 i를 구하시오. 단, $V=12\,[\mathrm{V}]$, $I=4\,[\mathrm{A}]$, $R_1=2\,[\Omega]$, $R_2=4\,[\Omega]$, $R_3=3\,[\Omega]$이다.

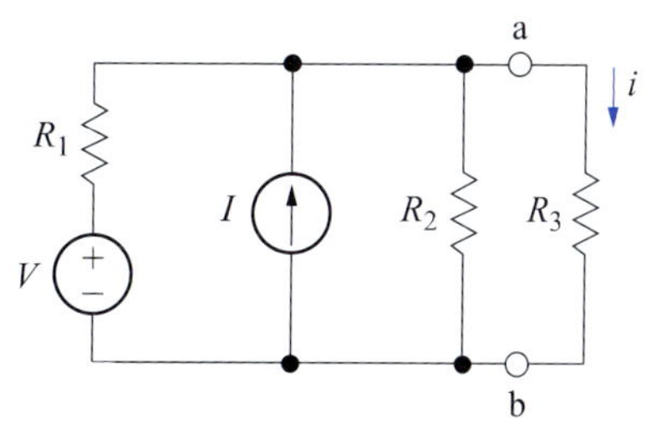

그림 3.29 부하 전류의 계산

풀이 ① 먼저 테브낭의 등가 저항을 구한다. 그러므로 전압원은 단락시키고, 전류원은 개방한 회로를 그림 3.30과 같이 구성하고, 등가 저항 R_{Th}를 구한다.

$$R_{Th} = R_1 \parallel R_2 = 2 \parallel 4 \fallingdotseq 1.33\,[\Omega]$$

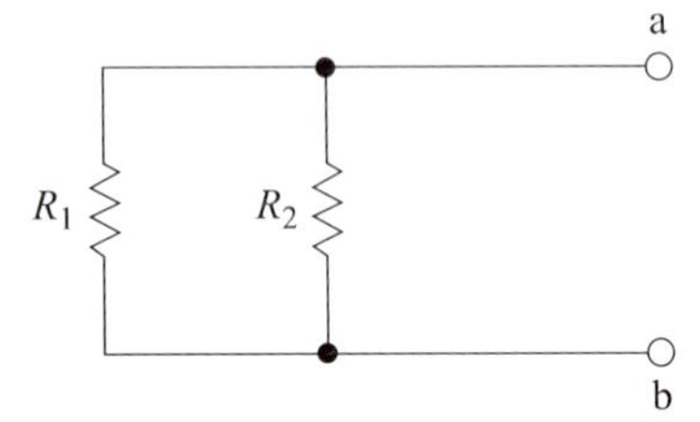

그림 3.30 전압원은 단락하고 전류원은 개방된 회로

② 부하를 회로에서 분리하고, 개방 전압 v_{oc}를 그림 3.31의 회로와 같이 표시한다. v_b는 기준 노드와 같으므로 노드 전압 v_a는 개방 전압과 같다. 그러므로 키르히호프의 전류 법칙(K.C.L)을 적용하여 수식을 세우면 다음과 같다.

$$I_V + I - I_{R_2} = 0$$

$$\frac{V - v_a}{R_1} + I - \frac{v_a}{R_2} = 0$$

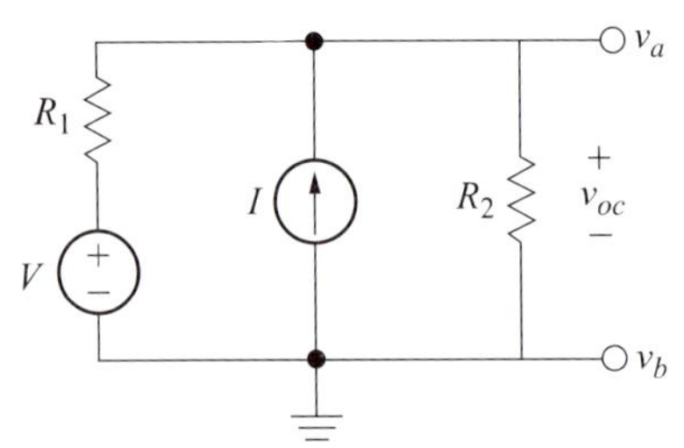

그림 3.31 부하를 회로에서 분리한 회로

③ 주어진 값을 수식에 대입하여 정리하면 테브낭의 등가 전압을 구할 수 있다.

$$\frac{12 - v_a}{2} + 4 - \frac{v_a}{4} = 0$$

$$v_{Th} = v_{oc} = v_a \fallingdotseq 13.3\,[\mathrm{V}]$$

④ 그러므로 부하 전류 i는 다음과 같다.

$$i = \frac{v_{Th}}{R_{Th}} = \frac{13.3}{1.33} = 10\,[\mathrm{A}]$$

⑤ 따라서 테브낭의 등가 회로는 그림 3.32와 같다.

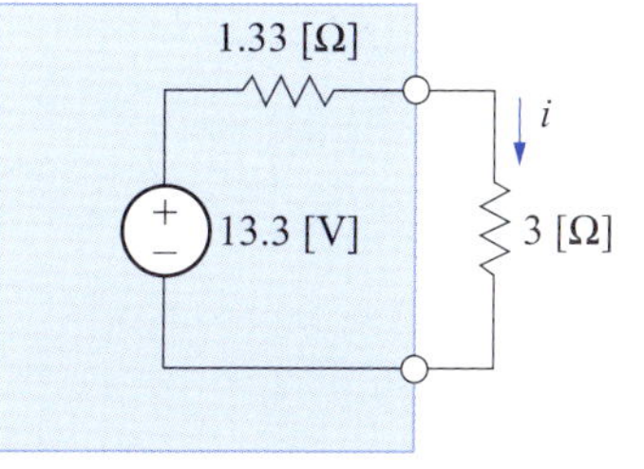

그림 3.32 테브낭의 등가 회로

예제 3.10 그림 3.33을 테브낭의 정리를 이용하여 등가 회로를 구하라. 그리고 저항 R_L이 2 [Ω]일 때 흐르는 전류를 구하시오.

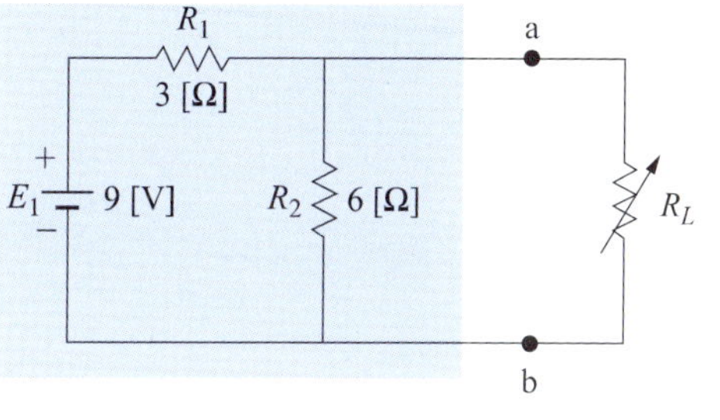

그림 3.33 회로망

풀이 ① 테브낭의 정리에서 테브낭의 저항 R_{Th}를 구하기 위해서 부하 저항 R_L을 제거하고, 단자 a, b를 개방하면 그림 3.34와 같다.

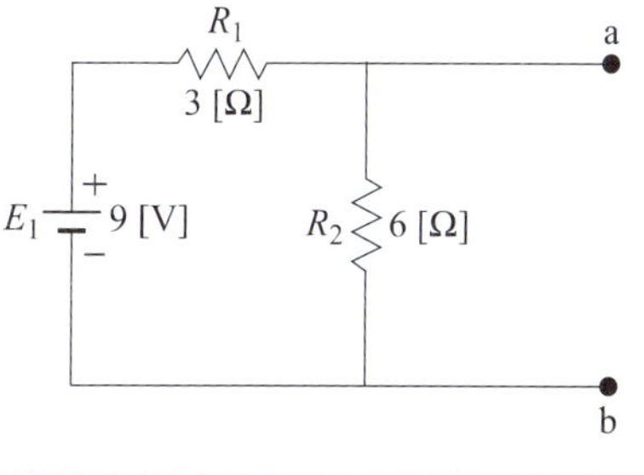

그림 3.34 부하를 개방하여 제거한 회로

② 그리고 전압원을 제거하고 직결하면 그림 3.35와 같으며, 부하측에서 전원측을 바라볼 때의 R_{Th}는 다음과 같다.

$$R_{Th} = R_1 \parallel R_2 = \frac{3\times6}{3+6} = 2\,[\Omega]$$

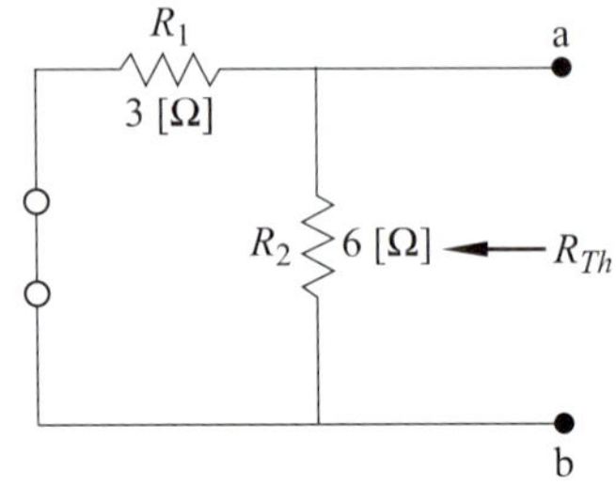

그림 3.35 등가 저항을 구하기 위한 회로

③ 전압원을 대치하라. 즉, 개방 회로 전압 E_{Th}는 6 [Ω]에 걸리는 전압 강하와 같으며, 그림 3.36과 같이 나타낸다.

$$E_{Th} = \frac{R_2E_1}{R_2+R_1} = \frac{6\times9}{6+3} = 6\,[\mathrm{V}]$$

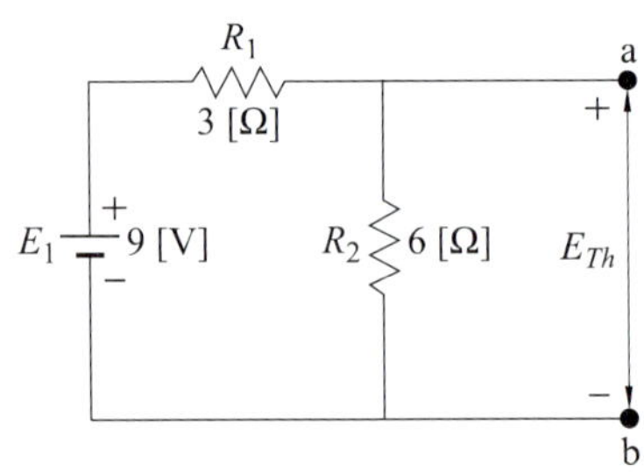

그림 3.36 등가 전압을 구하기 위한 회로

④ 등가 회로를 구하면 그림 3.37과 같이 나타낸다.

$$I_L = \frac{E_{Th}}{R_{Th}+R_L} = \frac{6}{2+2} = 1.5\,[\mathrm{A}]$$

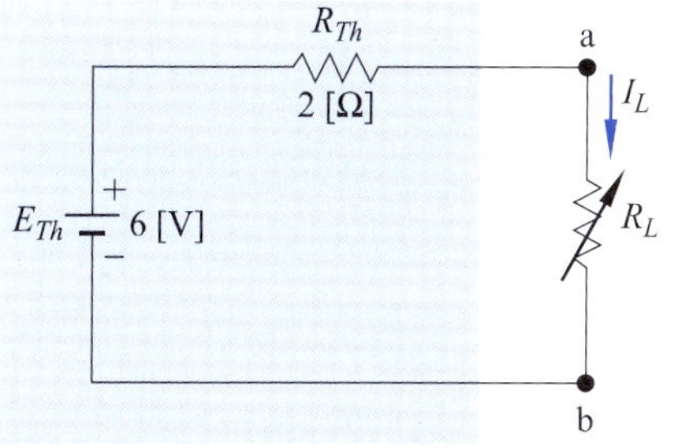

그림 3.37 테브낭 등가 회로

예제 3.11 그림 3.38의 회로에서 테브낭의 정리를 이용하여 테브낭의 등가 전압, 등가 저항 및 등가 회로를 구하라. 단, 부하 저항은 R_{load}이다.

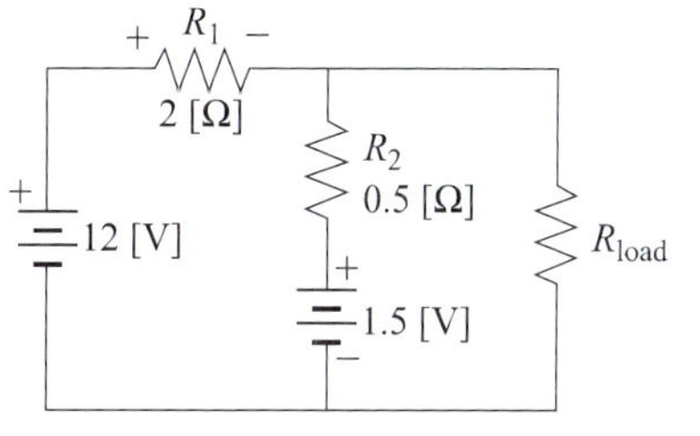

그림 3.38 회로망

풀이 ① 그림 3.39와 같이 회로망에서 부하 저항을 분리시키고, 그림 3.40을 이용하여 테브낭의 등가 저항 R_{Th}를 계산하면 다음과 같다.

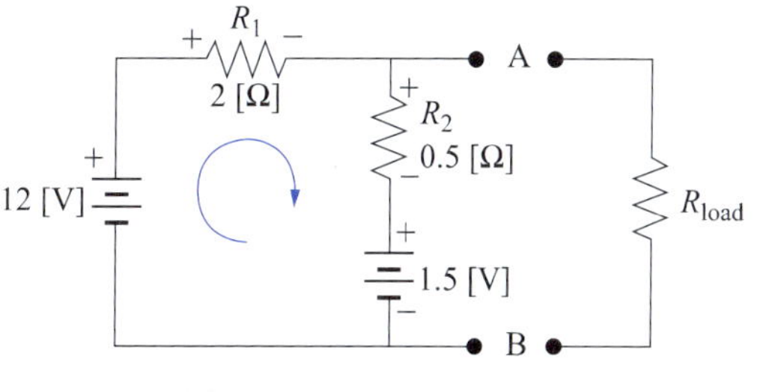

그림 3.39 부하를 개방한 회로

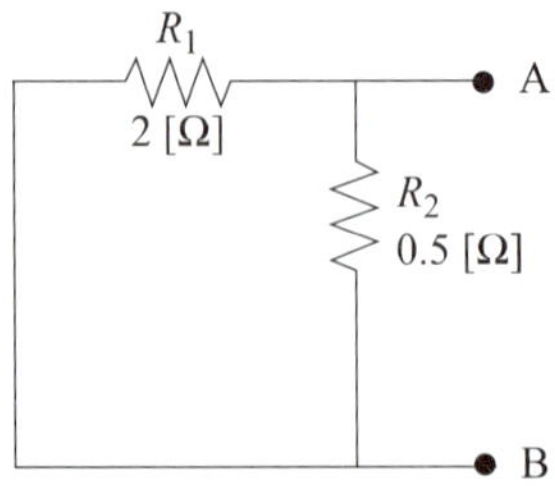

그림 3.40 등가 저항 회로

② 키르히호프의 전압 법칙(K.V.L)을 이용하여 전압 방정식을 세운다. 이때 회로의 해석은 시계 방향으로 진행하면 다음과 같은 수식을 구할 수 있다.

$$12\,[\mathrm{V}] - V_{R_1} - V_{R_2} - 1.5\,[\mathrm{V}] = 0$$

$$V_{R_1} + V_{R_2} = 10.5\,[\mathrm{V}]$$

계산된 결과에 근거하여 그림 3.39의 좌측은 그림 3.41과 같이 나타낼 수 있다. 그리고 전압 분배 법칙을 이용하여 그림 3.41의 R_2에 걸리는 전압을 구하면 다음과 같다.

$$V_{R_2} = (10.5)\left(\frac{R_2}{R_1 + R_2}\right) = (10.5)\left(\frac{0.5}{2 + 0.5}\right) = 2.1\,[\mathrm{V}]$$

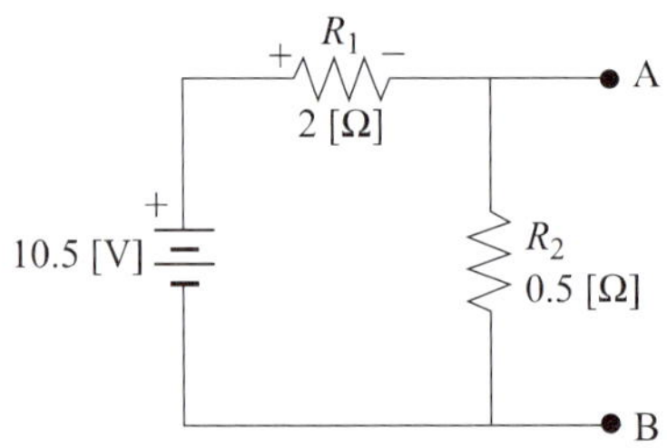

그림 3.41 그림 3.39의 간소화된 회로

R_2에 걸리는 전압 2.1 [V]를 그림 3.39에 적용하여 회로를 구성하면 그림 3.42와 같다.

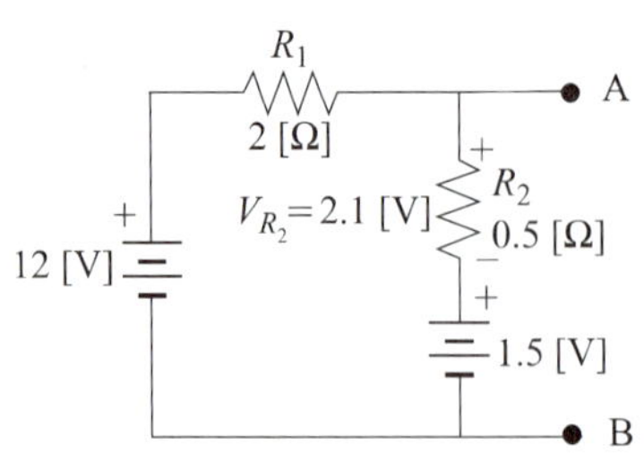

그림 3.42 R_2의 전압을 나타낸 회로

즉, 개방 회로의 전압은 R_2에 인가되고, 전압은 1.5 [V]이다. 그리고 A, B 단자에서 바라본 개방 단자 전압 $V_{oc} = 3.6$ [V]이다.

③ A, B 단자를 단락시켜 그림 3.43과 같이 회로를 구성한다.

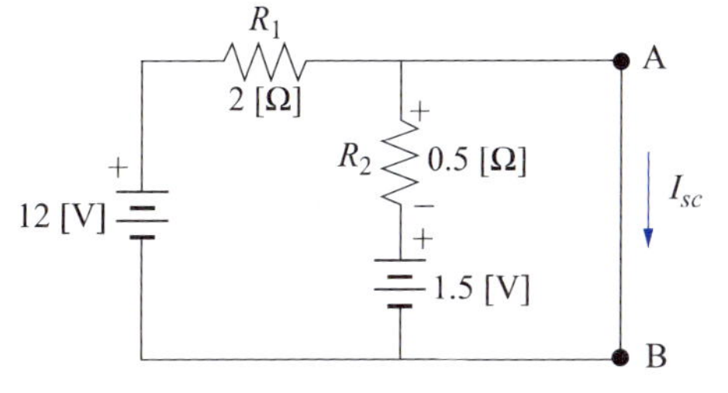

그림 3.43 A와 B 사이를 단락시킨 회로

옴의 법칙과 K.V.L을 적용하여 A와 B 사이에 흐르는 단락 전류 I_{sc_1}를 계산하면 다음과 같다.

$$I_{sc_1} = \frac{12\,[\mathrm{V}]}{2\,[\Omega]} = 6\,[\mathrm{A}]$$

또한, 1.5 [V]와 R_2에 대해 옴의 법칙과 K.V.L을 적용하여 단락 전류 I_{sc_2}를 계산하면 다음과 같다.

$$I_{sc_2} = \frac{1.5\,[\mathrm{V}]}{0.5\,[\Omega]} = 3\,[\mathrm{A}]$$

그러므로 중첩의 원리에 의해 전체 단락 전류 I_{sc}를 계산하면 다음과 같다.

$$I_{sc} = I_{sc_1} + I_{sc_2} = 6 + 3 = 9\,[\mathrm{A}]$$

④ 테브낭의 등가 전압 V_{Th}는 개방 회로의 전압 V_{oc}와 같으므로 계산하면 다음과 같다.

$$V_{Th} = V_{oc} = V_{R_2} + 1.5\,[\mathrm{V}] = 2.1\,[\mathrm{V}] + 1.5\,[\mathrm{V}] = 3.6\,[\mathrm{V}]$$

$$R_{Th} = \frac{V_{oc}}{I_{sc}} = \frac{3.6\,[\mathrm{V}]}{9\,[\mathrm{A}]} = 0.4\,[\Omega]$$

⑤ 테브낭의 등가 저항 및 등가 전압이 계산됨에 따라 그림 3.44와 같이 테브낭의 등가 회로가 구성된다.

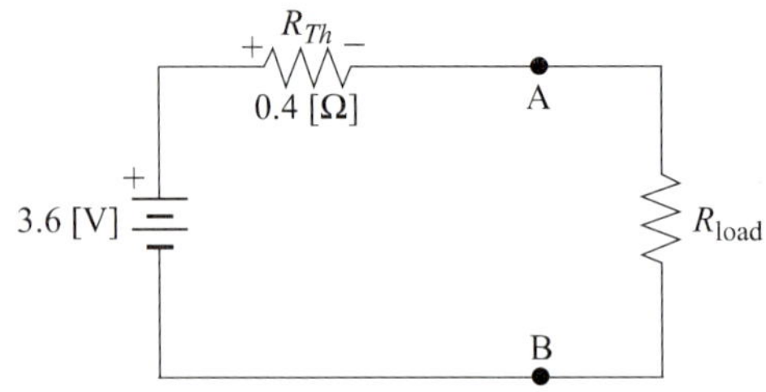

그림 3.44 테브낭의 등가 회로

3.7 노턴의 정리

그림 3.45(a)와 같이 어떤 구조를 가지는 능동 회로부도 그 임의의 두 단자 a, b 바깥쪽에 대해서는 그림 3.45(b)와 같이 이것을 등가적으로 하나의 전류원과 하나의 저항이 병렬 접속된 것으로 대치할 수 있음을 정의한 것이 노턴의 정리(Norton's theorem)이다.

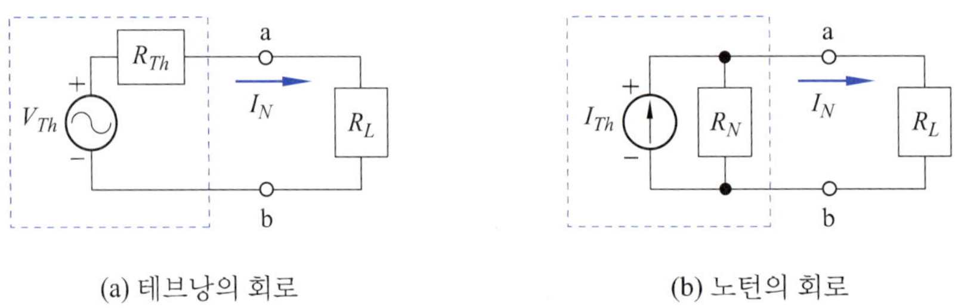

그림 3.45 테브낭의 회로(a)와 노턴의 회로(b)

노턴의 정리는 테브낭의 정리를 확장한 것으로 1926년 지멘스의 연구원 한스 페르디난트 마이어(Hans Ferdinand Mayer, 1895～1980)와 벨연구소[3]의 공학자 에드워드 로리 노턴(Edward Lawry Norton, 1898～1983)이 독자적으로 발표한 것이다.

3) 벨연구소(Bell Labs)는 1925년 설립된 세계 최고 수준의 민간 연구개발 기관이다. 20세기에는 정보통신 네트워크 시대를 이끌었고 21세기 들어서는 커뮤니케이션 혁신에 집중하고 있다. 연구소 명칭은 세계 최초 전화기 발명가인 알렉산더 그레이엄 벨의 이름을 땄다.

등가 전류원 I_N은 원래 회로망의 단자 a, b를 단락시켰을 때 이곳을 흐르는 전류인 단락 전류와 같고, 병렬 접속 등가 저항 R_N은 능동 회로망 내부의 모든 전원을 제거한 다음 단자 a, b에서 회로측을 향한 저항 값과 같다. 노턴의 등가 회로에서 전류원 I_N은 테브낭 등가 회로에서 전압원 V_{Th}를 직렬 저항 R_{Th}으로 나눈 값이므로 $I_N = V_{Th}/R_{Th}$이며, 원래 회로망에서 단자 a, b를 단락했을 때의 전류 값과 같다. 전류원의 병렬 접속 저항 R_N은 테브낭 등가 회로에서 직렬 접속 저항 R_{Th}와 같으므로 원래 회로망 내의 전원을 제거한 다음 단자 a, b로부터 회로망 쪽을 바라본 저항이 된다. 결국, 테브낭 정리와 노턴 정리의 상호 변환 공식은 다음과 같이 나타낸다.

$$R_{Th} = R_N, \qquad V_{Th} = I_N R_N \text{ [V]} \tag{3.28}$$

$$R_N = R_{Th}, \qquad I_N = \frac{V_{Th}}{R_{Th}} \text{ [A]} \tag{3.29}$$

예제 3.12 그림 3.46과 같은 회로에서 노턴 전류 및 노턴 등가 회로를 구하라. 단, V = 12 [V], I = 4 [A], R_1 = 2 [Ω], R_2 = 4 [Ω], R_3 = 5 [Ω]이다.

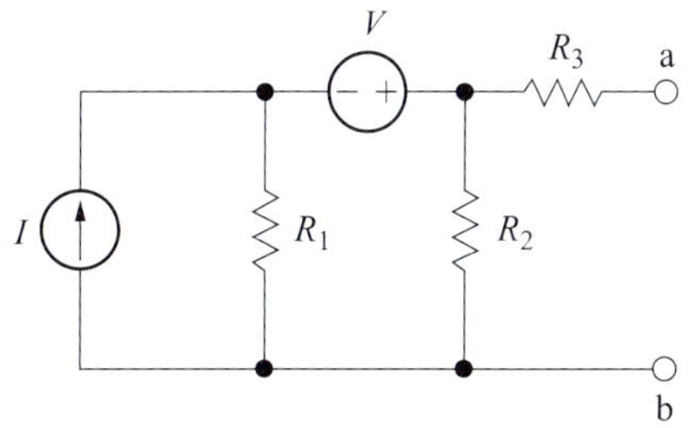

그림 3.46 회로망

풀이 ① 먼저 테브낭의 등가 저항을 구하기 위해 전압원은 단락하고 전류원은 개방한 회로를 그림 3.47과 같이 나타낸다.

$$R_{Th} = R_1 \parallel R_2 + R_3 = 2 \parallel 4 + 5 \fallingdotseq 6.33 \text{ [Ω]}$$

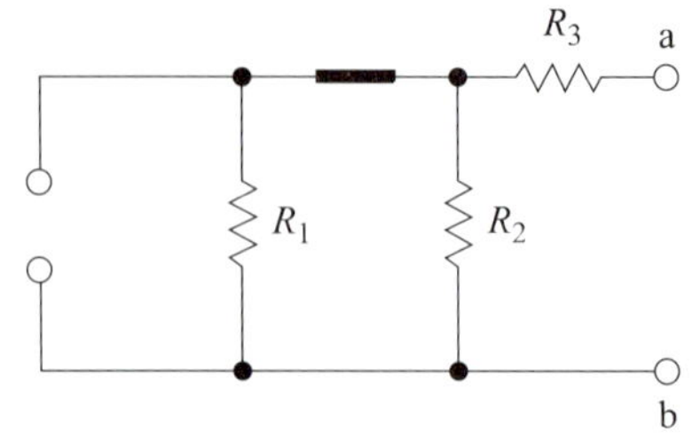

그림 3.47 등가 저항을 구하기 위한 회로

② 노턴 전류를 계산하기 위해 그림 3.48과 같이 부하를 단락 회로로 대체하고, 단락 전류 i_{sc}를 표시한다. 노드 전압법을 적용하기 위해 노드 v_1과 v_2를 고려하면 $v_2 - v_1 = V$이며, 전압원에 흐르는 미지의 전류는 i라고 한다.

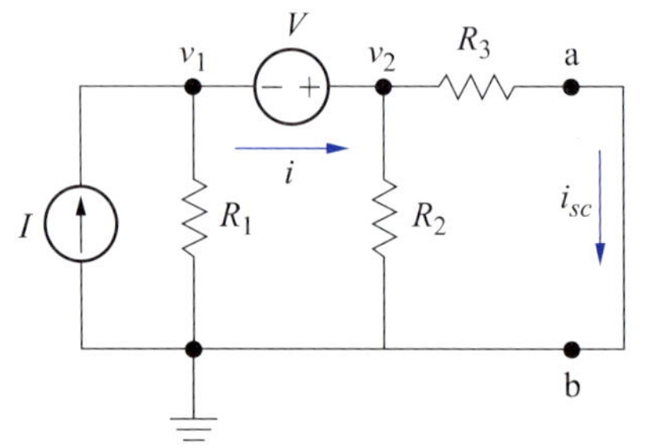

그림 3.48 부하를 단락한 회로

③ 앞에서 제안된 회로를 이용하여 노드 1과 노드 2에 키르히호프의 전류 법칙(K.C.L)을 각각 적용하면 다음과 같은 방정식을 얻을 수 있다.

$$\text{노드 1 : } I - \frac{v_1}{R_1} - i = 0$$

$$\text{노드 2 : } i - \frac{v_2}{R_2} - \frac{v_2}{R_3} = 0$$

④ 노드 1의 식에 $v_1 = v_2 - V$를 대입하여 정리하면 다음과 같은 연립방정식을 얻을 수 있다.

$$\text{노드 1 : } i + \frac{v_2}{R_1} = I + \frac{V}{R_1}$$

$$\text{노드 2 : } -i + \frac{v_2}{R_2} + \frac{v_2}{R_3} = 0$$

⑤ 두 개의 연립방정식에 주어진 값을 대입하고 정리하면 다음과 같은 수식을 얻을

수 있다.

$$i + 0.5v_2 = 10$$
$$-i + 0.45v_2 = 0$$

⑥ 그러므로 미지의 전류는 i와 노드 전압 v_2는 다음과 같다.

$$i = \frac{\begin{vmatrix} 10 & 0.5 \\ 0 & 0.45 \end{vmatrix}}{\begin{vmatrix} 1 & 0.5 \\ -1 & 0.45 \end{vmatrix}} = \frac{(10 \times 0.45) - (0.5 \times 0)}{(1 \times 0.45) - (0.5 \times -1)} = \frac{4.5}{0.95} \fallingdotseq 4.74\ [\mathrm{A}]$$

$$v_2 = \frac{\begin{vmatrix} 1 & 10 \\ -1 & 0 \end{vmatrix}}{\begin{vmatrix} 1 & 0.5 \\ -1 & 0.45 \end{vmatrix}} = \frac{(1 \times 0) - (10 \times -1)}{(1 \times 0.45) - (0.5 \times -1)} = \frac{10}{0.95} \fallingdotseq 10.53\ [\mathrm{V}]$$

⑦ 끝으로 노턴 전류 i_N를 구하고 노턴의 등가 회로를 나타내면 그림 3.49와 같다.

$$i_N = i_{sc} = \frac{v_2}{R_3} = \frac{10.53}{5} = 2.106\ [\mathrm{A}]$$

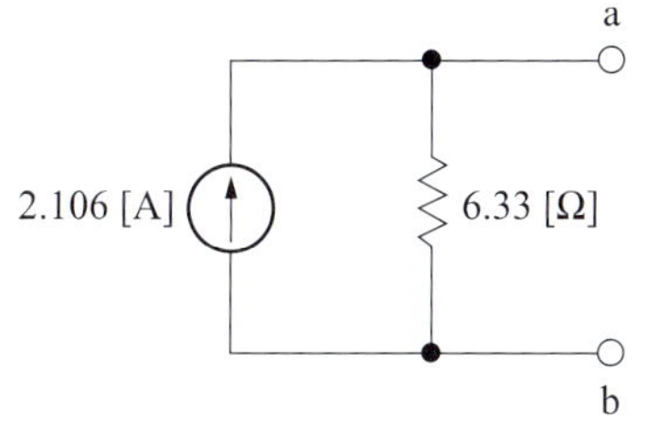

그림 3.49 노턴 회로

예제 3.13 그림 3.50과 같은 회로에 대해서 노턴의 등가 회로를 나타내라.

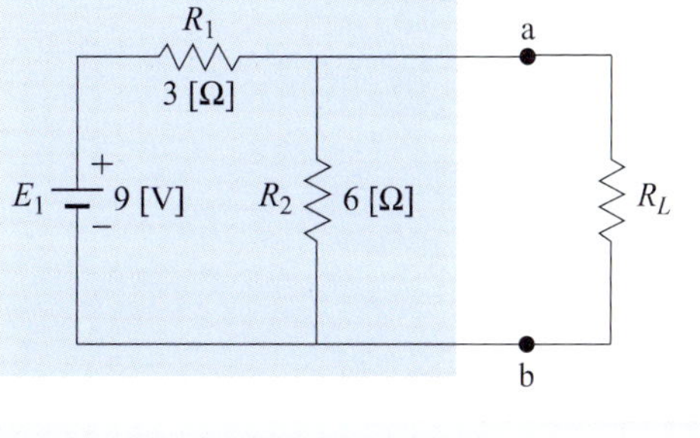

그림 3.50 회로망

풀이 ① 그림 3.51과 같이 부하를 개방한다.

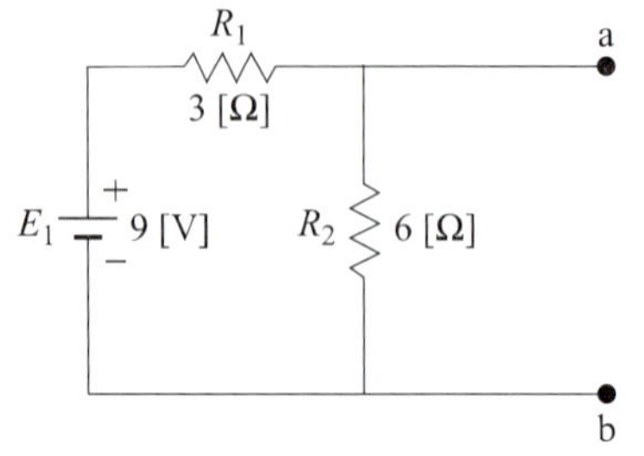

그림 3.51 부하를 개방한 회로

② 노턴의 저항 R_N을 구하기 위해서 E_1을 단락시키면, 그림 3.52와 같이 나타낸다.

$$R_N = R_1 \parallel R_2 = \frac{3 \times 6}{3+6} = 2\,[\Omega]$$

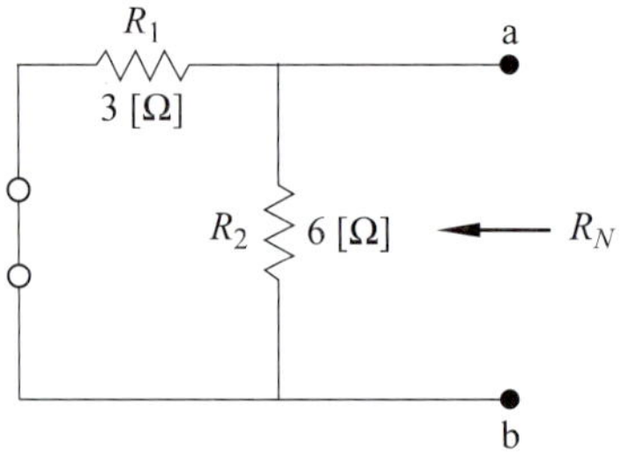

그림 3.52 등가 저항을 구하기 위한 회로

③ 단자 a, b 사이의 연결은 저항 R_2를 제거하는 효과가 있다. 그러므로 I_N은 R_1을 흐르는 전류와 같고, 전체 전원 전압은 R_1에만 걸리게 된다.

$$V_2 = I_2 R_2 = 0 \times 6 = 0\,[\text{V}]$$

그러므로 노턴의 전류는 다음과 같다.

$$I_N = \frac{E}{R_1} = \frac{9}{3} = 3\,[\text{A}]$$

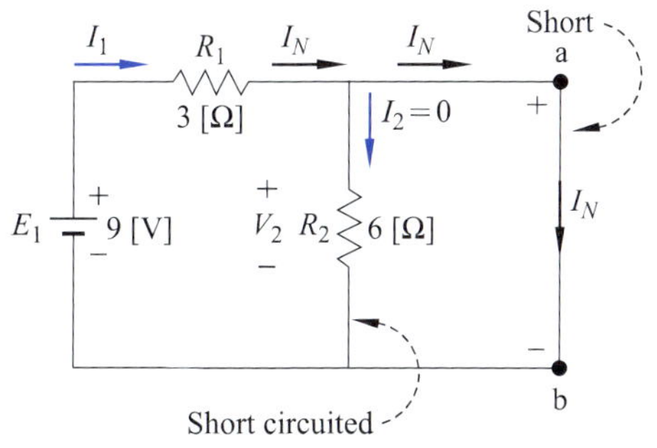

그림 3.53 노턴 전류를 구하기 위한 회로

④ 그림 3.54와 같이 전압원을 전류원으로 변환할 수 있다.

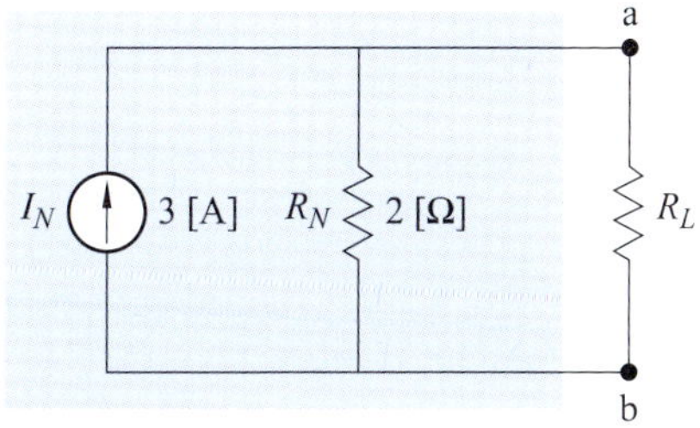

그림 3.54 노턴의 등가 회로

3.8 밀만의 정리

밀만의 정리(Millman's theorem)는 크기가 다른 전압원이 여러 개 병렬로 접속되어 있을 때 전체 병렬 지로에 걸리는 공통 전압을 구하는 간단한 방법이다. 그림 3.55(a)와 같이 내부 컨덕턴스 G_k, 기전력이 E_k ($k=1, 2, \cdots, n$)를 가진 전원이 병렬로 연결되었을 때 그림 3.55(b)와 같이 내부 컨덕턴스 G_0, 기전력 E_0를 가진 1개의 전원처럼 바꾸어 놓을 수 있는데 이를 밀만의 정리라고 하며, 다음 식과 같이 나타낸다.

$$E_0 = \frac{G_1E_1 + G_2E_2 + \cdots + G_nE_n}{G_1 + G_2 + \cdots + G_n} \text{ [V]} \tag{3.30}$$

그리고 $G_0 = G_1 + G_2 + \cdots + G_n$이다.

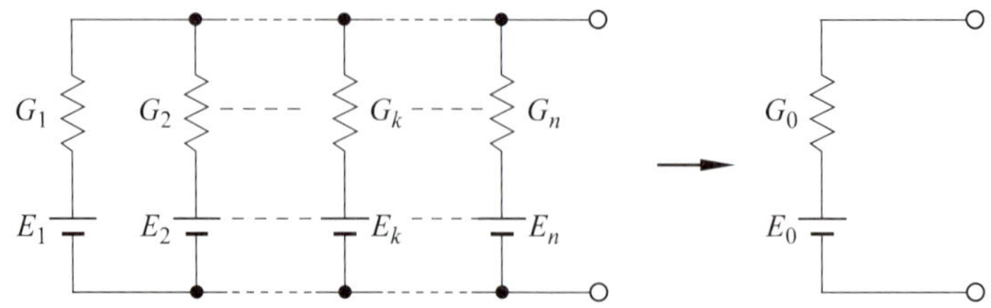

그림 3.55 밀만의 정리

예제 3.14 그림 3.56과 같은 회로를 밀만의 정리를 이용하여 R_L에 걸리는 전압과 전류를 구하시오.

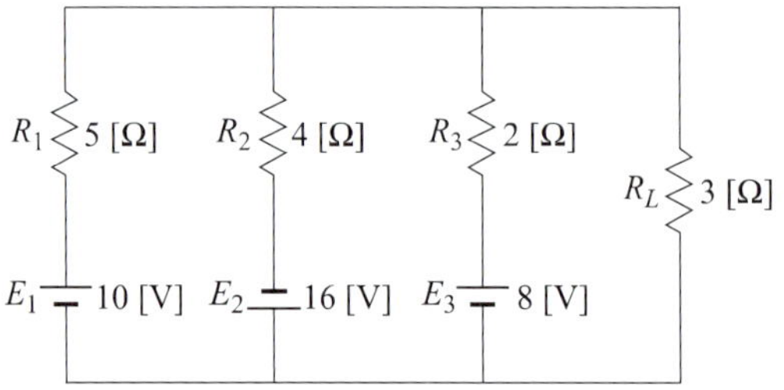

그림 3.56 회로망

풀이 밀만의 정리를 이용하면 다음과 같이 전압을 구할 수 있다.

$$E_0 = \frac{\frac{E_1}{R_1} + \frac{E_2}{R_2} + \frac{E_3}{R_3}}{\frac{1}{R_1} + \frac{1}{R_2} + \frac{1}{R_3}} = \frac{\frac{10}{5} - \frac{16}{4} + \frac{8}{2}}{\frac{1}{5} + \frac{1}{4} + \frac{1}{2}} \fallingdotseq 2.105 \text{ [V]}$$

그리고 등가 저항은 다음과 같다.

$$R_0 = \frac{1}{\frac{1}{5} + \frac{1}{4} + \frac{1}{2}} \fallingdotseq 1.053 \text{ [Ω]}$$

따라서 전류 I_L은 다음과 같고, 회로망은 그림 3.57과 같이 표현된다.

$$I_L = \frac{2.105}{1.053 + 3} = \frac{2.105}{4.053} \fallingdotseq 0.519 \text{ [A]}$$

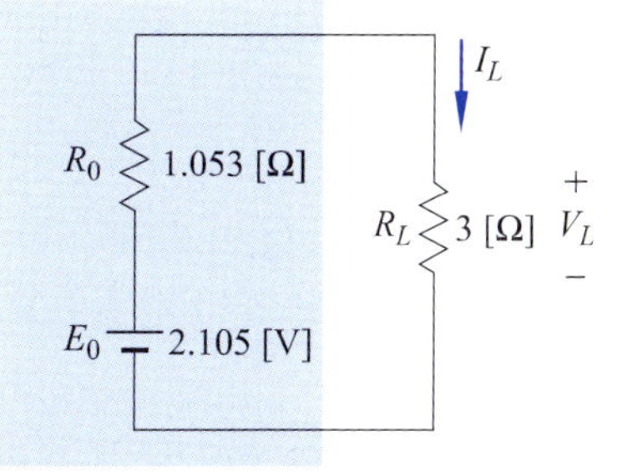

그림 3.57 회로망

1 전지의 병렬 연결

동일한 용량의 전지를 병렬 연결했을 때의 전류 I를 구하는 일반식은 다음과 같다.

$$I = \frac{V}{\frac{r}{m} + R} \text{ [A]} \tag{3.31}$$

단, m은 전지의 개수, V는 전지의 단자 전압, r은 전지의 내부 저항, R은 회로의 부하 저항을 나타낸다.

예제 3.15 어떤 전지 2개가 그림 3.58과 같이 병렬 연결되어 있다. 전지의 단자 전압은 12 [V]이고, 내부 저항은 2 [Ω]이다. 그리고 부하 저항은 25 [Ω]일 때 회로의 전류 I는 얼마인가?

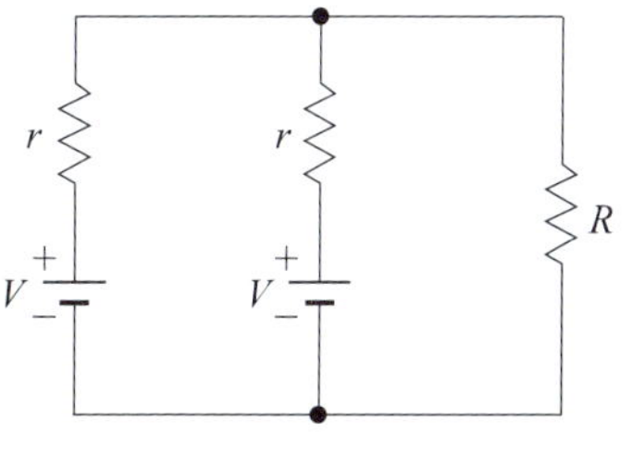

그림 3.58 전지의 병렬 연결

풀이 병렬로 연결된 회로를 편리하게 해석하기 위해 그림 3.59와 같은 등가 회로를 가정한다.

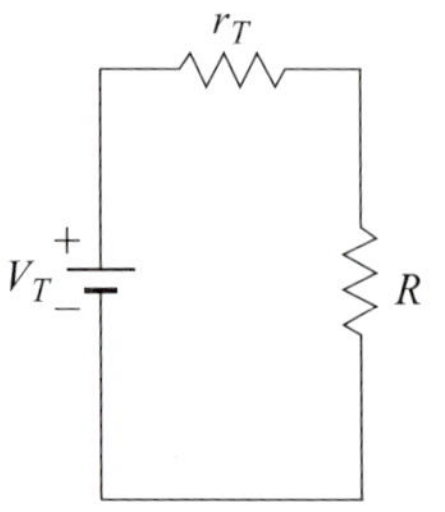

그림 3.59 간소화된 직렬 회로

그림 3.58의 등가 회로 그리고 밀만의 정리를 이용하여 병렬로 연결된 전지 회로의 전압 V_T를 구하면 다음과 같다.

$$V_T = \frac{I}{Y} = \frac{\frac{V}{r} + \frac{V}{r}}{\frac{1}{r} + \frac{1}{r}} = \frac{\frac{2V}{r}}{\frac{2}{r}} = V = 12\,[\mathrm{V}]$$

그리고 회로의 전체 내부 저항을 구하면 다음과 같다.

$$r_T = \frac{1}{\frac{1}{r} + \frac{1}{r}} = \frac{1}{\frac{2}{r}} = \frac{r}{2} = \frac{2}{2} = 1\,[\Omega]$$

그러므로 앞의 두 식을 이용하면 회로의 전류를 구할 수 있다.

$$I = \frac{V_T}{r_T + R} = \frac{12}{1+25} \fallingdotseq 0.46\,[\mathrm{A}]$$

2 전지의 직렬 연결

동일한 용량의 전지를 직렬 연결했을 때의 전류 I를 구하는 일반식은 다음과 같다.

$$I = \frac{nV}{nr + R}\,[\mathrm{A}] \tag{3.32}$$

단, n은 전지의 개수, V는 전지의 단자 전압, r은 전지의 내부 저항, R은 회로의 부하 저항을 나타낸다.

예제 3.16 어떤 전지 2개가 그림 3.60과 같이 직렬 연결되어 있다. 전지의 단자 전압은 12 [V]이고, 내부 저항은 2 [Ω]이다. 그리고 부하 저항은 20 [Ω]일 때 회로의 전류 I는 얼마인가?

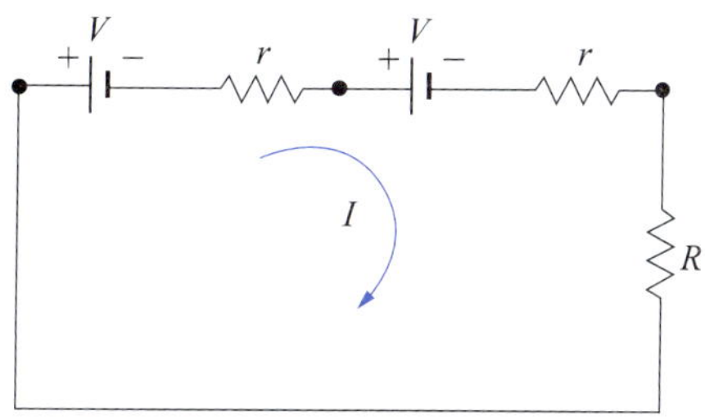

그림 3.60 전지의 직렬 연결

풀이 회로에는 전지 2개가 직렬로 연결되어 있으므로 전압 방정식은 다음과 같다.

$$-V - V_r - V \quad V_r - V_R = 0$$

$$-2V - I(r+r) - IR = 0$$

$$I = \frac{-2V}{2r+R} = \frac{-2\times 12}{2\times 2+20} = -1\ [\mathrm{A}]$$

즉, 설정된 전류 I의 방향과 반대로 전류가 흐르는 것을 알 수 있다.

3.9 상반 정리

상반 정리(相反 定理, reciprocity theorem)는 가역 정리라고도 한다. 즉, "전원 1개를 가진 회로망 내에서 임의의 지로에 흐르는 전류는 그 지로에 전원을 이동하였을 때 원래의 전원을 단락시킨 지로에 흐르는 전류와 같다." 라는 정리로 「전원」과 「가지 전류」의 교환이 이루어질 수 있다. 이는 회로망 내의 한 지로에 삽입된 전류 전원과 다른 지로 양단의 전압 사이에도 같은 관계가 성립됨을 말해준다.

예제 3.17 그림 3.61의 (a)와 (b)의 회로에 있어서 상반 정리가 성립함($I_1 = I_2$)을 증명하여라.

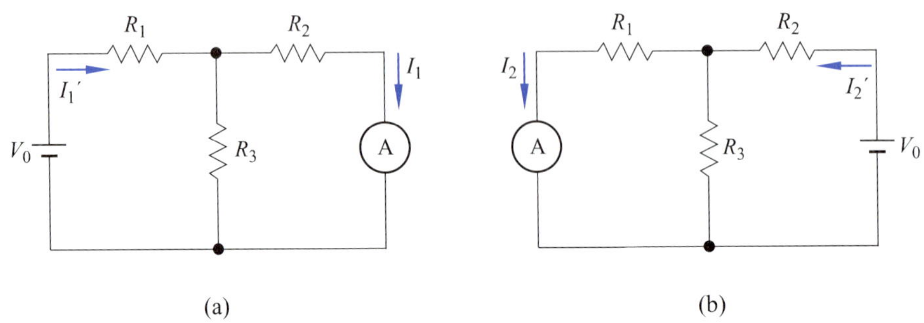

그림 3.61 회로망

풀이 상반 정리가 성립하기 위해서는 전류 $I_1 = I_2$가 되어야 한다.

그림 3.61(a) 회로에서 전류를 구하면 다음과 같다.

$$I_1 = I_1' \frac{R_3}{R_2 + R_3} \text{ [A]} \qquad ①$$

$$I_1' = \frac{V_0}{R_1 + \dfrac{R_2 R_3}{R_2 + R_3}} \text{ [A]} \qquad ②$$

②식을 ①식에 대입하면 다음과 같다.

$$I_1 = \frac{V_0}{R_1 + \dfrac{R_2 R_3}{R_2 + R_3}} \times \frac{R_3}{R_2 + R_3} = \frac{R_3 V_0}{R_1 R_2 + R_2 R_3 + R_3 R_1} \text{ [A]}$$

그림 3.61(b) 회로에서 전류를 구하면 다음과 같다.

$$I_2 = I_2' \times \frac{R_3}{R_1 + R_3} \text{ [A]} \qquad ③$$

$$I_2' = \frac{V_0}{R_2 + \dfrac{R_1 R_3}{R_1 + R_3}} \text{ [A]} \qquad ④$$

④식을 ③식에 대입하면 다음과 같다.

$$I_2 = \frac{V_0}{R_2 + \dfrac{R_1 R_3}{R_1 + R_3}} \times \frac{R_3}{R_1 + R_3} = \frac{R_3 V_0}{R_1 R_2 + R_2 R_3 + R_3 R_1} \text{ [A]}$$

그러므로 $I_1 = I_2$임이 증명된다.

예제 3.18 그림 3.62(a)에서 R_5를 통해서 전류 I_5가 흐르고, 그림 3.62(b)는 R_1를 통해서 전류 I_1이 흐를 때 서로 상반 정리가 성립하는 전류를 계산하시오. 여기서, $V = 24$ [V], $R_1 = 2$ [Ω], $R_2 = 4$ [Ω], $R_3 = 6$ [Ω], $R_4 = 8$ [Ω], $R_5 = 10$ [Ω]이다.

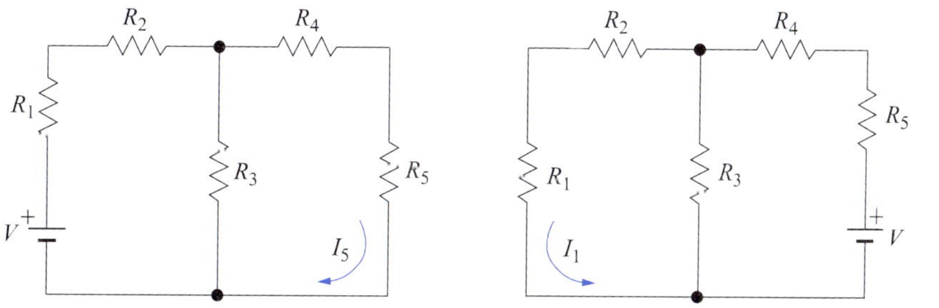

그림 3.62 상반 정리

풀이 그림 3.62(a)의 등가 전압과 등가 저항을 계산하면 다음과 같다.

$$V_{Th} = V\left[\frac{R_3}{R_1 + R_2 + R_3}\right] = 24 \times \left[\frac{6}{2+4+6}\right] = 12 \text{ [V]}$$

$$R_{Th} = R_4 + (R_1 + R_2) \parallel (R_3) = 8 + (2+4) \parallel (6) = 11 \text{ [Ω]}$$

그러므로 전류 I_5는 다음과 같다.

$$I_5 = \frac{V_{Th}}{R_{Th} + R_5} = \frac{12}{11 + 10} \fallingdotseq 0.57 \text{ [A]}$$

그리고 그림 3.62(b)의 등가 전압과 등가 저항을 계산하면 다음과 같다.

$$V_{Th} = V\left[\frac{R_3}{R_3 + R_4 + R_5}\right] = 24 \times \left[\frac{6}{6+8+10}\right] = 6 \text{ [V]}$$

$$R_{Th} = R_2 + (R_4 + R_5) \parallel (R_3) = 4 + (8 + 10) \parallel (6) = 8.5\,[\Omega]$$

그러므로 전류 I_1는 다음과 같다.

$$I_1 = \frac{V_{Th}}{R_{Th} + R_1} = \frac{6}{8.5 + 2} \fallingdotseq 0.57\,[\mathrm{A}]$$

따라서 두 회로의 전류 $I_5 = I_1$이므로 상반 정리가 성립됨을 알 수 있다.

연습문제

01 회로망에서 두 개 또는 그 이상의 소자가 연결되는 점을 (　　　　)라 한다.

정답 절점 또는 마디

02 절점과 절점 사이에 연결된 회로 소자를 (　　　　)라 한다.

정답 지로 또는 가지

03 평면 회로망에서 형성되는 작은 폐회로들을 (　　　　)라 한다.

정답 메시

04 여러 개의 임피던스를 직렬과 병렬로 반복 접속한 회로를 (　　　　)이라고 한다.

정답 사다리 회로망

05 분압기를 이용하여 출력 전압을 측정할 때는 (　　　　)이 가능한 높은 위치에서 분압기가 제어되도록 해야 한다.

정답 분압 저항

06 (　　　　)는 회로망에 다수의 전원이 포함되어 있는 경우 각각의 지로에 흐르는 전류는 전원이 각각 단독으로 작용하고 있는 각 가지 전류를 중첩시킨 대수합이 같음을 정의하고 있다.

정답 중첩의 원리

07 (   )는 전원 1개를 가진 회로망 내에서 임의의 지로에 흐르는 전류는 그 지로에 전원을 이동하였을 때 원래의 전원을 단락시킨 지로에 흐르는 전류와 같음을 정의하고 있다.

정답 상반 정리

08 브리지 회로망에서 검류계에 전류가 흐르지 않는 경우 $Z_1 = 10\,[\Omega]$, $Z_2 = 5\,[\Omega]$, $Z_3 = 20\,[\Omega]$의 임피던스가 측정되었을 때 Z_4는 얼마인가?

정답 $Z_4 = 10\,[\Omega]$

09 여러 개의 기전력을 포함하는 선형 회로망 내의 전류 분포는 각 기전력이 단독으로 그의 위치에 있을 때 흐르는 전류 분포의 합과 같다는 것은?

정답 중첩의 원리

10 선형 회로망의 소자가 아닌 것은? ( )

① 철심이 있는 코일   ② 철심이 없는 코일   ③ 저항기   ④ 콘덴서

정답 ①

Chapter 4

교류 전력과 에너지

4.1 저항 부하의 전력 및 에너지

저항(抵抗, resistance)은 전류의 흐름을 방해하는 작용을 한다. 그리고 전기설비에서 부하(負荷, load)는 전기 에너지를 소비하는 것을 의미한다. 전열기 및 전등은 전원을 소비하는 측면에서 바라본 부하이며, 발전기는 동력을 생산하는 측면에서 바라본 부하이다. 그리고 전력 계통에서는 그 계통으로부터 전력을 수전하는 전기설비 및 전력을 공급하기 위한 배전선로 그 자체도 포함하여 부하라고 할 수 있다. 그림 4.1(a)와 같이 부하가 저항 R만으로 구성되어 있는 회로에서 인가 전압은 V이고, 흐르는 전류가 i일 때 회로의 전력을 구해본다.

저항 R에 인가되는 전압은 다음과 같다.

$$v = V_m \sin\omega t = \sqrt{2}\, V \sin\omega t \ [\mathrm{V}] \tag{4.1}$$

전압이 인가되면 흐르는 전류 i는 전압과 동상이므로 다음과 같다.

$$i = I_m \sin\omega t = \sqrt{2}\, I \sin\omega t \ [\mathrm{A}] \tag{4.2}$$

즉, 식 (4.1)과 식 (4.2)을 그림 4.1(b)와 같이 표현된다. 따라서 저항에서 소비되는 순시 전력(瞬時 電力, instantaneous power) p는 다음과 같다.

$$\begin{aligned} p &= vi \\ &= \sqrt{2}\, V \sin\omega t \cdot \sqrt{2}\, I \sin\omega t \\ &= 2VI\sin^2\omega t = VI(1-\cos 2\omega t) \ [\mathrm{W}] \end{aligned} \tag{4.3}$$

그리고 순시 전력 p의 한 주기 동안의 평균 전력 P를 그림 4.1(c)에서 구해보면 다음과 같다.

$$\begin{aligned} P &= \frac{1}{T}\int_0^T p\, dt \\ &= \frac{1}{T}\int_0^T VI(1-\cos 2\omega t)\, dt = VI \ [\mathrm{W}] \end{aligned} \tag{4.4}$$

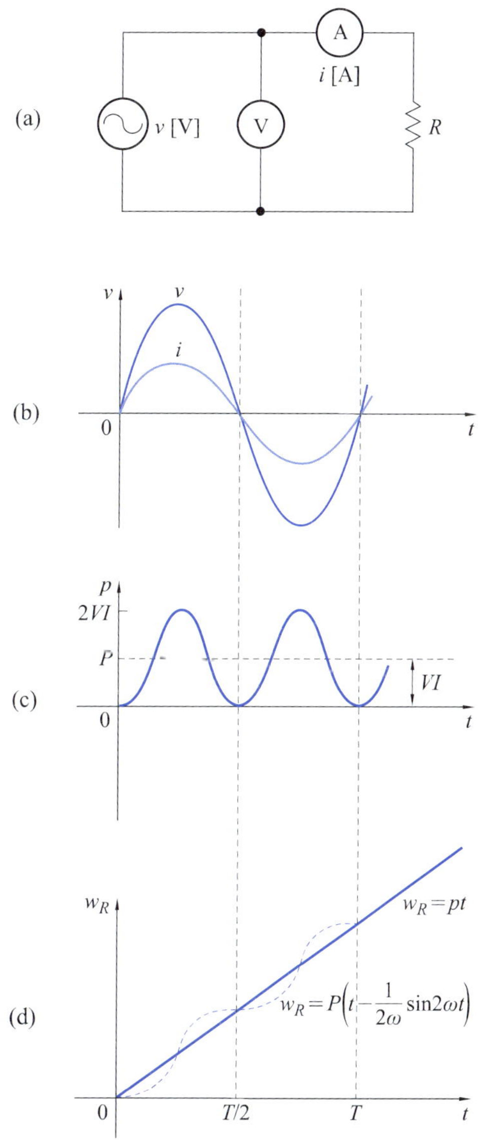

그림 4.1 저항 부하의 전력 및 에너지

일반적으로 전력은 평균 전력을 의미하며, 순시 전력과 구별하기 위해 대문자 P를 사용한다. 그림 4.1(c)를 보면 순시 전력 p와 평균 전력 P는 언제나 $p \geq 0$ 또는 $P > 0$의 관계가 형성됨을 알 수 있다. 이것은 전원으로부터 저항 부하에 언제나 전력이 공급되고, 에너지가 소비되고 있음을 의미한다. 소비되는 에너지 형태는 모두 열(熱, heat)이며, 이때 열로 소비되는 전력 w_R은 다음과 같다.

$$w_R = \int_0^t p\,dt = VI\int_0^t (1-\cos 2\omega t)\,dt$$
$$= P\left(t - \frac{1}{2\omega}\sin 2\omega t\right)\ [\text{J}] \qquad (4.5)$$

식 (4.5)에서 일반적으로 $t \gg \frac{1}{2\omega}\sin 2\omega t$의 관계가 있으므로 다음과 같이 약식으로 표현이 가능하며, 그림 4.1(d)와 같이 나타낸다.

$$w_R = Pt\ [\text{J}] \qquad (4.6)$$

예제 4.1 그림 4.2의 회로에 있어서 컨덕턴스 G_3에서 소비되는 전력을 구하시오. 여기서, $v = \sqrt{2}\sin 377t$ [V]이다.

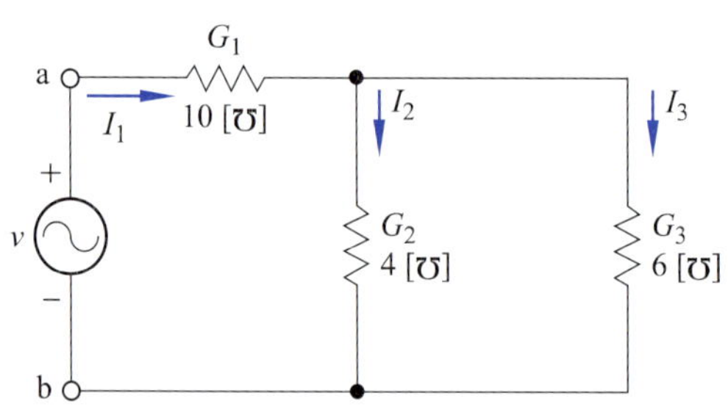

그림 4.2 회로망

풀이 $P_3 = I_3^2 \times \frac{1}{G_3}$ 이므로 $a-b$ 우측에 대한 등가 컨덕턴스를 구하면 다음과 같다.

$$G_{ab} = \frac{G_1 \times (G_2 + G_3)}{G_1 + (G_2 + G_3)} = \frac{10 \times (4+6)}{10 + (4+6)} = 5\ [\mho]$$
$$I_1 = G_{ab} \times V = 5 \times 1 = 5\ [\text{A}]$$
$$I_3 = I_1 \times \frac{G_3}{G_2 + G_3} = 5 \times \frac{6}{4+6} = 3\ [\text{A}]$$

따라서 소비 전력은 다음과 같다.

$$P_3 = I_3^2 \times \frac{1}{G_3} = 3^2 \times \frac{1}{6} = 1.5\ [\text{W}]$$

4.2 인덕턴스 부하의 전력 및 에너지

인덕턴스(inductance)는 회로에 흐르는 전류의 변화에 의해 전자기 유도로 생기는 역기전력의 비율을 나타내는 양으로 나타낸 것이다. 그림 4.3(a)와 같이 부하가 인덕턴스 L만으로 구성되어 있는 회로에서 인가 전압은 V, 흐르는 전류는 i인 회로에서 코일 L에 흐르는 전류는 다음과 같다.

$$i = I_m \sin\omega t = \sqrt{2}\, I \sin\omega t \text{ [A]} \tag{4.7}$$

전류가 흐른다면 인가되는 전압 v는 그림 4.3(b)와 같이 나타낸다.

$$v = \sqrt{2}\, V \sin\left(\omega t + \frac{\pi}{2}\right) = \sqrt{2}\, V \cos\, \omega t \text{ [V]} \tag{4.8}$$

따라서 코일에 공급되는 순시 전력(instantaneous power) p는 다음과 같이 표현된다.

$$\begin{aligned} p &= vi \\ &= \sqrt{2}\, V \cos\, \omega t \cdot \sqrt{2}\, I \sin\, \omega t \\ &= 2\, VI \cos\omega t \cdot \sin\, \omega t = VI \sin\, 2\omega t \text{ [W]} \end{aligned} \tag{4.9}$$

$$\because\ \cos\, \alpha \cdot \sin\, \beta = \frac{1}{2}\{\sin(\alpha + \beta) - \sin(\alpha - \beta)\}$$

그리고 순시 전력 p의 한 주기 동안의 평균 전력 P를 그림 4.3(c)에서 구해보면 다음과 같다.

$$\begin{aligned} P &= \frac{1}{T}\int_0^T p\, dt \\ &= \frac{1}{T}\int_0^T VI \sin 2\omega t\, dt = 0 \text{ [W]} \end{aligned} \tag{4.10}$$

순시 전력 p는 그림 4.3(c)에서 보는 바와 같이 주파수가 전압 또는 전류의 2배가 되는 2ω의 사인파로 주기적으로 그 부호가 변하고 있음을 알 수 있다. 즉, $p > 0$일 때는 전원으로부터 코일에 전력이 공급되고, $p < 0$일 때는 코일로부터 전원측으로 전력을 반환하고 있음을 의미한다.

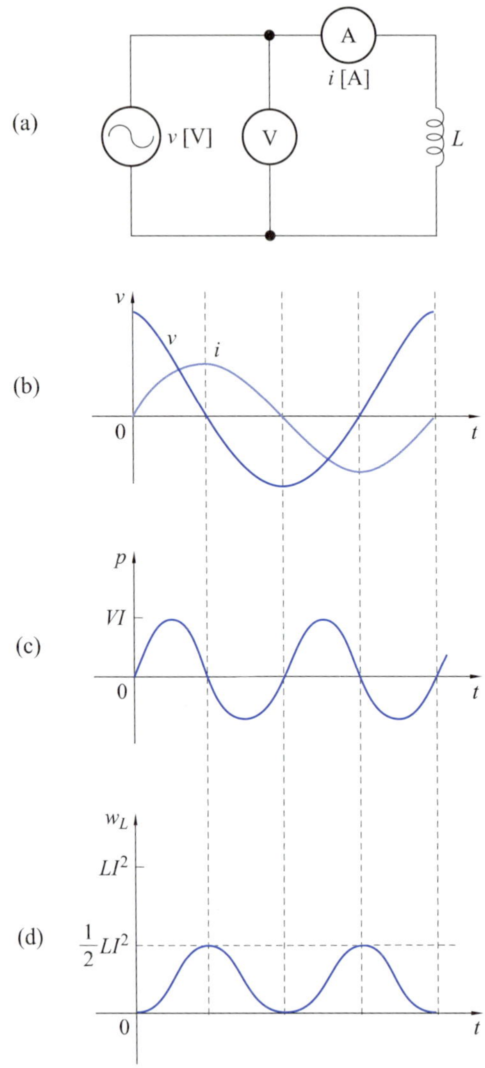

그림 4.3 **인덕턴스 부하의 전력 및 에너지**

그러므로 코일 자체에는 전력 소모가 없음을 식 (4.10)에서 $P=0$임을 증명하고 있다. 이와 같은 현상으로부터 인덕턴스 L은 저항 R처럼 전원으로부터 공급 받은 전력을 동시에 소비해 버리는 것이 아니고 전력을 공급 받는 동안 및 전력을 반환하기까지 전력을 코일 자체에 축적하고 있음을 알 수 있다. 그러면 이와 같은 내용을 확인하기 위해서는 인덕턴스 L을 구해보면 알 수 있다.

그림 4.3(a)와 같이 인덕턴스 L에서 전류 i의 방향으로 발생한 전압 강하 v는 다음과 같다.

$$v = L\frac{di}{dt}\ [\mathrm{V}] \tag{4.11}$$

그리고 순시 전력 p는 다음과 같이 나타낸다.

$$p = vi = Li\frac{di}{dt}\ [\mathrm{W}] \tag{4.12}$$

주어진 시각 t_1과 t_2 사이에 코일에 유입되는 에너지 $w_L{}'$은 다음 식으로 나타낸다.

$$\begin{aligned} w_L{}' &= \int_{t_1}^{t_2} p\,dt = \int_{t_1}^{t_2} Li\frac{di}{dt}\,dt = \int_{i_1}^{i_2} Li\,di \\ &= \frac{1}{2}L(i_2^2 - i_1^2)\ [\mathrm{J}] \end{aligned} \tag{4.13}$$

i_1과 i_2는 각각 t_1과 t_2인 순간의 회로 전류를 의미한다. 식 (4.13)은 어느 시간 동안 L에 유입되는 에너지는 전류의 초기값과 최종값에만 관계되고 전류의 도중 변화 상태와는 아무런 관계가 없음을 의미한다. 그리고 i_1과 i_2의 크기에 따라 $w_L{}'$는 '+' 또는 '−'를 나타내는 것을 알 수 있고, 이것은 전기 에너지가 어느 시간 동안 인덕터에 유입과 유출이 일어나고 있음을 의미한다.

특히, 코일 L에는 $t=0$인 처음부터 큰 전류가 흐를 수 없기 때문에 식 (4.13)에서 초기 전류 $i_1=0$으로 보면 전류 i와 i_2가 같을 때 코일에 축적되는 에너지 ω_L은 다음과 같이 나타낸다.

$$w_L = \frac{1}{2}Li^2\ [\mathrm{J}] \tag{4.14}$$

실제의 회로에서 코일 L에 축적되는 에너지는 자기 에너지(magnetic energy)로서 전류가 흐름으로써 코일 주위에 형성되는 자계(磁界, magnetic field)에 축적되고 있음이 확인되고 있다. 그러므로 코일에 축적되는 에너지의 크기 w_L은 다음과 같이 나타낸다.

$$w_L = \frac{1}{2}Li^2 = \frac{1}{2}L(\sqrt{2}\,I\sin\omega t)^2 = \frac{1}{2}LI^2(1-\cos 2\omega t)\ [\mathrm{J}] \tag{4.15}$$

$$\because\ \sin^2\theta = \frac{1-\cos 2\theta}{2}$$

즉, 한 주기 동안의 평균 축적 에너지 W_L는 다음과 같이 나타낸다.

$$W_L = \frac{1}{T}\int_0^T w_L\,dt = \frac{1}{2}LI^2 \text{ [J]} \tag{4.16}$$

예제 4.2 $L = 20$ [mH]의 무손실 인덕턴스 회로에 $v = \sqrt{2}\,50\sin 100\pi t$ [V]의 전압이 인가되었을 때 코일에 축적되는 자기 에너지의 최대값과 평균값을 구하시오.

풀이 인덕턴스에 흐르는 최대값 전류 및 실효값 전류를 구하면 다음과 같다.

$$I_m = \frac{V_m}{X_L} = \frac{V_m}{2\pi f L} \text{ [A]}$$

$$I = \frac{I_m}{\sqrt{2}} \text{ [A]}$$

축적된 에너지의 최대값은 다음과 같다.

$$W_m = \frac{1}{2}LI_m^2 = \frac{1}{2}L\left(\frac{V_m}{2\pi f L}\right)^2 = \frac{V_m^2}{8\pi^2 f^2 L}$$

$$= \frac{(50\sqrt{2})^2}{8\times\pi^2\times 50^2\times 20\times 10^{-3}} \fallingdotseq 1.27 \text{ [J]}$$

그리고 축적된 에너지의 평균값은 다음과 같다.

$$W_{av} = \frac{1}{2}LI^2 = \frac{1}{2}L\left(\frac{I_m}{\sqrt{2}}\right)^2 = \frac{1}{2}W_m = \frac{1}{2}\times 1.27 = 0.635 \text{ [J]}$$

4.3 커패시턴스 부하의 전력 및 에너지

커패시턴스(capacitance)는 물체가 전하를 축적하는 능력을 나타내는 물리량이다. 그림 4.4(a)와 같이 부하가 커패시턴스 C만으로 구성되어 있는 회로에서 인가 전압은 V, 흐르는 전류가 i일 때 회로의 전력을 구해본다. 커패시턴스 C에 인가되는 전압은 다음과 같다.

$$v = V_m \sin\omega t = \sqrt{2}\,V\sin\omega t\ [\mathrm{V}] \tag{4.17}$$

전압이 인가되고, 흐르는 전류 i는 그림 4.4(b)와 같이 나타낸다.

$$i = \sqrt{2}\,I\sin\left(\omega t + \frac{\pi}{2}\right) = \sqrt{2}\,I\cos\omega t\ [\mathrm{A}] \tag{4.18}$$

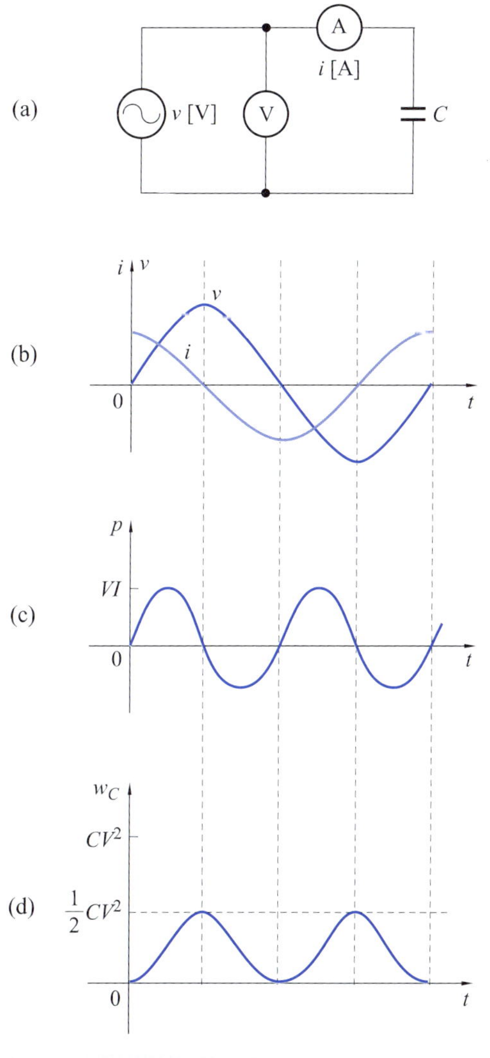

그림 4.4 커패시턴스 부하의 전력 및 에너지

따라서 커패시터에 공급되는 순시 전력(instantaneous power) p는 다음과 같이 표현된다.

$$\begin{aligned} p &= vi \\ &= \sqrt{2}\,V\sin\omega t \cdot \sqrt{2}\,I\cos\omega t \\ &= 2VI\sin\omega t \cdot \cos\omega t = VI\sin 2\omega t \ [\mathrm{W}] \end{aligned} \tag{4.19}$$

$$\because \ \sin\alpha \cdot \cos\beta = \frac{1}{2}\{\sin(\alpha+\beta) + \sin(\alpha-\beta)\}$$

그리고 순시 전력 p의 한 주기 동안의 평균 전력 P를 그림 4.4(c)에서 구해보면 다음과 같다.

$$\begin{aligned} P &= \frac{1}{T}\int_0^T p\,dt \\ &= \frac{1}{T}\int_0^T VI\sin 2\omega t\,dt = 0\ [\mathrm{W}] \end{aligned} \tag{4.20}$$

순시 전력 p는 그림 4.4(c)에서 보는 바와 같이 주파수가 전압 또는 전류의 2배가 되는 2ω의 사인파로 주기적으로 그 부호가 변하고 있음을 알 수 있다. 즉, $p>0$일 때는 전원으로부터 커패시터에 전력이 공급되고, $p<0$일 때는 커패시터로부터 전원측에 전력을 반환하고 있음을 의미한다.

그러므로 콘덴서 자체에는 전력 소모가 없음을 식 (4.20)에서 $P=0$임을 증명하고 있다. 이와 같은 현상으로부터 콘덴서 C는 저항 R처럼 전원으로부터 공급 받은 전력을 동시에 소비해 버리는 것이 아니고 전력을 공급 받는 동안 및 전력을 반환하기까지 전력을 콘덴서 자체에 축적하고 있음을 알 수 있다.

그러면 이와 같은 내용을 확인하기 위해서는 커패시턴스 C를 구해보면 알 수 있다. 그림 4.4(a)와 같이 커패시턴스 C에서 전류 i의 방향으로의 전압 강하는 v라 하면 다음과 같이 전류로 나타낼 수 있다.

$$i = C\frac{dv}{dt}\ [\mathrm{A}] \tag{4.21}$$

그리고 순시 전력 p는 다음과 같이 나타낸다.

$$p = vi = Cv\frac{dv}{dt}\ [\mathrm{W}] \tag{4.22}$$

주어진 시각 t_1과 t_2 사이에 콘덴서에 유입되는 에너지 $w_C{}'$는 다음 식으로 나타낸다.

$$w_C{}' = \int_{t_1}^{t_2} p\,d\,t = \int_{t_1}^{t_2} C\,v\,\frac{dv}{dt}\,dt = C\int_{v_1}^{v_2} v\,dv$$

$$= \frac{1}{2}C\,(v_2^2 - v_1^2)\ [\text{J}] \tag{4.23}$$

v_1과 v_2는 각각 t_1과 t_2인 순간의 회로 전류를 의미한다.

식 (4.23)은 어느 시간 동안 C에 유입되는 에너지는 전류의 초기값과 최종값에만 관계되고, 전류의 도중 변화 상태와는 아무런 관계가 없음을 의미한다. 그리고 v_1과 v_2의 크기에 따라 $w_C{}'$는 '+' 또는 '−'를 나타내는 것을 알 수 있고, 이것은 전기 에너지가 어느 시간 동안 커패시터에 유입과 유출이 일어나고 있음을 의미한다.

특히, 커패시터 C 양단의 전압은 연속적으로만 변할 수 있기 때문에 단자 전압의 초기값 $v_1 = 0$으로 보면 전압 v는 v_2와 같으므로 순간 커패시터에 축적되는 에너지 w_C는 다음과 같이 나타낸다.

$$w_C = \frac{1}{2}C\,v^2\ [\text{J}] \tag{4.24}$$

실제의 회로에서 커패시터 C에 축적되는 에너지는 커패시터 양극판 사이의 전위차가 형성되는 전계(電界, electric field)에 따라 정전 에너지(electrostatic energy)로서 축적된다. 그러므로 한 주기 동안의 평균 축적 에너지 W_C는 다음과 같이 나타낸다.

$$W_C = \frac{1}{2}C\,V^2\ [\text{J}] \tag{4.25}$$

예제 4.3 어떤 시스템의 0.1 [μF]인 콘덴서에 $v = 2\sin 200\pi t$ [V]의 전압이 인가될 때 이 콘덴서에 축적되는 정전 에너지의 최대값과 평균값을 구하시오.

풀이 정전 에너지의 최대값은 다음과 같다.

$$W_m = \frac{1}{2}C\,V_m^2 = \frac{1}{2}\times 0.1\times 10^{-6}\times 2^2 = 2\times 10^{-7}\ [\text{J}]$$

정전 에너지의 평균값은 다음과 같다.

$$W_{av} = \frac{1}{2}C\,V^2 = \frac{1}{2}\times C\left(\frac{V_m}{\sqrt{2}}\right)^2 = \frac{1}{2}W_m = \frac{1}{2}\times 2\times 10^{-7} = 10^{-7}\ [\text{J}]$$

4.4 일반 회로의 전력과 역률

전기 설비의 시스템에 일반적으로 사용하는 부하는 그림 4.5(a)와 같이 R, L, C 소자가 포함된 경우가 대부분이다. 이와 같은 2단자망의 등가 임피던스를 $Z\angle\theta$라 하면 인가된 전압 v는 다음과 같이 나타낸다.

$$v = V_m \sin\omega t = \sqrt{2}\,V\sin\omega t\ [\mathrm{V}] \tag{4.26}$$

교류 전압이 두 단자에 인가될 때 흐르는 전류 i는 다음과 같이 나타낸다.

$$i = \sqrt{2}\,I\sin(\omega t - \theta)\ [\mathrm{A}] \tag{4.27}$$

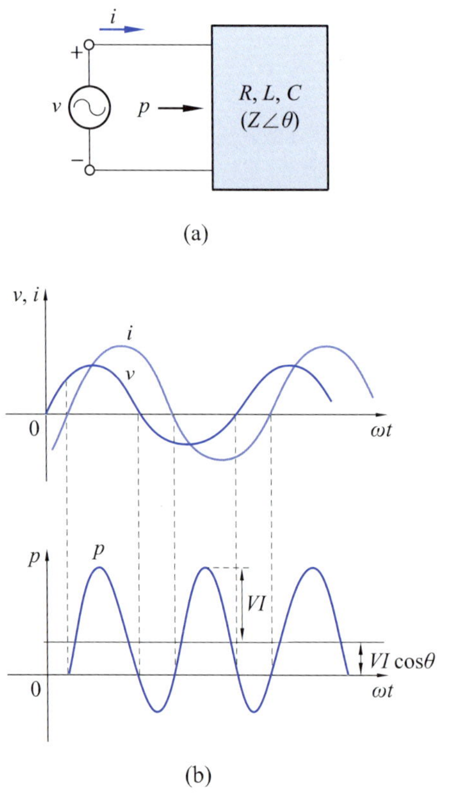

그림 4.5 일반 부하의 교류 전력

이때 회로에 공급되는 순시 전력(瞬時 電力, instantaneous power) p는 다음과 같이 표현된다.

$$\begin{aligned} p &= vi \\ &= \sqrt{2}\,V\sin\omega t \cdot \sqrt{2}\,I\sin(\omega t-\theta) \\ &= 2VI\sin\omega t \cdot \sin(\omega t-\theta) \\ &= VI\cos\theta - VI\cos(2\omega t-\theta)\ [\mathrm{W}] \end{aligned} \tag{4.28}$$

$$\because\ \sin\alpha\sin\beta = \frac{1}{2}\{\cos(\alpha-\beta)-\cos(\alpha+\beta)\}$$

그림 4.5(b)에서 첫째 항은 일정한 값을 나타내며, 둘째 항은 각주파수 2ω, 진폭 VI인 정현파를 나타낸다. 따라서 식 (4.28)의 순시 전력 p의 한 주기 동안의 평균 전력 P를 구하면 다음과 같다.

$$\begin{aligned} P &= \frac{1}{T}\int_0^T p\,dt \\ &= \frac{1}{T}\int_0^T [VI\cos\theta - VI\cos(2\omega t-\theta)]\,dt \\ &= VI\cos\theta\ [\mathrm{W}] \end{aligned} \tag{4.29}$$

$$\because\ \int\cos(ax+b)\,dx = \frac{1}{a}\sin(ax+b)+c$$

식 (4.29)의 V, I는 각각에 인가된 전압과 전류의 실효값이며, θ는 전압과 전류의 위상차이다. 즉, 직류 회로의 전력 계산에서는 전압과 전류를 곱하기만 하면 되지만 교류 회로에서는 전압과 전류의 실효값의 곱에 $\cos\theta$를 곱하는 것으로 표현됨을 알 수 있다. $\cos\theta$를 회로 역률 또는 역률(力率, power factor)이라고 정의하며, $p.f$라고 표현한다. 이것은 일반적인 용어로 효율과 같은 의미로 때로는 백분율[%]로도 표시하며, 수식은 다음과 같이 나타낸다.

$$p.f = \cos\theta = \frac{P}{VI}\times 100\ [\%] \tag{4.30}$$

그리고 전압과 전류의 곱인 VI는 공급 전력 또는 피상 전력(皮相 電力, apparent power)이라고 정의되며, 임피던스 삼각형은 그림 4.6과 같이 나타낸다. 즉, 임피던스 삼각형을 이용하여 역률과 전력을 구하면 다음과 같이 나타낸다.

$$p.f = \cos\theta = \frac{R}{Z} \tag{4.31}$$

$$P = VI\cos\theta = RI^2\ [\mathrm{W}] \tag{4.32}$$

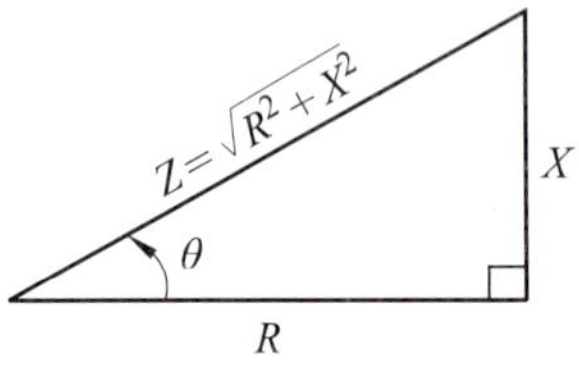

그림 4.6 임피던스 삼각형

예제 4.4 $R=30\,[\Omega]$, $L=0.127\,[\mathrm{H}]$의 직렬 회로에 $v=\sqrt{2}\,100\sin 100\pi t\,[\mathrm{V}]$의 전압이 인가되었을 때 다음을 구하시오.

① 회로 역률 $p.f$를 구하시오.

② 회로에 공급되는 순시 전력 p의 최대값 및 이의 평균값, 평균 전력 P를 구하시오.

③ 저항 R에서의 최대 소비 전력과 평균 소비 전력을 구하시오.

④ 인덕턴스 L에 공급되는 최대 전력과 평균 전력 그리고 이에 축적되는 최대 에너지와 평균 에너지를 구하시오.

풀이 L에서의 리액턴스 및 임피던스는 다음과 같다.

$$X_L = \omega L = 100\pi \times 0.127 \fallingdotseq 40\,[\Omega]$$
$$Z = \sqrt{R^2 + X_L^2} = \sqrt{30^2 + 40^2} = 50\,[\Omega]$$

① $p.f = \cos\theta = \frac{R}{Z} = \frac{30}{50} = 0.6$

② $I = \frac{V}{Z} = \frac{100}{50} = 2\,[\mathrm{A}]$

최대 전력과 평균 전력은 다음과 같다.

$$P_{\max} = VI\cos\theta + VI = VI(\cos\theta + 1) = 100 \times 2(0.6+1) = 320\,[\mathrm{W}]$$
$$P = VI\cos\theta = 100 \times 2 \times 0.6 = 120\,[\mathrm{W}]$$

또한, 회로 임피던스 및 평균 전력은 다음과 같다.

$$\dot{Z} = R + jX = 30 + j40\ [\Omega]$$
$$P = I^2 R = 2^2 \times 30 = 120\ [\text{W}]$$

③ R에서의 최대 소비 전력 및 평균 소비 전력은 다음과 같다.

$$P_{R\max} = 2VI = 2V_R I = 2(RI)I = 2RI^2 = 2 \times 30 \times 2^2 = 240\ [\text{W}]$$
$$P_R = I^2 R = 2^2 \times 30 = 120\ [\text{W}]$$

④ L에 공급되는 최대 전력은 다음과 같다.

$$P_{L\max} = VI = V_L I = (X_L I)I = X_L I^2 = 40 \times 2^2 = 160\ [\text{W}]$$

평균 전력 $P_L = 0$

최대 축적 에너지와 평균 축적 에너지는 다음과 같다.

$$W_{Lmax} = LI^2 = 0.127 \times 2^2 = 0.508\ [\text{J}]$$
$$W_L = \frac{1}{2}LI^2 = \frac{1}{2}W_{Lmax} = \frac{1}{2} \times 0.508 = 0.254\ [\text{J}]$$

4.5 유효 전력과 무효 전력

교류 회로의 2단자 회로망에서 단자 전압과 전류가 θ의 위상차를 가지고 있을 때 그림 4.7과 같이 전류를 전압과 동상인 성분 $I\cos\theta$와 90° 위상차를 갖는 성분 $I\sin\theta$로 나누어 생각하면 전자는 평균 전력 $V(I\cos\theta)$를 전적으로 담당하는 반면 후자는 평균 전력에 전혀 기여하지 못한다. 이러한 의미에서 $I\cos\theta$를 유효 전류(有效電流, active current), $I\sin\theta$를 무효 전류(無效 電流, reactive current)라고 한다.

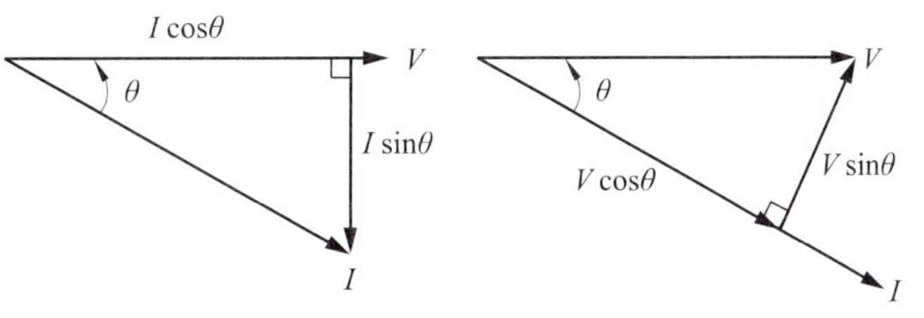

그림 4.7 유효 성분과 무효 성분

그리고 $VI\cos\theta$를 유효 전력(有效 電力, active power), $VI\sin\theta$를 무효 전력(無效 電力, reactive power)이라고 한다. 유효 전력은 평균 전력 또는 전력이라고 부르며 기호는 P이고, 단위는 와트[Watt]이다. 그리고 무효 전력의 기호는 P_r로 나타내고, 단위는 바([Var], volt-amperes reactive)이다.

$$P = VI\cos\theta \text{ [W]} \tag{4.33}$$

$$P_r = VI\sin\theta \text{ [Var]} \tag{4.34}$$

식 (4.34)의 무효 전력을 나타내는 식에서 $\sin\theta$를 무효율(無效率, reactive factor)이라 하며, $r.f$라 나타낸다. 그림 4.7의 임피던스 삼각도를 이용하면 다음과 같이 나타낸다.

$$r.f = \sin\theta = \frac{P_r}{VI} \tag{4.35}$$

$$r.f = \sin\theta = \frac{X}{Z} \tag{4.36}$$

$$P_r = VI\sin\theta = XI^2 \text{ [Var]} \tag{4.37}$$

4.6 피상 전력

전력(電力, electric power)은 단위 시간 동안 전기 장치에 공급되는 전기 에너지 또는 단위 시간 동안 다른 형태의 에너지로 변환되는 전기 에너지를 말한다. 교류 회로의 2단자 회로망에 있어서 단자 전압과 실효 전류의 곱을 피상 전력(皮相 電力, apparent power)이라 하며, 기호는 P_a, 단위는 [VA]가 된다. 이것은 인가된 전압과 회로에 유입된 전류 사이의 위상 관계는 고려하지 않고 단지 회로에 인가된 전압과 유입되는 전류의 크기만을 생각하기 때문에 겉보기 전력이라고도 하며, 전압과 전류의 곱으로 표시된다는 점에서 직류 전력과 같은 수식으로 표현된다.

$$P_a = VI = ZI^2 = YV^2 \text{ [VA]} \tag{4.38}$$

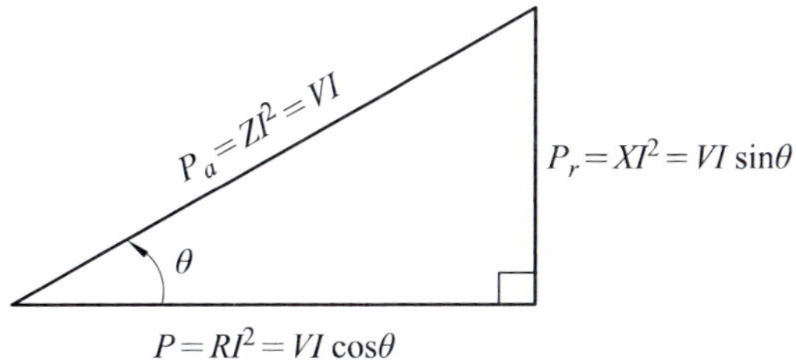

그림 4.8 **전력 삼각도**

그리고 유효 전력 P, 무효 전력 P_r, 피상 전력 P_a 사이에는 다음의 관계가 성립하며, 그림 4.8과 같이 전력 삼각도(電力 三角度, power triangle)로 나타낼 수 있다.

$$\begin{aligned} P^2 + P_r^2 &= (VI\cos\theta)^2 + (VI\sin\theta)^2 \\ &= (VI)^2 = P_a^2 \end{aligned} \tag{4.39}$$

식 (4.39)에 나타낸 피상 전력의 물리적 의미는 2단자 회로망에 공급되는 순시 전력이 진동하는 진폭을 나타낸다. 또한, 전기 설비에서 피상 선력은 변압기, 발전기, 콘덴서, 케이블 등의 정격 및 용량을 나타내는데 단위는 [VA]를 사용한다.

4.7 복소 전력

전기 설비의 2단자 회로망에 공급되는 유효 전력을 실수부로 나타내고, 무효 전력을 허수부로 하는 복소수를 그 회로에 대한 복소 전력(複素 電力, complex power)이라 한다. 일반적으로 복소 전력은 벡터 피상전력을 의미하며, 표기는 $\dot{P}_a$ 또는 $\dot{S}$ 등으로 나타낸다. 그리고 복소 전력 $\dot{P}_a$는 유효전력 $\dot{P}$와 무효전력 $\dot{P}_r$의 벡터적인 합이며, 관계는 다음과 같다.

$$\begin{aligned} \dot{P}_a &= \dot{P} + j\dot{P}_r \\ &= VI\cos\theta + jVI\sin\theta = VI\angle\theta = VIe^{j\theta} \\ &= RI^2 + jXI^2 = \dot{Z}I^2 \\ &= GV^2 + j(-B)V^2 = \dot{Y}^* V^2 \text{ [VA]} \end{aligned} \tag{4.40}$$

그리고 $\dot{P}_a$의 공액 복소 전력 $\dot{P}_a{}^*$은 다음과 같이 표현이 가능하다. 즉, 실수부는 같고, 허수부는 부호가 반대인 복소 전력이다.

$$\begin{aligned}\dot{P}_a{}^* &= \dot{P} - j\dot{P}_r \\ &= RI^2 - jXI^2 \\ &= GV^2 + jBV^2 \\ &= (G + jB)V^2 \\ &= \dot{Y}\dot{V}\dot{V}^* \\ &= \dot{I}\dot{V}^*\ [\mathrm{VA}]\end{aligned} \tag{4.41}$$

복소수의 연산에서 $\dot{A}\ \dot{A}^* = A^2$의 관계가 있으므로 다음과 같다.

$$I^2 = \dot{I}\dot{I}^* \tag{4.42}$$

그러므로 $\dot{P}_a$는 다음과 같이 변환이 가능하다.

$$\dot{P}_a = \dot{Z}I^2 = \dot{Z}\dot{I}\dot{I}^* = \dot{V}\dot{I}^*\ [\mathrm{VA}] \tag{4.43}$$

즉, $\dot{P}_a$는 다음과 같이 표현이 가능하다.

$$\dot{P}_a = \dot{V}\dot{I}^*\ [\mathrm{VA}] \tag{4.44}$$

전압과 전류가 모두 직교 좌표형의 복소수로 표현되어 있을 때는 이와 같이 복소 전력을 이용하면 회로 해석이 쉽다. 식 (4.44)로부터 실수부는 유효 전력이고, 허수부는 무효 전력이므로 다음과 같이 각각을 표현할 수 있다.

$$P = R_e(\dot{V}\dot{I}^*)\ [\mathrm{W}] \tag{4.45}$$

$$P_r = I_m(\dot{V}\dot{I}^*)\ [\mathrm{Var}] \tag{4.46}$$

예제 4.5 회로에 $\dot{V} = 30 + j10\,[\mathrm{V}]$의 전압이 인가되어 $\dot{I} = 40 + j30\,[\mathrm{A}]$의 전류가 흐르고 있을 때 이 회로에서의 유효 전력, 무효 전력, 피상 전력 및 역률을 구하시오.

풀이 복소 전력 $\dot{P}_a$를 구해보면 다음과 같다.

$$\begin{aligned}\dot{P}_a &= \dot{V}\dot{I}^* \\ &= (30+j10)(40-j30) \\ &= 1{,}500+j(-500) = 1{,}581 \angle -18.4° \text{ [VA]}\end{aligned}$$

유효 전력 P 및 무효 전력 P_r는 다음과 같다.

$$P = R_e(\dot{P}_a) = 1{,}500 \text{ [W]}$$

$$P_r = I_m(\dot{P}_a) = -500 \text{ [Var]}$$

피상 전력 P_a는 복소 전력 $\dot{P}_a$의 절대값에 해당하므로 다음과 같다.

$$P_a = \sqrt{P^2+P_r^2} = \sqrt{1{,}500^2+(-500)^2} \fallingdotseq 1{,}581 \text{ [VA]}$$

그리고 역률 $p.f$는 다음과 같다.

$$p.f = \cos\theta = \frac{P}{P_a} = \frac{1{,}500}{1{,}581} \fallingdotseq 0.95$$

4.8 최대 전력 전송

전력 전송(電力 傳送, power transmission)은 유선 또는 무선으로 전기 에너지를 어떤 장소에서 다른 장소로 보내는 것을 말한다. 그림 4.9와 같은 회로에서 전원부의 복소 임피던스를 $\dot{Z}_s$, 부하의 복소 임피던스를 $\dot{Z}_L$이라 하면 다음과 같이 나타낸다.

$$\dot{Z}_s = R_s + jX_s \text{ [}\Omega\text{]} \tag{4.47}$$

$$\dot{Z}_L = R_L + jX_L \text{ [}\Omega\text{]} \tag{4.48}$$

일반적인 회로의 전원부로부터 부하에 공급되는 전력이 최대가 되는 조건을 구하기 위해서는 회로 전류 $\dot{I}$ 및 크기 I를 구하면 가능하다.

$$\dot{I} = \frac{\dot{V}_s}{\dot{Z}} = \frac{\dot{V}_s}{\dot{Z}_s+\dot{Z}_L} = \frac{\dot{V}_s}{(R_s+R_L)+j(X_s+X_L)} \text{ [A]} \tag{4.49}$$

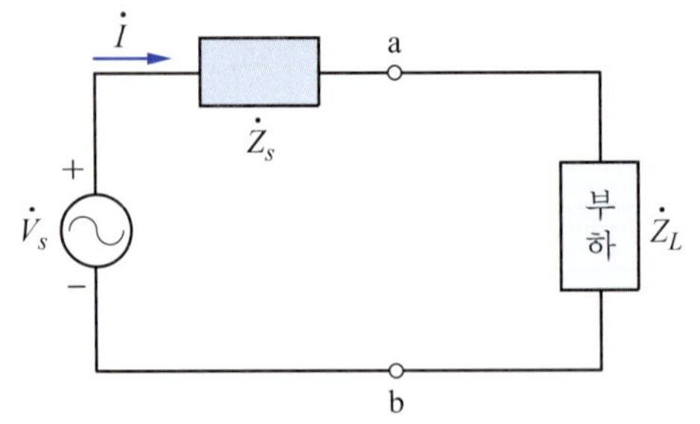

그림 4.9 전력 전송 회로

$$I = \frac{V_s}{Z} = \frac{V_s}{\sqrt{(R_s + R_L)^2 + (X_s + X_L)^2}} \text{ [A]} \tag{4.50}$$

부하에서의 전력 P_L은 다음과 같이 나타낸다.

$$P_L = R_L I^2 = \frac{R_L \cdot V_s^2}{(R_s + R_L)^2 + (X_s + X_L)^2} \text{ [W]} \tag{4.51}$$

식 (4.51)에서 P_L이 최대가 되는 조건은 리액턴스가 최소가 될 때이므로 다음의 조건이 가능하다.

$$X_s + X_L = 0 \tag{4.52}$$

$$X_L = -X_s \tag{4.53}$$

그러므로 식 (4.51)의 분모의 둘째 항은 '0'이 된다. 그림 4.10(a)의 회로에서 $X_L = -X_s$인 조건하에서 부하 저항 R_L을 변화시켜 식 (4.51)의 $R_L/(R_s + R_L)^2$가 최대로 되는 조건을 구하면 이로부터 P_L의 최대 조건 및 최대값을 구할 수 있다.

즉, $R_L/(R_s + R_L)^2$은 $R_L = 0$, ∞일 때 각각 '0'이 된다.

그러므로 $\frac{d}{dR_L}\left[\frac{R_L}{(R_s + R_L)^2}\right] = 0$을 만족하는 $R_L = R_s$일 때 부하 전력 P_L은 최대값이 된다.

$$R_L = R_s \tag{4.54}$$

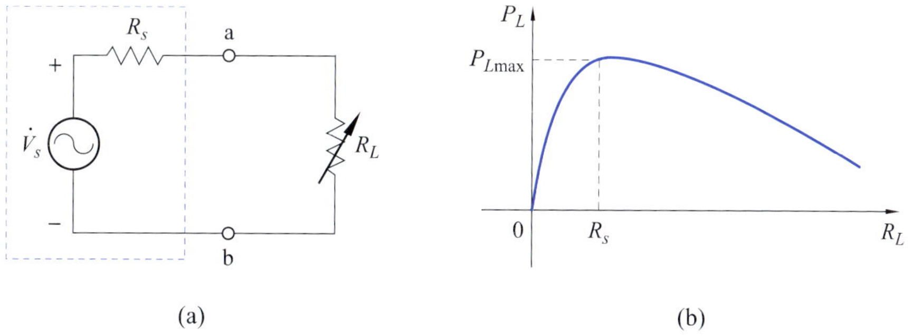

그림 4.10 R_L의 변화에 따른 부하 전력의 변화

$$X_L = -X_s$$

즉, 부하 임피던스 Z_L과 전원부의 복소 임피던스를 $\dot{Z}_s$는 다음과 같은 관계가 있다.

$$Z_L = Z_s^* \tag{4.55}$$

그러므로 식 (4.54)와 식 (4.55)를 만족하는 순간 부하는 전원으로부터 최대 전력(最大 電力, maximum power)을 공급받게 된다. 이때 부하에 전송되는 최대 전력($P_{L\max}$)은 식 (4.51)에서 $X_s + X_L = 0$이고, $R_s = R_L$일 때 가능하므로 다음과 같이 나타낼 수 있다.

$$P_{L\max} = I^2 R_s = \left(\frac{V}{2R_s}\right)^2 \times R_s = \frac{V^2}{4R_s} \text{ [W]} \tag{4.56}$$

이상의 결과에서도 알 수 있듯이 부하 임피던스(Z_L)와 전원의 내부 임피던스(Z_s)가 공액 관계를 가질 때 회로 역률(力率, power factor)은 '1'이 되며, 이상적인 에너지 전송이 일어나게 된다.

4.9 전력의 측정

1 직류 전력의 측정

직류 전력의 측정은 전력계(電力計, wattmeter)에 의한 직접 측정법과 전압계(電壓

計, voltmeter)와 전류계(電流計, ammeter) 등을 이용하는 간접 측정법이 있다.

1. 직접 측정법

직류 전력을 직접 측정하는 방법은 전류력계형 전력계를 사용하는 것이다. 그림 4.11과 같이 전력계의 고정 코일에 부하 전류를 흘리고 가동 코일에 전압을 가한다. 부하의 전압을 E, 전류를 I라고 하고, 전압 코일의 저항을 r_e, 전류 코일의 저항을 r_i라 하면 전력계의 지시가 W일 때 전력 P [W]는 다음과 같이 나타낸다.

① 그림 4.11(a)의 전력(P)

$$P = W - I^2 r_i \text{ [W]} \tag{4.57}$$

② 그림 4.11(b)의 전력(P')

$$P' = W - \frac{E^2}{r_e} \text{ [W]} \tag{4.58}$$

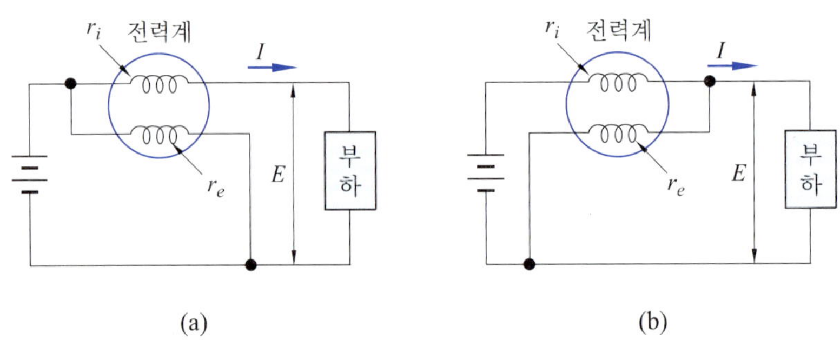

그림 4.11 직접 측정법에 의한 직류 전력 측정

2. 간접 측정법

직류 회로에서 전력은 전압 V와 전류 I의 곱 VI로 주어지므로 부하의 전압, 전류를 각각 전압계와 전류계로 측정함으로써 계산에 의해 전력을 구할 수 있다. 그림 4.12는 전압계와 전류계를 이용하여 전력을 측정하는 방법이다. 전압계의 지시를 E, 전류계의 지시를 I, 전압계의 내부 저항을 r_e, 전류계의 내부 정항을 r_i라 하면 전력 P [W]는 다음과 같이 계산에 의하여 나타낸다.

① 그림 4.12(a)의 전력(P)

$$P = EI - \frac{E^2}{r_e} \text{ [W]} \quad (4.59)$$

② 그림 4.12(b)의 전력(P')

$$P' = EI - I^2 r_i \text{ [W]} \quad (4.60)$$

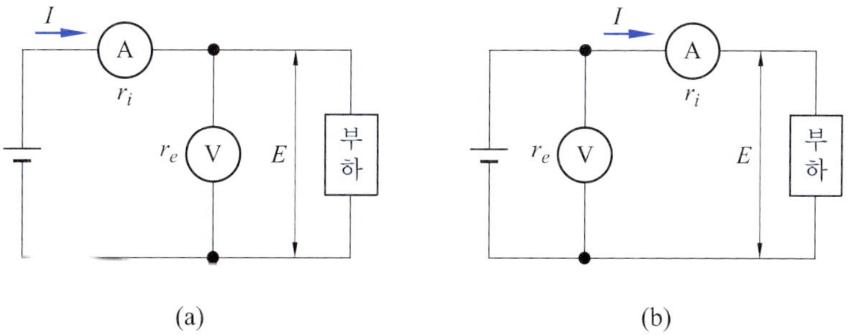

그림 4.12 간접 측정법에 의한 직류 전력 측정

2 단상 교류 전력의 측정

교류 회로의 단상 전력 측정에는 전류력계형 전력계를 사용하는 직접 측정법과 3대의 전류계 또는 전압계를 사용하는 간접 측정법이 있다.

1. 직접 측정법

단상 실효 전력의 측정에는 그림 4.13(a)와 같이 전압 코일 pc를 전원측에 접속하거나 그림 4.13(b)와 같이 부하측에 접속하여 측정하는데 정밀급 계기는 전류 코일의 손실과 전압 코일의 손실을 지시값에서 제외해야 한다. 또한, 부하에 리액턴스가 있을 때 역률 $\cos\theta$를 측정하려면 그림 4.13(c)와 같이 전압계, 전류계 및 전력계를 접속한다. 전압계의 지시를 E, 전류계의 지시를 I라 하면 전력계의 지시 P는 다음과 같이 나타낸다.

$$P = EI\cos\theta \text{ [W]} \quad (4.61)$$

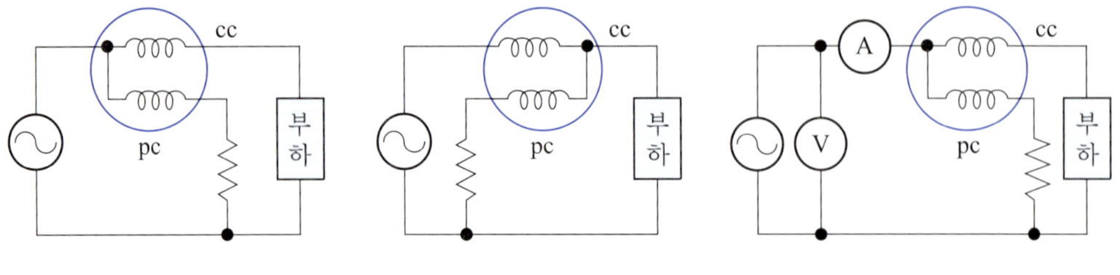

그림 4.13 직접 측정법에 의한 단상 교류 전력 측정

식 (4.61)로부터 역률 $\cos\theta$를 구할 수 있으며, 다음과 같이 나타낸다.

$$\cos\theta = \frac{P}{EI} \tag{4.62}$$

2. 간접 측정법

단상 전력을 간접적으로 측정하기 위해서는 그림 4.14(a)와 같이 3대의 전류계를 사용하는 3전류계법과 그림 4.14(b)와 같이 3대의 전압계를 사용하는 3전압계법이 사용된다.

그림 4.14(a)에서 각 전류계의 지시를 각각 I_1, I_2, I_3라 하고, 부하의 전압을 E, 위상을 θ라 하면 다음과 같이 나타낸다.

$$I_3^2 = I_1^2 + I_2^2 + 2I_1 I_2 \cos\theta \text{ [A]} \tag{4.63}$$

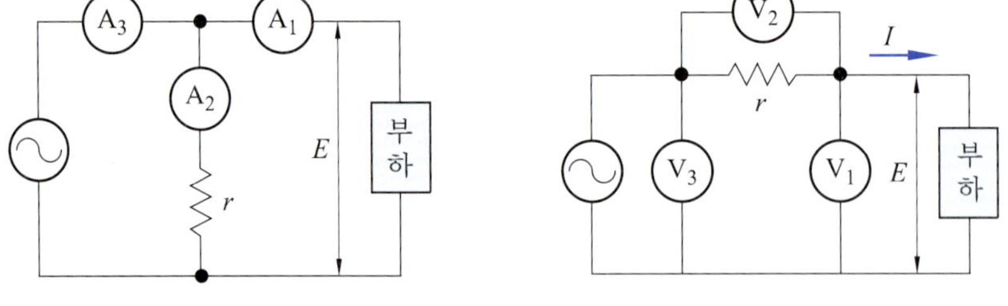

(a) 3전류계법　　(b) 3전압계법

그림 4.14 간접 측정법에 의한 단상 교류 전력 측정

그러므로 전력은 다음과 같은 관계가 있다.

$$P = E\, I_1 \cos\theta = I_2\, r\, I_1 \cos\theta \ [\mathrm{W}] \tag{4.64}$$

식 (4.63)과 식 (4.64)에서 교류 전력 P [W]는 다음과 같이 나타낸다.

$$P = \frac{r}{2}(I_3^2 - I_1^2 - I_2^2)\ [\mathrm{W}] \tag{4.65}$$

그리고 그림 4.14(b)에서 각 전압계의 지시를 E_1, E_2, E_3라 하면 $E_2 = rI$가 되므로 E_3는 E_2와 E_1의 벡터 합이 되므로 다음과 같이 나타낸다.

$$E_3^2 = E_1^2 + E_2^2 + 2\,E_1\,E_2 \cos\theta \tag{4.66}$$

그러므로 전력은 다음과 같은 관계가 있다.

$$P = E_1\, I \cos\theta = \frac{E_1\, E_2 \cos\theta}{r}\ [\mathrm{W}] \tag{4.67}$$

그러므로 식 (4.66)과 식 (4.67)에서 교류 전력 P [W]은 다음과 같이 나타낸다.

$$P = \frac{1}{2r}(E_3^2 - E_1^2 - E_2^2)\ [\mathrm{W}] \tag{4.68}$$

3 3상 교류 전력의 측정

3상 교류 전력을 측정하기 위한 방법은 단상 전력계 2대를 사용하는 2전력계법이 있고, 단상 전력계 3대를 사용하는 3상 전력계법 및 3상 전력계를 사용하는 방법 등이 있다.

1. 2전력계법

2전력계법(二電力計法, the two-wattmeter method)은 3상 3선식 회로에서 부하의 전력을 측정할 때 단상 전력계 2대를 사용하여 그림 4.15와 같이 측정하면 된다. 전원으로부터 회로에 공급되는 복소 전력은 다음과 같이 나타낸다.

$$\dot{P}_a = \dot{P} + j\,\dot{P}_r = RI^2 + j\,XI^2 = \dot{Z}\,I^2 = \dot{Z}\,\dot{I}\,\dot{I}^* = \dot{V}\,\dot{I}^*\ [\mathrm{VA}] \tag{4.69}$$

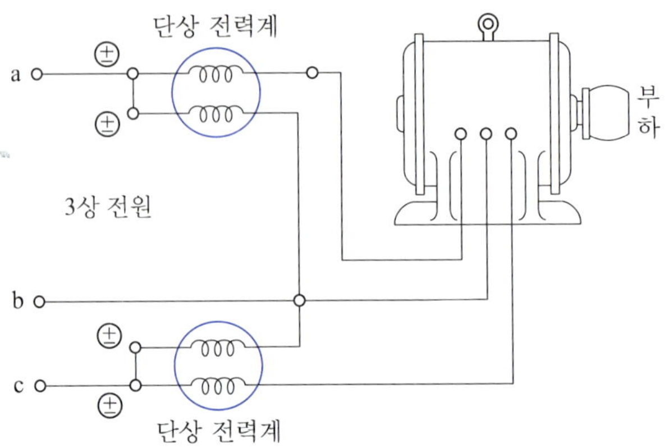

그림 4.15 2전력계법을 이용한 3상 전력 측정

그리고 공액 복소 전력은 다음과 같이 나타낸다.

$$\begin{aligned}\dot{P}_a^* &= \dot{P} - j\dot{P}_r = RI^2 - jXI^2 = GV^2 + jBV^2 \\ &= (G + jB)V^2 = \dot{Y}\,\dot{V}\,\dot{V}^* = \dot{I}\,\dot{V}^* \text{ [VA]}\end{aligned} \tag{4.70}$$

Y 결선인 그림 4.16과 같은 3상 3선식 회로에 있어서 공액 복소 전력은 다음과 같이 나타낸다.

$$\begin{aligned}\dot{P}_a^* &= \dot{P} - j\dot{P}_r \\ &= \dot{I}_a\dot{V}_a^* + \dot{I}_b\dot{V}_b^* + \dot{I}_c\dot{V}_c^* \text{ [VA]}\end{aligned} \tag{4.71}$$

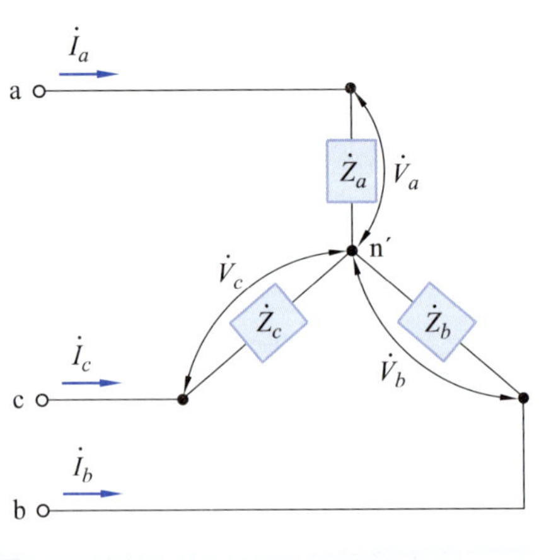

그림 4.16 Y 결선 회로

그림 4.16의 회로에서 중성선이 없기 때문에 평형, 불평형에 관계없이 K.C.L에 의해서 전체 전류는 다음과 같다.

$$\dot{I}_a + \dot{I}_b + \dot{I}_c = 0 \tag{4.72}$$

그러므로 식 (4.70)은 다음과 같이 나타낸다.

$$\begin{aligned}\dot{P}_a{}^* &= \dot{P} - j\dot{P}_r = \dot{I}_a\dot{V}_a{}^* + \dot{I}_b\dot{V}_b{}^* + \dot{I}_c\dot{V}_c{}^* \\ &= \dot{I}_a\dot{V}_a{}^* + \dot{I}_b\dot{V}_b{}^* + \dot{I}_c\dot{V}_c{}^* - (\dot{I}_a + \dot{I}_b + \dot{I}_c)\dot{V}_c{}^* \\ &= \dot{I}_a(\dot{V}_a{}^* - \dot{V}_c{}^*) + \dot{I}_b(\dot{V}_b{}^* - \dot{V}_c{}^*) \\ &= \dot{I}_a\dot{V}_{ac}{}^* + \dot{I}_b\dot{V}_{bc}{}^* \text{ [VA]}\end{aligned} \tag{4.73}$$

2. 3전력계법

3전력계법(三電力計法, the three-wattmeter method)은 단상 전력계 3대를 그림 4.17과 같이 접속하여 측정하는 방법으로 각 전력계는 각 상의 전력을 지시하므로 3상 부하 전력 W는 다음과 같이 나타낸다.

$$W = W_1 + W_2 + W_3 \text{ [W]} \tag{4.74}$$

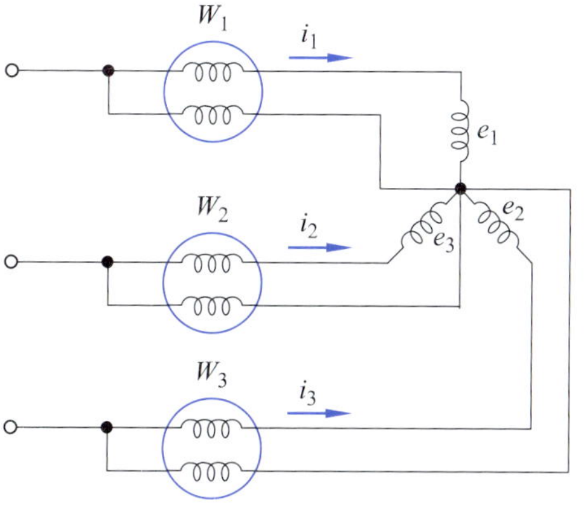

그림 4.17 3전력계법을 이용한 3상 전력 측정

4.10 전력량의 측정

교류 전력과 시간을 곱한 것이 전력량(電力量, electric energy)인데 이 교류의 전력량은 전력량계(電力量計, watt-hour meter or electricity meter)로 측정한다. 전기 요금을 산출할 때 적산 전력량계를 사용하면 가능하다.

그림 4.18에서와 같이 부하 전류가 흐르는 전류 코일의 철심과 전압 코일의 철심 사이에 알루미늄 회전 원판을 넣은 것으로 이 원판의 회전 속도는 사용 전력에 비례한다.

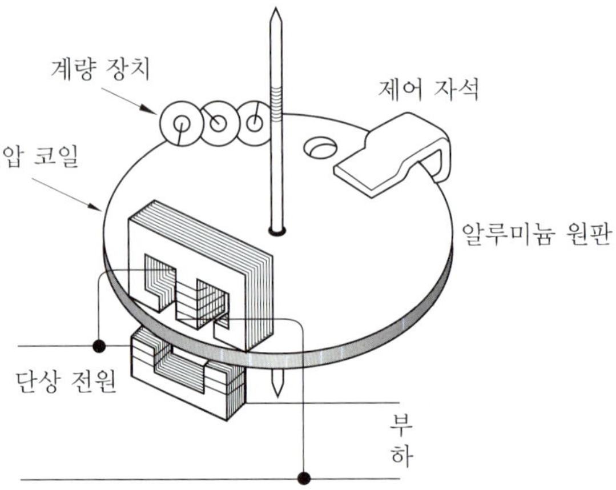

(a) 실체도

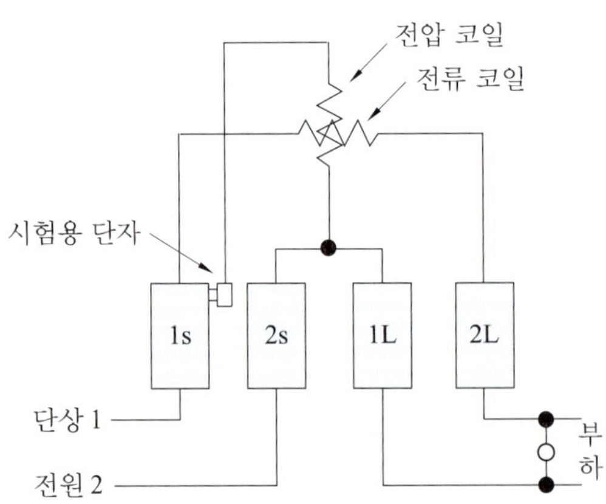

(b) 접속도

그림 4.18 단상 전력량의 측정

연습문제

01 $R_1 = 5\,[\Omega]$, $R_2 = 15\,[\Omega]$이 직렬로 연결된 회로에 교류 220 [V]의 전압이 양단에 인가되었을 때 R_2에서 소비되는 전력은?

정답 1,815 [W]

02 손실이 없는 인덕턴스 회로에 $L = 30\,[\text{mH}]$, $v = \sqrt{2}\,100\sin 377t\,[\text{V}]$의 전압이 인가되었을 때 코일에 축적되는 자기 에너지의 최대값은?

정답 2.35 [J]

03 0.4 [μF]의 용량을 가지고 있는 콘덴서에 $v = 4\sin 377t\,[\text{V}]$의 전압이 인가될 때 이 콘덴서에 축적되는 정전 에너지의 평균값은?

정답 1.6×10^{-6} [J]

04 $R = 30\,[\Omega]$, $X = 40\,[\Omega]$의 직렬 회로에 $v = \sqrt{2}\,220\sin 377t\,[\text{V}]$의 전압이 인가되었을 때 회로 역률($p.f$)과 실효 전류($I$)를 구하시오.

정답 $p.f = 0.6$, $I = 4.4\,[\text{A}]$

05 어떤 교류 회로의 2단자 회로망에서 단자 전압과 전류가 θ의 위상차를 가지고 있을 때 $I\cos\theta$를 (　　　), $I\sin\theta$를 (　　　)라고 한다.

정답 유효 전류, 무효 전류

06 교류 회로의 2단자 회로망에 있어서 단자 전압과 전류의 실효값의 곱을 (　　　)이라 한다.

정답 피상 전력

07 전기 설비의 2단자 회로망에 공급되는 유효 전력을 실수부로, 무효 전력을 허수부로 하는 복소수를 그 회로에 대한 (   )이라 한다.

정답 복소 전력

08 전선로에 있어서 최대 전력을 전송하기 위해서는 리액턴스가 어떻게 될 때인가?

정답 최소

09 어떤 전기 회로에서 직류 전력의 측정은 전력계에 의한 (   )과 전압계와 전류계 등을 이용하는 (   )이 있다.

정답 직접 측정법, 간접 측정법

10 교류 전력과 시간을 곱한 것이 전력량인데 이 교류의 전력량은 전력량계로 측정하며, 전기 요금 산출 시에 (   )를 사용하면 가능하다.

정답 적산 전력량계

Chapter 5

공진 회로

5.1 공진 회로의 개요

자연계에 존재하는 모든 물체는 고유 진동수(固有 振動數, natural frequency)를 갖고 있으며, 이 고유 진동수에 해당하는 전파나 파동을 흡수하는 성질을 갖고 있다. 어떤 물체에 주기적인 힘을 외부에서 가할 때 그 힘의 주기가 물체의 진동하는 주기와 일치하면 작은 힘으로도 큰 진동을 일으킬 수 있다. 이와 같은 현상을 공진(共振, resonance) 또는 공명이라 하며, 전기 에너지를 사용하는 시스템에서도 발생한다.

공진은 물체의 진동수가 외부의 진동수와 일치할 때 붕괴 사고를 일으키는 원인이 되기도 하므로 보통 건물의 고유 진동수가 일상의 진동수와 일치하지 않도록 설계를 실시한다. 일반적으로 진원지에서 멀어질수록 진동이 약해지지만 공진 현상이 일어나면 진원지에서 멀어질수록 오히려 진동이 강해진다. 즉, 공진 현상(共振 現像, resonant phenomena)을 이용해 각 방송국의 고유 주파수와 일치하는 주파수를 선택해 방송을 수신하는 것이다.

그림 5.1(a)의 $R-C$ 회로와 그림 5.1(b)의 $R-L$ 회로 등과 같은 회로에 일정 전압 V_0의 정현파 전원이 인가되고 주파수 f의 값을 변화시키면 R양단의 전압은 단순이 증가 또는 감소한다. 그러나 그림 5.1(c)과 같은 $R-L-C$ 회로에서 전압 V_0은 어떤 주파수 f에서 극대점을 가지며, 회로가 복잡한 경우에는 몇 개의 극대점 또는 극소점 등을 갖게 된다. 이와 같은 현상은 리액턴스 소자 L 또는 C 소자에 직렬로 연결된 저항 R이 작을수록 주파수나 소자의 변화에 대한 전압 또는 변화는 급격하다. 그러나 병렬 회로에서 회로에 연결된 저항 R이 클수록 전압 또는 전류의 변화는 급격하다. 즉, 회로 중에서 어느 부분의 전압 또는 전류가 특정 주파수 부근에서 급격하게 변화하는 현상을 공진 현상이라 하며, 이런 회로를 공진 회로(共振 回路, resonant circuit)라 한다.

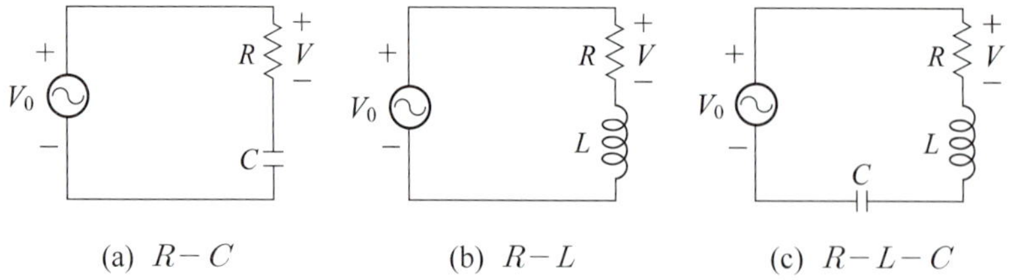

그림 5.1 $R-C$, $R-L$, $R-L-C$ **회로의 연결**

5.2 직렬 공진 회로

직렬 공진(直列 共振, series resonance)을 설명하기 위해서 가장 기본적인 그림 5.2(a)와 같은 $L-C$ 직렬 회로를 구성할 수 있다. 그런데 실제로는 리액턴스 소자 L과 C에도 약간의 저항이 포함되어 있으므로 그림 5.2(b)와 같은 $R-L-C$ 직렬 회로를 표현하는 것이 타당하다. 그리고 그림 5.2(b)의 회로를 페이저도로 나타내면 그림 5.3과 같이 나타낼 수 있다.

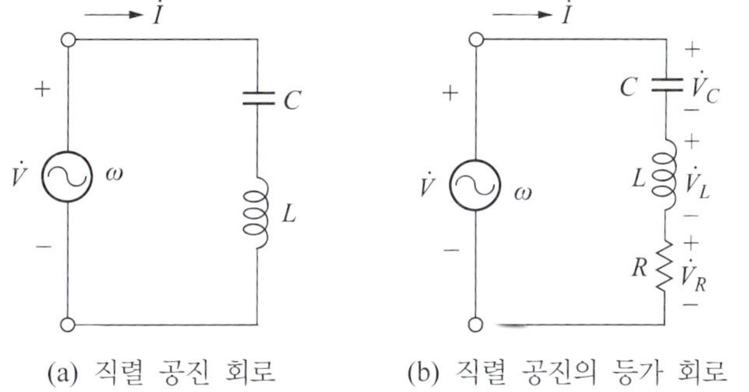

그림 5.2 $R-L-C$ 직렬 공진 회로

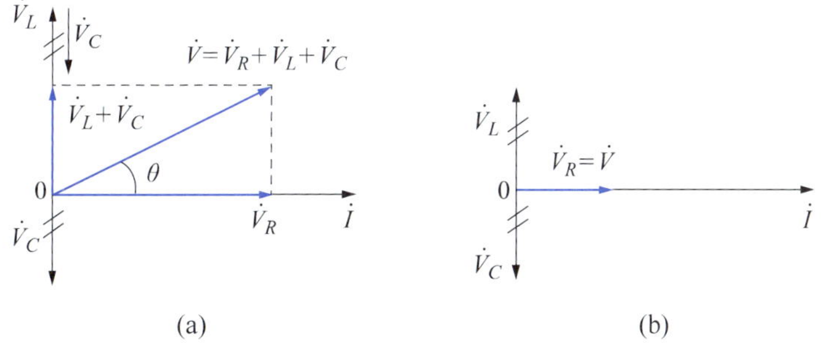

그림 5.3 $R-L-C$ 직렬 공진 회로의 페이저도

따라서 회로에 일정 크기의 교류 전압($\dot{V}$)을 인가하고 전압 방정식을 세우면 다음과 같이 표현된다.

$$\begin{aligned}\dot{V} &= \dot{V}_R + \dot{V}_L + \dot{V}_C \\ &= \left\{R + j\left(\omega L - \frac{1}{\omega C}\right)\right\}\dot{I} \\ &= (R + jX)\dot{I} \ [\mathrm{V}] \end{aligned} \tag{5.1}$$

식 (5.1)로부터 회로 전류의 크기(I) 및 위상각(θ)는 각각 다음과 같이 표현된다.

$$I = \frac{V}{Z} = \frac{V}{\sqrt{R^2 + \left(\omega L - \frac{1}{\omega C}\right)^2}} \ [\mathrm{A}] \tag{5.2}$$

$$\theta = \tan^{-1}\frac{\omega L - \frac{1}{\omega C}}{R} \tag{5.3}$$

그러므로 주파수가 변하여 리액턴스가 '0'이 되면 다음과 같은 관계가 성립한다.

$$\omega L = \frac{1}{\omega C} \quad \text{또는} \quad \omega L - \frac{1}{\omega C} = 0 \tag{5.4}$$

즉, 저항만의 회로의 특성을 보이면 전류와 위상각은 다음과 같이 되어 전압 $\dot{V}$ 와 전류 $\dot{I}$ 는 동상이며, 전류는 최대가 된다.

$$I = \frac{V}{R} \ [\mathrm{A}] \tag{5.5}$$

$$\theta = \tan^{-1}\frac{0}{R} = 0 \tag{5.6}$$

이상의 식에서 알 수 있듯이 직렬 공진이 발생하면 리액턴스 성분은 '0'이 되어 전압과 전류는 동상이 된다. 그 결과 회로 임피던스가 최소로 됨에 따라 회로 전류가 최대로 흐르는 것을 의미한다.

그림 5.4는 $R-L-C$ 직렬 공진 회로의 주파수와 리액턴스의 관계를 나타낸 것이다. 전원 각주파수 ω를 변화시킬 때 회로 리액턴스의 변화를 나타낸 것이다. 낮은 주파수에서는 용량성 리액턴스(capacitive reactance)의 값이 크므로 $X<0$이 되며, 높은 주파수에서는 유도성 리액턴스(reactive reactance) 값이 크므로 $X>0$이 된다.

그리고 X의 곡선이 가로축과 만나는 점은 $X_L=|X_C|$이므로 ω_0가 존재할 때 단자 전압과 전류는 동상이 된다. 일반적으로 2단자 회로에서 어떤 특정 주파수에서 동상이 발생할 때 그 주파수에서 공진 상태가 발생했다고 하며, 이때의 주파수를 공진 주파수(共振 周波數, resonant frequency)라 정의한다. 또한, 회로 소자를 변화시켜서 공진 상태로 유도해 가는 전원의 주파수를 동조(同調, tuning)라 하며, 그 때의 L을 동조 인덕턴스, C를 동조 커패시턴스라 한다.

$R-L-C$ 직렬 회로에서 공진이 발생했을 때의 각주파수를 ω_0, 주파수를 f_0라 하면 식 (5.4)로부터 다음과 같이 나타낼 수 있다.

$$\omega_0 L - \frac{1}{\omega_0 C} = 0 \tag{5.7}$$

그러므로 식 (5.7)에서 ω_0 및 f_0을 다음과 같이 나타낼 수 있다.

$$\omega_0 L = \frac{1}{\omega_0 C} \tag{5.8}$$

$$f_0 = \frac{1}{2\pi\sqrt{LC}} \text{ [Hz]} \tag{5.9}$$

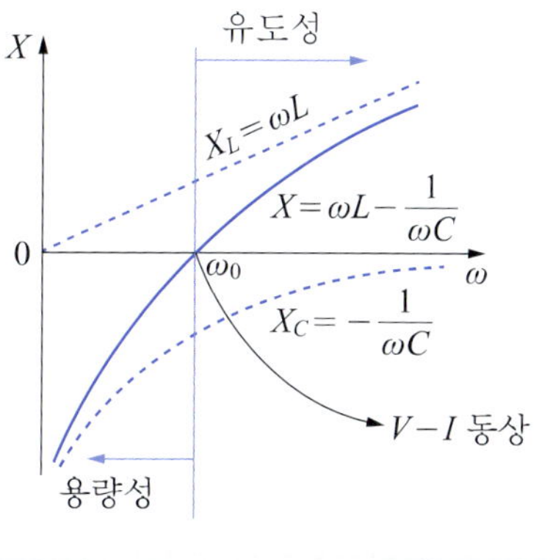

그림 5.4 $R-L-C$ 직렬 공진 회로의 주파수와 리액턴스의 관계

그림 5.5는 Z, R, X와 ω와의 관계를 나타낸 주파수 특성 곡선이다. 공진 주파수에서는 리액턴스 $X=0$이므로 $Z=R$의 관계가 성립되어 임피던스는 최소가 된다.

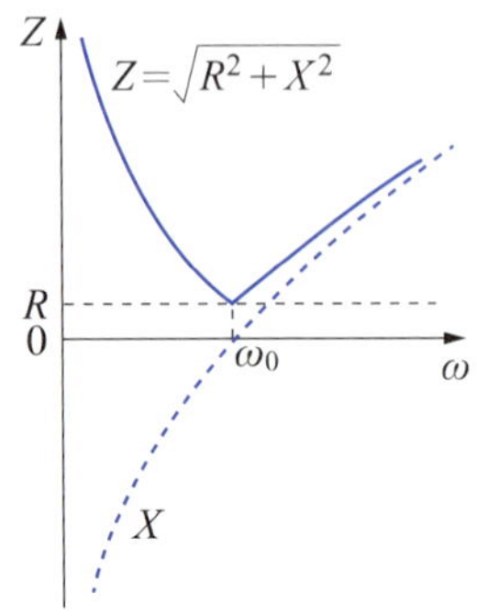

그림 5.5 **직렬 공진 회로의 Z, R, X와 ω와의 관계**

그림 5.6은 임피던스의 역수인 어드미턴스의 주파수 특성 곡선을 나타낸 것이다. $\omega=\omega_0$에서 어드미턴스 Y는 최대가 되어 그 값은 $1/R$이 된다. 따라서 회로 손실과 관계있는 저항 R이 작을수록 어드미턴스 Y곡선은 더욱 예리하게 되는데 이것을 공진 곡선(共振 曲線, resonant curve)이라 한다. 직렬 회로의 공급 전압이 일정할 때 회로 전류는 어드미턴스에 비례하므로 그림 5.6의 곡선은 $R-L-C$ 직렬 공진 회로의 전류 응답 곡선이 되는 것이다. 또한, 회로 저항 R이 작으면 공진 전류는 매우 크게 되며, 그 결과 L 및 C의 양단에는 공진 전압의 수십 배 또는 그 이상이 되는 전압이 나타난다.

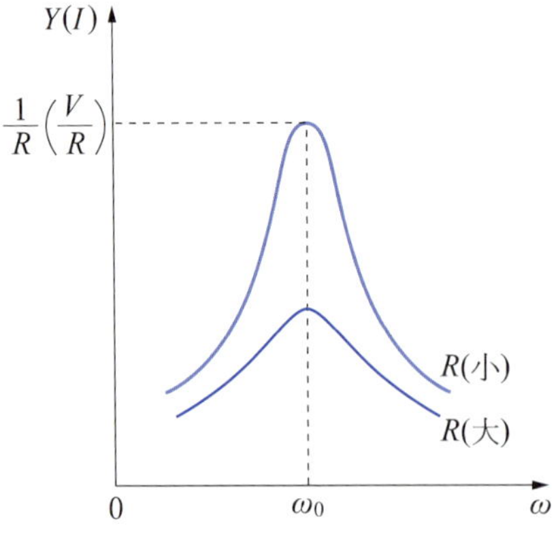

그림 5.6 **직렬 공진 회로에서 어드미턴스와 주파수의 관계**

예제 5.1 어떤 직렬 공진 회로에 있어서 단자 전압이 220 [V]이고 $R=1$ [Ω], $L=0.1$ [H], $C=100$ [μF]이라면 공진 주파수 f_0 및 공진 전류 I_0는 얼마인가?

풀이 공진 주파수는 다음과 같다.

$$f_0 = \frac{1}{2\pi\sqrt{LC}}$$

$$= \frac{1}{2\times3.14\sqrt{0.1\times100\times10^{-6}}} \fallingdotseq 50\ [\text{Hz}]$$

그리고 공진 전류는 다음과 같다.

$$I_0 = \frac{V}{R} = \frac{220}{1} = 220\ [\text{A}]$$

5.3 공진 회로의 양호도

공진 회로의 특징은 공진이 발생했을 때 L 및 C의 양단에 공진 전압의 수십 배 또는 그 이상으로 전압이 확대되어 나타난다는 것이다. 이와 같은 현상 때문에 직렬 공진을 전압 공진이라고 부른다. 회로에서 전압 확대율이 크다는 것은 직렬 공진 회로가 양호하다는 것을 설명하는 것이다. 따라서 직렬 공진이 발생하기 위한 전압과 주파수의 관계는 다음과 같다.

$$V_L = \omega_0 L\, I_0\ [\text{V}] \tag{5.10}$$

$$V_C = \frac{1}{\omega_0 C} I_0\ [\text{V}] \tag{5.11}$$

그리고 직렬 공진 회로의 양호도(良好度, quality factor) Q는 일반적으로 공진이 발생했을 때 L 및 C의 전압 확대율을 각각 Q_L 및 Q_C라 하면 다음과 같이 나타낸다.

$$Q_L = \frac{V_L}{V} = \frac{\omega_0 L I_0}{R I_0} = \frac{\omega_0 L}{R} \tag{5.12}$$

$$Q_C = \frac{V_C}{V} = \frac{\frac{1}{\omega_0 C} I_0}{R I_0} = \frac{1}{R\omega_0 C} \tag{5.13}$$

$\omega_0 L = 1/\omega_0 C$인 관계가 성립하므로 $Q_L = Q_C = Q$로 표현된다. 그러므로 양호도는 다음과 같이 표현된다.

$$Q = \frac{\omega_0 L}{R} = \frac{1}{R\omega_0 C} \tag{5.14}$$

식 (5.14)에서 알 수 있듯이 L 및 C의 전압 확대율 또는 직렬 공진 회로의 양호도(Q)는 공진 리액턴스의 $\omega_0 L$ 또는 $1/\omega_0 C$이 클수록 커짐을 알 수 있다. 또한, 이와 같은 현상이 발생할 때의 저항 성분 R은 대부분 인덕터 내부에 존재하는 값이므로 결국 Q는 인덕터의 양호도를 의미하는 것이다.

예제 5.2 어떤 직렬 공진 회로에서 $R = 10\,[\Omega]$, $L = 10\,[\text{mH}]$, $C = 4\,[\mu\text{F}]$이라면 L 및 C에서의 전압 확대율은 얼마인가?

풀이 전압 확대율은 다음과 같다.

$$Q = \frac{\omega_0 L}{R} = \frac{1}{R\omega_0 C} = \frac{1}{R}\sqrt{\frac{L}{C}}$$

그러므로 주어진 값을 대입하여 정리하면 다음과 같다.

$$Q = \frac{1}{R}\sqrt{\frac{L}{C}} = \frac{1}{10}\sqrt{\frac{10 \times 10^{-3}}{4 \times 10^{-6}}} = 5$$

5.4 공진 회로의 선택도

$R-L-C$ 직렬 공진 회로에서 크기는 같지만 주파수가 다른 전압을 인가하면 공진 주파수 f_0를 갖는 공진 전류 I_0는 가장 크게 되고, 다른 주파수의 전류는 매우 적게 된다. 따라서 공진 주파수 f_0인 전압만이 Q배로 확대되어 L 및 C의 양단에 나타

나고 다른 전압은 매우 작게 된다. 즉, $R-L-C$ 직렬 공진 회로에 있어서 공진 주파수 f_0의 전압만이 선택된다. 이와 같은 선택은 그림 5.7의 공진 곡선이 첨예할수록 크게 된다. 이런 첨예 정도를 나타내는 방법으로 공진 주파수 f_0의 가까운 곳에 동일한 전류 I에 대한 주파수 f_1 및 f_2를 선택하고, $f_1 < f_0 < f_2$인 조건에서 다음과 같은 관계를 얻을 수 있다.

$$S = \frac{f_0}{f_2 - f_1} \tag{5.15}$$

여기서, S를 선택도(選擇度, selectivity) 또는 첨예도(尖銳度, sharpness)라고 하며, S가 클수록 공진 곡선이 첨예하게 된다.

직렬 공진 회로에서 선택도는 일반적으로 I_0^2의 1/2 또는 I_0의 $1/\sqrt{2}$인 주파수 f_1, f_2로 표시하는 경우가 많다. 이 때 두 주파수 사이의 폭을 대역폭(帶域幅, BW; band-width)이라고 한다.

그리면 직렬 공진 회로에 있어서 선택도 S와 전압 확대율 Q와는 어떤 관계가 있는지 알아보기로 한다. 그림 5.7에서 공진 각주파수가 ω_0일 때의 공진 전류를 $I_0 = V/R$이므로 전류 $I = I_0/\sqrt{2}$인 때의 각주파수를 ω_x라 하면 다음의 관계가 성립된다.

$$I = \frac{I_0}{\sqrt{2}} = \frac{1}{\sqrt{2}}\frac{V}{R} = \frac{V}{\sqrt{R^2 + \left(\omega_x L - \dfrac{1}{\omega_x C}\right)^2}} \text{ [A]} \tag{5.16}$$

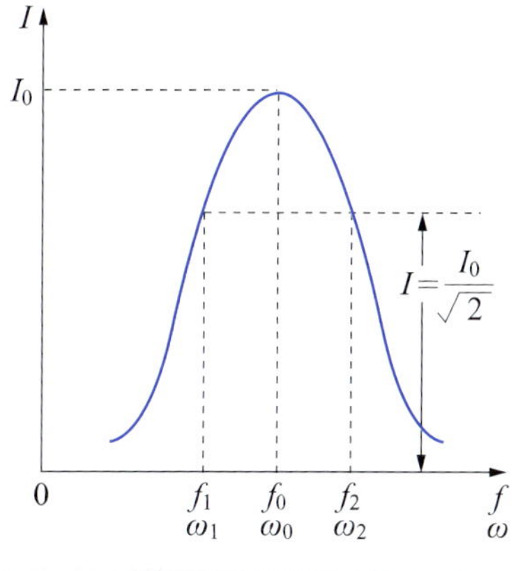

그림 5.7 직렬 공진 곡선

그러므로 식 (5.16)은 다음과 같이 나타낼 수 있다.

$$\sqrt{2}\,R = \sqrt{R^2 + \left(\omega_x L - \frac{1}{\omega_x C}\right)^2} \tag{5.17}$$

식 (5.17)의 양변을 제곱하여 정리하면 다음과 같다.

$$R^2 = \left(\omega_x L - \frac{1}{\omega_x C}\right)^2 \tag{5.18}$$

따라서 양변을 R^2으로 나누면 다음과 같다.

$$\left(\frac{\omega_x L}{R} - \frac{1}{R\,\omega_x C}\right)^2 = 1 \tag{5.19}$$

식 (5.12) 및 식 (5.13)에서 $Q = \omega_0 L / R = 1/R\omega_0 C$이므로 수식을 변형하면 다음과 같다.

$$\frac{L}{R} = \frac{Q}{\omega_0} \tag{5.20}$$

$$\frac{1}{RC} = \omega_0 Q \tag{5.21}$$

그리고 식 (5.20) 및 식 (5.21)을 식 (5.19)에 대입하여 정리하면 다음과 같다.

$$\frac{\omega_x Q}{\omega_0} - \frac{\omega_0 Q}{\omega_x} = \pm 1 \tag{5.22}$$

양변에 $\omega_0 \omega_x$를 곱하고, 정리하면 다음과 같다.

$$\omega_x^2 Q - \omega_0^2 Q = \pm\,\omega_0 \omega_x \tag{5.23}$$

그리고 ω_x 차수가 높은 순서로 정리하면 다음과 같다.

$$\omega_x^2 Q \mp \omega_0 \omega_x - \omega_0^2 Q = 0 \tag{5.24}$$

식 (5.24)의 2차 연립방정식을 Q로 나누어 정리하면 다음과 같다.

$$\omega_x^2 \mp \frac{\omega_0}{Q}\omega_x - \omega_0^2 = 0 \tag{5.25}$$

ω_x는 식 (5.25)를 만족시키고, (+)의 값이어야 하므로 그 값을 각각 ω_1, ω_2라 하고, 근의 공식을 적용하여 계산하면 다음과 같다.

① $\omega_1 < \omega_0$일 때

$$\omega_1 = \frac{-\dfrac{\omega_0}{Q} + \sqrt{\left(\dfrac{\omega_0}{Q}\right)^2 + 4\omega_0^2}}{2} \tag{5.26}$$

② $\omega_2 > \omega_0$일 때

$$\omega_2 = \frac{\dfrac{\omega_0}{Q} + \sqrt{\left(\dfrac{\omega_0}{Q}\right)^2 + 4\omega_0^2}}{2} \tag{5.27}$$

따라서 공진 각주파수의 곱($\omega_1\omega_2$)과 차($\omega_2 - \omega_1$)는 다음과 같은 통과대역($\delta\omega$)으로 표현할 수 있다.

$$\omega_1\omega_2 = \omega_0^2 \tag{5.28}$$

$$\omega_2 - \omega_1 = \frac{\omega_0}{Q} = \delta\omega \tag{5.29}$$

식 (5.29)를 식 (5.15)에 대입하면 선택도 S와 전압 확대율 Q와의 관계를 다음과 같이 나타낼 수 있다.

$$S = \frac{f_0}{f_2 - f_1} = \frac{\omega_0}{\omega_2 - \omega_1} = \frac{\omega_0}{\dfrac{\omega_0}{Q}} = Q \tag{5.30}$$

즉, 이상의 결과에서 Q가 큰 $R-L-C$ 직렬 회로는 전압 확대율과 선택도가 모두 크다는 것을 알 수 있다. 또한, $\omega = \omega_1$, ω_2에서 $\omega = \omega_0$와 같으므로 $1/\sqrt{2}$배의 전류가 흐르므로 회로에 공급되는 전력은 공진 전력의 반이 된다. 이런 의미에서 ω_1, ω_2

를 반전력 주파수(半電力 周波數, half-power frequency)라고 하며, 통과 대역 $\delta\omega = \omega_2 - \omega_1$을 반전력 대역폭(半電力 帶域幅, half-power band-width)이라고 한다.

그러므로 주파수의 범위에서 $\omega_1 \sim \omega_2$ 사이의 모든 신호는 공진이 발생했을 때 전력의 반 이상의 전력으로 회로에 전달되나 이 대역폭을 벗어난 신호는 공진이 발생했을 때 반 이하의 전력으로 저지된다.

예제 5.3 어떤 직렬 공진 회로에서 저항 $R = 10\,[\Omega]$, 인덕턴스 $L = 100\,[\mu\text{H}]$인 코일과 가변 콘덴서가 그림 5.8과 같이 구성되어 있다. 공급된 전압은 10 [V], 주파수는 600 [kHz]이었다면 다음의 값들은 얼마인가?

① 전원 주파수가 공진이 되기 위한 커패시턴스의 값 C는?
② 공진 회로에서의 전압 확대율 Q는?
③ 공진이 발생했을 때 콘덴서의 양단자 사이의 크기 V_c는?
④ 반전력 대역폭 δf는?
⑤ 반전력 주파수 f_1, f_2는?

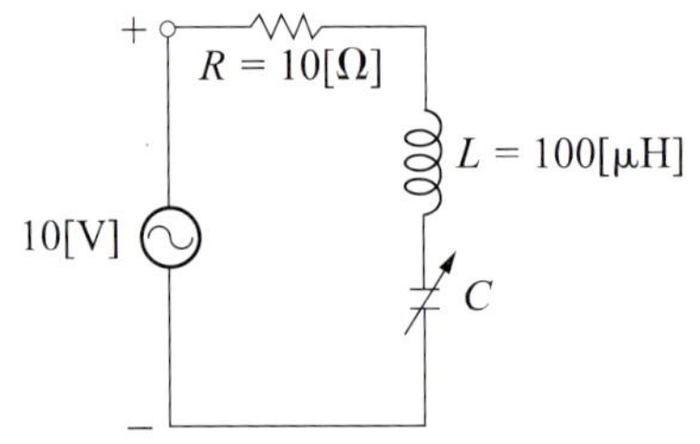

그림 5.8

풀이 ① 공진주파수 $\omega_0 = \dfrac{1}{\sqrt{LC}}$에서 $C = \dfrac{1}{4\pi^2 f_0^2 L}$이므로 다음과 같다.

$$C = \frac{1}{4\pi^2 f_0^2 L} = \frac{1}{4\times 3.14^2 \times (600\times 10^3)^2 \times (100\times 10^{-6})} \fallingdotseq 700\ [\text{pF}]$$

② 직렬 공진 회로에서의 전압확대율 $Q = \dfrac{\omega_0 L}{R}$이므로 다음과 같다.

$$Q = \frac{\omega_0 L}{R} = \frac{(2\times 3.14\times 600\times 10^3)\times(100\times 10^{-6})}{10} \fallingdotseq 37.68$$

③ 공진이 발생했을 때 콘덴서의 양단자 사이의 크기 $V_c = QV$이므로 다음과 같다.

$$V_c = QV = 37.68 \times 10 = 376.8\,[\mathrm{V}]$$

④ 반전력 대역폭 $\delta f = \dfrac{f_0}{Q}$이므로 다음과 같다.

$$\delta f = \frac{f_0}{Q} = \frac{600 \times 10^3}{37.68} \fallingdotseq 15,924\,[\mathrm{Hz}]$$

⑤ f_1 및 f_2는 f_0를 중심으로 좌우에 $\dfrac{\delta f}{2}$만큼 떨어진 곳에 있으므로 다음과 같다.

$$f_1 = f_0 - \frac{\delta f}{2}$$
$$= 600 \times 10^3 - \frac{15,924}{2} = 600,000 - 7,962 = 592,038\,[\mathrm{Hz}]$$

$$f_2 = f_0 + \frac{\delta f}{2}$$
$$= 600 \times 10^3 + \frac{15,924}{2} = 600,000 + 7,962 = 607,962\,[\mathrm{Hz}]$$

5.5 병렬 공진 회로

그림 5.9와 같은 병렬 공진 회로에 전압 $\dot{V}$ 가 인가되었을 때 흐르는 전체 전류를 $\dot{I}$ 라 하고 코일에 흐르는 전류를 $\dot{I}_L$, 콘덴서에 흐르는 전류를 $\dot{I}_C$라 하면 다음과 같은 수식이 가능하다.

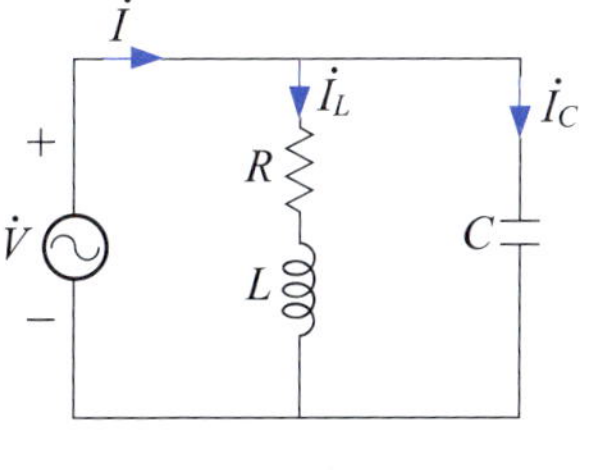

그림 5.9 병렬 공진 회로

$$\dot{I}_L = \frac{\dot{V}}{R + jX_L} = \frac{\dot{V}}{R + j\omega L} \text{ [A]} \tag{5.31}$$

$$\dot{I}_C = \frac{\dot{V}}{-jX_C} = \frac{1}{-j\dfrac{1}{\omega C}}\dot{V} = j\omega C\dot{V} \text{ [A]} \tag{5.32}$$

그러므로 전체 전류는 다음과 같은 벡터 합으로 나타낼 수 있다.

$$\begin{aligned}\dot{I} &= \dot{I}_L + \dot{I}_C \\ &= \left(\frac{1}{R + j\omega L} + j\omega C\right)\dot{V} = \left\{\frac{R}{R^2 + \omega^2 L^2} + j\left(\omega C - \frac{\omega L}{R^2 + \omega^2 L^2}\right)\right\}\dot{V} \\ &= (G + jB)\dot{V} \text{ [A]}\end{aligned} \tag{5.33}$$

여기서, 실수부(實數部, real part) G는 컨덕턴스(conductance)이며, 허수부(虛數部, imaginary part) B는 서셉턴스(susceptance)이다.

그림 5.10은 그림 5.9의 회로에 대한 페이저도(phasor diagram)로서 그림 5.10(a)는 서셉턴스 성분 $B \neq 0$일 때로 인가 전압 $\dot{V}$와 전체 전류 $\dot{I}$ 사이에 위상차가 발생한다. 그림 5.10(b)는 서셉턴스 성분 $B = 0$일 때로 인가 전압 $\dot{V}$와 전체 전류 $\dot{I}$는 동상이다. 즉, 회로에서 동상이 되면 어드미턴스 $\dot{Y}$는 최소가 됨에 따라 전류의 크기도 최소가 된다.

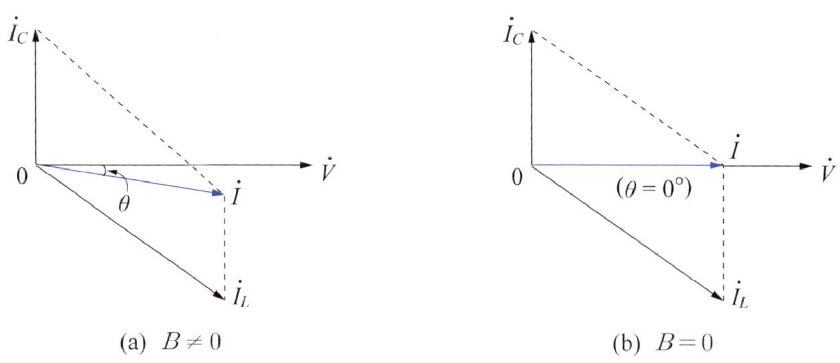

그림 5.10 병렬 공진 회로의 페이저도

직렬 회로에서 임피던스의 허수부인 리액턴스 성분 X가 '0'이 되어 전압과 전류가 동상이 되는 현상을 직렬 공진(直列 共振, series resonance) 또는 공진(共振, resonance)이라고 한다. 그리고 병렬 회로에 있어서는 어드미턴스의 허수부인 서셉턴스 성분 B가 '0'이 되면 전압과 전류가 역시 동상이 되는 현상을 병렬 공진(並列 共振, parallel resonance) 또는 반공진(反共振, anti-resonance)이라고 한다.

그러므로 병렬 공진 회로에서는 허수부가 '0'이 되므로 식 (5.33)의 허수부는 다음과 같이 나타낼 수 있다.

$$\omega_0 C - \frac{\omega_0 L}{R^2 + \omega_0^2 L^2} = 0 \tag{5.34}$$

식 (5.34)를 이용하여 병렬 공진 조건을 만족하는 각주파수 및 주파수를 구하면 다음과 같다.

$$\omega_0 = \sqrt{\frac{1}{LC} - \frac{R^2}{L^2}} \ [\text{rad/s}] \tag{5.35}$$

$$f = \frac{1}{2\pi}\sqrt{\frac{1}{LC} - \frac{R^2}{L^2}} \ [\text{Hz}] \tag{5.36}$$

그러나 회로의 저항 손실이 없어서 매우 적다고 가정하면 $1/LC > R^2/L^2$인 조건이 성립되므로 식 (5.35)와 식 (5.36)은 다음과 같이 간략하게 표현되며, 직렬 공진 회로와 같은 형식의 표현이 가능하다. 즉, 공진 각속도 ω_0와 공진 주파수 f_0는 다음과 같다.

$$\omega_0 \simeq \frac{1}{\sqrt{LC}} \ [\text{rad/s}] \tag{5.37}$$

$$f_0 \simeq \frac{1}{2\pi\sqrt{LC}} \ [\text{Hz}] \tag{5.38}$$

그리고 병렬 공진 회로일 때의 공진 임피던스 Z_0은 공진 어드미턴스 Y_0의 역수와 같으므로 다음과 같이 나타낼 수 있다.

$$Z_0 = \frac{1}{Y_0} = \frac{R^2 + \omega_0^2 L^2}{R} \ [\Omega] \tag{5.39}$$

그러나 실제의 회로에서는 저항 R은 매우 적고, 고주파의 회로가 대부분이므로 $\omega_0^2 L^2 \gg R^2$인 관계가 성립되어 다음과 같은 표현이 가능하다.

$$R^2 + \omega_0^2 L^2 \simeq \omega_0^2 L^2 \tag{5.40}$$

따라서 병렬 공진의 임피던스 Z_0는 다음과 같이 표현된다.

$$Z_0 = \frac{\omega_0^2 L^2}{R} \, [\Omega] \tag{5.41}$$

그런데 $\omega_0^2 = 1/LC$의 관계가 있으므로 병렬 공진의 임피던스 Z_0는 다음과 같이 표현된다.

$$Z_0 = \frac{L}{CR} \, [\Omega] \tag{5.42}$$

병렬 공진이 발생했을 때 회로 어드미턴스가 최소로 되므로 일정 전압에서 전체 전류 I에 대한 공진 곡선을 나타내면 그림 5.11과 같이 전류 공진 곡선을 나타낼 수 있다.

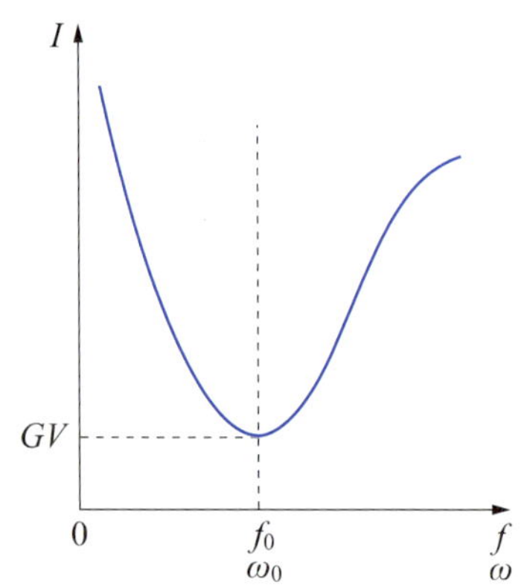

그림 5.11 병렬 공진 회로에서의 전류 공진 곡선

즉, 병렬 공진 곡선은 직렬 공진 곡선과 반대로 공진 주파수 f_0에서 전류 I는 최소가 되므로 병렬 공진을 반공진이라고 부르는 것이다. 병렬 공진이 발생했을 때 회로 유입 전류가 최소가 되는데 이 때 회로에 흐르는 전류 I_L, I_C 및 전체 전류 I_0의 크기를 확인해보자. 일반적인 공진 회로에서 $\omega_0 L \gg R$이므로 병렬 공진의 조건 $B_L = B_C$

또는 $1/\omega_0 L = \omega_0 C$을 적용하면 다음과 같이 각각의 전류를 구할 수 있다.

$$I_L = \frac{V}{X_L} = \frac{V}{\omega_0 L}\ [\mathrm{A}] \tag{5.43}$$

$$I_C = \frac{V}{X_C} = \frac{V}{1/\omega_0 C} = \omega_0 C V\ [\mathrm{A}] \tag{5.44}$$

$$I_0 = \frac{V}{Z_0} = \frac{V}{L/CR} = \frac{CR}{L} V\ [\mathrm{A}] \tag{5.45}$$

그리고 전체 전류 I_0에 대한 I_L, I_C의 비를 구하면 다음과 같다.

$$\frac{I_L}{I_0} = \frac{I_C}{I_0} = \frac{\omega_0 L}{R} = \frac{1}{R\omega_0 C} = Q \tag{5.46}$$

즉, 직렬 공진이 발생했을 때의 전압 확대율과 마찬가지로 병렬 공진의 회로에 흐르는 전류 역시 각각 $I_L = V/\omega_0 L$, $I_C = \omega_0 C V$ 등과 같다. 그러므로 병렬 공진 회로의 양호도는 직렬 공진의 양호와 같음을 알 수 있다.

예제 5.4 어떤 회로가 그림 5.12와 같이 구성되었을 때 전체 전류가 최소가 되기 위한 C는 얼마인가?

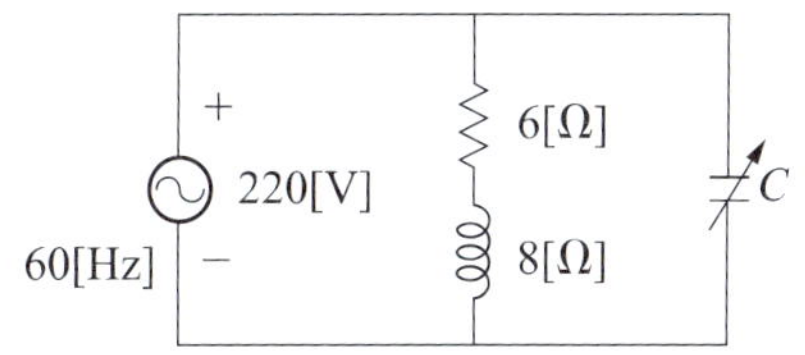

그림 5.12 병렬 공진 회로

풀이 전체 전류가 최소로 되기 위한 조건은 어드미턴스 허수부가 '0'이 되는 병렬 공진 조건이다.

$\omega C - \dfrac{\omega L}{R^2 + \omega^2 L^2} = 0$에서 $\omega C = \dfrac{\omega L}{R^2 + \omega^2 L^2}$이며, $\omega C = \dfrac{X_L}{R^2 + X_L^2}$로 표현된다.

$\omega = 2\pi f$이므로 C는 식으로 나타낼 수 있다.

$$C = \frac{X_L}{2\pi f \times (R^2 + X_L^2)}$$

$$= \frac{8}{2\pi \times 60 \times (6^2 + 8^2)} = \frac{8}{37,680} \fallingdotseq 2.12 \times 10^{-4}\,[\mathrm{F}]$$

예제 5.5 그림 5.13(a)와 같이 병렬 공진 회로에서 공급되는 전압은 $v(t) = 220\sin 2\pi f_0 t$ [V]이다. 그림 5.13(b)와 같이 직렬 저항 R_s일 때 등가인 직렬 공진 회로를 구성할 수 있다. 여기서 $R_p = 30$ [kΩ], $L = 2$ [mH], $C = 60$ [pF]이다. ① 공진 주파수 f_0, ② 선택도 Q_p, ③ 공진일 때의 임피던스 Z_0, ④ 직렬 공진의 직렬 저항 R_s 및 선택도 Q_s, ⑤ −3 [dB] 대역폭 등을 구하시오.

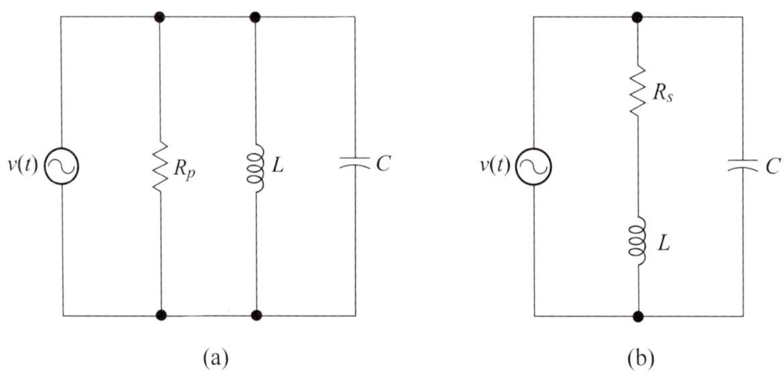

그림 5.13 병렬 공진 회로

풀이 ① 회로에서 공진이 되기 위해서는 $\omega L = \dfrac{1}{\omega C}$ 이다.

$$2\pi f_0 L = \frac{1}{2\pi f_0 C}$$

그러므로 공진 주파수 f_0는 다음과 같다.

$$f_0 = \frac{1}{2\pi\sqrt{LC}}$$

$$= \frac{1}{2\pi\sqrt{(2\times 10^{-3})\times(60\times 10^{-12})}} \fallingdotseq 460 \times 10^3\,[\mathrm{Hz}]$$

② 선택도 Q_p는 다음과 같다.

$$Q_p = \frac{R_p}{X_L} = \frac{R_p}{2\pi f_0 L}$$

$$= \frac{30 \times 10^3}{2\pi \times (460 \times 10^3) \times (2 \times 10^{-3})} \fallingdotseq 5.2$$

③ 공진일 때의 임피던스 Z_0는 허수부가 '0'이므로 다음과 같다.

$$\dot{Y}_0 = \frac{1}{R_p} + j\left(\frac{1}{X_C} - \frac{1}{X_L}\right) \text{ [S]}$$

$$\dot{Z}_0 = \frac{1}{\dot{Y}_0} = R_p = 30 \text{ [k}\Omega\text{]}$$

④ 직렬 공진의 직렬 저항 R_s 및 선택도 Q_s는 다음과 같다.

$$R_s = \frac{L}{R_p C}$$

$$= \frac{2 \times 10^{-3}}{(30 \times 10^3) \times (60 \times 10^{-12})} \fallingdotseq 1,111 \text{ [}\Omega\text{]}$$

$$Q_s = \frac{X_L}{R_s} = \frac{2\pi f_0 L}{R_s}$$

$$= \frac{2\pi \times (460 \times 10^3) \times (2 \times 10^{-3})}{1,111} \fallingdotseq 5.2$$

⑤ −3 [dB] 대역폭은 다음과 같은 관계가 있다.

$$BW = \frac{f_0}{Q} = \frac{f_0}{\omega L / R_s} = \frac{f_0}{2\pi f_0 L / R_s} = \frac{R_s}{2\pi L} \text{ [Hz]}$$

그러므로 대역폭은 같이 계산된다.

$$BW = \frac{R_s}{2\pi L} = \frac{1,111}{2\pi \times (2 \times 10^{-3})} \fallingdotseq 8.8 \times 10^4 \text{ [Hz]}$$

5.6 공진 회로의 응용

전기 시스템에서 공진 회로는 서로 다른 에너지 사이의 가역적 변환에 의해서 일어나는 자유 진동의 주파수와 외력의 주파수가 매우 가까울 때 발생하는 공진 현상을 의미한다. 일반적으로 콘덴서 C의 정전 에너지(electrostatic energy)와 인덕턴스 L의 자기 에너지(magnetic energy)가 자유로이 변환될 수 있도록 이어진 회로를 말하며, 축전기와 유도기가 직렬 접속된 직렬 공진 회로, 병렬 접속된 병렬 공진 회로 및 직·병렬 접속된 직·병렬 공진 회로 등이 있다.

R, L, C 소자가 사용된 회로에서 공진이 발생했을 때의 공진 주파수를 f_0라 하면 다음과 같이 나타낼 수 있다.

$$f_0 = \frac{1}{2\pi\sqrt{LC}} \ [\mathrm{Hz}] \tag{5.47}$$

즉, 주파수를 선택하는 공진 회로는 발진기, 라디오, 텔레비전 등과 같은 전자 기기에서 흔히 사용된다.

1 발진기

어떤 주파수의 전압 또는 전류를 발생시키는 장치를 발진기(發振器, generator or oscillator)라고 한다. 발진을 일으키는 형식에 따라 자려 발진기(自勵 發振器, self-oscillator)와 수정 발진기(水晶 發振機, crystal oscillator) 등으로 분류한다. 그리고 사용되는 장치에 따라 진공관 발진기와 트랜지스터 발진기로 분류된다. 또한, 발진의 출력 파형에 따라 사인파 발진기, 구형파 발진기 및 펄스 발진기 등으로 분류하고, 발진 주파수에 따라 저주파 발진기, 고주파 발진기 등이 있다.

그림 5.14는 발진기의 공진 회로를 나타낸 등가 회로이다. 일반적으로 수정 발진기는 LC보다 주파수 안정도가 높게 요구되는 회로에 이용된다. 수정 발진기는 LC 회로의 유도성 소자 대신에 수정의 압전 효과(壓電 效果, piezoelectric effect)[1)]를 이용한 것이다. 수정은 그 자체의 고유 진동수를 가지고 있으나 최적의 성능을 구현하기 위해서는 커패시턴스와 결합 회로를 구성할 때 가능하다.

1) 압전 효과는 결정의 어느 방향에서 힘을 가하면 정해진 방향에 전기분극을 일으키는 현상을 말한다.

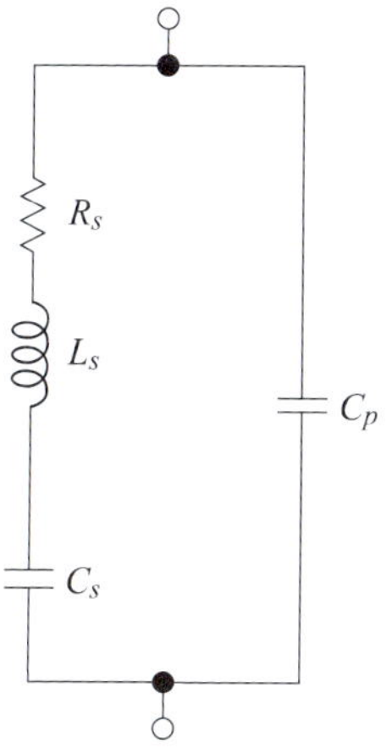

그림 5.14 **발진기의 등가회로**

그림 5.15는 수정 발진기를 적용한 피어스 발진기의 공진 회로이다. 수정편의 양면에 교번 전계를 인가하면 수정 고유의 진동 주파수에서 최대 진폭으로 진동하게 된다. 회로에 전계 효과 트랜지스터(FET; field effect transistor)를 사용하면 FET 자체의 높은 임피던스 때문에 수정편에 부하가 적게 걸리므로 양호한 안정도를 나타내어 선택도 Q가 저하되지 않는 특징이 있다. 또한, X, Y축의 사이에 다른 수정편을 삽입하면 주파수를 쉽게 바꿀 수 있다는 장점이 있다. 수정편은 약 15 [kHz] 또는 그 이상의 주파수에서 이용되고 있으며, 주파수가 높을수록 주파수 안정도가 좋아진다. 그러나 100 [kHz] 이상의 주파수에서는 수정편이 너무 얇아져서 물리적인 충격에 취약한 특성을 나타낸다.

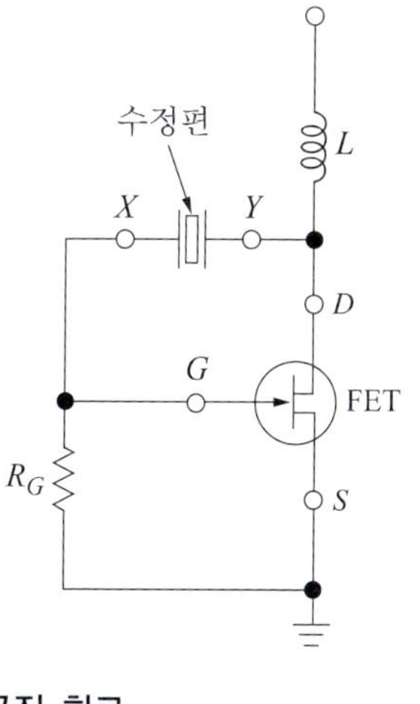

그림 5.15 **피어스 발진기의 공진 회로**

2 여파기

여파기(濾波器, wave filter)는 일반적으로 필터 회로(filter circuit)를 의미하는 것으로 어떤 주파수대의 전류를 통과시키고, 그 밖의 주파수대 전류는 저지하여 통과시키지 않기 위한 회로이다. 어떤 주파수보다 높은 주파수대의 전류를 통과시키는 고역 통과 필터(high-pass filter), 그 반대인 저역 통과 필터(low pass filter), 설정된 특정 주파수의 대역을 통과시키는 대역 통과 필터(band-pass filter), 또는 그 반대인 대역 차단 필터(band-reject filter) 등이 있다.

필터 회로는 구동되는 방법에 따라 수동형 필터(passive filter)와 능동형 필터(active filter)로 분류된다. 수동 필터는 저항 R, 인덕턴스 L, 커패시턴스 C 등의 수동 소자를 이용하여 회로를 구성하며, 이들이 연산 증폭기와 결합하면 능동 필터가 된다. 주로 능동 필터 회로는 다수의 필터를 연결할 때 각각 독립적인 설계가 가능하고 RC 회로의 주파수 선택성 동조(同調, tuning) 회로를 구성할 수 있어서 저주파 대역의 주파수 특성이 평탄해지는 장점이 있다.

그림 5.16은 능동 대역 통과 필터의 회로도를 나타낸 것이다. 일정한 주파수 대역 안에 있는 성분을 통과시키며 고역 차단 주파수(f_H)를 차단하는 저역 통과 필터와 낮은 저역 차단 주파수(f_L)를 갖는 고역 통과 필터를 직렬로 연결하여 회로를 구성한다. 그러므로 대역폭(帶域幅, band-width) BW는 다음과 같이 나타낼 수 있다.

$$BW = f_H - f_L \tag{5.48}$$

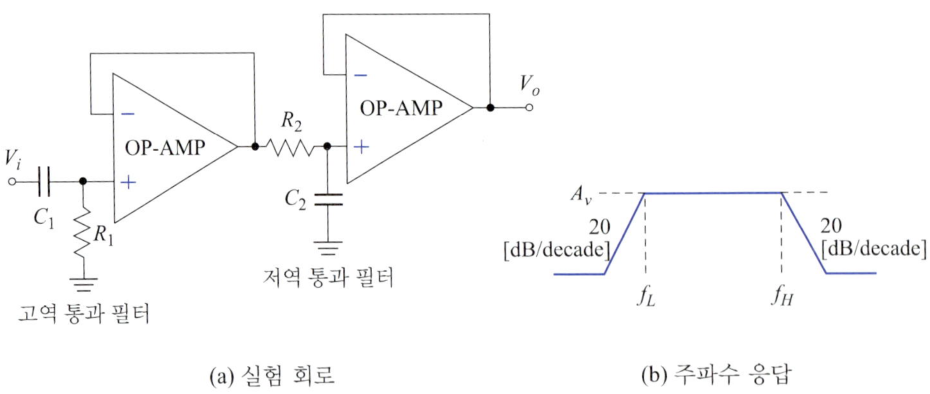

그림 5.16 능동 대역 통과 필터의 회로도 및 응답 특성

그리고 대역 차단 필터는 대역 통과 필터와 반대로 특정 대역 안에 있는 주파수만을 차단한다. 즉, 낮은 고역 차단 주파수 f_H를 차단하는 저역 통과 필터와 높은 저역 차단 주파수 f_L을 갖는 고역 통과 필터를 병렬로 연결하여 회로를 구성하고, 이들을 가산기로 합성하여 회로를 구성한다.

3 라디오 수신 회로

1895년 이탈리아의 마르코니(Guglielmo Marconi, 1874~1937)가 무선 통신기를 발명함으로써 라디오가 등장하게 되었다. 그 뒤 1906년에 미국인 드 포리스트(Lee De Forest, 1873~1961)가 3극진공관을 발명한 것을 계기로 무선 통신 기술은 급진적으로 발전하였다. 라디오의 기본 기능은 미약한 전파를 받아서 전파에 들어 있는 음성 신호를 추출하고 이를 다시 큰 소리로 만들어 사람이 들을 수 있는 주파수로 바꾸어 주는 장치이다. 즉, 전기적인 파동이 있는 곳에 코일을 놓으면 전류가 흐르게 되는데 이와 같이 전류가 흐르는 것은 무선으로 도달된 전파 에너지에 의해 일어나는 현상이므로 전파를 잡았다고 표현하는 것이다. 그림 5.17은 라디오 수신 회로의 원리를 나타낸 것이다.

그림 5.17(a)는 라디오의 동조 회로이며, 전압의 Q배 상승 작용을 이용한 것이다. 여러 개의 방송국으로부터 각각의 각주파수 ω_1, ω_2, ω_3, $\cdots$, ω_n를 갖는 전파가 송신되고 있을 때 그 전파를 수신하는 안테나 A는 코일 L_p에 각각의 전류 I_1, I_2, I_3, $\cdots$, I_n를 흐르게 한다. 즉, 각각의 전류가 흐를 때의 등가 회로는 그림 5.17(b)와 같이 나타낸다. 그 결과 상호 인덕턴스(M)에 의해 2차측의 코일 L_s에 다음과 같은 전압이 발생된다.

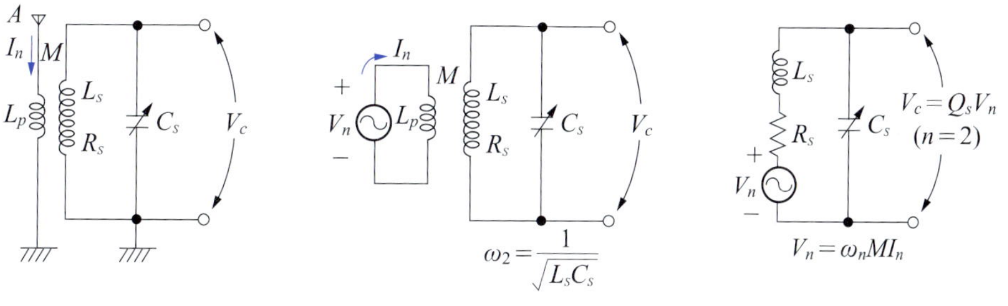

(a) 라디오 동조 회로 (b) 등가 회로 (c) 2차측에서 본 등가 회로

그림 5.17 라디오 수신 원리 및 회로

$$V_1 = \omega_1 M I_1 \text{ [V]} \tag{5.49}$$

$$V_2 = \omega_2 M I_2 \text{ [V]} \tag{5.50}$$

$$V_3 = \omega_3 M I_3 \text{ [V]} \tag{5.51}$$

$$\vdots$$

$$V_n = \omega_n M I_n \text{ [V]} \tag{5.52}$$

그러면 가변 콘덴서 C_s를 변화시켜 L_s와 C_s의 회로를 특정 각주파수로 공진시키면 C_s의 양단에는 특정 각주파수의 전압이 나타나게 된다. 예를 들어 어떤 회로의 공진 각주파수를 ω_2라고 하면 가변 콘덴서 양단에 형성되는 전압 V_c는 Q_s배 만큼 확대된 다음과 같은 관계식이 성립된다.

$$V_c = Q_s V_2 = \omega_2 M Q_s I_2 \text{ [V]} \tag{5.53}$$

즉, 식 (5.53)에 표현된 전압 V_c가 라디오 회로의 증폭, 검파 등을 통해서 음성 신호를 나타내는 값이며, 라디오 수신기로 특정 주파수의 방송을 청취할 수 있는 공진 회로가 적용된 예이다.

예제 5.6 그림 5.18과 같은 직렬 공진 대역 필터에서 공진이 발생하였을 때의 ① 공진 주파수, ② 전압확대율, ③ 출력 전압, ④ 파형 등을 구하시오.

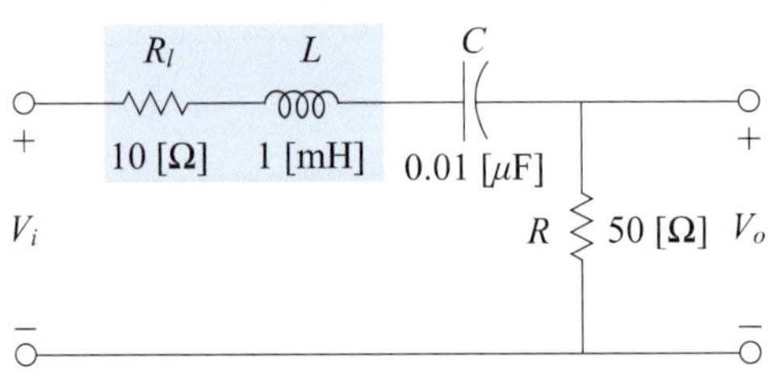

그림 5.18 직렬 공진 대역 통과 필터

풀이 ① 공진 주파수는 다음과 같다.

$$f_s = \frac{1}{2\pi\sqrt{LC}}$$

$$= \frac{1}{2 \times \pi \sqrt{(1 \times 10^{-3}) \times (0.01 \times 10^{-6})}} \fallingdotseq 50{,}330\,[\mathrm{Hz}]$$

② 전압 확대율을 구하기 위해 리액턴스를 구하면 다음과 같다.

$$X_l = \omega L = 2\pi f L$$
$$= 2 \times \pi \times 50{,}330 \times (1 \times 10^{-3}) \fallingdotseq 316\,[\Omega]$$

그러므로 전압 확대율은 다음과 같다.

$$Q_s = \frac{X_L}{R + R_l} = \frac{316}{50 + 10} \fallingdotseq 5.27$$

③ 출력 전압은 다음과 같다.

$$V_0 = \frac{R\,V_i}{R + R_i} = \frac{50\,V_i}{50 + 10} \fallingdotseq 0.83\,V_i\,[\mathrm{V}]$$

④ 공진 파형을 구하기 위해 대역폭을 구하면 다음과 같다.

$$BW = \frac{f_s}{Q_s} = \frac{50{,}330}{5.27} \fallingdotseq 9{,}550\,[\mathrm{Hz}]$$

그러므로 공진 파형은 그림 5.19와 같다.

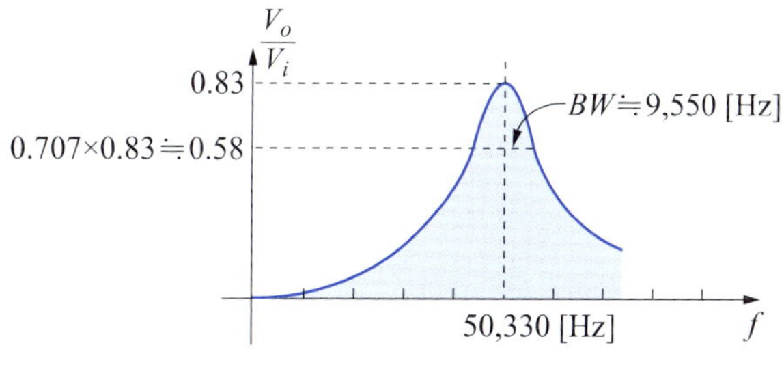

그림 5.19 공진 파형

연습문제

01 어떤 물체에 주기적인 힘을 외부에서 가할 때 그 힘의 주기가 물체의 진동하는 주기와 일치하게 되면 작은 힘으로도 큰 진동을 일으키는 것은?

정답 공진

02 일반적으로 2단자 회로에서 어떤 특정 주파수에서 동상이 발생할 때 그 주파수에서 공진 상태가 발생했다고 하며 이때의 주파수를 무엇이라 하는가?

정답 공진 주파수

03 회로 소자를 변화시켜서 공진 상태로 유도해 가는 전원의 주파수를 무엇이라 하는가?

정답 동조

04 전자 회로에서 전압 확대율이 크다는 것은 직렬 공진 회로가 양호하다는 것을 설명하는 것이다. 이와 같은 것을 직렬 공진 회로의 무엇이라 하는가?

정답 양호도

05 $R-L-C$ 직렬 공진 회로에서 양호도 Q는 어떻게 표현하는가?

정답 $Q = \dfrac{\omega_0 L}{R} = \dfrac{1}{R\omega_0 C}$

06 $R-L-C$ 직렬 공진 회로에서 선택도 S는 어떻게 표현하는가?

정답 $S = \dfrac{f_0}{f_2 - f_1}$

07 직렬 회로에서 임피던스의 허수부인 리액턴스 성분 X가 '0'이 되어 전압과 전류가 동상이 되는 현상은?

정답 직렬 공진

08 병렬 회로에 있어서는 어드미턴스의 허수부인 서셉턴스 성분 B가 '0'이 되면 전압과 전류가 역시 동상이 되는 현상은?

정답 병렬 공진

09 어떤 시스템에서 주파수의 전압 또는 전류를 발생시키는 장치를 무엇이라 하는가?

정답 발진기

10 일반적으로 필터 회로(filter circuit)를 의미하는 것으로 어떤 주파수대의 전류를 통과시키고 그 밖의 주파수대 전류는 저지하여 통과시키지 않기 위한 회로는?

정답 여파기

11 일정한 주파수 대역 안에 있는 성분을 통과시키며 고역 차단 주파수 f_H를 차단하는 저역 통과 필터와 낮은 저역 차단 주파수 f_L를 갖는 고역 통과 필터를 직렬로 연결하여 회로를 구성하는 대역폭(帶域幅, bane-width)은?

정답 $BW = f_H - f_L$

Chapter 6

3상 회로

6.1 다상 방식의 이점

전기 설비의 주파수(周波數, frequency)는 같지만 위상(位相, phase)을 달리하는 여러 개의 기전력(起電力, electromotive force)이 동시에 존재하는 교류 방식을 다상 방식(多相 方式, polyphase system)이라 한다. 다상 방식을 사용하여 같은 전력을 전송하는 경우 단상에 비해 송전선을 많이 절약할 수 있고, 회전 자계(回轉 磁界, revolving magnetic field)를 얻을 수 있다는 이점이 있다.

다상 방식 가운데 현재 가장 많이 쓰이는 것은 3상 방식(三相 方式, three-phase system)이다. 발전, 송전, 배전 등 산업용 전력 계통에는 대부분 3상 방식이다. 대칭 3상 방식의 경우 순시 전력의 총합이 항상 일정하기 때문에 3상 전동기는 일정한 회전력을 얻어 진동과 소음이 작은 이점이 있다.

그림 6.1과 같이 전원과 부하 사이를 왕복하는 송전 선로가 필요하며, 이와 같은 방식을 단상 방식(單相 方式, single phase system)이라 한다. 이와 같은 단상 방식은 송전선에서 선로 손실을 줄이고, 전선의 단면적과 전압을 높이는데 한계를 가지고 있다.

따라서 단상 방식 보다는 다상 방식을 사용하는 것이 경제적이다. 그림 6.1의 단상 송전 회로의 부하를 R, 송전선의 선로 저항을 R_l이라고 하면 단상 2선식 송전 선로에 흐르는 전류 I는 다음과 같이 나타낸다.

$$I = \frac{V}{R + R_l} \ [\mathrm{A}] \tag{6.1}$$

이때 부하에서 소비되는 전력 P는 다음과 같이 나타낸다.

$$P = I^2 R \ [\mathrm{W}] \tag{6.2}$$

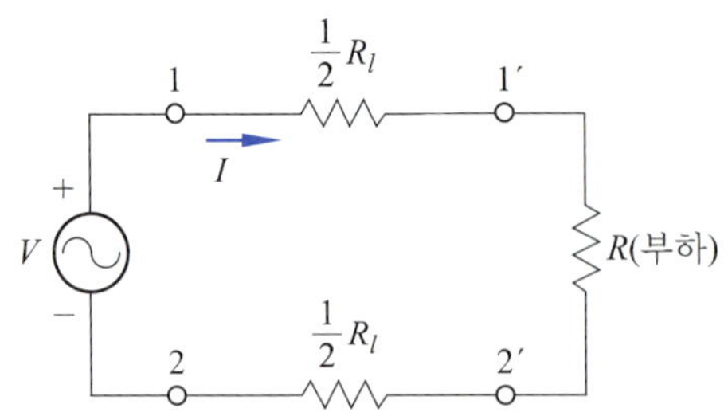

그림 6.1 단상 송전 선로

선로에 소비되는 전력 P_l은 다음과 같이 나타낸다.

$$P_l = I^2 R_l \text{ [W]} \tag{6.3}$$

따라서 선로에서 소비되는 전력과 부하에서 소비되는 전력의 비는 다음과 같이 나타낸다.

$$\frac{P_l}{P} = \frac{R_l}{R} \tag{6.4}$$

그림 6.1의 회로를 2개 겹쳐서 이루어지는 그림 6.2의 회로에서 $V_1 = V_2 = V$라 하면 두 폐회로는 완전 대칭 관계에 있기 때문에 $I_1 = I_2 = I_o$가 되며, 이때 부하 $2R$에서 소비되는 전력은 다음과 같이 나타낸다.

$$P = 2 I_o^2 R \text{ [W]} \tag{6.5}$$

그러나 선로에 소비되는 전력 P_l은 선로 $2-2'$를 흐르는 전류가 '0'이 되기 때문에 다음과 같이 나타낸다.

$$P_l = I_o^2 R_l \text{ [W]} \tag{6.6}$$

따라서 선로에 소비되는 전력 P_l과 부하에서 소비되는 전력 P의 비(比, ratio)는 다음과 같다.

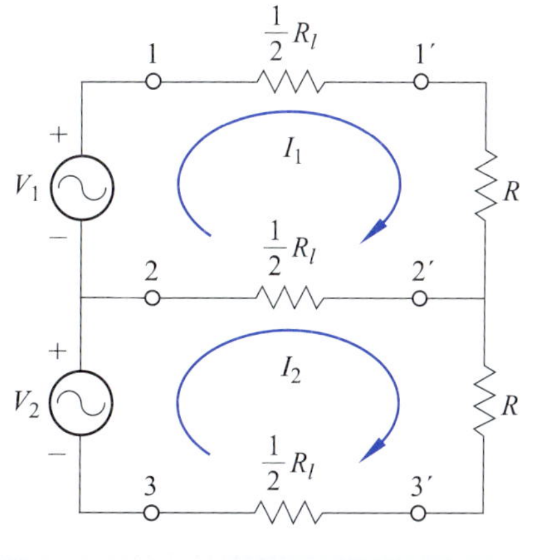

그림 6.2 2상 송전 선로

$$\frac{P_l}{P} = \frac{1}{2}\frac{R_l}{R} \tag{6.7}$$

즉, 단상 방식에 비해 2상 방식의 소비 전력은 반으로 줄어드는 것을 알 수 있다.

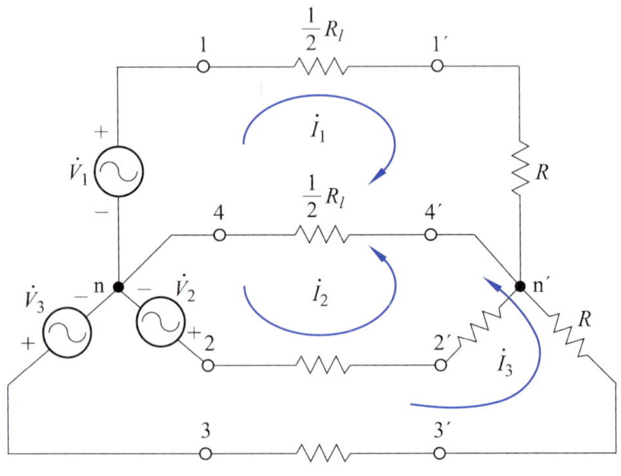

그림 6.3 3상 송전 선로

같은 방식으로 그림 6.3과 같이 3개의 단상 송전 선로를 겹쳐 놓은 3상 방식에서 각 선에 흐르는 전류를 $\dot{I}_1$, $\dot{I}_2$, $\dot{I}_3$라 하면 크기 I는 모두 같으므로 부하에 소비되는 전력 P는 다음과 같다.

$$P = 3I^2R\ [\text{W}] \tag{6.8}$$

만일 3상 기전력 $\dot{V}_1$, $\dot{V}_2$, $\dot{V}_3$의 크기가 같고 위상이 120°씩 차이가 나는 그림 6.4와 같은 대칭 3상 전압을 이루고 있다면 각 선로 전류 $\dot{I}_1$, $\dot{I}_2$, $\dot{I}_3$도 각각 크기가 같고 위상이 120°씩 차이가 나는 그림 6.5와 같은 3상 대칭 전류가 된다.

그러므로 중성선 $n-n'$에 흐르는 전류는 '0'이 된다.

$$\dot{I}_n = \dot{I}_1 + \dot{I}_2 + \dot{I}_3 = 0\ [\text{A}] \tag{6.9}$$

선로에 소비되는 전력의 총합 P_l는 다음과 같이 나타낸다.

$$P_l = \frac{1}{2}I_1^2R_l + \frac{1}{2}I_2^2R_l + \frac{1}{2}I_3^2R_l = \frac{3}{2}I^2R_l\ [\text{W}] \tag{6.10}$$

결국 다상 방식의 전력 공급 방식을 적용하면 선로의 수를 줄일 수 있고 경비 절감과 더불어 선로에서 소실되는 전력을 줄이는 장점이 있다.

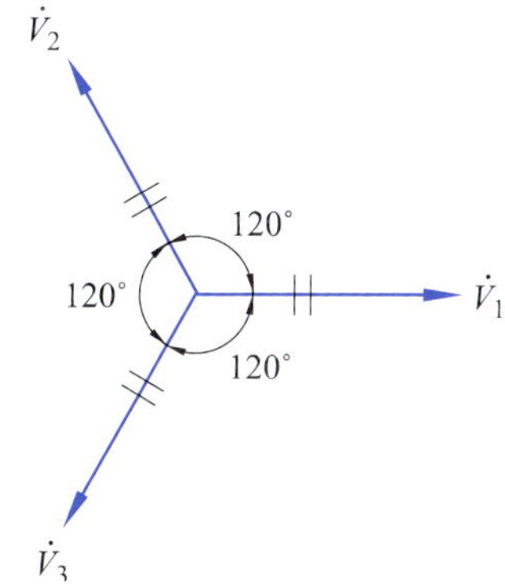

그림 6.4 대칭 3상 기전력

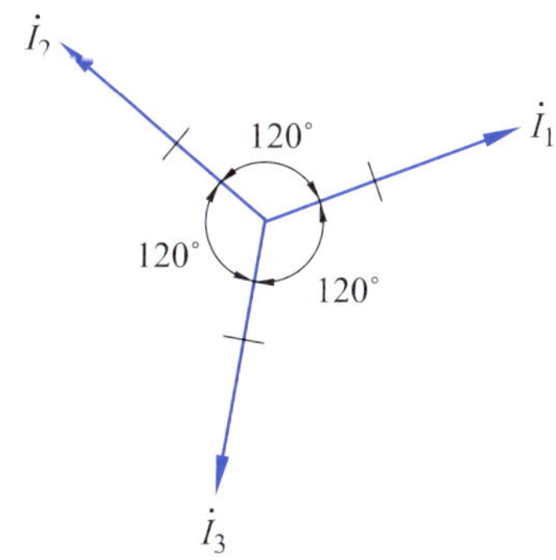

그림 6.5 대칭 3상 전류

6.2 기전력의 발생 및 접속

기전력(起電力, electromotive force)은 단위 전하당 한 일(work)이다. 즉, 기전력은 낮은 퍼텐셜에서 높은 퍼텐셜로 단위 전하를 이동시키는 데 필요한 일이다. 기전력의 단위는 [J/C]이며, 볼트 [V]와 같다. 전지, 발전기 등은 다른 형태의 에너지를 전기에너지로 바꿈으로써 지속적으로 기전력을 얻을 수 있도록 고안되어 있으며, 회로를 개방했을 때의 단자(端子, terminal) 사이의 전위차로 정의한다.

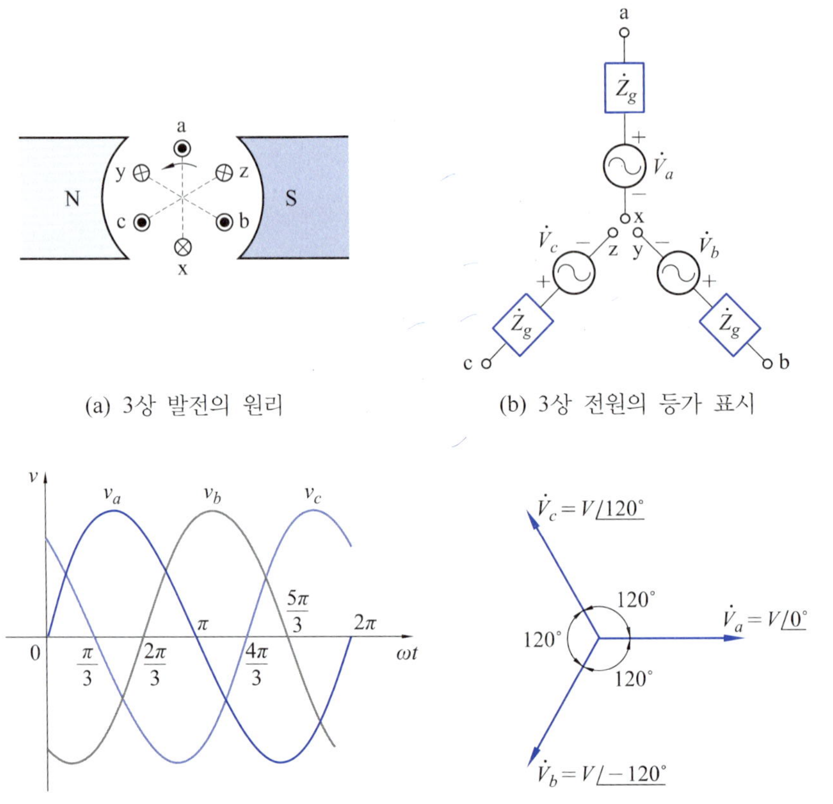

(a) 3상 발전의 원리

(b) 3상 전원의 등가 표시

(c) 3상 전압의 순시값

(d) 전압의 페이저(상순 a, b, c)

그림 6.6 대칭 3상 회로

그림 6.6은 대칭 3상 회로에서 발생하는 기전력의 파형 및 페이저를 나타낸 것이다.

그림 6.6(a)는 3상 발전의 원리를 보여주고 있으며, 여기서는 동일 구조를 갖는 3개의 권선이 120°의 간격으로 전기자에 감겨 있다.

그림 6.6(b)는 3상 발전기의 전기자가 일정한 속도로 회전하면 각 권선의 양단에는 크기는 같고 120°의 위상차가 있는 3개의 단상 전압이 유도되는 등가 회로이다.

그림 6.6(c)는 3상 전압의 순시값을 나타낸 것으로 a → b → c 상순에 따라 순차적인 정현파를 나타내고 있다.

그림 6.6(d)는 3상 회로의 전압 페이저를 나타낸 것으로 3개의 단상 전압을 일괄하여 생각할 때 이를 3상 전압이라 한다.

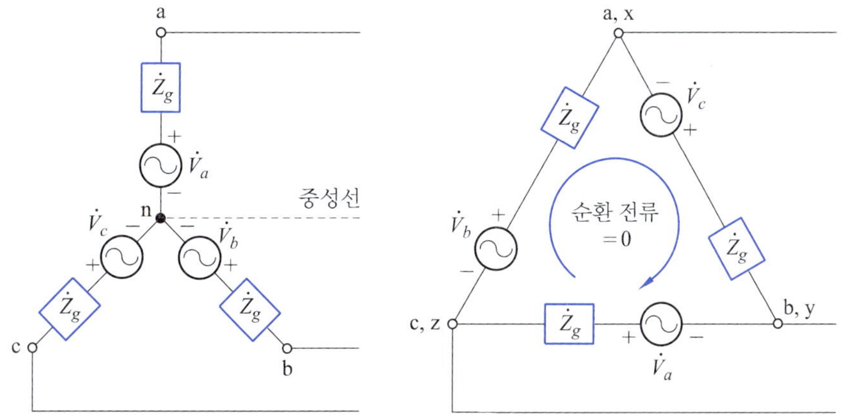

(a) Y 결선　　　(b) △ 결선

그림 6.7 3상 전원의 결선

그림 6.7은 3상 전원의 결선 방법을 나타낸 것이다. 3개의 단상 전압이 3상 전압으로 이용될 때는 각 단자간의 결합 방식에 따라 그림 6.7(a)는 Y 결선(星形 結線, Y-connection), T 결선(T-connection), 성형 결선(星形 結線, star connection) 등으로 부른다. 그리고 그림 6.7(b)는 삼각 결선(三角 結線, △-connection), 환상 결선(環狀 結線, ring connection), π 결선(π-connection) 등으로 부른다.

3상 전원에서 각 상전압(相電壓, phase voltage)은 120°씩 위상차가 나지만 그 크기가 같고, 그 내부 임피던스도 같은 것을 평형 3상 전원 또는 대칭 3상 전원이라고 한다. 3상 전원에 부하가 접속되는 경우 각 전원의 내부 임피던스는 부하 임피던스에 비해 매우 작은 것이 일반적인 해석이므로 3상 전원은 이상 전원으로 간주 할 수 있다. 전원을 △ 결선할 때 전원의 내부에는 시계 방향으로 순환 전류가 흐를 것으로 예상하지만 대칭 3상 전원(對稱 3相 電源, symmetrical three-phase source)의 경우 3개의 전원 전압이 평형을 이루기 때문에 순환되는 방향으로 기전력의 총합은 '0'이 되며, 다음과 같은 수식이 성립한다.

$$\dot{V}_a + \dot{V}_b + \dot{V}_c = 0 \text{ [V]} \tag{6.11}$$

6.3 3상 회로의 구성

3상 전원에 부하를 접속하여 구성되는 3상 회로는 부하측도 Y 결선 또는 △ 결선이 될 수 있으므로 전원부와의 조합 방식에 따라 Y−Y, Y−△, △−Y, △−△ 등의 방식으로 구분된다. 이 경우 부하측도 전원과 마찬가지로 대칭 3상 부하로 되어 있을 때 이를 평형 3상 회로 또는 평형 3상 교류(平衡 3相 交流, symmetrical three-phase AC)라 하며, 그렇지 못한 때를 불평형 3상 회로 또는 불평형 3상 교류(不平衡 3相 交流, asymmetrical three-phase AC)라 한다.

그림 6.8은 대표적인 3상 회로인 3상 4선식 회로에서 여러 부하를 접속하는 방법을 보여주고 있다. 각 상의 차이는 120°이며, 대칭으로 배치된 것을 알 수 있다.

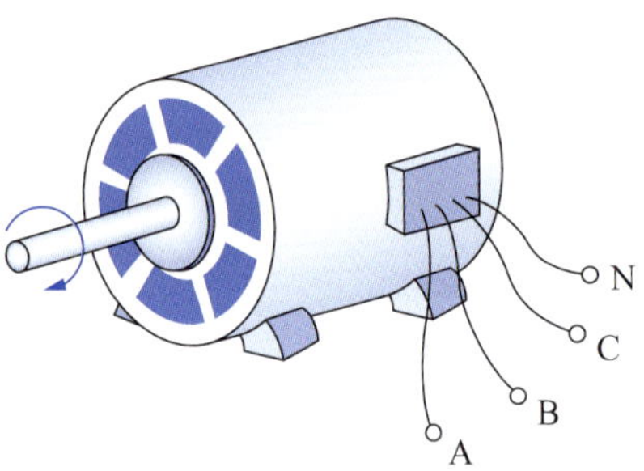

(a) 실제도

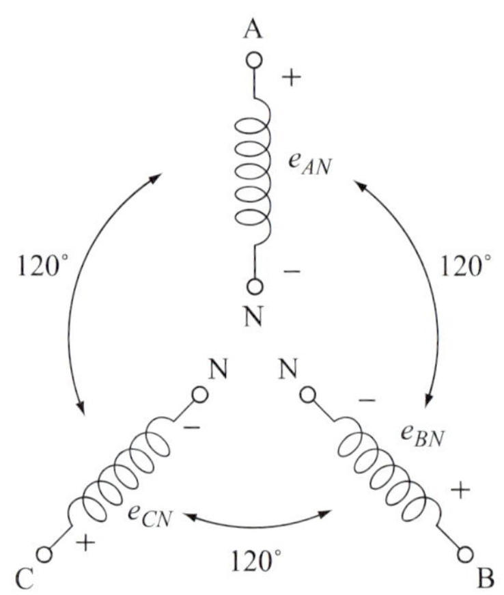

(b) 회로도

그림 6.8 3상 전원과 부하 접속의 예

그림 6.9는 3상 변압기의 △−Y 결선 예로서 1차 측은 △ 결선되어 있으며, 2차 측은 Y 결선이 되어 있는 회로를 나타낸 것이다. 단상 회로와 달리 3상 회로는 상순(相順, phase sequence)이 매우 중요한 의미를 가지므로 해석에 있어서 상순은 엄격히 지정되어야 한다.

특히, 불평형 회로에서 상순이 바뀌게 되면 회로 해석의 결과가 다르게 되며, 3상 발전기와 같은 경우는 전동기의 회전 방향이 반대로 된다.

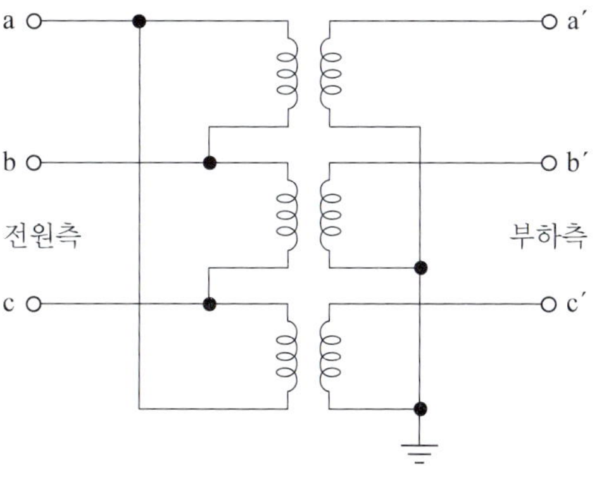

그림 6.9 3상 변압기의 △-Y 결선

6.4 평형 3상 회로의 전압과 전류

그림 6.10은 대칭 3상 Y 결선 회로의 결선과 페이저를 나타낸 것이다. 그림 6.10(a)는 이상적인 평형 3상 회로에 있어서 Y 결선의 전원부이다. 여기서 상전압(相電壓, phase voltage)을 각각 $\dot{V}_a$, $\dot{V}_b$, $\dot{V}_c$라 하고, 각각의 상전류(相電流, phase current)를 $\dot{I}_a$, $\dot{I}_b$, $\dot{I}_c$라 하면 각 선로를 흐르는 선전류(線電流, line current) $\dot{I}_{la}$, $\dot{I}_{lb}$, $\dot{I}_{lc}$는 다음과 같다.

$$\dot{I}_{la} = \dot{I}_a \text{ [A]} \tag{6.12}$$

$$\dot{I}_{lb} = \dot{I}_b \text{ [A]} \tag{6.13}$$

$$\dot{I}_{lc} = \dot{I}_c \text{ [A]} \tag{6.14}$$

각 선로의 선간 전압(線間 電壓, line to line voltage) $\dot{V}_{lab}$, $\dot{V}_{lbc}$, $\dot{V}_{lca}$는 각각 단자 ab, bc, ca 사이의 전위차와 같으므로 다음과 같이 나타낸다.

$$\dot{V}_{lab} = \dot{V}_a - \dot{V}_b = \dot{V}_a + (-\dot{V}_b) \text{ [V]} \tag{6.15}$$

$$\dot{V}_{lbc} = \dot{V}_b - \dot{V}_c = \dot{V}_b + (-\dot{V}_c) \text{ [V]} \tag{6.16}$$

$$\dot{V}_{lca} = \dot{V}_c - \dot{V}_a = \dot{V}_c + (-\dot{V}_a)\ [\mathrm{V}] \tag{6.17}$$

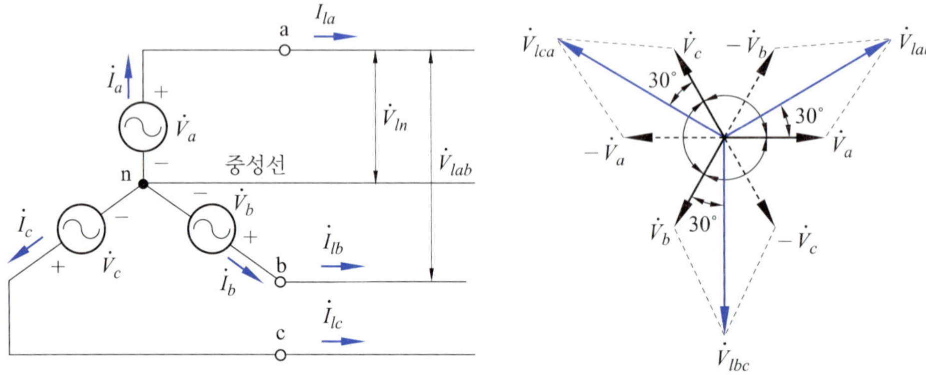

(a) 이상적인 평형 Y 전원 (b) 상전압과 선간 전압

그림 6.10 대칭 3상 Y 결선 회로

전원의 상전압과 선간 전압 사이의 관계를 설명하기 위해 식 (6.15), 식 (6.16), 식 (6.17)을 페이저도로 나타낸 것이 그림 6.10(b)이다. 상순을 a, b, c로 나타내 보면 각각의 선간 전압은 상전압보다 위상이 30° 앞서며, 그 크기는 $\sqrt{3}$ 배가 됨을 알 수 있다. 또한, 중성선이 존재하는 3상 4선식의 경우 각각의 상전압은 각 선로와 중성선 사이의 전위차가 되기 때문에 선간 전압은 선로와 중성선 사이의 전위차 역시 $\sqrt{3}$ 배가 된다.

즉, Y 결선 평형 전원에 있어서 상전류 $\dot{I}_p$와 선전류 $\dot{I}_l$ 그리고 상전압 $\dot{V}_p$, 선간 전압 $\dot{V}_l$, 선로와 중성선 사이의 전위차 $\dot{V}_{ln}$ 사이에는 다음과 같은 관계가 성립한다.

$$\dot{I}_l = \dot{I}_p\ [\mathrm{A}] \tag{6.18}$$

$$\dot{V}_l = \sqrt{3}\,\dot{V}_p \angle\theta = \sqrt{3}\,\dot{V}_{ln} \angle 30°\ [\mathrm{V}] \tag{6.19}$$

그림 6.11은 대칭 3상 △ 결선 회로의 결선과 페이저를 나타낸 것이다. 그림 6.11 (a)는 이상 전압 △ 결선 평형 전원 부하로서 각각의 선간 전압은 전원의 상전압과 일치하므로 크기와 위상이 완전히 같다.

$$\dot{V}_{lab} = \dot{V}_a\ [\mathrm{V}] \tag{6.20}$$

$$\dot{V}_{lbc} = \dot{V}_b \text{ [V]} \tag{6.21}$$

$$\dot{V}_{lca} = \dot{V}_c \text{ [V]} \tag{6.22}$$

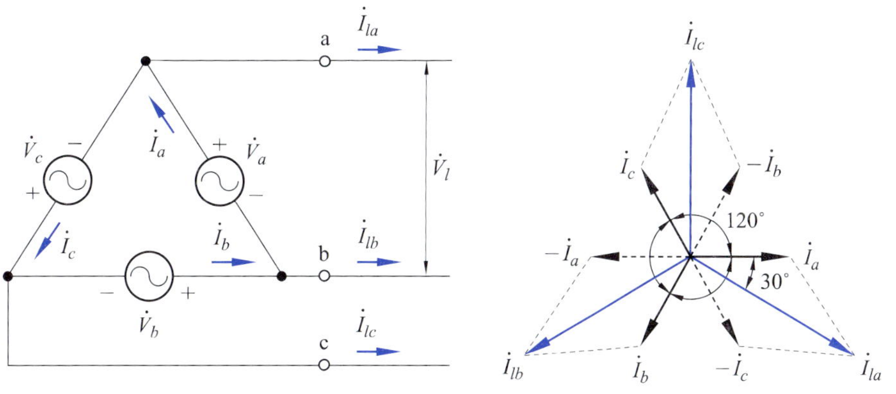

(a) 이상적인 평형 △ 전원 (b) 상전류와 선전류

그림 6.11 대칭 3상 △ 결선 회로

그러나 전원부 내의 폐회로에는 순환 전류가 흐르지 않으므로 상전류와 선간 전류 사이에는 다음의 관계가 성립한다.

$$\dot{I}_{la} = \dot{I}_a - \dot{I}_c = \dot{I}_a + (-\dot{I}_c) \text{ [A]} \tag{6.23}$$

$$\dot{I}_{lb} = \dot{I}_b - \dot{I}_a = \dot{I}_b + (-\dot{I}_a) \text{ [A]} \tag{6.24}$$

$$\dot{I}_{lc} = \dot{I}_c - \dot{I}_b = \dot{I}_c + (-\dot{I}_b) \text{ [A]} \tag{6.25}$$

선전류와 상전류 사이의 관계를 설명하기 위해 식 (6.23), 식 (6.24), 식 (6.25)를 페이저도로 나타내면 그림 6.11(b)와 같이 나타낸다. 즉, 이상적인 △ 결선 평형 전원에 있어서 이들의 결과를 정리하면 다음과 같이 나타낸다.

$$\dot{V}_l = \dot{V}_p \text{ [V]} \tag{6.26}$$

$$\dot{I}_l = \sqrt{3}\,\dot{I}_p \angle \theta' = \sqrt{3}\,\dot{I}_p \angle -30° \text{ [A]} \tag{6.27}$$

예제 6.1 △-△형 평형 3상 회로의 선로에 30 [A]의 전류가 흐르고 있다. 부하 한 상의 임피던스가 $\dot{Z} = 3+j4\,[\Omega]$일 때 부하의 상전류, 상전압 및 선간 전압의 크기를 구하시오.

풀이 상전류는 다음과 같다.

$$I_p = \frac{I_l}{\sqrt{3}} = \frac{30}{\sqrt{3}} = 10\sqrt{3} = 17.3\,[\mathrm{A}]$$

그러므로 상전압은 다음과 같다.

$$V_p = ZI_p = \sqrt{3^2+4^2} \times 17.3 = 86.5\,[\mathrm{V}]$$

선간 전압은 다음과 같다.

$$V_l = V_p = 86.5\,[\mathrm{V}]$$

6.5 평형 3상 전원의 등가 변환

그림 6.12는 내부 임피던스를 갖는 평형 3상 회로의 △ 결선 및 Y 결선을 각각 나타낸 것이다. 전원부로서 필요에 따라 이들은 상호 등가 변환이 가능하다. 두 전원부가 외부 회로에 대해 등가가 되기 위해서는 각 선간 전압(단자 전압)이 같아야 한다. 각 단자 사이의 전압을 각각 $\dot{V}_{12}'$, $\dot{V}_{23}'$, $\dot{V}_{31}'$를 나타내면 다음과 같다.

그림 6.12(a) 대칭 3상 △ 결선으로 다음과 관계가 성립된다.

$$\dot{V}_{12}' = \dot{V}_{12} - \dot{Z}_\Delta \dot{I}_{12}\,[\mathrm{V}] \qquad \dot{V}_{12} = \dot{V}_{12}' + \dot{Z}_\Delta \dot{I}_{12}\,[\mathrm{V}] \tag{6.28}$$

$$\dot{V}_{23}' = \dot{V}_{23} - \dot{Z}_\Delta \dot{I}_{23}\,[\mathrm{V}] \qquad \dot{V}_{23} = \dot{V}_{23}' + \dot{Z}_\Delta \dot{I}_{23}\,[\mathrm{V}] \tag{6.29}$$

$$\dot{V}_{31}' = \dot{V}_{31} - \dot{Z}_\Delta \dot{I}_{31}\,[\mathrm{V}] \qquad \dot{V}_{31} = \dot{V}_{31}' + \dot{Z}_\Delta \dot{I}_{31}\,[\mathrm{V}] \tag{6.30}$$

그림 6.12(b)는 대칭 3상 Y 결선으로 다음과 관계가 성립된다.

$$\dot{V}_{12}' = \dot{V}_{1n} - \dot{V}_{2n}\,[\mathrm{V}] \qquad \dot{V}_{12}' = (\dot{V}_1 - \dot{Z}_Y \dot{I}_1) - (\dot{V}_2 - \dot{Z}_Y \dot{I}_2)\,[\mathrm{V}] \tag{6.31}$$

$$\dot{V}_{23}{}' = \dot{V}_{2n} - \dot{V}_{3n}\ [\mathrm{V}] \qquad \dot{V}_{23}{}' = (\dot{V}_2 - \dot{Z}_Y\dot{I}_2) - (\dot{V}_3 - \dot{Z}_Y\dot{I}_3)\ [\mathrm{V}] \tag{6.32}$$

$$\dot{V}_{31}{}' = \dot{V}_{3n} - \dot{V}_{1n}\ [\mathrm{V}] \qquad \dot{V}_{31}{}' = (\dot{V}_3 - \dot{Z}_Y\dot{I}_3) - (\dot{V}_1 - \dot{Z}_Y\dot{I}_1)\ [\mathrm{V}] \tag{6.33}$$

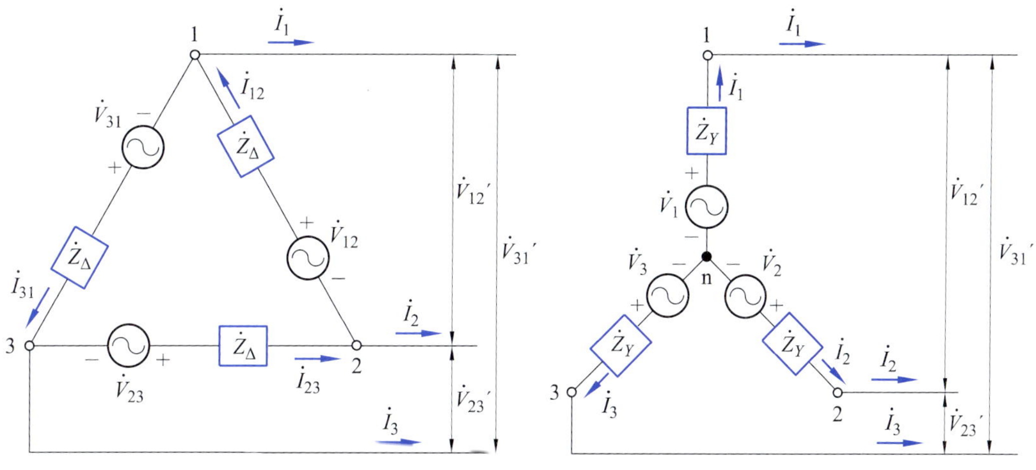

(a) △ 결선 (b) Y 결선

그림 6.12 3상 전원의 등가 변환

식 (6.28)~식 (6.30)과 식 (6.31)~식 (6.33)이 같아지기 위해서는 다음의 관계가 성립되어야 한다.

$$\dot{V}_{12} = \dot{V}_1 - \dot{V}_2\ [\mathrm{V}] \tag{6.34}$$

$$\dot{V}_{23} = \dot{V}_2 - \dot{V}_3\ [\mathrm{V}] \tag{6.35}$$

$$\dot{V}_{31} = \dot{V}_3 - \dot{V}_1\ [\mathrm{V}] \tag{6.36}$$

및

$$\dot{Z}_\Delta\dot{I}_{12} = \dot{Z}_Y(\dot{I}_1 - \dot{I}_2)\ [\mathrm{V}] \tag{6.37}$$

$$\dot{Z}_\Delta\dot{I}_{23} = \dot{Z}_Y(\dot{I}_2 - \dot{I}_3)\ [\mathrm{V}] \tag{6.38}$$

$$\dot{Z}_\Delta\dot{I}_{31} = \dot{Z}_Y(\dot{I}_3 - \dot{I}_1)\ [\mathrm{V}] \tag{6.39}$$

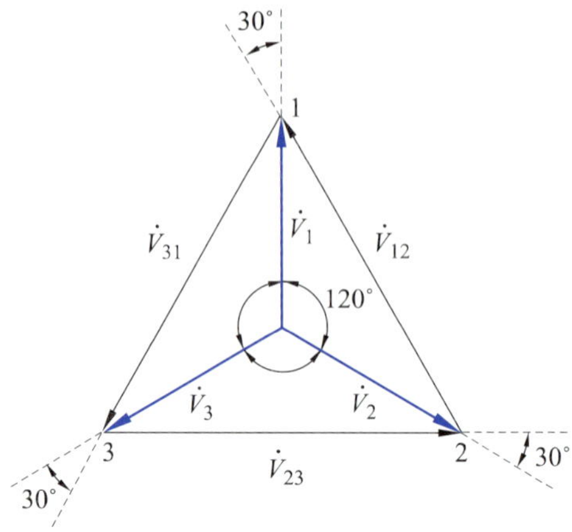

그림 6.13 전원의 등가 변환에 관한 페이저도

그런데 식 (6.34)~식 (6.36)에서 $\dot{V}_1$, $\dot{V}_2$, $\dot{V}_3$와 $\dot{V}_{12}$, $\dot{V}_{23}$, $\dot{V}_{31}$은 각각 평형 3상 기전력이므로 이들의 관계를 페이저도로 나타내면 그림 6.13과 같다. △ 결선의 선간 전압 $\dot{V}_{12}$, $\dot{V}_{23}$, $\dot{V}_{31}$은 Y 결선의 전원 $\dot{V}_1$, $\dot{V}_2$, $\dot{V}_3$보다 각각 위상이 30° 앞서고, 크기는 $\sqrt{3}$ 배가 되므로 그림 6.13의 세 단자 1, 2, 3에 대해 나타내면 다음과 같다.

1 Y 전원에서 △ 전원으로 변환할 때

3상 회로에서 전원 연결 방법은 Y 결선과 △ 결선이 대부분이다. Y 전원에서 △ 전원으로 변환할 때는 회로의 성질을 유지하며 변환하는 것이 매우 중요하며, 이와 같이 바꾸는 것을 등가(等價, equivalence) 변환이라 한다. 즉, Y－△ 등가 변환을 하면 다음과 같은 결과를 얻을 수 있다.

$$\dot{V}_{12} = \dot{V}_1 - \dot{V}_2 = \sqrt{3}\,\dot{V}_1 \angle 30° \text{ [V]} \quad (6.40)$$

$$\dot{V}_{23} = \dot{V}_2 - \dot{V}_3 = \sqrt{3}\,\dot{V}_2 \angle 30° \text{ [V]} \quad (6.41)$$

$$\dot{V}_{31} = \dot{V}_3 - \dot{V}_1 = \sqrt{3}\,\dot{V}_3 \angle 30° \text{ [V]} \quad (6.42)$$

2 △ 전원에서 Y 전원으로 변환할 때

3상 회로에서 전원 연결 방법은 △ 결선과 Y 결선이 있다. △ 전원에서 Y 전원으로 변환할 때는 회로의 성질을 유지하며 변환하는 것이 매우 중요하며, 이와 같이 바꾸는 것을 등가(等價, equivalence) 변환이라 한다. 즉, $\Delta - Y$ 등가 변환을 하면 다음과 같은 결과를 얻을 수 있다.

$$\dot{V}_1 = \frac{1}{\sqrt{3}} \dot{V}_{12} \angle -30° \text{ [V]} \tag{6.43}$$

$$\dot{V}_2 = \frac{1}{\sqrt{3}} \dot{V}_{23} \angle -30° \text{ [V]} \tag{6.44}$$

$$\dot{V}_3 = \frac{1}{\sqrt{3}} \dot{V}_{31} \angle -30° \text{ [V]} \tag{6.45}$$

그런데 등가인 3상 회로의 경우 내부 전류는 '0'이므로 내부 임피던스의 등가 변환은 식 (6.37)~식 (6.39)에 의해 다음과 같은 수식의 표현이 가능하다.

$$\dot{I}_1 + \dot{I}_2 + \dot{I}_3 = 0 \tag{6.46}$$

즉, 식 (6.37)에서 식 (6.39)를 빼고, 식 (6.46)을 적용하여 정리하면 다음 식을 얻을 수 있다.

$$\dot{Z}_\Delta(\dot{I}_{12} - \dot{I}_{31}) = \dot{Z}_Y(2\dot{I}_1 - \dot{I}_2 - \dot{I}_3) = 3\dot{Z}_Y \dot{I}_1 \tag{6.47}$$

그림 6.12(a)에서 $\dot{I}_1 = \dot{I}_{12} - \dot{I}_{31}$ 이므로 내부 임피던스 $\dot{Z}_\Delta$와 $\dot{Z}_Y$ 사이에는 다음과 같은 관계가 성립된다.

$$\dot{Z}_\Delta = 3\dot{Z}_Y \text{ [}\Omega\text{]} \tag{6.48}$$

$$\dot{Z}_Y = \frac{1}{3} \dot{Z}_\Delta \text{ [}\Omega\text{]} \tag{6.49}$$

즉, Δ 결선의 회로는 Y 결선의 회로에 비해 임피던스가 3배인 것을 알 수 있고, 역으로 Y 결선의 회로는 Δ 결선의 회로에 비해 임피던스가 1/3배인 것을 알 수 있다.

예제 6.2 그림 6.14(a)와 같은 Δ형의 평형 3상 전원을 Y형으로 등가 변환하시오.

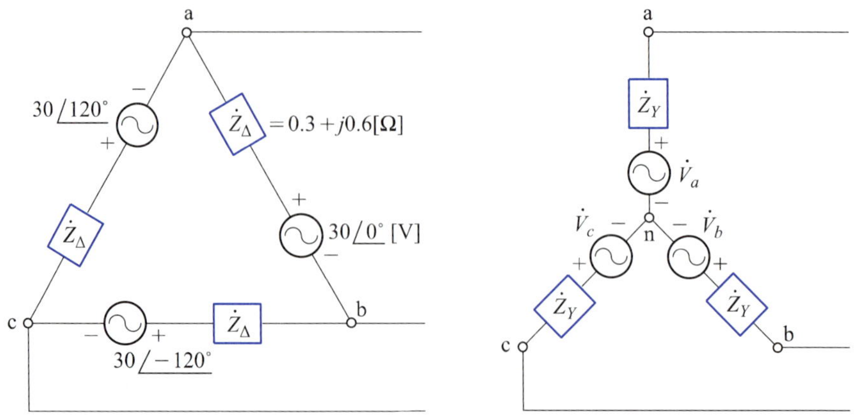

그림 6.14

풀이 Y형으로 등가 변환하면 그림 6.14(b)와 같이 나타낸다. $\dot{V}_a$, $\dot{V}_b$, $\dot{V}_c$라 하면 그림 6.14(a)에서 각 전원은 $\dot{V}_{ab}=30\angle 0°$, $\dot{V}_{bc}=30\angle -120°$, $\dot{V}_{ca}=30\angle 120°$이므로 다음과 같다.

$$\dot{V}_a = \frac{1}{\sqrt{3}}\dot{V}_{ab}\angle -30° = \frac{30}{\sqrt{3}}\angle -30° = 17.3\angle -30° \text{ [V]}$$

$$\dot{V}_b = \frac{1}{\sqrt{3}}\dot{V}_{bc}\angle -30° = \frac{30}{\sqrt{3}}\angle -150° = 17.3\angle -150° \text{ [V]}$$

$$\dot{V}_c = \frac{1}{\sqrt{3}}\dot{V}_{ca}\angle -30° = \frac{30}{\sqrt{3}}\angle 90° = 17.3\angle 90° \text{ [V]}$$

Y형 전원의 등가 임피던스는 다음과 같다.

$$\dot{Z}_Y = \frac{1}{3}\dot{Z}_\Delta = \frac{1}{3}(0.3+j0.6) = 0.1+j0.2 \text{ [}\Omega\text{]}$$

6.6 평형 3상 회로의 해석

평형 3상 회로(三相 回路, three-phase circuit)는 위상이 120°씩 차이를 갖는 3개의 교류 기전력에 의해서 전력이 공급되는 회로이다. 회로는 3선 혹은 4선의 도체로 구성되고, 전원과 부하는 원칙적으로 △ 결선 또는 Y 결선 등으로 접속된다.

따라서 대칭 3상 회로의 전원이나 부하는 모두 △→Y 또는 Y→△ 변환이 가능하기 때문에 어떠한 평형 3상 회로도 Y－Y 결선으로 대표할 수 있다. 평형 3상 회로가 그림 6.15(a)와 같은 Y－Y 결선으로 변형되면 회로 해석이 편리하다. 그림 6.15(a)에서 전원 내부 임피던스는 $\dot{Z}_g$, 선로 임피던스는 $\dot{Z}_l$, 부하 임피던스는 $\dot{Z}_L$이며 이들을 하나의 임피던스 $\dot{Z}_0(=\dot{Z}_g+\dot{Z}_l+\dot{Z}_L)$로 묶어 놓은 것이 그림 6.15(b)이다.

그림 6.15(b)는 밀만의 정리(Millman's theorem)에 의해 구할 수 있고, 이 경우 $\dot{V}_a+\dot{V}_b+\dot{V}_c=0$이므로 중성점 n－n′ 사이의 전위차는 다음과 같이 나타낸다.

$$\dot{V}_{n-n'}=\frac{\dot{Y}_0\dot{V}_a+\dot{Y}_0\dot{V}_b+\dot{Y}_0\dot{V}_c}{\dot{Y}_0+\dot{Y}_0+\dot{Y}_0}=\frac{\dot{Y}_0(\dot{V}_a+\dot{V}_b+\dot{V}_c)}{\dot{Y}_0+\dot{Y}_0+\dot{Y}_0}=0 \qquad (6.50)$$

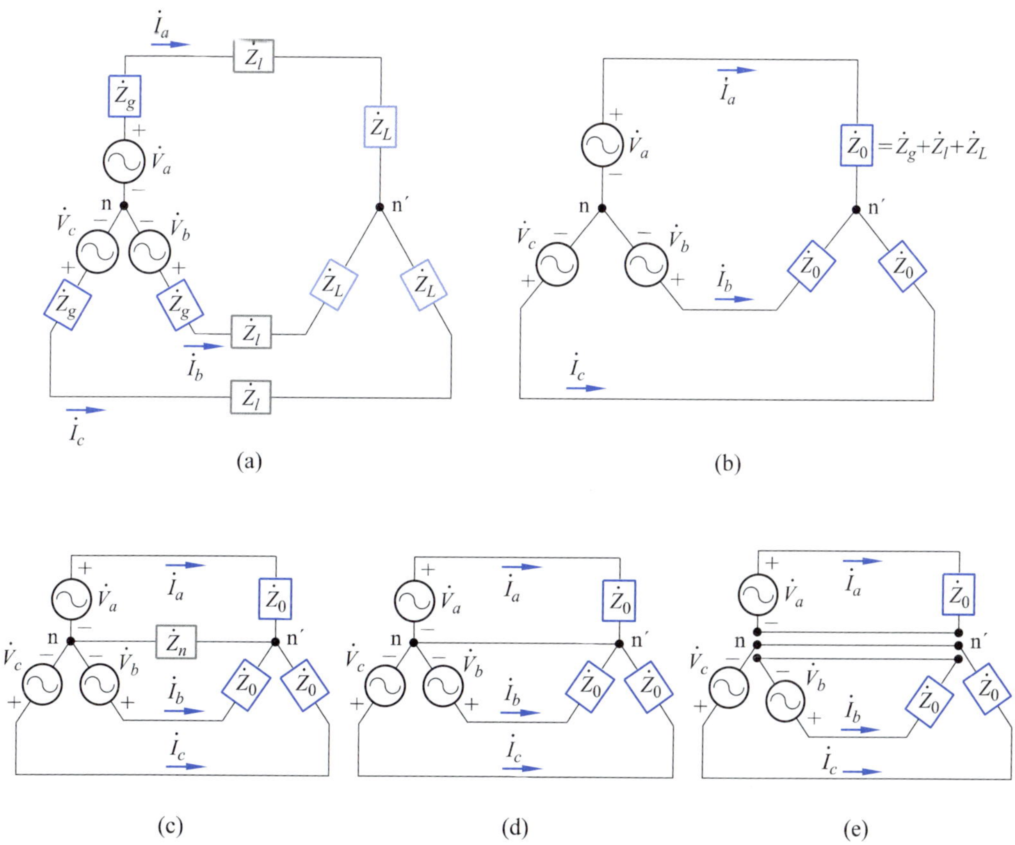

그림 6.15 평형 3상 회로의 등가 단상 회로

그러므로 그림 6.15(c)와 같이 n − n′ 사이에 $\dot{Z}_n$의 임피던스가 있는 중성선이 접속되거나 그림 6.15(d)와 같이 n − n′가 단락되는 경우라도 회로의 다른 부분에는 아무런 영향도 주지 않게 된다. 따라서 그림 6.15(a)에서 구하고자 하는 선전류 $\dot{I}_a$, $\dot{I}_b$, $\dot{I}_c$는 그림 6.15(d)로부터 구할 수 있다.

$$\dot{I}_a = \frac{\dot{V}_a}{\dot{Z}_0}\ [\mathrm{A}] \tag{6.51}$$

$$\dot{I}_b = \frac{\dot{V}_b}{\dot{Z}_0}\ [\mathrm{A}] \tag{6.52}$$

$$\dot{I}_c = \frac{\dot{V}_c}{\dot{Z}_0}\ [\mathrm{A}] \tag{6.53}$$

그리고 그림 6.15(d)의 단락 중성선 n − n′를 세 부분으로 분리하여 그림 6.15(e)와 같이 3개의 단상 회로로 나누는 것이 가능하다. 즉, 분리된 등가 단상 회로로부터 어느 한 상에 관한 전류, 전압이 구해지게 되면 다른 상에 대한 것은 120°의 위상차만을 고려하면 된다. 그러므로 평형 3상 회로의 전력을 구하는데 있어서도 등가 단상 회로에서 구한 값을 3배하면 된다.

예제 6.3 그림 6.16(a)와 같은 평형 3상 회로에 있어서 선전류 및 전원으로부터 공급되는 유효 전력의 총합을 구하시오. 단, $\dot{V}_{ab} = 180\angle 0°$, $\dot{V}_{bc} = 180\angle -120°$, $\dot{V}_{ca} = 180\angle 120°$ 이다.

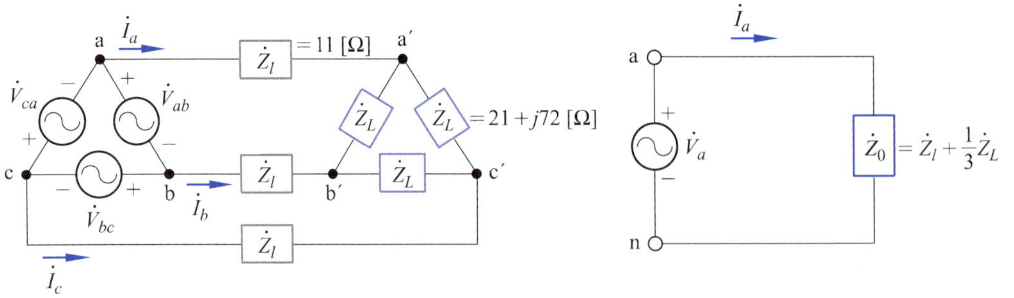

(a) △ − △ 결선　　　　(b) 등가 회로

그림 6.16

풀이 평형 3상 회로이므로 그림 6.16(b)와 같이 단상의 등가 회로로 변화하여 해석한다.

$$\dot{Z}_0 = \dot{Z}_l + \frac{1}{3}\dot{Z}_L = 11 + \frac{1}{3}(21 + j72) = 18 + j24\,[\Omega]$$

$$\dot{V}_a = \frac{1}{\sqrt{3}}\dot{V}_{ab}\angle -30° = \frac{1}{\sqrt{3}}180\angle -30° = 60\sqrt{3}\angle -30°\,[\mathrm{V}]$$

선전류 $\dot{I}_a$는 다음과 같다.

$$\dot{I}_a = \frac{\dot{V}_a}{\dot{Z}_0} = \frac{60\sqrt{3}\angle -30°}{18 + j24}$$

$$= \frac{60\sqrt{3}\angle -30°}{30\angle \tan^{-1}\frac{4}{3}} = \frac{60\sqrt{3}\angle -30°}{30\angle 53.1°} = 2\sqrt{3}\angle -83.1°\,[\mathrm{A}]$$

따라서 $\dot{I}_b$, $\dot{I}_c$는 $\dot{I}_a$와 120°의 위상차가 있다.

$$\dot{I}_b = 2\sqrt{3}\angle(-83.1° - 120°) = 2\sqrt{3}\angle -203.1°\,[\mathrm{A}]$$

$$\dot{I}_c = 2\sqrt{3}\angle(-83.1° + 120°) = 2\sqrt{3}\angle 36.9°\,[\mathrm{A}]$$

회로 임피던스 $\dot{Z}_0 = 18 + 24\,[\Omega]$이므로 1상에서 소비되는 유효 전력 P_a는 다음과 같다.

$$P_a = I_a^2 \cdot R = (2\sqrt{3})^2 \times 18 = 216\,[\mathrm{W}]$$

따라서 3상 전체에서 소비되는 전력은 3배가 된다.

$$P = 3P_a = 3 \times 216 = 648\,[\mathrm{W}]$$

6.7 3상 회로의 전력

3상 회로의 전력은 그 결선 방식이나 평형, 불평형에 관계없이 각 상의 전력을 단상에서와 마찬가지 방법으로 구한 후 이들의 합을 구하면 된다. 부하의 상전압을 $\dot{V}_a$, $\dot{V}_b$, $\dot{V}_c$로 표기하고, 상전류를 $\dot{I}_a$, $\dot{I}_b$, $\dot{I}_c$로 나타낸다. 그리고 각 상에서 상전압과 상전류의 상차를 각각 θ_a, θ_b, θ_c라 하면 3상 회로의 유효 전력 P와 무효 전력 P_r은 다음과 같이 나타낸다.

$$P = \dot{V}_a \dot{I}_a \cos\theta_a + \dot{V}_b \dot{I}_b \cos\theta_b + \dot{V}_c \dot{I}_c \cos\theta_c \ [\mathrm{W}] \quad (6.54)$$

$$P_r = \dot{V}_a \dot{I}_a \sin\theta_a + \dot{V}_b \dot{I}_b \sin\theta_b + \dot{V}_c \dot{I}_c \sin\theta_c \ [\mathrm{Var}] \quad (6.55)$$

평형 회로는 다음의 관계가 성립한다.

$$V_a = V_b = V_c = V_p \ [\mathrm{V}] \quad (6.56)$$

$$I_a = I_b = I_c = I_p \ [\mathrm{A}] \quad (6.57)$$

$$\theta_a = \theta_b = \theta_c = \theta_p \quad (6.58)$$

$$P = 3\, V_p I_p \cos\theta \ [\mathrm{W}] \quad (6.59)$$

$$P_r = 3\, V_p I_p \sin\theta \ [\mathrm{Var}] \quad (6.60)$$

θ는 3상 부하의 상전압과 상전류의 위상차를 나타내고 있지만 부하의 임피던스 $\dot{Z}_L = R + jX$의 임피던스 각 $\theta = \tan^{-1}(X/R)$를 의미하기도 한다. 3상 회로에서 주로 선간 전압 V_l과 선전류 I_l이 주로 사용되므로 이들의 형태로 나타내면 다음과 같이 표현이 가능하다.

△ 결선에서는 다음과 같은 관계가 성립된다.

$$I_p = \frac{1}{\sqrt{3}} I_l \ [\mathrm{A}] \quad (6.61)$$

$$V_p = V_l \ [\mathrm{V}] \quad (6.62)$$

Y 결선에서는 다음과 같은 관계가 성립된다.

$$I_p = I_l \ [\mathrm{A}] \quad (6.63)$$

$$V_p = \frac{1}{\sqrt{3}} V_l \ [\mathrm{V}] \quad (6.64)$$

그러므로 전력은 다음과 같이 나타낸다.

$$P = \sqrt{3}\ V_l I_l \cos\theta \ [\mathrm{W}] \tag{6.65}$$

$$P_r = \sqrt{3}\ V_l I_l \sin\theta \ [\mathrm{Var}] \tag{6.66}$$

그러나 이 식을 사용하는데 있어서는 위상각 θ가 선간전압과 선전류의 상차가 아니라 상전압과 상전류의 상차임을 명심해야 한다. 즉, 식 (6.59)와 식 (6.60)에서 θ는 선간 전압과 선전류가 아니라 복소 전력 $\dot{P}_a$을 구함에 따라 결정되는 상의 각 이다. 따라서 3상 회로의 복소 전력 $\dot{P}_a$는 유효 전력 P와 무효 전력 P_r을 각각 실수부와 허수부로 하여 나타낸다.

$$\dot{P}_a = P + jP_r \ [\mathrm{VA}] \tag{6.67}$$

평형 회로의 경우 식 (6.67)은 다음과 같이 나타낸다.

$$\begin{aligned} \dot{P}_a &= 3V_p I_p \cos\theta + j3V_p I_p \sin\theta \\ &= 3(V_p I_p \cos\theta + jV_p I_p \sin\theta) \ [\mathrm{VA}] \end{aligned} \tag{6.68}$$

또한, 피상 전력의 크기는 다음과 같이 구한다.

$$P_a = |\dot{P}_a| = \sqrt{P^2 + P_r^2} \ [\mathrm{VA}] \tag{6.69}$$

평형 회로일 때의 피상 전력은 다음과 같다.

$$\begin{aligned} P_a &= \sqrt{(3V_p I_p \cos\theta)^2 + (3V_p I_p \sin\theta)^2} \\ &= 3V_p I_p = \sqrt{3}\ V_l I_l \ [\mathrm{VA}] \end{aligned} \tag{6.70}$$

$$\because \cos^2\theta + \sin^2\theta = 1$$

한편, 3상 회로의 역률 $p.f$ 및 무효율 $r.f$는 다음과 같이 나타낸다.

$$p.f = \frac{P}{P_a} \tag{6.71}$$

$$r.f = \frac{P_r}{P_a} \tag{6.72}$$

그리고 평형 회로의 경우는 다음과 같이 나타낸다.

$$p.f = \frac{P}{P_a} = \cos\theta \tag{6.73}$$

$$r.f = \frac{P_r}{P_a} = \sin\theta \tag{6.74}$$

예제 6.4 어떤 회로에서 한 상의 임피던스가 $\dot{Z} = 3 + j4\,[\Omega]$인 평형 3상 Y 부하에 220 [V]의 선간 전압이 인가되어 있을 때 선전류와 3상 전체에 대한 유효 전력, 무효 전력, 피상 전력, 3상 역률 및 무효율을 구하시오.

풀이 Y 결선에서 한 상의 상전압은 다음과 같다.

$$V_p = \frac{1}{\sqrt{3}} \cdot 220\,[\mathrm{V}]$$

선전류는 다음과 같다.

$$I = \frac{(1/\sqrt{3})220}{\sqrt{3^2 + 4^2}} = \frac{44}{\sqrt{3}} \fallingdotseq 25.4\,[\mathrm{A}]$$

유효 전력은 다음과 같다.

$$P = 3P_1 = 3I^2R = 3\left(\frac{44}{\sqrt{3}}\right)^2 \times 3 = 5{,}808\,[\mathrm{W}]$$

무효 전력은 다음과 같다.

$$P_r = 3P_{r1} = 3I^2X = 3\left(\frac{44}{\sqrt{3}}\right)^2 \times 4 = 7{,}744\,[\mathrm{Var}]$$

피상 전력은 다음과 같다.

$$P_a = 3P_{a1} = 3V_pI = 3 \times \frac{220}{\sqrt{3}} \times \frac{44}{\sqrt{3}} = 9{,}680\,[\mathrm{VA}]$$

역률은 다음과 같다.

$$p.f = \cos\theta = \frac{R}{Z} = \frac{3}{\sqrt{3^2 + 4^2}} = \frac{3}{5}$$

무효율은 다음과 같다.

$$r.f = \sin\theta = \frac{X}{Z} = \frac{4}{\sqrt{3^2 + 4^2}} = \frac{4}{5}$$

6.8 회전 자계

자계의 세기는 전류에 비례하므로 그림 6.17과 같이 어느 코일에 $i = I_m \sin\omega t$ [A]의 단상 교류를 흘렸을 때의 자계의 세기 h는 비례상수 k라 하면 다음과 같이 나타낸다.

$$h = kI_m \sin\omega t = H_m \sin\omega t \text{ [AT/m]} \tag{6.75}$$

발생 자계는 항상 O와 O′ 축상에서 교대로 변화한다. 이와 같은 자계를 교번 자계(交番 磁界, alternating magnetic field)라 한다. 단상 교류에 의해서 생기는 이와 같은 교번 자계는 한 축상에서 교대로 변화하지만 공간에 $2\pi/n$씩 간격을 두고 배치된 n개의 코일에 n상 교류의 전류를 흘리면 그 합성 자계는 공간을 회전하는 자계로 된다.

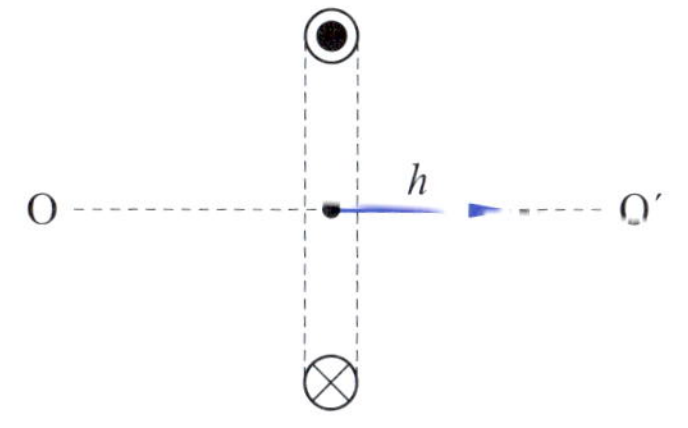

그림 6.17 전류가 만드는 자계

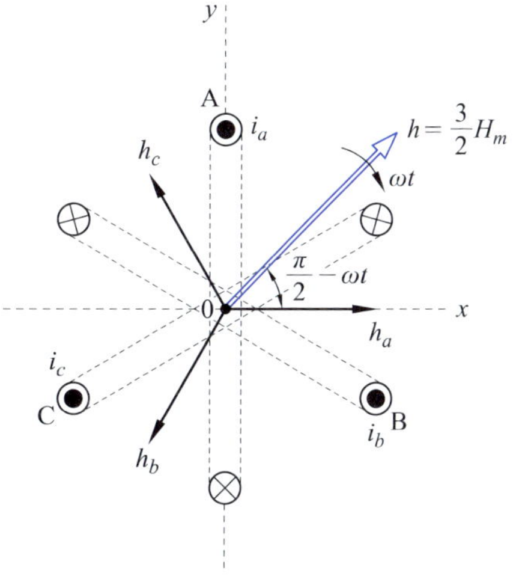

그림 6.18 회전 자계

그림 6.18과 같이 A, B, C 3개의 코일이 공간에 2π/3씩 배치된 3상 코일에 평형 3상 교류 i_a, i_b, i_c를 흘렸을 때 발생하는 자계를 각각 h_a, h_b, h_c라 하면 다음과 같이 나타낸다.

$$h_a = H_m \sin\omega t \quad [\mathrm{AT/m}] \tag{6.76}$$

$$h_b = H_m \sin(\omega t - 120°) \quad [\mathrm{AT/m}] \tag{6.77}$$

$$h_c = H_m \sin(\omega t + 120°) \quad [\mathrm{AT/m}] \tag{6.78}$$

이들의 합성 자계를 구하기 위해서는 x축과 y축으로 분해하여 각각의 합성 자계 성분을 h_x, h_y라 하면 다음과 같이 나타낸다.

$$\begin{aligned} h_x &= h_{ax} + h_{bx} + h_{cx} \\ &= H_m \sin\omega t + H_m \sin(\omega t - 120°) \cdot \cos(-120°) + H_m \sin(\omega t + 120°) \cdot \cos 120° \\ &= H_m \left\{ \sin\omega t - \frac{1}{2}\sin(\omega t - 120°) - \frac{1}{2}\sin(\omega t + 120°) \right\} \\ &= \frac{3}{2} H_m \sin\omega t \ [\mathrm{AT/m}] \end{aligned} \tag{6.79}$$

$$\because \begin{cases} \sin(\alpha + \beta) = \sin\alpha \cdot \cos\beta + \cos\alpha \cdot \sin\beta \\ \sin(\alpha - \beta) = \sin\alpha \cdot \cos\beta - \cos\alpha \cdot \sin\beta \end{cases}$$

$$\begin{aligned} h_y &= h_{ay} + h_{by} + h_{cy} \\ &= 0 + H_m \sin(\omega t - 120°) \cdot \sin(-120°) + H_m \sin(\omega t + 120°) \cdot \sin 120° \\ &= H_m \left\{ \frac{\sqrt{3}}{2}\sin(\omega t - 120°) - \frac{\sqrt{3}}{2}\sin(\omega t + 120°) \right\} \\ &= \frac{3}{2} H_m \cos\omega t \ [\mathrm{AT/m}] \end{aligned} \tag{6.80}$$

즉, x축과 y축에서 발생되는 자계는 다음과 같다.

$$h_x = \frac{3}{2} H_m \sin\omega t \ [\mathrm{AT/m}] \tag{6.81}$$

$$h_y = \frac{3}{2}H_m \cos\omega t \; [\mathrm{AT/m}] \tag{6.82}$$

그러므로 합성 자계의 순시값을 h, 합성 자계가 x축과 이루는 각을 θ라 하면 다음과 같다.

$$h = \sqrt{h_x^2 + h_y^2} = \frac{3}{2}H_m \; [\mathrm{AT/m}] \tag{6.83}$$

$$\theta = \tan^{-1}\frac{h_y}{h_x} = \tan^{-1}(\cot\omega t) = \frac{\pi}{2} - \omega t \tag{6.84}$$

식 (6.83)과 식 (6.84)를 페이저로 표시하면 다음과 같다.

$$\dot{H} = \frac{3}{2}H_m \angle \frac{\pi}{2} - \omega t \; [\mathrm{AT/m}] \tag{6.85}$$

합성 자계의 세기는 한 코일에서 생기는 최대 자계값의 3/2배로 항상 일정하고 교류의 각속도와 같은 회전 속도를 가지며, 이것을 회전 자계라 한다. 회전 자계의 방향을 바꿔주기 위해서는 어느 두 코일의 전류의 방향을 반대로 해주면 된다.

6.9 불평형 3상 회로

3상 교류(三相 交流, three-phase AC)는 평형 회로가 되도록 전원을 설계하지만 정상 부하의 변동 또는 사고에 의한 전원 및 부하의 변동 등으로 불평형 회로가 발생하는 것이 현실이다. 이와 같은 불평형 회로의 해석은 폐로 해석법, 절점 해석법, 대칭 좌표법 등이 적용된다.

1 3상 4선식, Y-Y 회로(중성점 접지식)

그림 6.19와 같이 3상 4선식 불평형 회로에 있어서 전원의 중성점 n을 영전위(기준 준위)로 하고 부하의 중성점인 n'에 대한 전위 $E_{n'}$를 밀만의 정리(Millman's theorem)를 이용하여 구하면 다음과 같다.

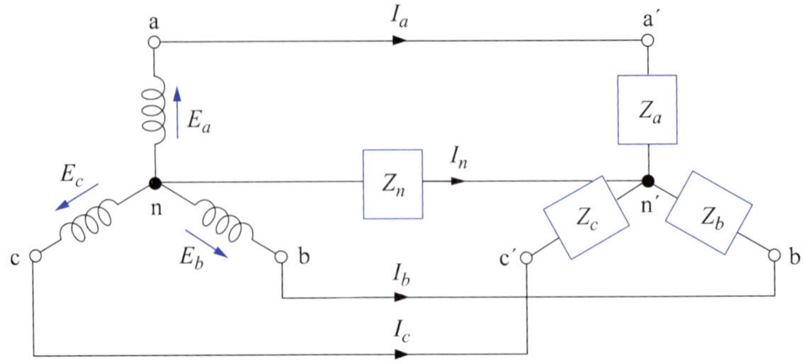

그림 6.19 3상 4선식 불평형 회로

$$E_{n'} = \frac{Y_a E_a + Y_b E_b + Y_c E_c}{Y_a + Y_b + Y_c + Y_n} \text{ [V]} \tag{6.86}$$

단, $Y_a = \frac{1}{Z_a}$, $Y_b = \frac{1}{Z_b}$, $Y_c = \frac{1}{Z_c}$, $Y_n = \frac{1}{Z_n}$ 등이다.

그리고 3상 4선식 불평형 회로에 각각의 선전류는 다음과 같다.

$$I_a = (E_a - E_{n'})\, Y_a \text{ [A]} \tag{6.87}$$

$$I_b = (E_b - E_{n'})\, Y_b \text{ [A]} \tag{6.88}$$

$$I_c = (E_c - E_{n'})\, Y_c \text{ [A]} \tag{6.89}$$

그러므로 중성선에 흐르는 전류 I_n은 다음과 같다.

$$I_n = I_a + I_b + I_c \text{ [A]} \tag{6.90}$$

2 3상 3선식, Y-Y 회로(중성점 비접지식)

접지(接地, earth)는 감전 등의 전기사고를 예방할 목적으로 전기기기와 대지를 도선으로 연결하여 기기의 전위를 '0'으로 유지하는 것이다. 즉, 대전된 도체를 용량이 아주 큰 다른 도체(지구)에 연결하는 것을 말한다. 그림 6.20과 같이 3상 3선식 Y-Y 불평형 회로에 있어서 중성선이 없기 때문에 그림 6.19의 회로에서 $Z_n = 0$, $I_n = 0$인 회로와 같다. 그러므로 전원의 중성점 n을 기준전위로 할 때 부하의 중성점인 n'에 대한 전위 $E_{n'}$를 밀만의 정리(Millman's theorem)를 이용하여 구하면 다음과 같다.

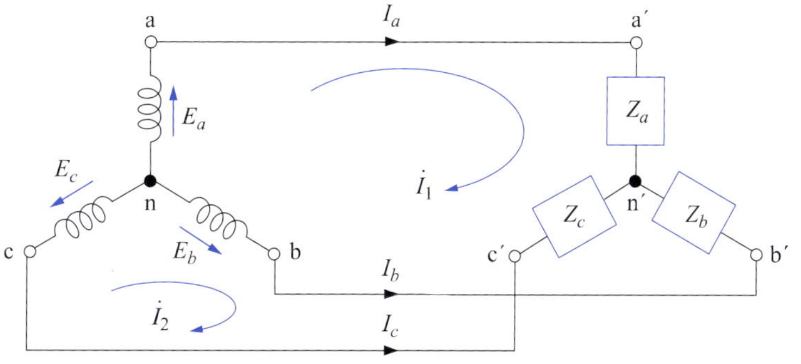

그림 6.20 3상 3선식 불평형 회로

$$E_{n'} = \frac{Y_a E_a + Y_b E_b + Y_c E_c}{Y_a + Y_b + Y_c} \text{ [V]} \tag{6.91}$$

단, $Y_a = \dfrac{1}{Z_a}$, $Y_b = \dfrac{1}{Z_b}$, $Y_c = \dfrac{1}{Z_c}$이다.

그리고 각각의 선전류는 그림 6.20의 독립 회로가 2개뿐이므로 폐로 해석법을 적용하여 구할 수 있다. 즉, 폐로 전류 I_1, I_2를 가정하면 다음과 같은 회로 방정식이 가능하다.

$$V_a - V_b = Z_a I_1 + Z_b (I_1 - I_2) \text{ [V]} \tag{6.92}$$

$$V_b - V_c = (I_2 - I_1) Z_b + Z_c I_2 \text{ [V]} \tag{6.93}$$

폐로 전류 I_1, I_2를 각각 구하면 선전류는 다음과 같이 얻을 수 있다.

$$I_a = I_1 \text{ [A]} \tag{6.94}$$

$$I_b = I_2 - I_1 \text{ [A]} \tag{6.95}$$

$$I_c = -I_2 \text{ [A]} \tag{6.96}$$

3 3상 3선식, △-Y 회로

불평형 회로는 앞에서 해석한 회로 외에도 △－Y 회로, Y－△ 회로, △－△ 회로 등에서 발생될 수 있다. △－Y 결선된 회로에서 전원의 임피던스가 극히 적을 때

3상 단자 전압은 부하에 관계없이 거의 일정하다. 즉, 부하의 영향이 거의 없는 △ 회로의 전원을 갖는 선간 전압 V_{ab}, V_{bc}, V_{ca} 등에 부하의 임피던스 Z_a, Z_b, Z_c 각각을 접속하였을 때 선전류를 구할 수 있다.

그림 6.21에서 키르히호프의 제1법칙 및 제2법칙을 적용하여 방정식을 세우면 다음과 같다.

$$Z_a I_a - Z_b I_b = V_{ab} \ [\mathrm{V}] \tag{6.97}$$

$$Z_b I_b - Z_c I_c = V_{bc} \ [\mathrm{V}] \tag{6.98}$$

$$I_a + I_b + I_c = 0 \ [\mathrm{A}] \tag{6.99}$$

이 연립방정식을 풀면 선전류는 다음과 같이 표현된다.

$$I_a = \frac{Z_b(V_{ab} + V_{bc}) + Z_c V_{ab}}{Z_a Z_b + Z_b Z_c + Z_c Z_a} = \frac{Z_c V_{ab} - Z_b V_{ca}}{\Delta} \ [\mathrm{A}] \tag{6.100}$$

$$I_b = \frac{Z_a V_{bc} - Z_c V_{ab}}{\Delta} \ [\mathrm{A}] \tag{6.101}$$

$$I_c = \frac{-Z_b(V_{bc} + V_{ab}) + Z_a V_{bc}}{\Delta} = \frac{Z_c V_{ca} - Z_a V_{bc}}{\Delta} \ [\mathrm{A}] \tag{6.102}$$

단, $\Delta = Z_a Z_b + Z_b Z_c + Z_c Z_a$이다.

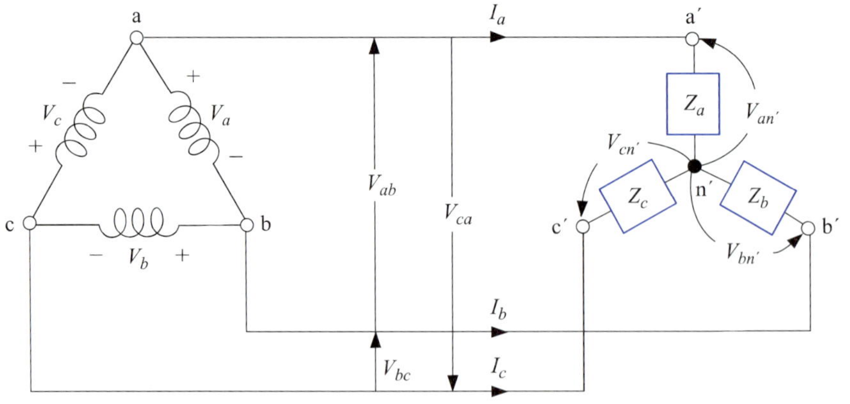

그림 6.21 3상 3선식 △-Y 불평형 회로

또한, 3상 3선식 $\Delta-Y$ 회로에서 부하의 상전압 $V_{an'}$, $V_{bn'}$, $V_{cn'}$는 다음과 같다.

$$V_{an'} = Z_a I_a = \frac{Z_a Z_c V_{ab} - Z_a Z_b V_{ca}}{\Delta} \text{ [V]} \tag{6.103}$$

$$V_{bn'} = Z_b I_b = \frac{Z_a Z_b V_{bc} - Z_b Z_c V_{ab}}{\Delta} \text{ [V]} \tag{6.104}$$

$$V_{cn'} = Z_c I_c = \frac{Z_b Z_c V_{ca} - Z_c Z_a V_{bc}}{\Delta} \text{ [V]} \tag{6.105}$$

예제 6.5 그림 6.22와 같이 $Z_a = Z_b = R$, $Z_c = jX$의 임피던스를 성형으로 접속하고, a, b, c 단자에 대칭 3상 전압 $V_{ab} = V$, $V_{bc} = a^2 V$, $V_{ca} = aV$를 인가하였을 때 부하의 상전압은 얼마인가?

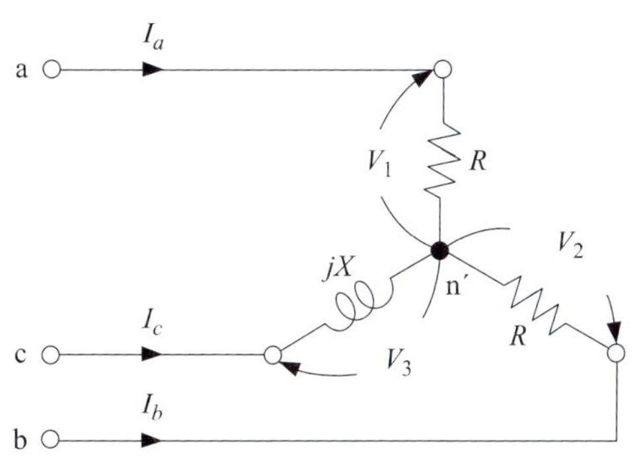

그림 6.22 Y 결선 불평형 부하 회로

풀이 $\Delta-Y$ 회로에서 $\Delta = Z_a Z_b + Z_b Z_c + Z_c Z_a$이다. 그러므로 Δ는 다음과 같다.

$$\Delta = Z_a Z_b + Z_b Z_c + Z_c Z_a = R \cdot R + R \cdot jR + jR \cdot R = R^2(1+j2)$$

그리고 Y-결선 회로의 상전압 V_1, V_2, V_3는 다음과 같다.

$$V_1 = Z_a I_a = \frac{Z_a Z_c V_{ab} - Z_a Z_b V_{ca}}{\Delta} = \frac{R \cdot (jR) \cdot V - R \cdot R \cdot aV}{R^2(1+j2)}$$

$$= \frac{(j-a)V}{1+j2} = \frac{j + \dfrac{1}{2} - j\dfrac{\sqrt{3}}{2}}{1+j2} V$$

$$= \frac{1+j(2-\sqrt{3})}{2(1+j2)} V \fallingdotseq 0.232\, V\,[\mathrm{V}]$$

$$\because\ a = -\frac{1}{2} + j\frac{\sqrt{3}}{2}$$

$$V_2 = Z_b I_b = \frac{Z_a Z_b V_{bc} - Z_b Z_c V_{ab}}{\Delta} = \frac{R \cdot (R) \cdot a^2 V - R \cdot R \cdot V}{R^2(1+j2)}$$

$$= \frac{(a^2 - j) V}{1+j2} = \frac{-\frac{1}{2} - \frac{j\sqrt{3}}{2} - j}{1+j2} V$$

$$= \frac{-1-j(2+\sqrt{3})}{2(1+j2)} V \fallingdotseq 0.864\, V\,[\mathrm{V}]$$

$$\because\ a^2 = -\frac{1}{2} - j\frac{\sqrt{3}}{2}$$

$$V_3 = Z_c I_c = \frac{Z_b Z_c V_{ca} - Z_c Z_a V_{bc}}{\Delta} = \frac{jR \cdot R \cdot aV - jR \cdot R \cdot a^2 V}{R^2(1+j2)}$$

$$= \frac{j(a-a^2) V}{1+j2} = \frac{j\left\{\left(-\frac{1}{2} + j\frac{\sqrt{3}}{2}\right) - \left(-\frac{1}{2} - j\frac{\sqrt{3}}{2}\right)\right\}}{1+j2} V$$

$$= \frac{-\sqrt{3}}{1+j2} V \fallingdotseq 0.775\, V\,[\mathrm{V}]$$

4 3상 3선식, Δ 회로

그림 6.23과 같이 3상 △ 불평형 회로의 임피던스가 Z_{ab}, Z_{bc}, Z_{ca}일 때 상전압 V_{ab}, V_{bc}, V_{ca}의 대칭 또는 비대칭 3상 전압이 공급되었다고 생각하자. △ 결선 회로의 상전압과 선간 전압은 동일하므로 부하의 상전류 I_{ab}, I_{bc}, I_{ca}는 다음과 같다.

$$I_{ab} = \frac{V_{ab}}{Z_{ab}}\ [\mathrm{A}] \tag{6.106}$$

$$I_{bc} = \frac{V_{bc}}{Z_{bc}}\ [\mathrm{A}] \tag{6.107}$$

$$I_{ca} = \frac{V_{ca}}{Z_{ca}}\ [\mathrm{A}] \tag{6.108}$$

또한, 선전류 I_a, I_b, I_c와 상전류 I_{ab}, I_{bc}, I_{ca}는 다음과 같은 관계가 있다.

$$I_a = I_{ab} - I_{ca} \text{ [A]} \tag{6.109}$$

$$I_b = I_{bc} - I_{ab} \text{ [A]} \tag{6.110}$$

$$I_c = I_{ca} - I_{bc} \text{ [A]} \tag{6.111}$$

그러므로 상전류의 총합은 다음과 같다.

$$I_a + I_b + I_c = 0 \text{ [A]} \tag{6.112}$$

그러므로 식 (6.106)~식 (6.108)을 식 (6.109)~식 (6.111)에 대입하여 정리하면 다음과 같이 선전류를 구할 수 있다.

$$I_a = \frac{V_{ab}}{Z_{ab}} - \frac{V_{ca}}{Z_{ca}} \text{ [A]} \tag{6.113}$$

$$I_b = \frac{V_{bc}}{Z_{bc}} - \frac{V_{ab}}{Z_{ab}} \text{ [A]} \tag{6.114}$$

$$I_c = \frac{V_{ca}}{Z_{ca}} - \frac{V_{bc}}{Z_{bc}} \text{ [A]} \tag{6.115}$$

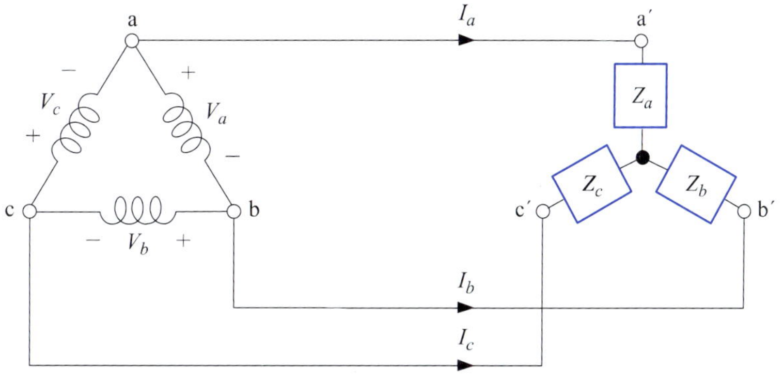

그림 6.23 3상 3선식 △-Y 불평형 회로

예제 6.6 어떤 배전선로에서 그림 6.23과 같은 △-Y 불평형 회로의 각 상의 전압이 $\dot{V}_a = 60\angle 0°$ [V], $\dot{V}_b = 60\angle -120°$ [V], $\dot{V}_c = 60\angle 120°$ [V]이다. 그리고 각각의 부하 임피던스는 $\dot{Z}_a = 1$ [Ω], $\dot{Z}_b = -j1$ [Ω], $\dot{Z}_c = j1$ [Ω]이다. ① 선전류 I_a, I_b, I_c 구하시오. 또한 ② 전원으로부터 공급되는 총 유효전력, 총 무효전력, 피상전력 및 역률 등은 얼마인가?

풀이 그림 6.23은 △－Y 불평형 회로이므로 전원부를 Y－결선 회로 형태로 등가 변환하면 그림 6.24와 같이 나타낼 수 있다.

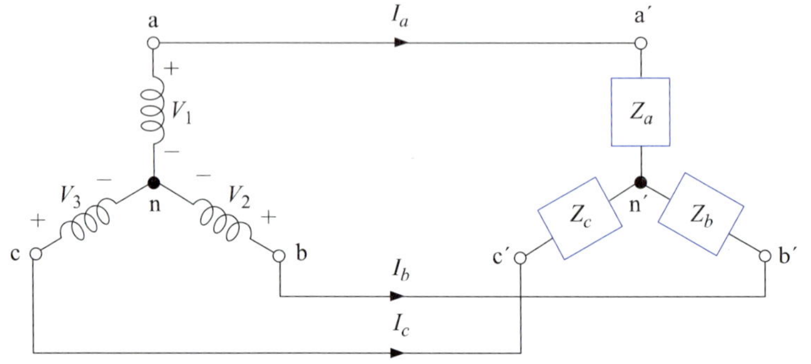

그림 6.24 △-Y 결선을 Y-Y 결선으로 변경된 회로

△ 전원에서 Y 전원으로 변환할 때의 전압은 다음과 같다.

$$\dot{V}_1 = \frac{1}{\sqrt{3}}\dot{V}_a\angle -30°$$
$$= \frac{1}{\sqrt{3}}60\angle -30° = 20\sqrt{3}\angle -30° = 30 - j10\sqrt{3} \fallingdotseq 30 - j17.3\ [\mathrm{V}]$$

$$\dot{V}_2 = \frac{1}{\sqrt{3}}\dot{V}_b\angle -30°$$
$$= \frac{1}{\sqrt{3}}60\angle(-120° - 30°) = 20\sqrt{3}\angle -150° \fallingdotseq -30 - j17.3\ [\mathrm{V}]$$

$$\dot{V}_3 = \frac{1}{\sqrt{3}}\dot{V}_c\angle -30°$$
$$= \frac{1}{\sqrt{3}}60\angle(120° - 30°) = 20\sqrt{3}\angle 90° \fallingdotseq j34.6\ [\mathrm{V}]$$

그림 6.24의 중성점 n을 기준으로 부하점 n'의 전위 $V_{n'}$를 밀만의 정리(Millman's theorem)를 이용하여 구하면 다음과 같다.

$$V_{n'} = \frac{Y_aV_1 + Y_bV_2 + Y_cV_3}{Y_a + Y_b + Y_c}$$
$$= \frac{(1)\times(30 - j17.3) + (j1)\times(-30 - j17.3) + (-j1)\times(j34.6)}{1 + j1 + (-j1)}$$
$$\fallingdotseq 82 - j47.3\ [\mathrm{V}]$$

각각의 선전류는 다음과 같다.

$$I_a = (V_1 - V_{n'})Y_a = \{(30 - j17.3) - (82 - j47.3)\} \times (1) = -52 + j30\ [\mathrm{A}]$$
$$I_b = (V_2 - V_{n'})Y_b = \{(-30 - j17.3) - (82 - j47.3)\} \times (j1) = -30 - j112\ [\mathrm{A}]$$
$$I_c = (V_3 - V_{n'})Y_c = \{(j34.6) - (82 - j47.3)\} \times (-j1) = 81.9 - j82\ [\mathrm{A}]$$

총 유효전력은 다음과 같다.

$$\begin{aligned} P &= P_a + P_b + P_c = I_a^2 Z_a + I_b^2 Z_b + I_c^2 Z_c = I_a^2(1) + I_b^2(0) + I_c^2(0) \\ &= \left(\sqrt{(-52)^2 + (30)^2}\right)^2 \\ &= (\sqrt{3{,}604})^2 = 3{,}604\ [\mathrm{W}] \end{aligned}$$

총 무효전력은 다음과 같다.

$$\begin{aligned} P_r &= P_{ra} + P_{rb} + P_{rc} = I_{ra}^2(0) + I_{rb}^2(-1) + I_{rc}^2(1) \\ &= \left(\sqrt{(30)^2 + (-112)^2}\right)^2 \times (-1) + \left(\sqrt{(81.9)^2 + (-82)^2}\right)^2 \times (1) \\ &= (\sqrt{13{,}444})^2 \times (-1) + (\sqrt{13{,}431})^2 \times (1) \\ &= -13\ [\mathrm{Var}] \end{aligned}$$

피상전력은 다음과 같다.

$$P_a = \sqrt{P^2 + P_r^2} = \sqrt{(3{,}604)^2 + (13)^2} \fallingdotseq 3{,}604\ [\mathrm{VA}]$$

역률은 다음과 같다.

$$p.f = \frac{P}{P_a} = \frac{3{,}604}{3{,}604} = 1$$

6.10 선로의 전압 강하

전기 설비는 저항, 인덕터, 콘덴서 등의 소자가 직·병렬로 연결되어 있는 복합 설비이다. 이와 같이 구성된 전기 설비에 전류가 흐르면 회로의 특성에 따라 전압 강하가 발생하여 전원측보다 부하측의 전압이 낮아지기 때문에 전기 설비가 가지고 있는 기능을 적절하게 발휘하지 못한다. 그러므로 부하의 특성을 고려한 회로의 구성이 시스템의 안정도 향상에 영향을 미친다. 그림 6.25는 전기 에너지를 전달하는 매개체인 전선 한 가닥에서 발생되는 전압 강하 e를 나타낸 식이다.

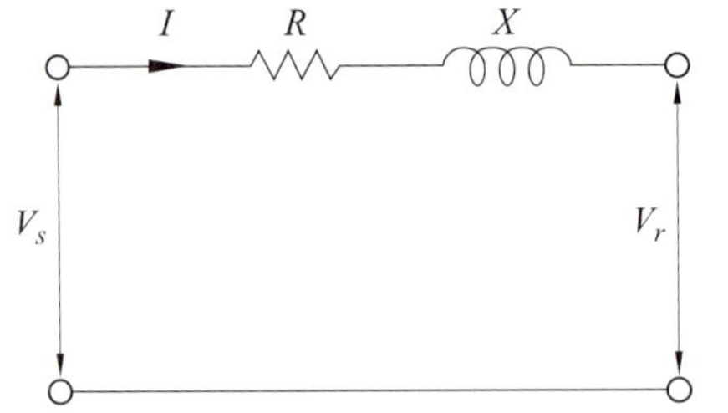

그림 6.25 전선의 임피던스

$$e = V_s - V_r = I(R\cos\theta + X\sin\theta)\ [\mathrm{V}] \tag{6.116}$$

V_s는 송전단 전압, V_r은 수전단 전압, R은 전선 한 가닥의 저항, X는 전선 한 가닥의 리액턴스, I는 선전류, θ는 위상차이다.

1 단상 2선식의 전압 강하

그림 6.26에 단상 2선식의 선로를 나타낸 것이며, 전압 강하는 다음과 같은 식으로 나타낸다.

$$e = V_s - V_r = (R \cdot I) \times 2 = \frac{1}{58} \times \frac{100}{97} \times \frac{L}{A} \times I \times 2$$

$$\cong \frac{35.6\,LI}{1{,}000\,A}\ [\mathrm{V}] \tag{6.117}$$

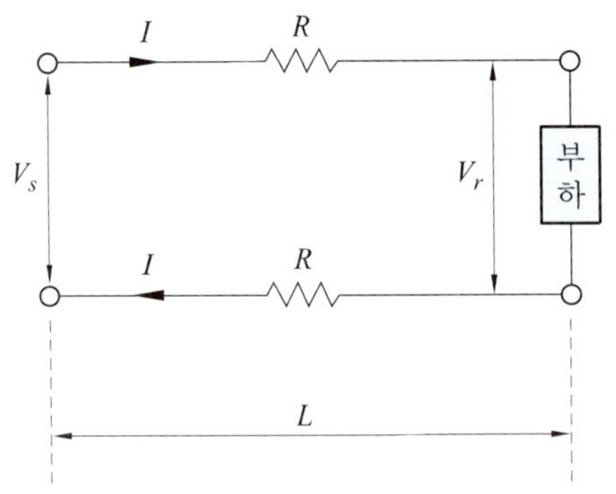

그림 6.26 단상 2선식 회로의 전압 강하

A [mm^2]는 도체의 단면적이며, L [m]은 선로의 길이를 나타낸다. 회로의 리액턴스를 무시하고 역률을 '1'로 가정하고, 표준 연동의 고유 저항을 $\frac{1}{58}\times 10^{-6}$ [$\Omega\cdot$m], 전선의 도전율을 97 [%]로 가정한다.

예제 6.7 단상 2선식 선로에 10 [A]가 흐르고 있을 때 도체의 단면적이 10 [mm^2]이고, 선로의 길이가 100 [m]라면 전압 강하는 얼마인가?

풀이 단상 2선식 선로의 전압 강하는 다음과 같이 나타낸다.

$$e = V_s - V_r \cong \frac{35.6\,L\,I}{1{,}000\,A}\ [\mathrm{V}]$$

그러므로 주어진 값을 이용하면 다음과 같이 전압 강하는 구할 수 있다.

$$e = \frac{35.6\,L\,I}{1{,}000\,A} = \frac{35.6\times 100\times 10}{1{,}000\times 10} = 3.56\ [\mathrm{V}]$$

2 3상 3선식의 전압 강하

그림 6.27에 3상 3선식의 선로를 나타낸 것이며, 전압 강하는 다음과 같은 식으로 나타낸다.

$$e = V_s - V_r = (R\cdot I)\times 3 = \frac{1}{58}\times\frac{100}{97}\times\frac{L}{A}\times I\times\sqrt{3}$$
$$\cong \frac{30.8\,L\,I}{1{,}000\,A}\ [\mathrm{V}] \qquad (6.118)$$

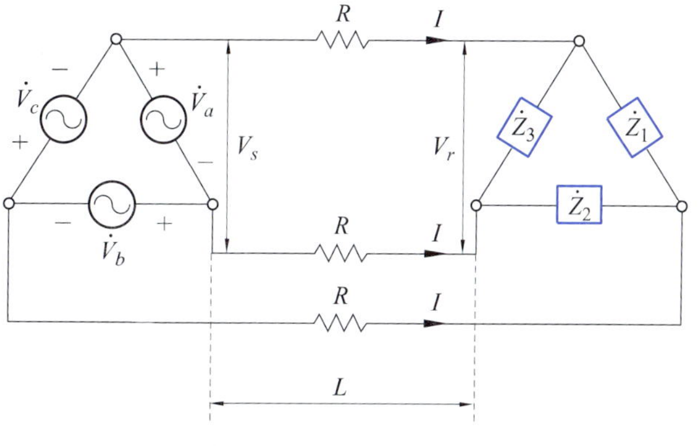

그림 6.27 3상 3선식 회로의 전압 강하

예제 6.8 3상 3선식 선로에 100 [A]의 전류가 흐르고 있을 때 도체의 단면적이 100 [mm^2]이고, 선로의 길이가 1,000 [m]라면 전압 강하는 얼마인가?

풀이 3상 3선식 선로의 전압 강하는 다음과 같이 나타낸다.

$$e = V_s - V_r \cong \frac{30.8\,L\,I}{1{,}000\,A}\ [\mathrm{V}]$$

그러므로 주어진 값을 이용하면 다음과 같이 전압 강하는 구할 수 있다.

$$e = \frac{30.8LI}{1{,}000\,A} = \frac{30.8 \times 1{,}000 \times 100}{1{,}000 \times 100} = 30.8\ [\mathrm{V}]$$

3 3상 4선식 또는 단상 3선식의 전압 강하

3상 4선식의 선로 방식에서는 부하가 평형되어 있는 경우를 가정한 것이다. 즉, 중성선에 전류가 흐르지 않는다고 설정하였으며, 전압 강하는 다음과 같은 식으로 나타낸다.

$$\begin{aligned} e &= V_s - V_r = (R \cdot I) = \frac{1}{58} \times \frac{100}{97} \times \frac{L}{A} \times I \\ &\cong \frac{17.8\,L\,I}{1{,}000\,A}\ [\mathrm{V}] \end{aligned} \tag{6.119}$$

예제 6.9 3상 4선식 선로에 50 [A]의 전류가 흐르고 있을 때 도체의 단면적이 100 [mm^2]이고, 선로의 길이가 2,000 [m]라면 전압 강하는 얼마인가?

풀이 3상 4선식 선로의 전압 강하는 다음과 같이 나타낸다.

$$e = V_s - V_r \cong \frac{17.8\,L\,I}{1{,}000\,A}\ [\mathrm{V}]$$

그러므로 주어진 값을 이용하면 다음과 같이 전압 강하는 구할 수 있다.

$$e = \frac{17.8LI}{1{,}000\,A} = \frac{17.8 \times 2{,}000 \times 50}{1{,}000 \times 100} = 17.8\ [\mathrm{V}]$$

연습문제

01 전기 회로에서 주파수는 같지만 위상을 달리하는 여러 개의 기전력이 동시에 존재하는 교류 방식을 (　　　　)이라 한다.

정답 다상 방식

02 평형 3상 회로의 경우 상간의 각도는 몇 도인가?

정답 120°

03 3상 회로의 선로에 소비되는 전력의 총합은 어떻게 나타내는가?

정답 $P_l = \frac{3}{2} I^2 R_l$ [W]

04 Y 결선이 되어 있는 선로의 상전류와 선전류의 크기는?

정답 같다.

05 3상 Y 결선 선로의 선간 전압은 상전압 크기의 몇 배인가?

정답 $\sqrt{3}$

06 평형 3상 $\Delta - \Delta$ 회로의 선로에 60 [A]의 전류가 흐르고 있다. 부하 한 상의 임피던스가 $\dot{Z} = 3 + j4$ [Ω]일 때 부하의 상전류, 상전압 및 선간 전압의 크기를 구하시오.

정답 34.6 [A], 173.2 [V], 173.2 [V]

07 3상 회로를 사용하는 경우 합성 자계의 크기는 한 코일에서 생기는 최대 자계값의 (   )배로 항상 일정하고 교류의 각속도와 같은 회전 속도를 유지한다.

정답 3/2

08 단상 2선식 선로에 40 [A]가 흐르고 있을 때 도체의 단면적이 50 [mm^2]이고, 선로의 길이가 100 [m]이라면 전압 강하는?

정답 2.848 [V]

09 3상 3선식 선로에 200 [A]의 전류가 흐르고 있을 때 도체의 단면적이 250 [mm^2]이고, 선로의 길이가 1,000 [m]라면 전압 강하는?

정답 24.64 [V]

10 3상 회로에 있어서 회전 자계의 방향을 바꿔주기 위해서는 어느 두 코일의 전류의 방향을 (   )로 해주면 된다.

정답 반대

Chapter 7

대칭좌표법 및 응용

7.1 대칭 좌표법

대칭 3상 회로의 계산은 단상 회로의 해석 방법을 확장하여 적용함으로서 해석이 가능하지만 전원의 기전력이나 부하 등이 비대칭인 경우는 계산이 복잡해진다. 이것을 간단하게 하는 방법이 대칭 좌표법(對稱 座標法, method of symmetrical coordinates)이다. 비대칭인 기전력이나 전류 등을 대칭인 성분으로 분해하여 각 성분마다 계산하고, 이들을 중첩하여 비대칭 회로를 다루는 것이다.

그림 7.1(a)는 각 상의 크기가 같고 동상인 영상분(零相分, zero-phase-sequence component)을 나타낸 것이다. 표기는 $\dot{V}_{a0}$, $\dot{V}_{b0}=\dot{V}_{a0}$, $\dot{V}_{c0}=\dot{V}_{a0}$ 등의 관계가 있다. 그림 7.1(b)는 상순이 $a \rightarrow b \rightarrow c$로 대칭 3상 전압인 정상분(正相分, positive phase-sequence component)으로 $\dot{V}_{a1}$, $\dot{V}_{b1}=a^2\dot{V}_{a1}$, $\dot{V}_{c1}=a\dot{V}_{a1}$ 등의 관계가 있다. 그림 7.1

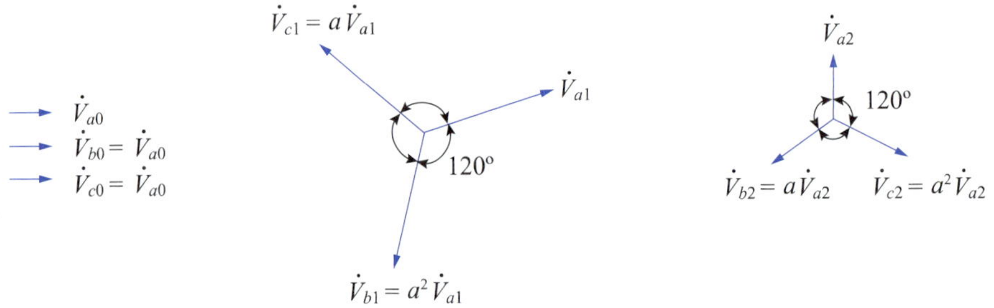

(a) 영상분　　(b) 정상분　　(c) 역상분

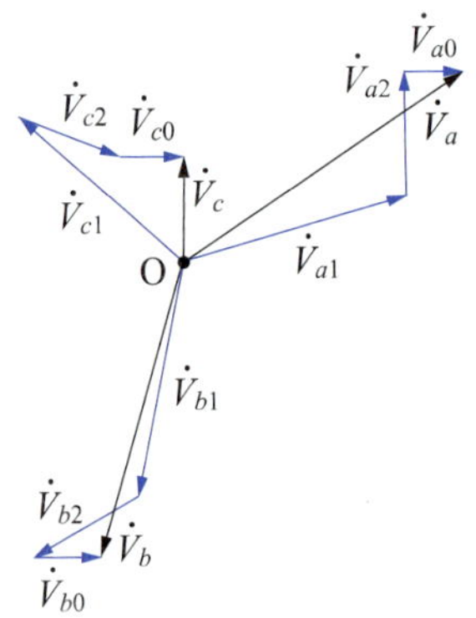

(d) 영상분 + 정상분 + 역상분

그림 7.1 불평형 3상 전압의 합성 및 분해

(c)는 상순이 $a \rightarrow c \rightarrow b$로 대칭 3상 전압인 역상분(逆相分, negative phase-sequence component)으로 $\dot{V}_{a2}$, $\dot{V}_{b2}= a\dot{V}_{a2}$, $\dot{V}_{c2}= a^2\dot{V}_{a2}$ 등의 관계가 있다. 그림 7.1(d)는 영상분, 정상분 및 역상분 각각을 벡터적으로 합성한 것이다. 즉, 대칭분을 합성하여 비대칭 전압이 된다는 것은 반대로 비대칭 전압을 3개의 대칭분으로 분해할 수 있다는 것을 의미한다.

그러므로 각각의 세 성분 $\dot{V}_{a0}$, $\dot{V}_{a1}$, $\dot{V}_{a2}$를 이용하여 그림 7.1(d)의 불평형 3상 전압 $\dot{V}_a$, $\dot{V}_b$, $\dot{V}_c$를 나타내면 다음과 같이 표현된다.

$$\dot{V}_a = \dot{V}_{a0} + \dot{V}_{a1} + \dot{V}_{a2}\,[\mathrm{V}] \tag{7.1}$$

$$\dot{V}_b = \dot{V}_{b0} + \dot{V}_{b1} + \dot{V}_{b2}\,[\mathrm{V}] \tag{7.2}$$

$$\dot{V}_c = \dot{V}_{c0} + \dot{V}_{c1} + \dot{V}_{c2}\,[\mathrm{V}] \tag{7.3}$$

그림 7.1의 벡터 해석에서 $a = 1\angle 120° = e^{j\frac{2}{3}\pi}$, $a^2 = 1\angle 240° = e^{j\frac{4}{3}\pi}$, $a^3 = 1\angle 0° = e^{j0}$ 등의 관계가 있다. 즉, a는 대칭분 회로를 해석하기 위해 적용하는 벡터 연산자이며, 크기는 '1'이고 일반 상순과 다른 반시계 방향이므로 a, a^2, a^3을 적용한다. 그러므로 식 (7.1)~식 (7.3)은 다음과 같이 변형된다.

$$\dot{V}_a = \dot{V}_{a0} + \dot{V}_{a1} + \dot{V}_{a2}\,[\mathrm{V}] \tag{7.4}$$

$$\dot{V}_b = \dot{V}_{a0} + a^2\dot{V}_{a1} + a\dot{V}_{a2}\,[\mathrm{V}] \tag{7.5}$$

$$\dot{V}_c = \dot{V}_{a0} + a\dot{V}_{a1} + a^2\dot{V}_{a2}\,[\mathrm{V}] \tag{7.6}$$

$1+a+a^2=0$인 관계가 있으므로 식 (7.4)~식 (7.6)을 합하면 우변의 제2열 및 제3열의 합은 '0'이 되므로 $\dot{V}_a+\dot{V}_b+\dot{V}_c= 3\dot{V}_{ao}$이 되고, 정리하면 영상분 전압은 다음과 같다.

$$\dot{V}_{ao} = \frac{1}{3}(\dot{V}_a+\dot{V}_b+\dot{V}_c)\,[\mathrm{V}] \tag{7.7}$$

그리고 정상분 전압을 구하기 위해서 식 (7.5)에 a를 곱하고, 식 (7.6)에 a^2을 곱한 다음 식 (7.4)~식 (7.6)을 합하면 우변의 제1열 및 제3열의 합은 '0'이 되므로

$\dot{V}_a + a\dot{V}_b + a^2\dot{V}_c = 3\dot{V}_{a1}$이 되고, 정리하면 다음과 같다.

$$\dot{V}_{a1} = \frac{1}{3}(\dot{V}_a + a\dot{V}_b + a^2\dot{V}_c)\ [\mathrm{V}] \tag{7.8}$$

또한, 역상분 전압을 구하기 위해서 식 (7.5)에 a^2을 곱하고, 식 (7.6)에 a를 곱한 다음 식 (7.4)~식 (7.6)을 합하면 우변의 제1열 및 제2열의 합은 '0'이 되므로 $\dot{V}_a + a^2\dot{V}_b + a\dot{V}_c = 3\dot{V}_{a2}$이 되고, 정리하면 다음과 같다.

$$\dot{V}_{a2} = \frac{1}{3}(\dot{V}_a + a^2\dot{V}_b + a\dot{V}_c)\ [\mathrm{V}] \tag{7.9}$$

이와 같이 $\dot{V}_{a1}$ 및 $\dot{V}_{a2}$가 결정되면 $\dot{V}_{b1}$ 및 $\dot{V}_{b2}$, $\dot{V}_{c1}$ 및 $\dot{V}_{c2}$ 등은 각각 120°의 위상을 고려하면 되는 것이다. 대칭좌표법의 계산은 일반적으로 행렬(行列, matrix)[1)]이 사용되므로 식 (7.4)~식 (7.6)을 다음과 같이 표현할 수 있다.

$$\begin{bmatrix}\dot{V}_a\\ \dot{V}_b\\ \dot{V}_c\end{bmatrix} = \begin{bmatrix}1 & 1 & 1\\ 1 & a^2 & a\\ 1 & a & a^2\end{bmatrix}\begin{bmatrix}\dot{V}_{a0}\\ \dot{V}_{a1}\\ \dot{V}_{a2}\end{bmatrix} = [A^{-1}]\begin{bmatrix}\dot{V}_{a0}\\ \dot{V}_{a1}\\ \dot{V}_{a2}\end{bmatrix} \tag{7.10}$$

그리고 식 (7.7)~식 (7.9)를 행렬로 나타내면 다음과 같다.

$$\begin{bmatrix}\dot{V}_{a0}\\ \dot{V}_{a1}\\ \dot{V}_{a2}\end{bmatrix} = \frac{1}{3}\begin{bmatrix}1 & 1 & 1\\ 1 & a & a^2\\ 1 & a^2 & a\end{bmatrix}\begin{bmatrix}\dot{V}_a\\ \dot{V}_b\\ \dot{V}_c\end{bmatrix} = [A]\begin{bmatrix}\dot{V}_a\\ \dot{V}_b\\ \dot{V}_c\end{bmatrix} \tag{7.11}$$

그러므로 $[A]$와 $[A^{-1}]$는 다음과 같다.

$$[A] = \frac{1}{3}\begin{bmatrix}1 & 1 & 1\\ 1 & a & a^2\\ 1 & a^2 & a\end{bmatrix} \tag{7.12}$$

$$[A^{-1}] = \begin{bmatrix}1 & 1 & 1\\ 1 & a^2 & a\\ 1 & a & a^2\end{bmatrix} \tag{7.13}$$

1) 행렬은 수나 식을 직사각형 모양으로 배열한 것이다. 가로를 행(行, row), 세로를 열(列, column)이라 하고 배열된 수나 식을 그 행렬의 성분이라고 한다.

불평형 3상 전압 및 전류 등에는 영상분과 역상분이 포함되는 것이 일반적인 현상이며, 역상분과 정상분의 크기 비를 해석하여 불평형률(不平衡率, unbalanced factor)을 정의하며 다음과 같다.

$$\text{불평형률} = \frac{|\dot{V}_2|}{|\dot{V}_1|} \times 100\,[\%] \tag{7.14}$$

$$\text{불평형률} = \frac{|\dot{I}_2|}{|\dot{I}_1|} \times 100\,[\%] \tag{7.15}$$

예제 7.1 어떤 3상 불평형 선로의 선간 전압이 각각 60 [V], 50 [V], 50 [V]이다. 이와 같은 회로에서 전압의 ① 영상분, ② 정상분, ③ 역상분, ④ 불평형률 등은 얼마인가?

풀이 $V_a = 60$ [V], $V_b = 50$ [V], $V_c = 50$ [V]라 하고 $\dot{V}_a$를 기준으로 페이저도를 나타내면 그림 7.2와 같이 나타낼 수 있고, 각각의 전압은 다음과 같다.

$$\dot{V}_a = 60\,[\text{V}], \qquad \dot{V}_b = -30 - j40\,[\text{V}], \qquad \dot{V}_c = -30 + j40\,[\text{V}]$$

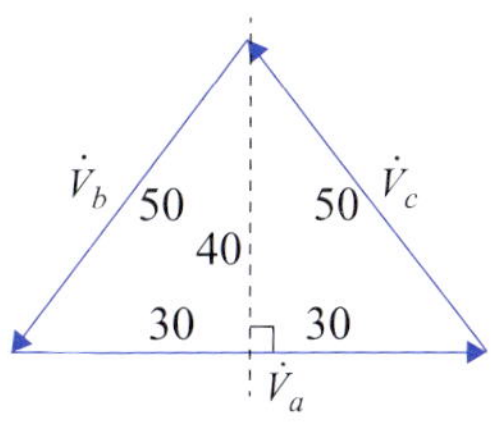

그림 7.2 불평형 페이저도

① 영상분

$$\dot{V}_0 = \frac{1}{3}(\dot{V}_a + \dot{V}_b + \dot{V}_c) = \frac{1}{3}\{(60) + (-30 - j40) + (-30 + j40)\} = 0\,[\text{V}]$$

② 정상분

$$\begin{aligned}\dot{V}_1 &= \frac{1}{3}(\dot{V}_a + a\dot{V}_b + a^2\dot{V}_c)\\ &= \frac{1}{3}\left\{(60) + \left(-\frac{1}{2} + j\frac{\sqrt{3}}{2}\right)\times(-30 - j40) + \left(-\frac{1}{2} - j\frac{\sqrt{3}}{2}\right)\times(-30 + j40)\right\}\\ &= \frac{1}{3}(90 + 40\sqrt{3}) \fallingdotseq 53\,[\text{V}]\end{aligned}$$

③ 역상분

$$\dot{V}_2 = \frac{1}{3}(\dot{V}_a + a^2\dot{V}_b + a\dot{V}_c)$$
$$= \frac{1}{3}\left\{(60) + \left(-\frac{1}{2} - j\frac{\sqrt{3}}{2}\right)\times(-30 - j40) + \left(-\frac{1}{2} + j\frac{\sqrt{3}}{2}\right)\times(-30 + j40)\right\}$$
$$= \frac{1}{3}(90 - 40\sqrt{3}) \fallingdotseq 7\ [\mathrm{V}]$$

④ 불평형률

$$\text{불평형률} = \frac{|\dot{V}_2|}{|\dot{V}_1|} \times 100 = \frac{7}{53} \times 100 \fallingdotseq 13.2\ [\%]$$

7.2 불평형 전원의 Y - △ 변환

비대칭 Y 결선된 전원의 대칭분을 △ 결선 전원으로 변환할 때의 관계식을 구하기 위해서는 비대칭 전원을 $\dot{V}_a$, $\dot{V}_b$, $\dot{V}_c$라 하고, 그 대칭분을 각각 $\dot{V}_0$, $\dot{V}_1$, $\dot{V}_2$라 하면 다음과 같이 나타낼 수 있다.

$$\dot{V}_0 = \frac{1}{3}(\dot{V}_a + \dot{V}_b + \dot{V}_c)\ [\mathrm{V}] \tag{7.16}$$

$$\dot{V}_1 = \frac{1}{3}(\dot{V}_a + a\dot{V}_b + a^2\dot{V}_c)\ [\mathrm{V}] \tag{7.17}$$

$$\dot{V}_2 = \frac{1}{3}(\dot{V}_a + a^2\dot{V}_b + a\dot{V}_c)\ [\mathrm{V}] \tag{7.18}$$

그리고 비대칭 △ 결선 전원을 $\dot{V}_{ab}$, $\dot{V}_{bc}$, $\dot{V}_{ca}$라 하고, 그 대칭분을 각각 $\dot{V}_a'$, $\dot{V}_b'$, $\dot{V}_c'$라 하면 다음과 같이 나타낼 수 있다.

$$\dot{V}_a' = \dot{V}_a - \dot{V}_b\ [\mathrm{V}] \tag{7.19}$$

$$\dot{V}_b' = \dot{V}_b - \dot{V}_c\ [\mathrm{V}] \tag{7.20}$$

$$\dot{V}_c' = \dot{V}_c - \dot{V}_a \text{ [V]} \tag{7.21}$$

식 (7.19)~식 (7.21)을 행렬로 나타내면 다음과 같다.

$$\begin{bmatrix} \dot{V}_a' \\ \dot{V}_b' \\ \dot{V}_c' \end{bmatrix} = \begin{bmatrix} \dot{V}_a \\ \dot{V}_b \\ \dot{V}_c \end{bmatrix} - \begin{bmatrix} \dot{V}_b \\ \dot{V}_c \\ \dot{V}_a \end{bmatrix}$$

$$= \begin{bmatrix} 1 & 0 & 0 \\ 0 & 1 & 0 \\ 0 & 0 & 1 \end{bmatrix} \begin{bmatrix} \dot{V}_a \\ \dot{V}_b \\ \dot{V}_c \end{bmatrix} - \begin{bmatrix} 0 & 1 & 0 \\ 0 & 0 & 1 \\ 1 & 0 & 0 \end{bmatrix} \begin{bmatrix} \dot{V}_a \\ \dot{V}_b \\ \dot{V}_c \end{bmatrix} = \left\{ \begin{bmatrix} 1 & 0 & 0 \\ 0 & 1 & 0 \\ 0 & 0 & 1 \end{bmatrix} - \begin{bmatrix} 0 & 1 & 0 \\ 0 & 0 & 1 \\ 1 & 0 & 0 \end{bmatrix} \right\} \begin{bmatrix} \dot{V}_a \\ \dot{V}_b \\ \dot{V}_c \end{bmatrix}$$

$$= \begin{bmatrix} 1 & -1 & 0 \\ 0 & 1 & -1 \\ -1 & 0 & 1 \end{bmatrix} \begin{bmatrix} \dot{V}_a \\ \dot{V}_b \\ \dot{V}_c \end{bmatrix} \tag{7.22}$$

그러나 $\begin{vmatrix} 1 & -1 & 0 \\ 0 & 1 & 1 \\ -1 & 0 & 1 \end{vmatrix} = 0$이므로 역행렬은 존재하지 않는다.

또한, △ 결선의 전원 $\dot{V}_a'$, $\dot{V}_b'$, $\dot{V}_c'$의 대칭분을 $\dot{V}_0'$, $\dot{V}_1'$, $\dot{V}_2'$라 하면 다음과 같이 나타낼 수 있다.

$$\begin{bmatrix} \dot{V}_0' \\ \dot{V}_1' \\ \dot{V}_2' \end{bmatrix} = \frac{1}{3} \begin{bmatrix} 1 & 1 & 1 \\ 1 & a & a^2 \\ 1 & a^2 & a \end{bmatrix} \begin{bmatrix} \dot{V}_a' \\ \dot{V}_b' \\ \dot{V}_c' \end{bmatrix} = \frac{1}{3} \begin{bmatrix} 1 & 1 & 1 \\ 1 & a & a^2 \\ 1 & a^2 & a \end{bmatrix} \begin{bmatrix} 1 & -1 & 0 \\ 0 & 1 & -1 \\ -1 & 0 & 1 \end{bmatrix}$$

$$= \frac{1}{3} \begin{bmatrix} 1 & 1 & 1 \\ 1 & a & a^2 \\ 1 & a^2 & a \end{bmatrix} \begin{bmatrix} 1 & -1 & 0 \\ 0 & 1 & -1 \\ -1 & 0 & 1 \end{bmatrix} \begin{bmatrix} 1 & 1 & 1 \\ 1 & a^2 & a \\ 1 & a & a^2 \end{bmatrix} \begin{bmatrix} \dot{V}_0 \\ \dot{V}_1 \\ \dot{V}_2 \end{bmatrix}$$

$$= \begin{bmatrix} 0 & 0 & 0 \\ 0 & 1-a^2 & 0 \\ 0 & 0 & 1-a \end{bmatrix} \begin{bmatrix} \dot{V}_0 \\ \dot{V}_1 \\ \dot{V}_2 \end{bmatrix} \tag{7.23}$$

따라서 대칭분 전압은 다음과 같다.

$$V_0' = 0 \text{ [V]} \tag{7.24}$$

$$V_1' = (1-a^2)\, \dot{V}_1 = \sqrt{3}\, e^{j\frac{\pi}{6}}\, \dot{V}_1 \text{ [V]} \tag{7.25}$$

$$V_2' = (1-a)\dot{V}_2 = \sqrt{3}\, e^{-j\frac{\pi}{6}}\, \dot{V}_2 \,[\mathrm{V}] \tag{7.26}$$

비대칭 Y 결선된 전원의 대칭분을 △ 결선 전원으로 변환할 때 △ 결선 전원의 대칭분을 Y 결선 전원의 대칭분으로 나타내면 $V_0' = 0$이다. 그리고 V_1'는 V_1의 $\sqrt{3}$ 배이며, 위상은 $\pi/6$ 앞선다. 또한, V_2'는 V_2의 $\sqrt{3}$ 배이며, 위상은 $\pi/6$ 뒤지는 것을 알 수 있다.

7.3 중성점 직접 접지식 성형 부하의 변환(3Φ 4W)

중성점 직접 접지식 성형 부하의 변환(3상 4선식)은 그림 7.3과 같이 중성점 n'가 접지된 불평형 Y 결선 부하에 있어서 단자 a, b, c의 대지 전압을 각각 $\dot{V}_a$, $\dot{V}_b$, $\dot{V}_c$라 하고 각 상에 흐르는 상전류를 $\dot{I}_a$, $\dot{I}_b$, $\dot{I}_c$라 하면 다음과 같은 관계식을 얻을 수 있다.

$$\dot{V}_a = \dot{Z}_a \dot{I}_a \,[\mathrm{V}] \tag{7.27}$$

$$\dot{V}_b = \dot{Z}_b \dot{I}_b \,[\mathrm{V}] \tag{7.28}$$

$$\dot{V}_c = \dot{Z}_c \dot{I}_c \,[\mathrm{V}] \tag{7.29}$$

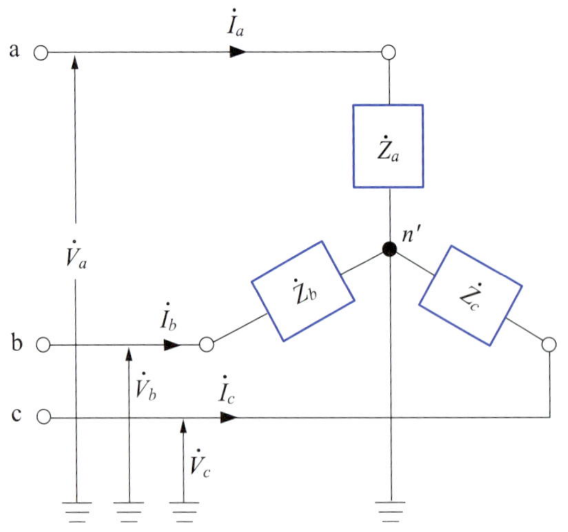

그림 7.3 중성점 직접 접지식 성형 부하의 변환

그리고 식 (7.27)~식 (7.29)를 행렬로 나타내면 다음과 같다.

$$\begin{bmatrix} \dot{V}_a \\ \dot{V}_b \\ \dot{V}_c \end{bmatrix} = \begin{bmatrix} \dot{Z}_a & 0 & 0 \\ 0 & \dot{Z}_b & 0 \\ 0 & 0 & \dot{Z}_c \end{bmatrix} \begin{bmatrix} \dot{I}_a \\ \dot{I}_b \\ \dot{I}_c \end{bmatrix} \tag{7.30}$$

또한, $\dot{V}_a$, $\dot{V}_b$, $\dot{V}_c$의 대칭분을 $\dot{V}_0$, $\dot{V}_1$, $\dot{V}_2$라 하고, $\dot{I}_a$, $\dot{I}_b$, $\dot{I}_c$의 대칭분을 $\dot{I}_0$, $\dot{I}_1$, $\dot{I}_2$라 하면 다음과 같이 표현이 가능하다.

$$\begin{bmatrix} \dot{V}_a \\ \dot{V}_b \\ \dot{V}_c \end{bmatrix} = \begin{bmatrix} 1 & 1 & 1 \\ 1 & a^2 & a \\ 1 & a & a^2 \end{bmatrix} \begin{bmatrix} \dot{V}_0 \\ \dot{V}_1 \\ \dot{V}_2 \end{bmatrix} \tag{7.31}$$

$$\begin{bmatrix} \dot{I}_a \\ \dot{I}_b \\ \dot{I}_c \end{bmatrix} = \begin{bmatrix} 1 & 1 & 1 \\ 1 & a^2 & a \\ 1 & a & a^2 \end{bmatrix} \begin{bmatrix} \dot{I}_0 \\ \dot{I}_1 \\ \dot{I}_2 \end{bmatrix} \tag{7.32}$$

그러므로 식 (7.31)을 이용하여 대칭분 전압으로 나타내고 식 (7.30)과 식 (7.32)를 순차적으로 대입하여 정리하면 다음과 같이 된다.

$$\begin{aligned}
\begin{bmatrix} \dot{V}_0 \\ \dot{V}_1 \\ \dot{V}_2 \end{bmatrix} &= \begin{bmatrix} 1 & 1 & 1 \\ 1 & a^2 & a \\ 1 & a & a^2 \end{bmatrix}^{-1} \begin{bmatrix} \dot{V}_a \\ \dot{V}_b \\ \dot{V}_c \end{bmatrix} = \begin{bmatrix} 1 & 1 & 1 \\ 1 & a^2 & a \\ 1 & a & a^2 \end{bmatrix}^{-1} \begin{bmatrix} \dot{Z}_a & 0 & 0 \\ 0 & \dot{Z}_b & 0 \\ 0 & 0 & \dot{Z}_c \end{bmatrix} \begin{bmatrix} \dot{I}_a \\ \dot{I}_b \\ \dot{I}_c \end{bmatrix} \\
&= \begin{bmatrix} 1 & 1 & 1 \\ 1 & a^2 & a \\ 1 & a & a^2 \end{bmatrix}^{-1} \begin{bmatrix} \dot{Z}_a & 0 & 0 \\ 0 & \dot{Z}_b & 0 \\ 0 & 0 & \dot{Z}_c \end{bmatrix} \begin{bmatrix} 1 & 1 & 1 \\ 1 & a^2 & a \\ 1 & a & a^2 \end{bmatrix} \begin{bmatrix} \dot{I}_0 \\ \dot{I}_1 \\ \dot{I}_2 \end{bmatrix} \\
&= \frac{1}{3} \begin{bmatrix} 1 & 1 & 1 \\ 1 & a & a^2 \\ 1 & a^2 & a \end{bmatrix} \begin{bmatrix} \dot{Z}_a & \dot{Z}_a & \dot{Z}_a \\ \dot{Z}_b & a^2\dot{Z}_b & a\dot{Z}_b \\ \dot{Z}_c & a\dot{Z}_c & a^2\dot{Z}_c \end{bmatrix} \begin{bmatrix} \dot{I}_0 \\ \dot{I}_1 \\ \dot{I}_2 \end{bmatrix} \\
&= \frac{1}{3} \begin{bmatrix} \dot{Z}_a + \dot{Z}_b + \dot{Z}_c & \dot{Z}_a + a^2\dot{Z}_b + a\dot{Z}_c & \dot{Z}_a + a\dot{Z}_b + a^2\dot{Z}_c \\ \dot{Z}_a + a\dot{Z}_b + a^2\dot{Z}_c & \dot{Z}_a + \dot{Z}_b + \dot{Z}_c & \dot{Z}_a + a^2\dot{Z}_b + a\dot{Z}_c \\ \dot{Z}_a + a^2\dot{Z}_b + a\dot{Z}_c & \dot{Z}_a + a\dot{Z}_b + a^2\dot{Z}_c & \dot{Z}_a + \dot{Z}_b + \dot{Z}_c \end{bmatrix} \begin{bmatrix} \dot{I}_0 \\ \dot{I}_1 \\ \dot{I}_2 \end{bmatrix}
\end{aligned} \tag{7.33}$$

영상분, 정상분, 역상분 임피던스는 다음과 같다.

$$\dot{Z}_0 = \frac{1}{3}(\dot{Z}_a + \dot{Z}_b + \dot{Z}_c)\,[\Omega] \tag{7.34}$$

$$\dot{Z}_1 = \frac{1}{3}(\dot{Z}_a + a\dot{Z}_b + a^2\dot{Z}_c)\,[\Omega] \tag{7.35}$$

$$\dot{Z}_2 = \frac{1}{3}(\dot{Z}_a + a^2\dot{Z}_b + a\dot{Z}_c)\,[\Omega] \tag{7.36}$$

그러므로 식 (7.34)~식 (7.36)을 식 (7.33)에 대입하여 정리하면 다음과 같다.

$$\begin{bmatrix} \dot{V}_0 \\ \dot{V}_1 \\ \dot{V}_2 \end{bmatrix} = \begin{bmatrix} \dot{Z}_0 & \dot{Z}_2 & \dot{Z}_1 \\ \dot{Z}_1 & \dot{Z}_0 & \dot{Z}_2 \\ \dot{Z}_2 & \dot{Z}_1 & \dot{Z}_0 \end{bmatrix} \begin{bmatrix} \dot{I}_0 \\ \dot{I}_1 \\ \dot{I}_2 \end{bmatrix} \tag{7.37}$$

따라서 영상분, 정상분, 역상분 전압은 다음과 같다.

$$\dot{V}_0 = \dot{Z}_0\dot{I}_0 + \dot{Z}_2\dot{I}_1 + \dot{Z}_1\dot{I}_2\,[\mathrm{V}] \tag{7.38}$$

$$\dot{V}_1 = \dot{Z}_1\dot{I}_0 + \dot{Z}_0\dot{I}_1 + \dot{Z}_2\dot{I}_2\,[\mathrm{V}] \tag{7.39}$$

$$\dot{V}_2 = \dot{Z}_2\dot{I}_0 + \dot{Z}_1\dot{I}_1 + \dot{Z}_0\dot{I}_2\,[\mathrm{V}] \tag{7.40}$$

불평형 부하에서는 일반적으로 $\dot{V}_0$는 $\dot{I}_0$뿐만 아니라 $\dot{I}_1$, $\dot{I}_2$의 함수가 되며, $\dot{V}_1$, $\dot{V}_2$의 경우도 같은 관계임을 알 수 있다. 그러나 평형 부하일 때는 $\dot{Z}_a = \dot{Z}_b = \dot{Z}_c = Z_0$, $\dot{Z}_1 = 0$, $\dot{Z}_2 = 0$이며, 각각의 전압은 다음과 같다.

$$\dot{V}_0 = \dot{Z}_0\dot{I}_0\,[\mathrm{V}] \tag{7.41}$$

$$\dot{V}_1 = \dot{Z}_0\dot{I}_1\,[\mathrm{V}] \tag{7.42}$$

$$\dot{V}_2 = \dot{Z}_0\dot{I}_2\,[\mathrm{V}] \tag{7.43}$$

즉, 회로의 선전류에 대한 정상분 $\dot{I}_1$과 역상분 $\dot{I}_2$의 합은 각각 '0'이므로 중성점 접지선로에서는 정상분과 역상분의 전류는 흐르지 않게 되고, 영상분의 합인 $3\dot{I}_0$만이 흐르게 된다.

7.4 중성점 비접지식 성형 부하의 변환(3Φ 3W)

중성점 비접지로 구성된 3상 3선식 성형 부하를 계산하기 위해서는 그림 7.4와 같이 중성점이 비접지된 불평형 Y 결선 부하로 변형이 필요하다. 그리고 각각의 단자 a, b, c의 대지 전압을 각각 $\dot{V}_a$, $\dot{V}_b$, $\dot{V}_c$라고 하고, 중성점 n'의 전위 $\dot{V}_{n'}$일 때 각 상에 흐르는 상전류를 $\dot{I}_a$, $\dot{I}_b$, $\dot{I}_c$라 하면 각 상의 임피던스 단자 전압 $\dot{V}_a'$, $\dot{V}_b'$, $\dot{V}_c'$는 다음과 같은 관계식을 얻을 수 있다.

$$\dot{V}_a' = \dot{V}_a - \dot{V}_{n'} = \dot{Z}_a \dot{I}_a \text{ [V]} \tag{7.44}$$

$$\dot{V}_b' = \dot{V}_b - \dot{V}_{n'} = \dot{Z}_b \dot{I}_b \text{ [V]} \tag{7.45}$$

$$\dot{V}_c' = \dot{V}_c - \dot{V}_{n'} = \dot{Z}_c \dot{I}_c \text{ [V]} \tag{7.46}$$

그리고 식 (7.44)~식 (7.46)을 행렬로 나타내면 다음과 같다.

$$\begin{bmatrix} \dot{V}_a' \\ \dot{V}_b' \\ \dot{V}_c' \end{bmatrix} = \begin{bmatrix} \dot{Z}_a & 0 & 0 \\ 0 & \dot{Z}_b & 0 \\ 0 & 0 & \dot{Z}_c \end{bmatrix} \begin{bmatrix} \dot{I}_a \\ \dot{I}_b \\ \dot{I}_c \end{bmatrix} \tag{7.47}$$

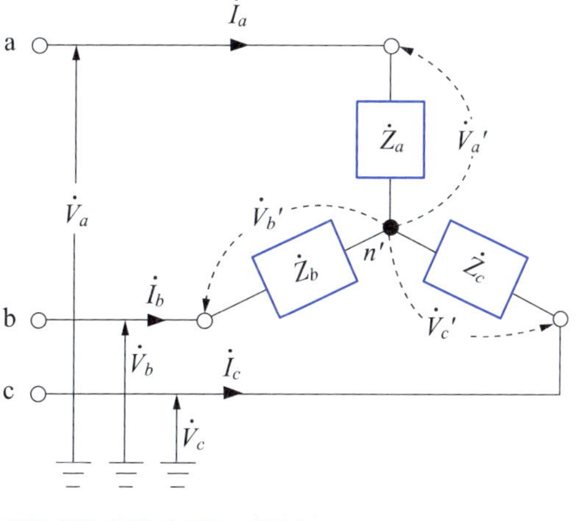

그림 7.4 중성점 비접지식 성형 부하의 변환

또한, 비접지식이므로 영상전류 $\dot{I}_0 = 0$이며, 각 상의 임피던스 단자 전압 $\dot{V}_a{}'$, $\dot{V}_b{}'$, $\dot{V}_c{}'$의 대칭분을 $\dot{V}_0{}'$, $\dot{V}_1{}'$, $\dot{V}_2{}'$로 나타낼 수 있다. 그리고 대칭분의 임피던스는 $\dot{Z}_0{}'$, $\dot{Z}_1{}'$, $\dot{Z}_2{}'$라 하고, 식 (7.37)을 구하는 방법과 같은 절차로 계산하면 다음과 같은 수식이 성립한다.

$$\begin{bmatrix} \dot{V}_0{}' \\ \dot{V}_1{}' \\ \dot{V}_2{}' \end{bmatrix} = \begin{bmatrix} \dot{Z}_0{}' & \dot{Z}_2{}' & \dot{Z}_1{}' \\ \dot{Z}_1{}' & \dot{Z}_0{}' & \dot{Z}_2{}' \\ \dot{Z}_2{}' & \dot{Z}_1{}' & \dot{Z}_0{}' \end{bmatrix} \begin{bmatrix} 0 \\ \dot{I}_1 \\ \dot{I}_2 \end{bmatrix} = \begin{bmatrix} \dot{Z}_2{}' & \dot{Z}_1{}' \\ \dot{Z}_0{}' & \dot{Z}_2{}' \\ \dot{Z}_1{}' & \dot{Z}_0{}' \end{bmatrix} \begin{bmatrix} \dot{I}_1 \\ \\ \dot{I}_2 \end{bmatrix} \tag{7.48}$$

그리고 대칭분을 식 (7.11)과 같은 형식으로 나타내면 다음과 같다.

$$\begin{aligned} \begin{bmatrix} \dot{V}_0{}' \\ \dot{V}_1{}' \\ \dot{V}_2{}' \end{bmatrix} &= \frac{1}{3}\begin{bmatrix} 1 & 1 & 1 \\ 1 & a & a^2 \\ 1 & a^2 & a \end{bmatrix} \begin{bmatrix} \dot{V}_a{}' \\ \dot{V}_b{}' \\ \dot{V}_c{}' \end{bmatrix} = \frac{1}{3}\begin{bmatrix} 1 & 1 & 1 \\ 1 & a & a^2 \\ 1 & a^2 & a \end{bmatrix} \begin{bmatrix} \dot{V}_a - \dot{V}_{n'} \\ \dot{V}_b - \dot{V}_{n'} \\ \dot{V}_c - \dot{V}_{n'} \end{bmatrix} \\ &= \frac{1}{3}\begin{bmatrix} \dot{V}_a + \dot{V}_b + \dot{V}_c & -3\dot{V}_{n'} \\ \dot{V}_a + a\dot{V}_b + a^2\dot{V}_c & -(1+a+a^2)\dot{V}_{n'} \\ \dot{V}_a + a^2\dot{V}_b + a\dot{V}_c & -(1+a^2+a)\dot{V}_{n'} \end{bmatrix} \\ &= \begin{bmatrix} \dot{V}_0 - \dot{V}_{n'} \\ \dot{V}_1 \\ \dot{V}_2 \end{bmatrix} \end{aligned} \tag{7.49}$$

식 (7.48)과 식 (7.49)는 동일한 값이므로 다음과 같이 정리된다.

$$\begin{bmatrix} \dot{Z}_2{}' & \dot{Z}_1{}' \\ \dot{Z}_0{}' & \dot{Z}_2{}' \\ \dot{Z}_1{}' & \dot{Z}_0{}' \end{bmatrix} \begin{bmatrix} \dot{I}_1 \\ \\ \dot{I}_2 \end{bmatrix} = \begin{bmatrix} \dot{V}_0 - \dot{V}_{n'} \\ \dot{V}_1 \\ \dot{V}_2 \end{bmatrix} \tag{7.50}$$

식 (7.50)을 전개하면 다음과 같다.

$$\dot{Z}_2{}'\dot{I}_1 + \dot{Z}_1{}'\dot{I}_2 = \dot{V}_0 - \dot{V}_{n'} \ [\mathrm{V}] \tag{7.51}$$

$$\dot{Z}_0{}'\dot{I}_1 + \dot{Z}_2{}'\dot{I}_2 = \dot{V}_1 \ [\mathrm{V}] \tag{7.52}$$

$$\dot{Z}_1{}'\dot{I}_1 + \dot{Z}_0{}'\dot{I}_2 = \dot{V}_2 \ [\mathrm{V}] \tag{7.53}$$

식 (7.51)~식 (7.53)을 정리하면 전류 및 전압을 다음과 같이 구할 수 있다.

$$\dot{I}_1 = \frac{\dot{Z}_0{}'\dot{V}_1 - \dot{Z}_2{}'\dot{V}_2}{\dot{Z}_0{}'^2 - \dot{Z}_1{}'\dot{Z}_2{}'} \text{ [A]} \tag{7.54}$$

$$\dot{I}_2 = \frac{\dot{Z}_0{}'\dot{V}_2 - \dot{Z}_1{}'\dot{V}_1}{\dot{Z}_0{}'^2 - \dot{Z}_1{}'\dot{Z}_2{}'} \text{ [A]} \tag{7.55}$$

$$\dot{V}_{n'} = \frac{(\dot{Z}_0{}'^2 - \dot{Z}_1{}'\dot{Z}_2{}')\dot{V}_2 + (\dot{Z}_1{}'^2 - \dot{Z}_2{}'\dot{Z}_0{}')\dot{V}_1 + (\dot{Z}_2{}'^2 - \dot{Z}_0{}'\dot{Z}_1{}')\dot{V}_2}{\dot{Z}_0{}'^2 - \dot{Z}_1{}'\dot{Z}_2{}'} \text{ [V]} \tag{7.56}$$

즉, 회로의 선전류에 대한 정상분 $\dot{I}_1$과 역상분 $\dot{I}_2$의 값이 구해지며 $\dot{I}_0 = 0$이므로 각 상에 흐르는 상전류 $\dot{I}_a$, $\dot{I}_b$, $\dot{I}_c$를 구할 수 있다.

7.5 부하의 등가 변환

회로망의 해석에 있어서 부하측의 △ 결선을 Y 결선으로 등가 변환하거나 Y 결선을 △ 결선으로 등가 변환하면 회로망이 간단해져 회로 해석을 쉽게 할 수 있다. 즉, 부하의 특성을 고려하여 적절하게 회로망을 변환함에 따라 회로가 간편하게 되는 것이다.

1 △ 결선을 Y 결선으로 등가 변환

그림 7.5와 같이 △ 결선된 부하가 회로망을 형성하고 있을 때 이것을 Y 결선의 부하로 대치하였을 때 3단자 외측에 어떤 변화도 발생하지 안했다면 이들 두 회로는 3단자 외측에 대해 등가라고 할 수 있다.

즉, △ 부하 및 Y 부하가 상호 등가라면 대응하는 각각의 단자 사이의 임피던스는 같아야 한다. 주어진 회로의 단자 1, 2 사이의 임피던스 크기를 Z_{12}라 하면 △ 부하에서는 Z_3과 $Z_1 + Z_2$가 병렬로 연결되어 있다. 그리고 Y 부하에서는 Z_1과 Z_2가 직렬로 연결되어 있다.

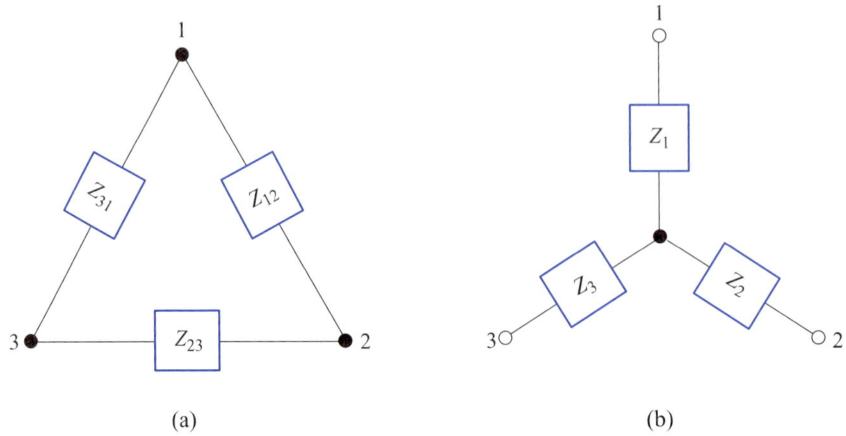

그림 7.5 △ 결선 및 Y 결선 회로

그러므로 △ 부하에서는 다음과 같은 수식이 성립한다.

$$Z_{12} = \frac{(Z_1 + Z_2)\, Z_3}{(Z_1 + Z_2) + Z_3}\,[\Omega] \tag{7.57}$$

그리고 Y 부하에서는 다음과 같은 수식이 성립한다.

$$Z_{12} = Z_1 + Z_2\,[\Omega] \tag{7.58}$$

식 (7.57)과 식 (7.58)은 등가이므로 다음과 같은 식을 얻을 수 있다.

$$Z_{12} = Z_1 + Z_2 = \frac{(Z_1 + Z_2)\, Z_3}{(Z_1 + Z_2) + Z_3}\,[\Omega] \tag{7.59}$$

그러므로 단자 2, 3과 단자 3, 1에 동일한 방법을 적용하면 다음과 같은 식을 얻을 수 있다.

$$Z_{23} = Z_2 + Z_3 = \frac{(Z_2 + Z_3)\, Z_1}{(Z_2 + Z_3) + Z_1}\,[\Omega] \tag{7.60}$$

$$Z_{31} = Z_3 + Z_1 = \frac{(Z_3 + Z_1)\, Z_2}{(Z_3 + Z_1) + Z_2}\,[\Omega] \tag{7.61}$$

식 (7.59), 식 (7.60), 식 (7.61)로부터 Z_1, Z_2, Z_3를 구하면 다음과 같다.

$$Z_1 = \frac{Z_{31}\,Z_{12}}{Z_{12} + Z_{23} + Z_{31}}\,[\Omega] \tag{7.62}$$

$$Z_2 = \frac{Z_{12}\,Z_{23}}{Z_{12} + Z_{23} + Z_{31}}\,[\Omega] \tag{7.63}$$

$$Z_3 = \frac{Z_{23}\,Z_{31}}{Z_{12} + Z_{23} + Z_{31}}\,[\Omega] \tag{7.64}$$

예제 7.2 그림 7.6(a)는 △ 결선된 회로망을 나타낸 것이다. 그림 7.6(b)와 같이 Y 결선의 회로망으로 변환하였을 때의 임피던스를 계산하시오. 단, 상간의 임피던스 $Z_{12} = 25\,[\Omega]$, $Z_{23} = 30\,[\Omega]$, $Z_{31} = 35\,[\Omega]$이다.

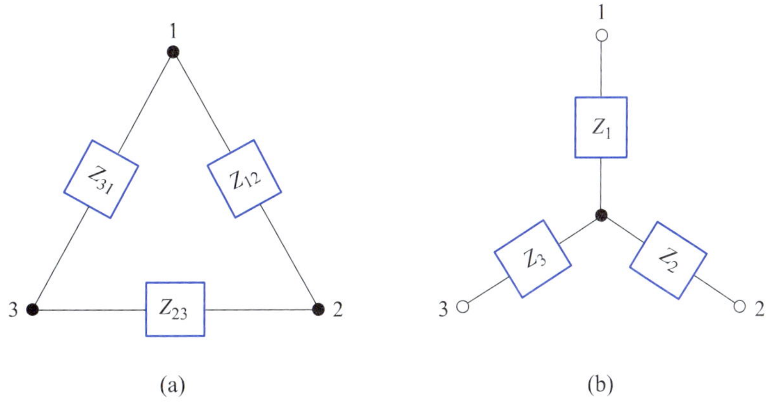

그림 7.6 △ 결선을 Y 결선으로 변환

풀이 △ 결선된 회로망을 Y 결선의 회로망으로 변환할 때 다음과 같은 관계가 있으며, 주어진 값을 적용하여 계산하면 다음과 같다.

$$Z_1 = \frac{Z_{31}\,Z_{12}}{Z_{12} + Z_{23} + Z_{31}} = \frac{35 \times 25}{25 + 30 + 35} = \frac{875}{90} \fallingdotseq 9.7\,[\Omega]$$

$$Z_2 = \frac{Z_{12}\,Z_{23}}{Z_{12} + Z_{23} + Z_{31}} = \frac{25 \times 30}{25 + 30 + 35} = \frac{750}{90} \fallingdotseq 8.3\,[\Omega]$$

$$Z_3 = \frac{Z_{23}\,Z_{31}}{Z_{12} + Z_{23} + Z_{31}} = \frac{30 \times 35}{25 + 30 + 35} = \frac{1{,}050}{90} \fallingdotseq 11.7\,[\Omega]$$

2 Y 결선을 △ 결선으로 등가 변환

Y 결선을 △ 결선으로 등가 변환하는 방법은 식 (7.62), 식 (7.63), 식 (7.64)을 이용하는 방법이 있으나 계산 과정이 복잡하므로 그림 7.7과 같은 회로를 이용하면 비교적 간단하다. 그림 7.7(a)의 Y 결선 회로와 그림 7.7(b)의 △ 결선된 회로가 등가 되기 위해서는 1, 2단자에 동일 전압 V을 인가하였을 때 동일한 단자 1, 2 사이에 흐르는 전류 I_1와 I_2는 같아야 한다.

그러므로 Y 결선된 회로에서 전류 I_1는 다음과 같다.

$$I_1 = \frac{V}{Z_1 + \dfrac{Z_2 Z_3}{Z_2 + Z_3}} \times \frac{Z_3}{Z_2 + Z_3} = \frac{V Z_2}{Z_1 Z_2 + Z_2 Z_3 + Z_3 Z_1} \text{ [A]} \tag{7.65}$$

그리고 △ 부하의 전류계에 흐르는 전류 I_2는 Z_{31}에 흐르는 전류가 모두 흐르므로 다음과 같은 수식이 성립한다.

$$I_2 = \frac{V}{Z_{31}} \text{ [A]} \tag{7.66}$$

식 (7.65)와 식 (7.66)은 등가이므로 다음과 같은 식을 얻을 수 있다.

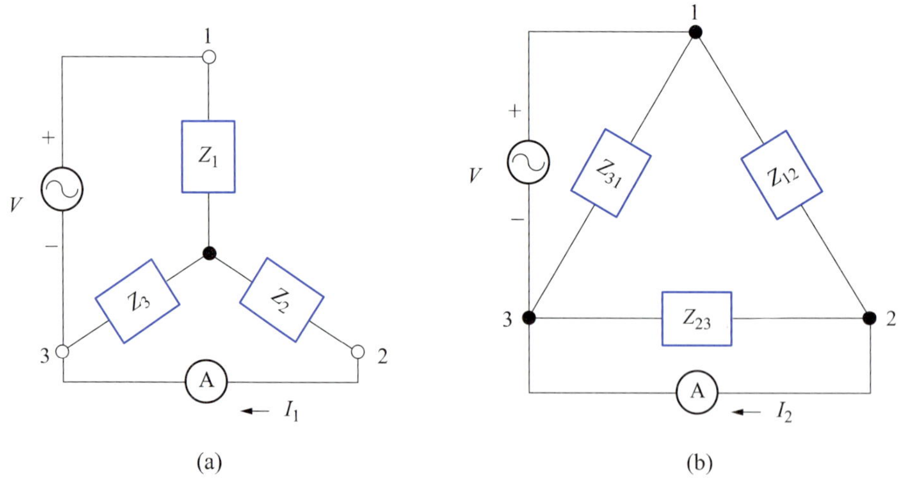

그림 7.7 Y 결선 및 △ 결선 회로

$$I_1 = I_2 = \frac{V Z_2}{Z_1 Z_2 + Z_2 Z_3 + Z_3 Z_1} = \frac{V}{Z_{31}} \text{ [A]} \tag{7.67}$$

그리고 수식을 정리하면 Z_{31}은 다음과 같다.

$$Z_{31} = \frac{Z_1 Z_2 + Z_2 Z_3 + Z_3 Z_1}{Z_2} \text{ [}\Omega\text{]} \tag{7.68}$$

그러므로 단자 1, 2와 단자 2, 3에 동일한 방법을 적용하면 다음과 같은 식을 얻을 수 있다.

$$Z_{12} = \frac{Z_1 Z_2 + Z_2 Z_3 + Z_3 Z_1}{Z_3} \text{ [}\Omega\text{]} \tag{7.69}$$

$$Z_{23} = \frac{Z_1 Z_2 + Z_2 Z_3 + Z_3 Z_1}{Z_1} \text{ [}\Omega\text{]} \tag{7.70}$$

예제 7.3 그림 7.8(a)는 Y 결선된 회로망을 나타낸 것이다. 그림 7.8(b)와 같이 △ 결선의 회로망으로 변환하였을 때의 임피던스를 계산하시오. 단, 상간의 임피던스 $Z_1 = 20$ [Ω], $Z_2 = 30$ [Ω], $Z_3 = 40$ [Ω]이다.

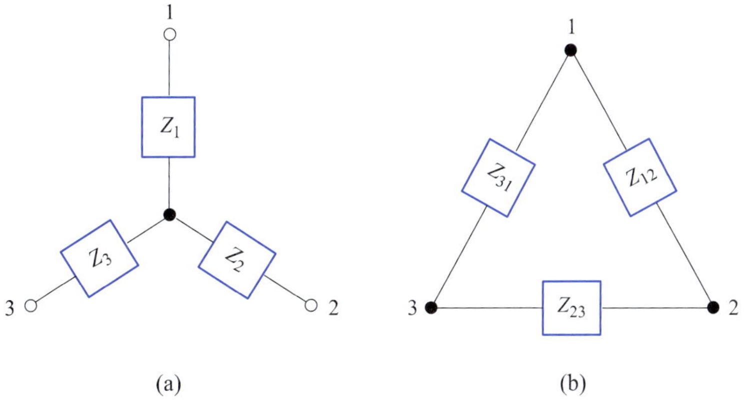

그림 7.8 Y 결선을 △ 결선으로 변환

풀이 Y 결선된 회로망을 △ 결선의 회로망으로 변환할 때 다음과 같은 관계가 있으며, 주어진 값을 적용하여 계산하면 다음과 같다.

$$Z_{12} = \frac{Z_1 Z_2 + Z_2 Z_3 + Z_3 Z_1}{Z_3}$$
$$= \frac{(20 \times 30) + (30 \times 40) + (40 \times 20)}{40} = \frac{2,600}{40} = 65\,[\Omega]$$
$$Z_{23} = \frac{Z_1 Z_2 + Z_2 Z_3 + Z_3 Z_1}{Z_1}$$
$$= \frac{(20 \times 30) + (30 \times 40) + (40 \times 20)}{20} = \frac{2,600}{20} = 130\,[\Omega]$$
$$Z_{31} = \frac{Z_1 Z_2 + Z_2 Z_3 + Z_3 Z_1}{Z_2}$$
$$= \frac{(20 \times 30) + (30 \times 40) + (40 \times 20)}{30} = \frac{2,600}{30} \fallingdotseq 87\,[\Omega]$$

7.6 대칭 3상 발전기의 기본식

대칭 3상 발전기의 기본식은 그림 7.9와 같은 3상 교류 발전기가 있을 때 각 상의 기전력 $\dot{E}_a$, $\dot{E}_b$, $\dot{E}_c$와 선전류 $\dot{I}_a$, $\dot{I}_b$, $\dot{I}_c$라 하고, 각 상에서의 전압 강하를 $\dot{V}_{ga}$, $\dot{V}_{gb}$, $\dot{V}_{gc}$라 하면 각 상의 대지 전압 $\dot{V}_a$, $\dot{V}_b$, $\dot{V}_c$를 구할 수 있다. 단, 발전기 각 상의 내부 임피던스는 $\dot{Z}_{ga}$, $\dot{Z}_{gb}$, $\dot{Z}_{gc}$이다.

$$\dot{V}_a = \dot{E}_a - \dot{V}_{ga}\,[\mathrm{V}] \tag{7.71}$$

$$\dot{V}_b = \dot{E}_b - \dot{V}_{gb}\,[\mathrm{V}] \tag{7.72}$$

$$\dot{V}_c = \dot{E}_c - \dot{V}_{gc}\,[\mathrm{V}] \tag{7.73}$$

선전류를 영상분, 정상분, 역상분 등으로 분해하고, 발전기의 내부 임피던스에 대한 영상분, 정상분, 역상분을 각각 $\dot{Z}_{g0}$, $\dot{Z}_{g1}$, $\dot{Z}_{g2}$라 하자. 영상분 전류만이 선로에 흐른다고 가정하면 각 상에서의 전압 강하는 $\dot{I}_0 \dot{Z}_{g0}$로 모두 동일하다. 또한, 정상분 전류만이

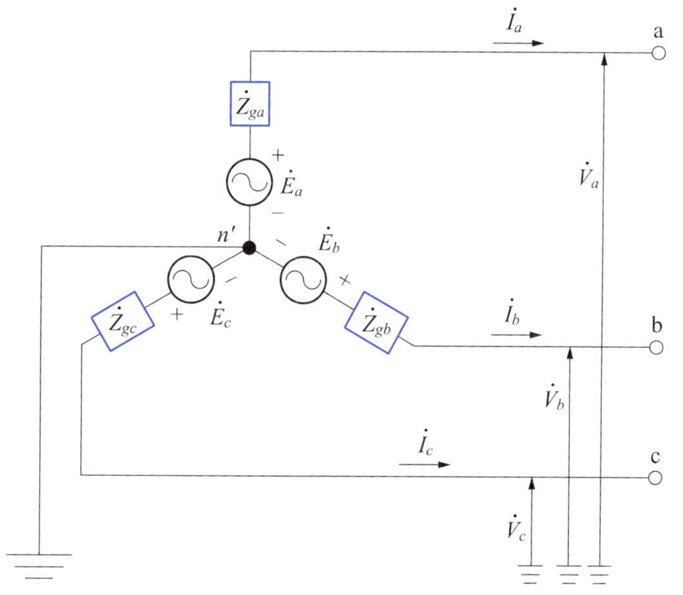

그림 7.9 **Y 결선된 발전기 회로**

각 선로에 흐른다고 가정하면 발전기의 정상분 임피던스에 의한 a, b, c 각 상의 전압 강하는 $\dot{I}_1\dot{Z}_{g1}$, $a^2\dot{I}_1\dot{Z}_{g1}$, $a\dot{I}_1\dot{Z}_{g1}$이 되며, 역상분 전류만이 각 선로에 흐른다고 가정하면 발전기의 역상분 임피던스에 의한 각 상의 전압 강하는 $\dot{I}_2\dot{Z}_{g2}$, $a\dot{I}_2\dot{Z}_{g2}$, $a^2\dot{I}_2\dot{Z}_{g2}$이 된다.

따라서 각 상에서 내부 임피던스에 의한 전압 강하는 다음과 같다.

$$\dot{V}_{ga} = \dot{I}_0\dot{Z}_{g0} + \dot{I}_1\dot{Z}_{g1} + \dot{I}_2\dot{Z}_{g2}\,[\mathrm{V}] \tag{7.74}$$

$$\dot{V}_{gb} = \dot{I}_0\dot{Z}_{g0} + a^2\dot{I}_1\dot{Z}_{g1} + a\dot{I}_2\dot{Z}_{g2}\,[\mathrm{V}] \tag{7.75}$$

$$\dot{V}_{gc} = \dot{I}_0\dot{Z}_{g0} + a\dot{I}_1\dot{Z}_{g1} + a_2\dot{I}_2\dot{Z}_{g2}\,[\mathrm{V}] \tag{7.76}$$

그러므로 각 단자의 대지 전압 $\dot{V}_a$, $\dot{V}_b$, $\dot{V}_c$에 대한 대칭분을 $\dot{V}_0$, $\dot{V}_1$, $\dot{V}_2$라 하고, 식 (7.71)~식 (7.73)의 단자 전압을 대입하여 정리하면 다음과 같다.

$$\begin{aligned}\dot{V}_0 &= \frac{1}{3}(\dot{V}_a + \dot{V}_b + \dot{V}_c)\\ &= \frac{1}{3}\{\dot{E}_a + \dot{E}_b + \dot{E}_c - (\dot{V}_{ga} + \dot{V}_{gb} + \dot{V}_{gc})\}\,[\mathrm{V}]\end{aligned} \tag{7.77}$$

$$\dot{V}_1 = \frac{1}{3}(\dot{V}_a + a\dot{V}_b + a^2\dot{V}_c)$$
$$= \frac{1}{3}\{\dot{E}_a + a\dot{E}_b + a^2\dot{E}_c - (\dot{V}_{ga} + a\dot{V}_{gb} + a^2\dot{V}_{gc})\} \text{ [V]} \tag{7.78}$$

$$\dot{V}_2 = \frac{1}{3}(\dot{V}_a + a^2\dot{V}_b + a\dot{V}_c)$$
$$= \frac{1}{3}\{\dot{E}_a + a^2\dot{E}_b + a\dot{E}_c - (\dot{V}_{ga} + a^2\dot{V}_{gb} + a\dot{V}_{gc})\} \text{ [V]} \tag{7.79}$$

그리고 식 (7.74)~식 (7.76)의 양변을 합하여 정리하면 다음과 같다.

$$\dot{V}_{ga} + \dot{V}_{gb} + \dot{V}_{gc} = 3\dot{I}_0\dot{Z}_{g0} \tag{7.80}$$

또한, 식 (7.75)의 양변에 a를 곱하고, 식 (7.74)~식 (7.76)의 양변을 합하여 정리하면 다음과 같다.

$$\dot{V}_{ga} + a\dot{V}_{gb} + a^2\dot{V}_{gc} = 3\dot{I}_1\dot{Z}_{g1} \tag{7.81}$$

유사한 방법으로 식 (7.76)의 양변에 a^2을 곱하고, 식 (7.74)~식 (7.76)의 양변을 합하여 정리하면 다음과 같다.

$$\dot{V}_{ga} + a^2\dot{V}_{gb} + a\dot{V}_{gc} = 3\dot{I}_2\dot{Z}_{g2} \tag{7.82}$$

또한, 발전기의 기전력인 $\dot{E}_a$, $\dot{E}_b$, $\dot{E}_c$의 대칭분을 $\dot{E}_0$, $\dot{E}_1$, $\dot{E}_2$라 하면 다음과 같다.

$$\dot{E}_0 = \frac{1}{3}(\dot{E}_a + \dot{E}_b + \dot{E}_c) \text{ [V]} \tag{7.83}$$

$$\dot{E}_1 = \frac{1}{3}(\dot{E}_a + a\dot{E}_b + a^2\dot{E}_c) \text{ [V]} \tag{7.84}$$

$$\dot{E}_2 = \frac{1}{3}(\dot{E}_a + a^2\dot{E}_b + a\dot{E}_c) \text{ [V]} \tag{7.85}$$

식 (7.80)~식 (7.82) 및 식 (7.83)~식 (7.85)를 식 (7.77)~식 (7.79)에 각각 대입하여 정리하면 다음과 같다.

$$\dot{V}_0 = \dot{E}_o - \dot{I}_0 \dot{Z}_{g0} \,[\mathrm{V}] \tag{7.86}$$

$$\dot{V}_1 = \dot{E}_1 - \dot{I}_1 \dot{Z}_{g1} \,[\mathrm{V}] \tag{7.87}$$

$$\dot{V}_2 = \dot{E}_2 - \dot{I}_2 \dot{Z}_{g2} \,[\mathrm{V}] \tag{7.88}$$

그런데 대부분의 3상 교류 발전기의 기전력은 대칭이므로 다음과 같다.

$$\dot{E}_0 = \frac{1}{3}(\dot{E}_a + \dot{E}_b + \dot{E}_c) = 0 \,[\mathrm{V}] \tag{7.89}$$

$$\dot{E}_1 = \frac{1}{3}(\dot{E}_a + a\dot{E}_b + a^2\dot{E}_c) = \dot{E}_a \,[\mathrm{V}] \tag{7.90}$$

$$\dot{E}_2 = \frac{1}{3}(\dot{E}_a + a^2\dot{E}_b + a\dot{E}_c) = 0 \,[\mathrm{V}] \tag{7.91}$$

따라서 식 (7.89)~식 (7.91)을 식 (7.86)~식 (7.88)에 각각 대입하면 다음과 같이 대칭 3상 교류 발전기의 기본식을 얻을 수 있다.

$$\dot{V}_0 = -\dot{I}_0 \dot{Z}_{g0} \,[\mathrm{V}] \tag{7.92}$$

$$\dot{V}_1 = \dot{E}_a - \dot{I}_1 \dot{Z}_{g1} \,[\mathrm{V}] \tag{7.93}$$

$$\dot{V}_2 = -\dot{I}_2 \dot{Z}_{g2} \,[\mathrm{V}] \tag{7.94}$$

예제 7.4 그림 7.10과 같이 중성점이 접지된 3상 교류 발전기의 무부하 선간 전압이 3,300 [V]일 때 발전기의 내부 임피던스에 대한 대칭분 임피던스가 각각 $\dot{Z}_{g0} = 0.3 + j0.52$ [Ω], $\dot{Z}_{g1} = 5 + j0.86$ [Ω], $\dot{Z}_{g2} = 0.68 + j1.88$ [Ω]이다. 선전류 $\dot{I}_a = 400 - j650$ [A], $\dot{I}_b = 200 - j600$ [A], $\dot{I}_c = 150 + j600$ [A]가 흐르고 있을 때 각 단자의 대지 전압 $\dot{V}_a$, $\dot{V}_b$, $\dot{V}_c$는 얼마인가?

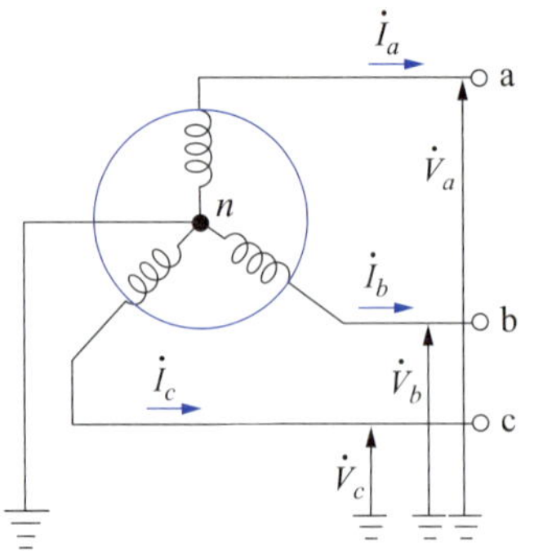

그림 7.10 중성점 접지된 3상 교류 발전기의 회로

풀이 선간 전압이 3,300 [V]이므로 상전압 $E_a = \dfrac{3,300}{\sqrt{3}} \fallingdotseq 1,905$ [V]이다. 그러므로 전류의 대칭분을 구하면 다음과 같다.

$$\begin{aligned}\dot{I}_0 &= \frac{1}{3}(\dot{I}_a + \dot{I}_b + \dot{I}_c)\\ &= \frac{1}{3}\{(400 - j650) + (200 - j600) + (150 + j600)\} \fallingdotseq 250 - j217\ [\text{A}]\end{aligned}$$

$$\begin{aligned}\dot{I}_1 &= \frac{1}{3}(\dot{I}_a + a\dot{I}_b + a^2\dot{I}_c)\\ &= \frac{1}{3}\left\{\begin{aligned}(400 - j650) + (200 - j600)(-1/2 + j\sqrt{3}/2)\\ + (150 + j600)(-1/2 - j\sqrt{3}/2)\end{aligned}\right\}\\ &= \frac{1}{3}\{(225 + 600\sqrt{3}) + j(-650 + 25\sqrt{3})\}\\ &\fallingdotseq 421 - j202\ [\text{A}]\end{aligned}$$

$$\begin{aligned}\dot{I}_2 &= \frac{1}{3}(\dot{I}_a + a^2\dot{I}_b + a\dot{I}_c)\\ &= \frac{1}{3}\left\{\begin{aligned}(400 - j650) + (200 - j600)(-1/2 - j\sqrt{3}/2)\\ + (150 + j600)(-1/2 + j\sqrt{3}/2)\end{aligned}\right\}\\ &= \frac{1}{3}\{(225 - 600\sqrt{3}) + j(-650 + 25\sqrt{3})\}\\ &\fallingdotseq 271 - j231\ [\text{A}]\end{aligned}$$

각 단자 전압의 대칭분은 교류 발전기의 기본식을 이용하여 구할 수 있다.

$$\dot{V}_0 = -\dot{I}_0\dot{Z}_{g0} = -(250 - j217) \times (0.3 + j0.52) \fallingdotseq -188 - j65\ [\text{V}]$$

$$\dot{V}_1 = \dot{E}_a - \dot{I}_1\dot{Z}_{g1} = 1,905 - (421 - j202) \times (5 + j0.86) \fallingdotseq -374 - j648\ [\text{V}]$$

$$\dot{V}_2 = -\dot{I}_2\dot{Z}_{g2} = -(271 - j231) \times (0.68 + j1.88) \fallingdotseq -510 - j352\,[\mathrm{V}]$$

따라서 각 단자의 전압은 다음과 같다.

$$\begin{aligned}\dot{V}_a &= \dot{V}_0 + \dot{V}_1 + \dot{V}_2\\ &= (-188 - j65) + (-374 + j648) + (-510 - j352)\\ &= -696 + j231\,[\mathrm{V}]\end{aligned}$$

$$\begin{aligned}\dot{V}_b &= \dot{V}_0 + a^2\dot{V}_1 + a\dot{V}_2\\ &= (-188 - j65) + (-1/2 - j\sqrt{3}/2)(-374 + j648)\\ &\quad + (-1/2 + j\sqrt{3}/2)(-510 - j352)\\ &\fallingdotseq 606 - j146\,[\mathrm{V}]\end{aligned}$$

$$\begin{aligned}\dot{V}_c &= \dot{V}_0 + a\dot{V}_1 + a^2\dot{V}_2\\ &= (-188 - j65) + (-1/2 + j\sqrt{3}/2)(-374 + j648)\\ &\quad + (-1/2 - j\sqrt{3}/2)(-510 - j352)\\ &\fallingdotseq -728 - j711\,[\mathrm{V}]\end{aligned}$$

7.7 1선 지락 발전기의 고장 계산

어떤 설비의 1선 지락 발전기의 고장 계산은 그림 7.11과 같이 1선 지락사고[2](地絡事故, line-to-ground fault)가 발생한 3상 교류 발전기의 지락전류 $\dot{I}_a$ 및 b, c상의 대지 전압을 알아보자. a상에서 지락이 발생하였으므로 다음과 같은 관계가 성립한다.

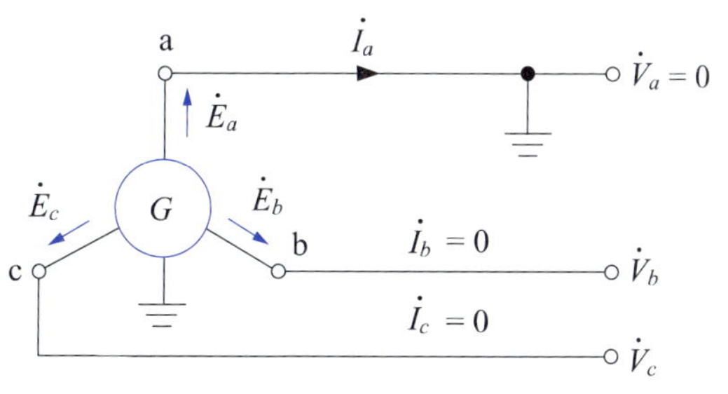

그림 7.11 1선 지락된 3상 교류 발전기

2) 송전선로, 배전선로, 전차선로 등에서 전선로의 일부가 대지와 전기적으로 연결되는 것을 말한다.

$$\dot{I}_b = \dot{I}_c = 0 \tag{7.95}$$

$$\dot{V}_a = 0 \tag{7.96}$$

그러므로 식 (7.95)의 전류를 대칭분으로 표시하면 다음과 같다.

$$\dot{I}_0 + a^2\dot{I}_1 + a\dot{I}_2 = \dot{I}_0 + a\dot{I}_1 + a^2\dot{I}_2 = 0 \tag{7.97}$$

그러므로 영상분, 정상분 및 역상분은 다음과 같다.

$$\dot{I}_0 = \dot{I}_1 = \dot{I}_2 \tag{7.98}$$

또한, 전압을 대칭분으로 바꾸어 교류 발전기의 기본식에 대입하여 정리하면 다음과 같다.

$$\dot{V}_0 + \dot{V}_1 + \dot{V}_2 = 0 \tag{7.99}$$

$$-\dot{I}_0\dot{Z}_0 + E_a - \dot{I}_1\dot{Z}_1 - \dot{I}_2\dot{Z}_2 = 0 \tag{7.100}$$

그리고 식 (7.98)의 관계를 식 (7.100)에 대입하여 정리하면 다음과 같다.

$$\dot{E}_a = (\dot{Z}_0 + \dot{Z}_1 + \dot{Z}_2)\dot{I}_0 \text{ [V]} \tag{7.101}$$

따라서 대칭분 전류는 다음과 같이 나타낼 수 있다.

$$\dot{I}_0 = \dot{I}_1 = \dot{I}_2 = \frac{\dot{E}_a}{\dot{Z}_0 + \dot{Z}_1 + \dot{Z}_2} \text{ [A]} \tag{7.102}$$

식 (7.102)를 발전기의 기본식에 대입하여 정리하면 다음과 같이 대칭분 전압을 구할 수 있다.

$$\dot{V}_0 = -\dot{I}_0\dot{Z}_{g0} = \frac{-\dot{Z}_0\dot{E}_a}{\dot{Z}_0 + \dot{Z}_1 + \dot{Z}_2} \text{ [V]} \tag{7.103}$$

$$\dot{V}_1 = \dot{E}_a - \dot{I}_1\dot{Z}_{g1} = \frac{(\dot{Z}_0 + \dot{Z}_2)\dot{E}_a}{\dot{Z}_0 + \dot{Z}_1 + \dot{Z}_2} \text{ [V]} \tag{7.104}$$

$$\dot{V}_2 = -\dot{I}_2\dot{Z}_{g2} = \frac{-\dot{Z}_2\dot{E}_a}{\dot{Z}_0+\dot{Z}_1+\dot{Z}_2}\,[\mathrm{V}] \tag{7.105}$$

따라서 지락 전류 $\dot{I}_a$와 대지 전압 $\dot{V}_b$, $\dot{V}_c$는 다음과 같다.

$$\dot{I}_a = \dot{I}_0+\dot{I}_1+\dot{I}_2 = 3\,\dot{I}_0 = \frac{3\,\dot{E}_a}{\dot{Z}_0+\dot{Z}_1+\dot{Z}_2}\,[\mathrm{A}] \tag{7.106}$$

$$\dot{V}_b = \dot{V}_0+a^2\dot{V}_1+a\dot{V}_2 = \frac{(a^2-1)\dot{Z}_0+(a^2-a)\dot{Z}_2}{\dot{Z}_0+\dot{Z}_1+\dot{Z}_2}\dot{E}_a\,[\mathrm{V}] \tag{7.107}$$

$$\dot{V}_c = \dot{V}_0+a\dot{V}_1+a^2\dot{V}_2 = \frac{(a-1)\dot{Z}_0+(a-a^2)\dot{Z}_2}{\dot{Z}_0+\dot{Z}_1+\dot{Z}_2}\dot{E}_a\,[\mathrm{V}] \tag{7.108}$$

예제 7.5 그림 7.12와 같이 중성점이 접지된 3상 교류 발전기에 있어서 a상이 시릭되었을 때 전류 $\dot{I}_a$ 및 b, c상의 대지 전압 $\dot{V}_b$, $\dot{V}_c$는 얼마인가? 단, 각 상의 내부 임피던스는 $\dot{Z}_{ga}$, $\dot{Z}_{gb}$, $\dot{Z}_{gc}$이다.

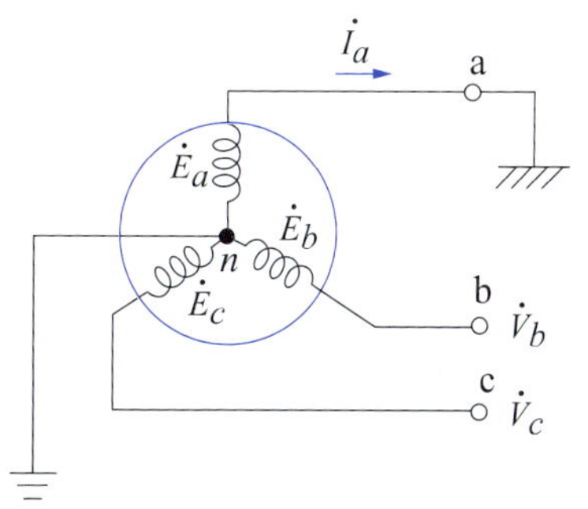

그림 7.12 중성점이 접지된 3상 교류 발전기의 a상 지락 회로

풀이 a상이 지락되었으므로 $\dot{I}_b=\dot{I}_c=0$, $\dot{V}_a=0$이다. 그러므로 선전류 $\dot{I}_a$, $\dot{I}_b$, $\dot{I}_c$ 등은 비대칭 전류가 흐르며 전류의 대칭분을 $\dot{I}_0$, $\dot{I}_1$, $\dot{I}_2$라 하면 다음과 같이 나타낼 수 있다.

$$\dot{I}_0 = \frac{1}{3}(\dot{I}_a+\dot{I}_b+\dot{I}_c) = \frac{1}{3}\dot{I}_a\,[\mathrm{A}]$$

$$\dot{I}_1 = \frac{1}{3}(\dot{I}_a + a\dot{I}_b + a^2\dot{I}_c) = \frac{1}{3}\dot{I}_a \text{ [A]}$$

$$\dot{I}_2 = \frac{1}{3}(\dot{I}_a + a^2\dot{I}_b + a\dot{I}_c) = \frac{1}{3}\dot{I}_a \text{ [A]}$$

즉, $\dot{I}_0 = \dot{I}_1 = \dot{I}_2 = \frac{1}{3}\dot{I}_a$가 된다. 그러므로 교류 발전기의 기본식을 적용하면 대지 전압을 구할 수 있다.

$$\dot{V}_a = \dot{V}_0 + \dot{V}_1 + \dot{V}_2 = (-\dot{I}_0\dot{Z}_{g0}) + (\dot{E}_a - \dot{I}_1\dot{Z}_{g1}) + (-\dot{I}_2\dot{Z}_{g2})$$
$$= \dot{E}_a - (\dot{Z}_{g0} + \dot{Z}_{g1} + \dot{Z}_{g2})\frac{1}{3}\dot{I}_a = 0 \text{ [V]} \qquad ①$$

$$\dot{V}_b = \dot{V}_0 + a^2\dot{V}_1 + a\dot{V}_2 = (-\dot{I}_0\dot{Z}_{g0}) + a^2(\dot{E}_a - \dot{I}_1\dot{Z}_{g1}) + a(-\dot{I}_2\dot{Z}_{g2})$$
$$= a^2\dot{E}_a - (\dot{Z}_{g0} + a^2\dot{Z}_{g1} + a\dot{Z}_{g2})\frac{1}{3}\dot{I}_a \text{ [V]} \qquad ②$$

$$\dot{V}_c = \dot{V}_0 + a\dot{V}_1 + a^2\dot{V}_2 = (-\dot{I}_0\dot{Z}_{g0}) + a(\dot{E}_a - \dot{I}_1\dot{Z}_{g1}) + a^2(-\dot{I}_2\dot{Z}_{g2})$$
$$= a\dot{E}_a - (\dot{Z}_{g0} + a\dot{Z}_{g1} + a^2\dot{Z}_{g2})\frac{1}{3}\dot{I}_a \text{ [V]} \qquad ③$$

식 ①로부터 $\dot{I}_a$는 다음과 같다.

$$\dot{I}_a = \frac{3\dot{E}_a}{\dot{Z}_{g0} + \dot{Z}_{g1} + \dot{Z}_{g2}} \text{ [A]} \qquad ④$$

식 ④를 식 ② 및 식 ③에 각각 대입하여 정리하면 다음과 같다.

$$\dot{V}_b = a^2\dot{E}_a - (\dot{Z}_{g0} + a^2\dot{Z}_{g1} + a\dot{Z}_{g2})$$
$$= a^2\dot{E}_a - (\dot{Z}_{g0} + a^2\dot{Z}_{g1} + a\dot{Z}_{g2})\left(\frac{\dot{E}_a}{\dot{Z}_{g0} + \dot{Z}_{g1} + \dot{Z}_{g2}}\right)$$
$$= \frac{(a^2-1)\dot{Z}_{g0} + (a^2-a)\dot{Z}_{g2}}{\dot{Z}_{g0} + \dot{Z}_{g1} + \dot{Z}_{g2}} \cdot \dot{E}_a \text{ [V]}$$

$$\dot{V}_c = a\dot{E}_a - (\dot{Z}_{g0} + a\dot{Z}_{g1} + a^2\dot{Z}_{g2})\frac{1}{3}\dot{I}_a = \frac{(a-1)\dot{Z}_{g0} + (a-a^2)\dot{Z}_{g2}}{\dot{Z}_{g0} + \dot{Z}_{g1} + \dot{Z}_{g2}} \cdot \dot{E}_a \text{ [V]}$$

예제 7.6 그림 7.13과 같이 중성점이 접지된 3상 교류 발전기의 a상에서 지락 사고가 발생하였을 때 대칭분 전류 및 단자 전압의 불평형률은 얼마인가? 단, $\dot{E}_a = 220$ [V], $\dot{Z}_0 = 1 + j2$ [Ω], $\dot{Z}_1 = 3 + j3$ [Ω], $\dot{Z}_2 = 2 + j2$ [Ω]이다.

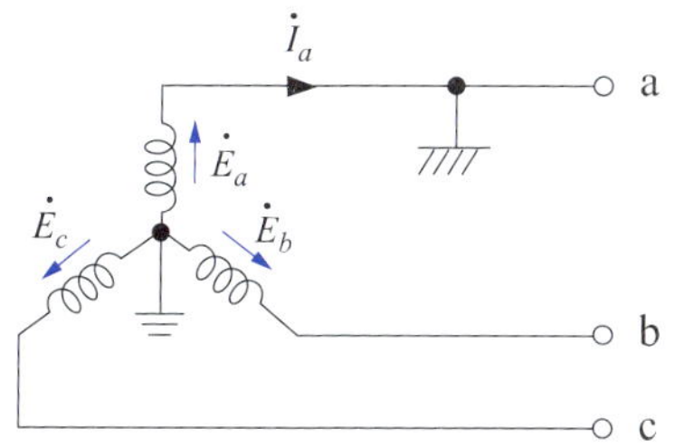

그림 7.13 중성점이 접지된 3상 교류 발전기의 *a*상 지락

풀이 지락사고 조건에서 $\dot{I}_b = \dot{I}_c = 0$, $\dot{V}_a = 0$이므로 대칭분으로 표시하면 다음과 같다.

$$\dot{I}_0 + a^2\dot{I}_1 + a\dot{I}_2 = \dot{I}_0 + a\dot{I}_1 + a^2\dot{I}_2 = 0$$

$$\therefore \dot{I}_0 = \dot{I}_1 = \dot{I}_2$$

교류 발전기의 기본식을 적용하여 정리하면 다음과 같다.

$$\begin{aligned}\dot{V}_a &= \dot{V}_0 + \dot{V}_1 + \dot{V}_2 \\ &= (-\dot{I}_0\dot{Z}_0) + (\dot{E}_a - \dot{I}_1\dot{Z}_1) + (-\dot{I}_2\dot{Z}_2) = \dot{E}_a - (\dot{Z}_0 + \dot{Z}_1 + \dot{Z}_2)\dot{I}_0 = 0\ [\mathrm{V}]\end{aligned}$$

$$\begin{aligned}\therefore \dot{I}_0 &= \frac{\dot{E}_a}{\dot{Z}_0 + \dot{Z}_1 + \dot{Z}_2} = \frac{220}{1 + j2 + 3 + j3 + 2 + j2} = \frac{220}{6 + j7} \\ &= \frac{220}{9.2\angle -49.4°} \fallingdotseq 24\angle 49.4°\ [\mathrm{A}]\end{aligned}$$

따라서 교류 발전기의 기본식을 적용하여 단자 전압의 불평형률을 구하면 다음과 같다.

$$\begin{aligned}\text{불평형률} &= \frac{|\dot{V}_2|}{|\dot{V}_1|} \times 100 = \frac{|-\dot{I}_2\dot{Z}_2|}{|\dot{E}_a - \dot{I}_1\dot{Z}_1|} \times 100 = \frac{|-24 \times (2 + j2)|}{|220 - 24 \times (3 + j3)|} \times 100 \\ &= \frac{|-48 - j48|}{|148 - j72|} \times 100 = \frac{\sqrt{(-48)^2 + (-48)^2}}{\sqrt{(148)^2 + (-72)^2}} \times 100 \fallingdotseq 41.2\ [\%]\end{aligned}$$

7.8 2선 지락 발전기의 고장 계산

어떤 설비의 2선 지락 발전기의 고장계산은 그림 7.14와 같이 b, c상의 2선 지락사고가 발생한 3상 교류 발전기의 단락 전류 $\dot{I}_b$와 $\dot{I}_c$, 지락 전류 $\dot{I}_e$ 및 a상의 대지 전압을 알아보자. 2선 지락이 발생하였으므로 다음과 같은 관계가 성립한다.

$$\dot{I}_a = 0 \tag{7.109}$$

$$\dot{V}_b = \dot{V}_c = 0 \tag{7.110}$$

그러므로 식 (7.109)의 전류를 대칭분으로 표시하면 다음과 같다.

$$\dot{I}_a = \dot{I}_0 + \dot{I}_1 + \dot{I}_2 = 0 \tag{7.111}$$

또한, 식 (7.110)의 전압을 대칭분으로 바꾸어 정리하면 다음과 같다.

$$\dot{V}_0 + a^2\dot{V}_1 + a\dot{V}_2 = \dot{V}_0 + a\dot{V}_1 + a^2\dot{V}_2 = 0 \tag{7.112}$$

그러므로 영상분, 정상분 및 역상분은 다음과 같다.

$$\dot{V}_0 = \dot{V}_1 = \dot{V}_2 \tag{7.113}$$

식 (7.113)의 관계에서 전압의 영상분과 정상분이 동일하므로 교류 발전기의 기본식에 적용하면 다음과 같은 수식을 얻을 수 있다.

$$-\dot{Z}_0\dot{I}_0 + \dot{Z}_1\dot{I}_1 = \dot{E}_a\,[\mathrm{V}] \tag{7.114}$$

그리고 식 (7.113)의 관계에서 전압의 영상분과 역상분이 동일하므로 교류 발전기의 기본식에 적용하면 다음과 같은 수식을 얻을 수 있다.

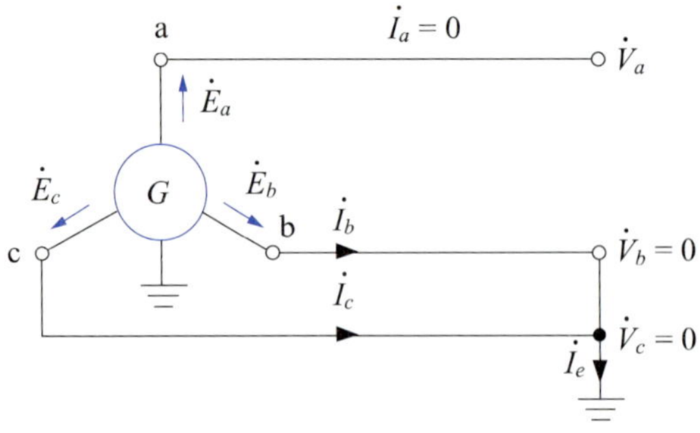

그림 7.14 2선 지락된 3상 교류 발전기의 회로

$$-\dot{Z}_0\dot{I}_0+\dot{Z}_2\dot{I}_2=0 \tag{7.115}$$

또한, 식 (7.111)에서 확인된 바와 같이 영상분, 정상분 및 역상분의 전류의 합은 다음과 같다.

$$\dot{I}_0+\dot{I}_1+\dot{I}_2=0 \tag{7.116}$$

식 (7.114)～식 (7.116)의 연립방정식을 풀고 정리하면 다음과 같은 결과를 얻을 수 있다.

$$\dot{I}_0=\frac{-\dot{Z}_2}{\dot{Z}_0\dot{Z}_1+\dot{Z}_1\dot{Z}_2+\dot{Z}_2\dot{Z}_0}\cdot\dot{E}_a=\frac{-\dot{Z}_2}{\Delta}\cdot\dot{E}_a\,[\mathrm{A}] \tag{7.117}$$

$$\dot{I}_1=\frac{\dot{Z}_0+\dot{Z}_2}{\dot{Z}_0\dot{Z}_1+\dot{Z}_1\dot{Z}_2+\dot{Z}_2\dot{Z}_0}\cdot\dot{E}_a=\frac{\dot{Z}_0+\dot{Z}_2}{\Delta}\cdot\dot{E}_a\,[\mathrm{A}] \tag{7.118}$$

$$\dot{I}_2=\frac{-\dot{Z}_0}{\dot{Z}_0\dot{Z}_1+\dot{Z}_1\dot{Z}_2+\dot{Z}_2\dot{Z}_0}\cdot\dot{E}_a=\frac{-\dot{Z}_0}{\Delta}\cdot\dot{E}_a\,[\mathrm{A}] \tag{7.119}$$

단, $\Delta=\dot{Z}_0\dot{Z}_1+\dot{Z}_1\dot{Z}_2+\dot{Z}_2\dot{Z}_0$이다.

그리고 단락 전류 $\dot{I}_b$와 $\dot{I}_c$, 지락 전류 $\dot{I}_e$는 다음과 같다.

$$\dot{I}_b=\dot{I}_0+a^2\dot{I}_1+a\dot{I}_2=\frac{(a^2-a)\dot{Z}_0+(a^2-1)\dot{Z}_2}{\dot{Z}_0\dot{Z}_1+\dot{Z}_1\dot{Z}_2+\dot{Z}_2\dot{Z}_0}\cdot\dot{E}_a\,[\mathrm{A}] \tag{7.120}$$

$$\dot{I}_c=\dot{I}_0+a\dot{I}_1+a^2\dot{I}_2=\frac{(a-a^2)\dot{Z}_0+(a-1)\dot{Z}_2}{\dot{Z}_0\dot{Z}_1+\dot{Z}_1\dot{Z}_2+\dot{Z}_2\dot{Z}_0}\cdot\dot{E}_a\,[\mathrm{A}] \tag{7.121}$$

$$\begin{aligned}\dot{I}_e&=\dot{I}_b+\dot{I}_c=\frac{(a^2+a-2)\dot{Z}_2}{\dot{Z}_0\dot{Z}_1+\dot{Z}_1\dot{Z}_2+\dot{Z}_2\dot{Z}_0}\cdot\dot{E}_a\\&=\frac{-3\dot{Z}_2}{\dot{Z}_0\dot{Z}_1+\dot{Z}_1\dot{Z}_2+\dot{Z}_2\dot{Z}_0}\cdot\dot{E}_a\,[\mathrm{A}]\end{aligned} \tag{7.122}$$

또한, 단자 전압 $\dot{V}_a$는 다음과 같다.

$$\dot{V}_a = \dot{V}_0 + \dot{V}_1 + \dot{V}_2 = 3\dot{V}_0 = -3\dot{Z}_0\dot{I}_0$$

$$= \frac{3\dot{Z}_0\dot{Z}_2}{\dot{Z}_0\dot{Z}_1 + \dot{Z}_1\dot{Z}_2 + \dot{Z}_2\dot{Z}_0} \cdot \dot{E}_a \text{ [V]} \tag{7.123}$$

7.9 2상 단락 발전기의 고장 계산

2상 단락 발전기의 고장 계산은 그림 7.15와 같이 b, c상이 단락[3](短絡, short circuit)되었을 때 3상 교류 발전기의 단락전류 $\dot{I}_b$ 및 b, c상의 대지 전압을 알아보자. 2선 단락이 발생하였으므로 다음과 같은 관계가 성립한다.

$$\dot{I}_a = 0 \text{ [A]} \tag{7.124}$$

$$\dot{I}_b = -\dot{I}_c \text{ [A]} \tag{7.125}$$

$$\dot{V}_b = \dot{V}_c \text{ [V]} \tag{7.126}$$

그러므로 식 (7.125)의 전류를 대칭분으로 표시하면 다음과 같다.

$$\dot{I}_0 + a^2\dot{I}_1 + a\dot{I}_2 = -(\dot{I}_0 + a\dot{I}_1 + a^2\dot{I}_2) \tag{7.127}$$

그리고 $\dot{I}_0 + \dot{I}_1 + \dot{I}_2 = 0$이다.

따라서 영상분 전류는 다음과 같다.

$$\dot{I}_0 = 0 \tag{7.128}$$

또한, 정상분과 역상분은 크기는 같고, 방향이 반대이므로 다음과 같다.

$$\dot{I}_1 = -\dot{I}_2 \tag{7.129}$$

3) 단락은 고장 또는 과실 등이 발생하여 전선로에 있는 전선 사이의 전기저항이 작아진 상태 또는 전혀 없는 상태에서 접촉한 이상 상태를 말한다.

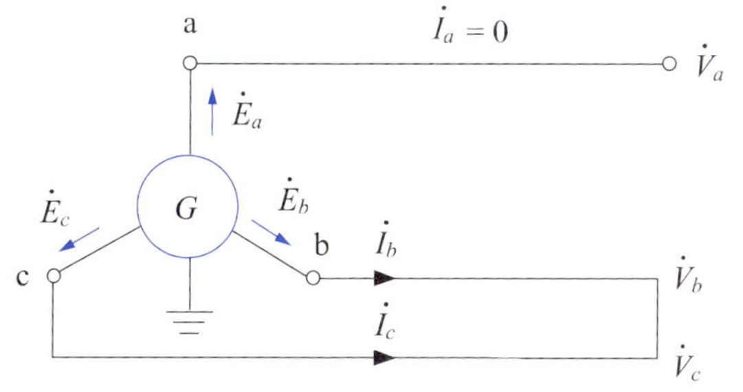

그림 7.15 2선 단락된 3상 교류 발전기의 회로

또한, 전압을 대칭분으로 바꾸어 정리하면 다음과 같다.

$$\dot{V}_0 + a^2\dot{V}_1 + a\dot{V}_2 = \dot{V}_0 + a\dot{V}_1 + a^2\dot{V}_2 \tag{7.130}$$

$\dot{I}_0 = 0$이므로 $\dot{V}_0$가 '0'이 되어 $\dot{V}_1 = \dot{V}_2$의 관계가 성립하며, 교류 발전기의 기본식에 적용하면 다음과 같은 수식을 얻을 수 있다

$$\dot{V}_1 = \dot{V}_2 = -\dot{I}_2\dot{Z}_{g2} = \dot{E}_a - \dot{I}_1\dot{Z}_{g1}\ [\mathrm{V}] \tag{7.131}$$

그리고 식 (7.131)에 식 (7.129)를 적용하면 다음과 같다.

$$\dot{I}_1 = -\dot{I}_2 = \frac{\dot{E}_a}{\dot{Z}_1 + \dot{Z}_2}\ [\mathrm{A}] \tag{7.132}$$

또한, 식 (7.132)를 교류 발전기의 기본식 역상분에 적용하면 다음과 같다.

$$\dot{V}_2 = -\dot{Z}_2\dot{I}_2 = \frac{\dot{Z}_2\dot{E}_a}{\dot{Z}_1 + \dot{Z}_2}\ [\mathrm{V}] \tag{7.133}$$

따라서 단락 전류 $\dot{I}_b$ 및 전압 $\dot{V}_a$, $\dot{V}_b$, $\dot{V}_c$ 등은 다음과 같다.

$$\begin{aligned}\dot{I}_b &= -\dot{I}_c = \dot{I}_0 + a^2\dot{I}_1 + a\dot{I}_2 = (a^2 + a)\dot{I}_1 \\ &= \frac{(a^2 - a)\dot{E}_a}{\dot{Z}_1 + \dot{Z}_2} = \frac{\dot{E}_b - \dot{E}_c}{\dot{Z}_1 + \dot{Z}_2}\ [\mathrm{A}]\end{aligned} \tag{7.134}$$

$$\dot{V}_a = \dot{V}_0 + \dot{V}_1 + \dot{V}_2 = \frac{2\dot{Z}_2\dot{E}_a}{\dot{Z}_1 + \dot{Z}_2}\ [\mathrm{V}] \tag{7.135}$$

$$\begin{aligned}\dot{V}_b = \dot{V}_c &= \dot{V}_0 + a^2\dot{V}_1 + a\dot{V}_2 \\ &= \frac{(a^2 + a)\dot{Z}_2\dot{E}_a}{\dot{Z}_1 + \dot{Z}_2} = -\frac{\dot{Z}_2\dot{E}_a}{\dot{Z}_1 + \dot{Z}_2}\ [\mathrm{V}]\end{aligned} \tag{7.136}$$

연습문제

01 비대칭인 3상 회로의 계산을 편리하게 하기 위해 적용하는 회로 해석법은?

정답 대칭 좌표법

02 비대칭 3상 회로의 해석에서 각 상의 크기가 같고 동상인 성분을 무엇이라 하는가?

정답 영상분

03 비대칭 3상 회로의 해석에서 $\dot{V}_{a1}$, $\dot{V}_{b1} = a^2\dot{V}_{a1}$, $\dot{V}_{c1} = a\dot{V}_{a1}$ 등의 관계가 성립하는 성분은?

정답 정상분

04 비대칭 3상 회로의 해석에서 $\dot{V}_{a2}$, $\dot{V}_{b2} = a\dot{V}_{a2}$, $\dot{V}_{c2} = a^2\dot{V}_{a2}$ 등의 관계가 성립하는 성분은?

정답 역상분

05 평형 3상 전압 및 전류 등에는 영상분과 역상분이 포함되는 것이 일반적인 현상이며, 불평형률(不平衡率, unbalanced factor)은 어떻게 나타내는가?

정답 불평형률 $= \dfrac{|\dot{V}_2|}{|\dot{V}_1|} \times 100\ [\%]$ 또는 불평형률 $= \dfrac{|\dot{I}_2|}{|\dot{I}_1|} \times 100\ [\%]$

06 대칭 3상 교류 발전기의 기본식에서 영상분의 전압은?

정답 $\dot{V}_0 = -\dot{I}_0\dot{Z}_{g0}\ [\mathrm{V}]$

07 대칭 3상 교류 발전기의 기본식에서 정상분의 전압은?

정답 $\dot{V}_1 = \dot{E}_a - \dot{I}_1 \dot{Z}_{g1}$ [V]

08 대칭 3상 교류 발전기의 기본식에서 역상분의 전압은?

정답 $\dot{V}_2 = -\dot{I}_2 \dot{Z}_{g2}$ [V]

09 3상 교류 발전기에서 a상의 지락이 발생했을 때 전류 $\dot{I}_a$ 및 b, c상의 관계식은?

정답 $\dot{I}_b = \dot{I}_c = 0$ [A], $\dot{V}_a = 0$ [V]

10 3상 교류 발전기에서 b, c상의 2선에서 단락이 발생하였을 때의 전류 및 전압의 관계는?

정답 $\dot{I}_a = 0$ [A], $\dot{I}_b = -\dot{I}_c$ [A], $\dot{V}_b = \dot{V}_c$ [V]

Chapter 8

비정현파 교류 회로

8.1 비정현파의 개요

정현파 교류 이외의 교류를 비정현파(非正弦波, non-sinusoidal wave) 또는 왜형파(歪形波, distorted wave)라 한다. 일반적으로 경험할 수 있는 것은 직류, 구형파, 삼각파, 톱니파, 펄스 등의 전압과 전류 파형이다. 그림 8.1은 영어 알파벳 'O'를 발음할 때 나타나는 소리의 패턴을 나타낸 것이다. 이 파형은 주기적으로 변화하고 있고 음조(音調, pitch)의 미세한 변화가 파형의 변화를 나타내는 것을 알 수 있다. 즉, 사람의 음성은 사람의 지문과 같아서 각자 고유한 성질을 가지고 있다. 우리가 흔히 시스템 설계에 적용하는 전자 소자들의 출력은 입력이 정현파라도 출력은 비정현적인 양을 포함하고 있다.

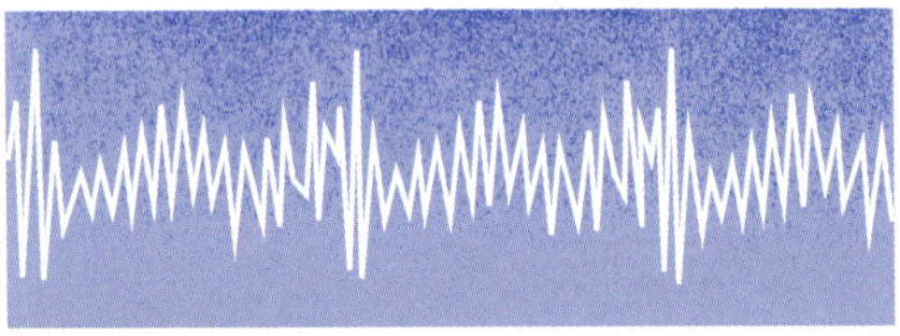

그림 8.1 알파벳 'O'의 발음

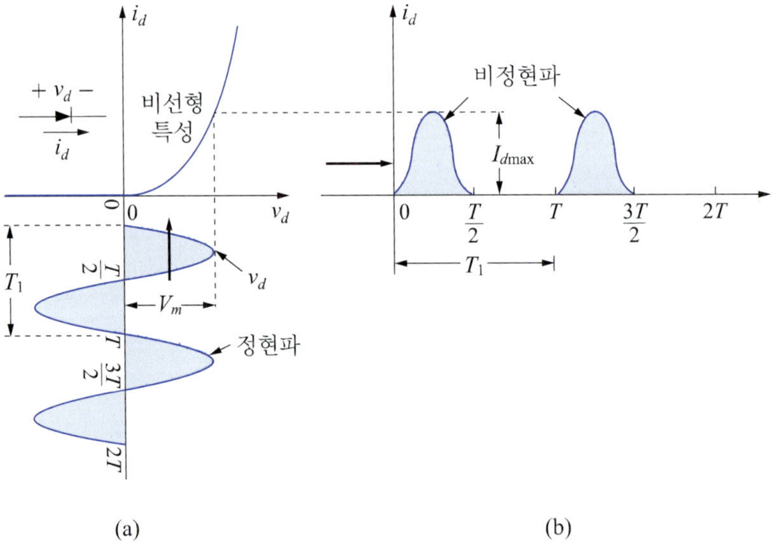

그림 8.2 입력 파형과 출력 파형의 비교

만일 어떤 다이오드의 입력 전압이 그림 8.2(a)와 같은 정현파라면 다이오드를 통과하여 나타내는 출력 파형은 그림 8.2(b)와 같이 비선형적 파형을 나타내게 된다. 그런데 여기서 주의할 것은 전자 소자를 통과하여 출력되는 비정현파 역시 정현파와 마찬가지로 일정한 주기성이 있다는 것이다. 따라서 입력에 인가된 정현량은 어떠한 비선형계에서도 주기적인 비정현량을 발생시킨다는 것이다.

8.2 푸리에 급수

푸리에 급수(Fourier series)는 프랑스의 수학자 푸리에(Joseph Baron Fourier, 1768 ~1830)에 의해서 개발되었으며, 비선형적 파형을 표현하는데 사용된다. 주파수가 다른 다수의 정현파가 합성된 것으로서 푸리에 급수로 나타낼 수 있다. 주기 함수를 사인(sine)과 코사인(cosine)의 직교성(直交性, orthogonality)을 이용하여 사인과 코사인의 무한한 합으로 전개하는 것을 말한다. 그림 8.3은 비정현파의 합성 예를 나타낸 것이다. 그림 8.3(a)는 기본파와 제3고조파를 합성한 것을 나타낸 것이며, 그림 8.3(b)는 기본파와 제2고조파를 합성한 파형이다. 실선으로 표시된 비정현주기파 $f(t)$의 주파수(周波數, frequency)와 진폭(振幅, amplitude)을 달리하는 다른 정현파들의 합성에 의해 구할 수 있음을 나타내고 있다.

그러므로 n이 정수일 때 $f(t) = f(t+nT)$의 관계를 만족하는 비정현파는 다음과 같이 주파수와 진폭을 달리하는 무수히 많은 여현항과 정현항의 합으로 표시할 수 있으며, 이것을 푸리에 급수에 의한 전개라 한다.

$$\begin{aligned} f(t) &= a_0 + a_1\cos\omega t + a_2\cos 2\omega t + \cdots + a_n\cos n\omega t + \cdots \\ &\quad + b_1\sin\omega t + b_2\sin 2\omega t + \cdots + b_n\sin n\omega t + \cdots \\ &= a_0 + \sum_{n=1}^{\infty} a_n\cos n\omega t + \sum_{n=1}^{\infty} b_n\sin n\omega t \end{aligned} \tag{8.1}$$

a_0을 직류 성분, a_1 및 b_1의 항을 기본파, 이하는 제2조파, 제3조파 등이라 부르고, 제2조파 이하는 모두 고조파(高調波, harmonics)라 한다. 그리고 식 (8.1)에서 동일 주파수의 정현항과 여현항을 합성하여 정리하면 다음과 같이 간략화 할 수 있다.

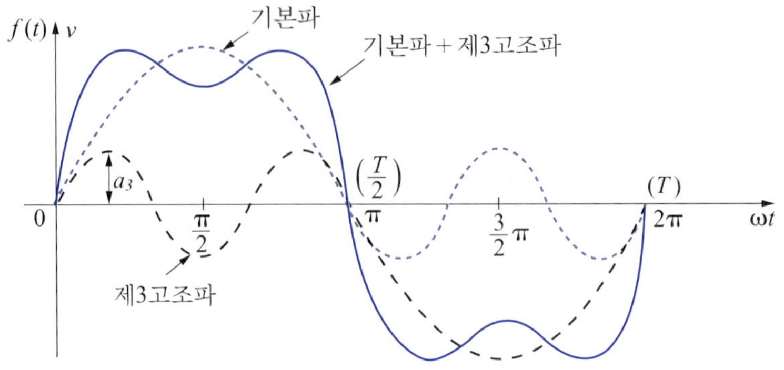

(a) $f(t) = a_1 \sin\omega t - a_3 \sin 3\omega t$

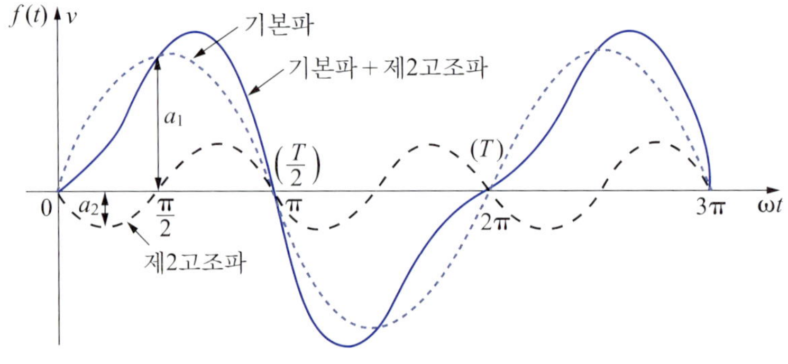

(b) $f(t) = a_1 \sin\omega t - a_2 \sin 2\omega t$

그림 8.3 비정현파의 합성 예

$$
\begin{aligned}
f(t) &= a_0 + A_1 \sin(\omega t + \psi_1) + A_2 \sin(2\omega t + \psi_2) + A_3 \sin(3\omega t + \psi_3) + \cdots \\
&= a_0 + \sum_{n=1}^{\infty} A_n \sin(n\omega t + \psi_n)
\end{aligned}
\tag{8.2}
$$

단, $A_n = \sqrt{a_n^2 + b_n^2}$, $\psi_n = \tan^{-1}\dfrac{a_n}{b_n}$

즉, 회로 해석에 적용할 때 상수항 a_0는 시간 함수 t와 각주파수 ω에 무관한 일정치의 직류 성분을 의미하며, a_0 이외의 항은 다양한 주파수를 갖는 정현파 성분으로 나타낼 수 있음을 알 수 있다. 그리고 정현파 성분 중에서 $A_1 \sin(\omega t + \psi_1)$은 왜형파와 동일 주파수를 갖는 기본이 되는 파형이다. 따라서 주파수가 기본파의 2, 3, 4, ⋯, n배가 되는 파를 각각 제2고조파, 제3고조파, ⋯, 제n고조파라 한다. 그러므로 일반적인 비정현파는 다음과 같은 관계가 있음을 알 수 있다.

$$\text{비정현파} = (\text{직류 성분}) + (\text{기본파}) + (\text{고조파}) \tag{8.3}$$

식 (8.3)과 같이 분해하여 나타내는 것을 푸리에 분석(fourier analysis) 또는 조파 분석(調波 分析, harmonic analysis)이라 한다. 그리고 식 (8.2)에서 진폭 A_n는 각주파수 ω에 대한 진폭 스펙트럼(amplitude spectrum)이며, 위상 ψ_n은 각주파수 ω에 대한 위상 스펙트럼(phase spectrum)이라 한다. 이와 같이 진폭 및 위상 스펙트럼을 합해서 일반적으로 주파수 스펙트럼(frequency spectrum)이라고 한다.

1 직류 성분의 결정

푸리에 급수에서 직류 성분 a_0을 제외한 항들은 모두 정현항과 여현항으로 구성되어 있어서 이들의 정(正)의 파형과 부(負)의 파형 면적이 같으므로 1주기 구간의 적분 값을 구하면 '0'이 된다. 따라서 식 (8.1)에 대한 1주기 구간의 평균치를 구하면 상수항 a_0가 결정된다. 즉, a_0는 주기성 비정현파 $f(t)$의 평균값이 됨을 알 수 있다.

$$a_0 = \frac{1}{T}\int_0^T f(t)\,dt = \frac{1}{2\pi}\int_0^{2\pi} f(\omega t)\,d(\omega t) \tag{8.4}$$

2 여현항 a_n의 결정

푸리에 급수에서 여현항을 구하기 위해서 식 (8.1)의 양변에 $\cos m\omega t$를 곱하고 1주기 구간을 적분하면 다음과 같은 수식을 얻을 수 있다.

$$\begin{aligned}\int_0^T f(t)\cdot\cos m\omega t\,dt &= a_0\int_0^T \cos m\omega t\,dt + \sum_{n=1}^{\infty} a_n\int_0^T \cos n\omega t\cdot\cos m\omega t\,dt \\ &\quad + \sum_{n=1}^{\infty} b_n\int_0^T \sin n\omega t\cdot\cos m\omega t\,dt \end{aligned} \tag{8.5}$$

우변의 제1항은 여현항으로 1주기 구간의 적분 값은 '0'이 된다. 그리고 우변의 제2항은 다음과 같이 표현된다.

$$a_n\int_0^T \cos n\omega t \cdot \cos m\omega t\,dt = a_n\int_0^T \frac{1}{2}\{\cos(n+m)\omega t + \cos(n-m)\omega t\}\,dt \tag{8.6}$$

$$\because\ \cos x \cdot \cos y = \frac{1}{2}\{\cos(x+y) + \cos(x-y)\}$$

그러므로 여현항 a_n은 다음과 같은 관계가 성립한다.

① $m \neq n$일 때는 '0'이다.

② $m = n$일 때는 $\frac{T}{2}a_n$의 관계가 성립된다.

또한, 제3항은 정현항으로 다음과 같이 표현된다.

$$b_n\int_0^T \sin n\omega t \cdot \cos m\omega t\,dt = b_n\int_0^T \frac{1}{2}\{\sin(n+m)\omega t + \sin(n-m)\omega t\}\,dt \tag{8.7}$$

즉, $m \neq n$이거나 $m = n$에 관계없이 항상 '0'이 된다. 결국 식 (8.5)는 $m = n$일 때 한하여 $\frac{T}{2}a_n$이 되고 이 외에서는 모두 '0'이 되는 것을 알 수 있으므로 다음과 같이 간략하게 표현된다.

$$\int_0^T f(t) \cdot \cos n\omega t\,dt = \frac{T}{2}a_n \tag{8.8}$$

그러므로 여현항 a_n은 다음과 같이 구할 수 있다.

$$a_n = \frac{2}{T}\int_0^T f(t) \cdot \cos n\omega t\,dt = \frac{1}{\pi}\int_0^{2\pi} f(\omega t) \cdot \cos n\omega t\,d(\omega t) \tag{8.9}$$

단, $n = 1,\ 2,\ 3,\ \cdots$

3 정현항 b_n의 결정

푸리에 급수에서 정현항을 구하기 위해서 식 (8.1)의 양변에 $\sin m\omega t$를 곱하고 1주기 구간을 적분하면 다음과 같은 수식을 얻을 수 있다.

$$\int_0^T f(t)\cdot\sin m\omega t\,dt = a_0\int_0^T \sin m\omega t\,dt + \sum_{n=1}^{\infty} a_n\int_0^T \cos n\omega t\cdot\sin m\omega t\,dt$$
$$+\sum_{n=1}^{\infty} b_n\int_0^T \sin n\omega t\cdot\sin m\omega t\,dt \tag{8.10}$$

우변의 제1항은 정현항으로 1주기 구간의 적분 값은 '0'이 된다. 그리고 우변의 제2항은 다음과 같이 표현할 수 있다.

$$a_n\int_0^T \cos n\omega t\cdot\sin m\omega t\,dt = a_n\int_0^T \frac{1}{2}\{\sin(n+m)\omega t+\sin(n-m)\omega t\}\,dt \tag{8.11}$$
$$\because\ \cos x\cdot\sin y = \frac{1}{2}\{\sin(x+y)+\sin(x-y)\}$$

즉, $m\neq n$이거나 $m=n$에 관계없이 항상 '0'이 된다. 그리고 제3항은 정현항의 곱으로 다음과 같이 표현된다.

$$b_n\int_0^T \sin n\omega t\cdot\sin m\omega t\,dt = -b_n\int_0^T \frac{1}{2}\{\cos(n+m)\omega t-\cos(n-m)\omega t\}\,dt \tag{8.12}$$
$$\because\ \sin x\cdot\sin y = \frac{1}{2}\{\cos(x+y)-\cos(x-y)\}$$

결국 식 (8.12)는 $m=n$일 때 한하여 $\frac{T}{2}b_n$이 되고 이 외에서는 모두 '0'이 되는 것을 알 수 있다. 따라서 식 (8.8)은 다음과 같이 간략하게 표현된다.

$$\int_0^T f(t)\cdot\sin n\omega t\,dt = \frac{T}{2}b_n \tag{8.13}$$

그러므로 정현항 b_n은 다음과 같이 결정된다.

$$b_n = \frac{2}{T}\int_0^T f(t)\cdot\sin n\omega t\,dt = \frac{1}{\pi}\int_0^{2\pi} f(\omega t)\cdot\sin n\omega t\,d(\omega t) \tag{8.14}$$

단, $n=1,\ 2,\ 3,\ \cdots$

예제 8.1 그림 8.4와 같은 직사각형의 전류를 푸리에 급수로 전개하시오.

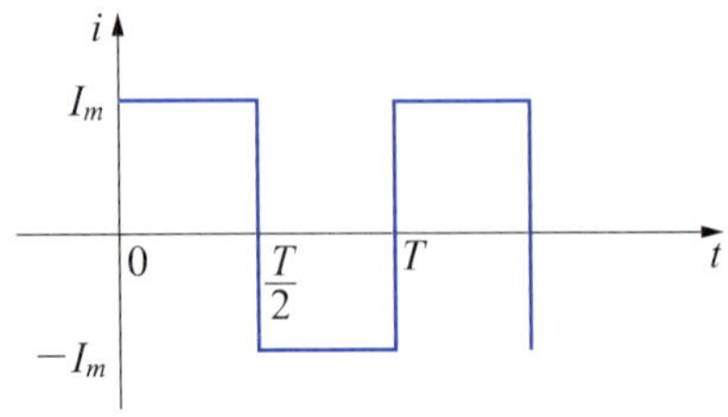

그림 8.4 직사각파의 전류 파형

풀이 주어진 파형에 대한 1주기 구간의 수식은 다음과 같다.

$$i(t) = \begin{cases} I_m & \left(0 \le t \le \dfrac{T}{2}\right) \\ -I_m & \left(\dfrac{T}{2} \le t \le T\right) \end{cases}$$

따라서 본 파형은 원점 대칭인 기함수(奇函數, odd function)인 것을 알 수 있다. 그러므로 푸리에 급수로 전개하였을 때 각각의 계수 a_0, a_n, b_n를 구하면 다음과 같다.

① 기함수이므로 1주기 구간의 직류 성분의 평균값 $a_0 = 0$이다.

② $$a_n = \frac{2}{T}\int_0^T i(t)\cdot\cos n\omega t\,dt = \frac{2}{T}\left(\int_0^{T/2} I_m\cdot\cos n\omega t\,dt + \int_{T/2}^{T}(-I_m)\cdot\cos n\omega t\,dt\right) = 0$$

③ $$b_n = \frac{2}{T}\int_0^T i(t)\cdot\sin n\omega t\,dt$$
$$= \frac{2}{T}\left(\int_0^{T/2} I_m\cdot\sin n\omega t\,dt + \int_{T/2}^{T}(-I_m)\cdot\sin n\omega t\,dt\right)$$
$$= \frac{2I_m}{2\pi n}\left([-\cos n\omega t]_0^{\pi} + [\cos n\omega t]_{\pi}^{2\pi}\right)$$
$$= \begin{cases} \dfrac{4I_m}{n\pi} & (n = 1, 3, 5, \cdots) \\ 0 & (n = 2, 4, 6, \cdots) \end{cases}$$

따라서 푸리에 급수로 직사각파의 순시 전류는 다음과 같이 표현된다.

$$i(t) = \sum_{n=1}^{\infty} b_n \sin n\omega t$$

$$= \sum_{n=1}^{\infty} \frac{4I_m}{n\pi} \sin n\omega t$$

$$= \frac{4I_m}{\pi} \left\{ \sin\omega t + \frac{1}{3}\sin 3\omega t + \frac{1}{5}\sin 5\omega t + \cdots + \frac{1}{2n-1}\sin(2n-1)\omega t + \cdots \right\} [\text{A}]$$

예제 8.2 그림 8.5와 같은 반파 정류 파형을 푸리에 급수로 전개하시오.

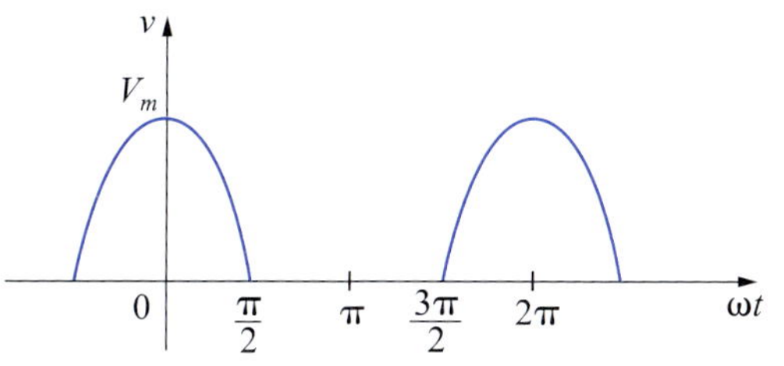

그림 8.5 반파 정류 파형

풀이 주어진 파형은 세로축 대칭인 여현 파형으로 우함수(偶函數, even function)이므로 1주기 구간의 정현항 $b_0=0$이고, 직류 성분 a_0 및 여현항 a_n를 각각 구하면 된다.

① 직류 성분 a_0는 다음과 같다.

$$a_0 = \frac{1}{\pi}\int_0^{\pi} v\, d(\omega t) = \frac{1}{\pi}\int_0^{\pi/2} V_m \cos\omega t\, d(\omega t) = \frac{V_m}{\pi}[\sin\omega t]_0^{\pi/2} = \frac{V_m}{\pi}$$

② 여현항 a_n은 다음과 같다.

$$a_n = \frac{2}{\pi}\int_0^{\pi} v \cdot \cos n\omega t\, d(\omega t) = \frac{2}{\pi}\int_0^{\pi/2} V_m \cos\omega t \cdot \cos n\omega t\, d(\omega t)$$

$$= \frac{2V_m}{\pi}\int_0^{\pi/2} \frac{1}{2}\{\cos(n+1)\omega t + \cos(n-1)\omega t\}\, d(\omega t)$$

$$= \frac{V_m}{\pi}\left[\frac{\sin(n+1)\omega t}{n+1} + \frac{\sin(n-1)\omega t}{n-1}\right]_0^{\pi/2}$$

$$= \frac{V_m}{\pi}\left\{\frac{1}{n+1}\sin\frac{(n+1)\pi}{2} + \frac{1}{n-1}\sin\frac{(n-1)\pi}{2}\right\}$$

i) $n=1$일 때

$$a_n = \frac{2}{\pi}\int_0^{\pi/2} V_m \cos^2\omega t\, d(\omega t) = \frac{2V_m}{\pi}\int_0^{\pi/2} \frac{1+\cos 2\omega t}{2} d(\omega t) = \frac{V_m}{2}$$

ii) $n \neq 1$일 때 모든 기수 a_n은 '0'이다.

iii) $n=2,\ 6,\ 10,\ \cdots$일 때

$$a_n = \frac{V_m}{\pi}\left(-\frac{1}{n+1} + \frac{1}{n-1}\right) = \frac{2V_m}{\pi} \cdot \frac{1}{n^2-1}$$

iv) $n=4,\ 8,\ 12,\ \cdots$일 때

$$a_n = \frac{V_m}{\pi}\left(\frac{1}{n+1} - \frac{1}{n-1}\right) = \frac{2V_m}{\pi} \cdot \frac{-1}{n^2-1}$$

그러므로 푸리에 급수로 반파 정류 파형의 순시값은 다음과 같이 표현된다.

$$\begin{aligned} v &= a_0 + a_n \\ &= \frac{V_m}{\pi} + \frac{V_m}{2}\cos\omega t + \frac{2V_m}{\pi}\left\{\frac{1}{3}\cos 2\omega t - \frac{1}{15}\cos 4\omega t + \cdots\right\} \text{[V]} \end{aligned}$$

8.3 특수한 파형의 비정현파

특수한 파형의 비정현파가 대칭성을 나타낼 때 수학적인 개념을 적용하면 이들에 대한 푸리에 급수 변환은 쉽게 해결할 수 있다. 어떤 파형이 기함수인지 우함수인지 반파대칭인지 등이 확인되었다면 푸리에 급수의 전개식에서 계수 중 a_n, b_n은 반주기 구간만을 계산하여 결과를 알 수 있다.

1 정현 대칭파(기함수파)

그림 8.6과 같이 정현 대칭파인 비정현파가 있다고 하면 이 함수는 원점 대칭(原點對稱, origin symmetry)이므로 홀수 함수 또는 기함수(奇函數, odd function)이다. 그러므로 이와 같은 기함수 파형은 다음과 같은 관계가 있다.

$$f(x) = -f(-x) \tag{8.15}$$

$$f(t) = -f(-t) \tag{8.16}$$

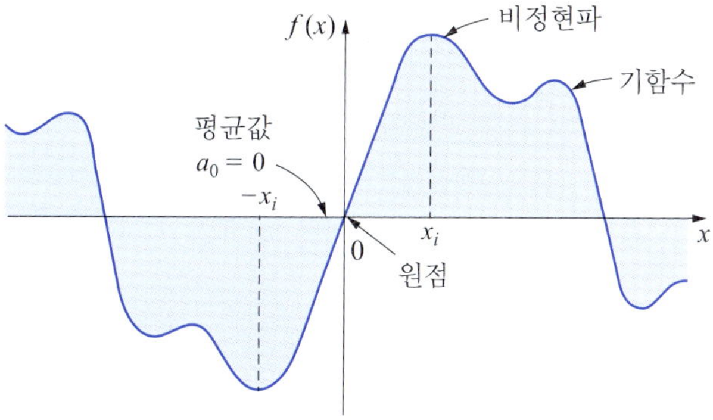

그림 8.6 기함수파

이런 파형은 1주기 구간의 평균값은 '0'이므로 직류 성분 $a_0=0$이다. 푸리에 전개식을 이용하여 정리하면 다음과 같이 $f(x)$와 $-f(-x)$는 각각 다음과 같이 표현된다.

$$f(x) = \sum_{n=1}^{\infty} a_n \cos nx + \sum_{n=1}^{\infty} b_n \sin nx \tag{8.17}$$

$$\begin{aligned} -f(-x) &= -\sum_{n=1}^{\infty} a_n \cos n(-x) - \sum_{n=1}^{\infty} b_n \sin n(-x) \\ &= -\sum_{n=1}^{\infty} a_n \cos nx + \sum_{n=1}^{\infty} b_n \sin nx \end{aligned} \tag{8.18}$$

식 (8.17) 및 식 (8.18)이 x의 값에 관계없이 항상 성립하려면 cosine 성분은 존재하지 않고 sine 성분만 존재해야 하므로 푸리에 급수 식은 다음과 같이 표현된다.

$$\begin{aligned} f(x) &= \sum_{n=1}^{\infty} b_n \sin nx \\ &= b_1 \sin x + b_2 \sin 2x + b_3 \sin 3x + \cdots \end{aligned} \tag{8.19}$$

이와 같이 정현 대칭파인 기함수는 정(正)의 파형과 부(負)의 파형이 서로 같기 때문에 b_n을 구할 때 반파장 또는 반주기만을 적분하면 되는 것이다.

$$b_n = \frac{2}{\pi}\int_0^{\pi} f(x) \cdot \sin nx\, dx = \frac{4}{T}\int_0^{T/2} f(t) \cdot \sin n\omega t\, dt \tag{8.20}$$

2 여현 대칭파(우함수파)

그림 8.7과 같이 여현 대칭파인 비정현파가 있다고 하면 이 함수는 축대칭(軸對稱, axis symmetry)이므로 짝수 함수 또는 우함수(偶函數, even function)이다. 그러므로 이와 같은 우함수 파형은 다음과 같은 관계가 있다.

$$f(x) = f(-x) \tag{8.21}$$

$$f(t) = f(-t) \tag{8.22}$$

푸리에 전개식을 이용하여 정리하면 다음과 같이 $f(x)$와 $f(-x)$는 각각 다음과 같이 표현된다.

$$f(x) = a_0 + \sum_{n=1}^{\infty} a_n \cos nx + \sum_{n=1}^{\infty} b_n \sin nx \tag{8.23}$$

$$\begin{aligned} f(-x) &= a_0 + \sum_{n=1}^{\infty} a_n \cos n(-x) + \sum_{n=1}^{\infty} b_n \sin n(-x) \\ &= a_0 - \sum_{n=1}^{\infty} a_n \cos nx + \sum_{n=1}^{\infty} b_n \sin nx \end{aligned} \tag{8.24}$$

식 (8.23) 및 식 (8.24)는 x의 값에 관계없이 항상 성립하려면 sine 성분은 존재하지 않고, cosine 성분만 존재해야 하므로 푸리에 급수 식은 다음과 같이 표현된다.

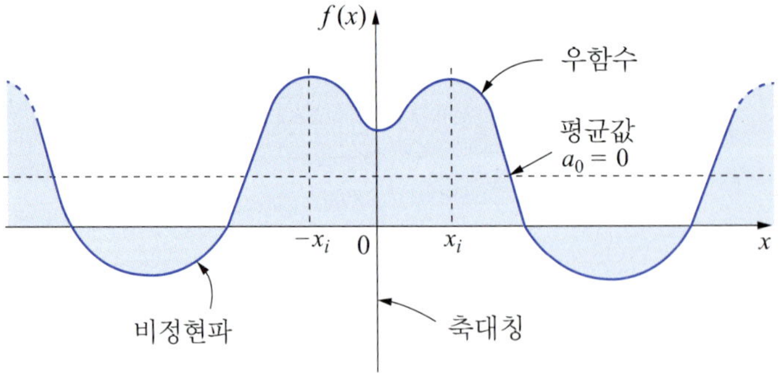

그림 8.7 우함수파

$$f(x) = a_0 + \sum_{n=1}^{\infty} a_n \cos nx$$
$$= a_o + a_1 \cos x + a_2 \cos 2x + a_3 \cos 3x + \cdots \quad (8.25)$$

이와 같이 여현 대칭파인 우함수는 축대칭이므로 한 주기의 파장을 구하는 대신 반파장 또는 반주기만을 적분하여 값을 구하고, 2배함으로서 편리하게 값을 구할 수 있다.

$$a_n = \frac{2}{\pi}\int_0^{\pi} f(x) \cdot \cos nx\, dx = \frac{4}{T}\int_0^{T/2} f(t) \cdot \cos n\omega t\, dt \quad (8.26)$$

3 반파 대칭파(거울 대칭)

그림 8.8과 같이 반파 대칭인 비정현파가 있다고 하면 이 함수는 거울 대칭(mirror symmetry)이므로 크기는 같고 부호가 반대이므로 다음과 같은 관계가 성립한다.

$$f(x) = -f(x+\pi) \quad (8.27)$$

$$f(t) = -f\left(t + \frac{T}{2}\right) \quad (8.28)$$

이런 파형은 정(正)의 파형 및 부(負)의 파형이 서로 면적이 같기 때문에 직류 성분을 나타내는 $a_0 = 0$이 된다. 푸리에 전개식을 이용하여 정리하면 다음과 같이 $f(x)$와 $-f(-x)$는 각각 다음과 같이 표현된다.

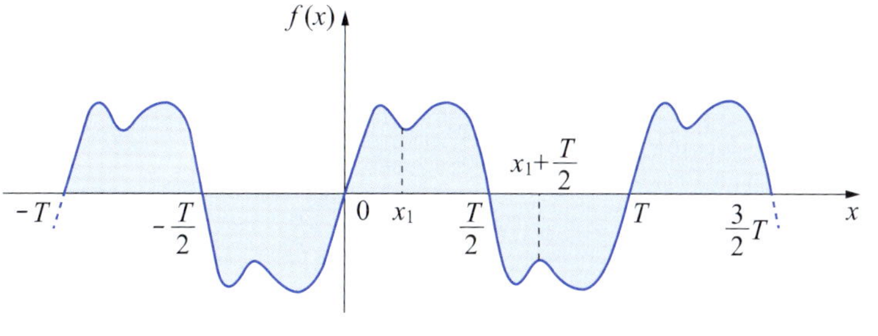

그림 8.8 거울 대칭파

$$f(x) = \sum_{n=1}^{\infty} a_n \cos nx + \sum_{n=1}^{\infty} b_n \sin nx \tag{8.29}$$

$$\begin{aligned} -f(x+\pi) &= -\left\{ \sum_{n=1}^{\infty} a_n \cos n(x+\pi) + \sum_{n=1}^{\infty} b_n \sin n(x+\pi) \right\} \\ &= -\sum_{n=1}^{\infty} (-1)^n a_n \cos nx - \sum_{n=1}^{\infty} (-1)^n b_n \sin nx \end{aligned} \tag{8.30}$$

식 (8.29) 및 식 (8.30)이 항상 같아지기 위해서 n은 홀수가 되어야 한다. 반파 대칭의 경우도 정(正)의 파형과 부(負)의 파형이 서로 같기 때문에 a_n, b_n을 구할 때 반파장 또는 반주기만을 적분하여 2배하면 되는 것이다.

$$a_n = \frac{2}{\pi}\int_0^{\pi} f(x) \cdot \cos nx\, dx = \frac{4}{T}\int_0^{T/2} f(t) \cdot \cos n\omega t\, dt \tag{8.31}$$

$$b_n = \frac{2}{\pi}\int_0^{\pi} f(x) \cdot \sin nx\, dx = \frac{4}{T}\int_0^{T/2} f(t) \cdot \sin n\omega t\, dt \tag{8.32}$$

단, n은 홀수이다.

결국 반파 대칭을 푸리에 급수로 나타내면 다음과 같다.

$$\begin{aligned} f(x) &= a_1 \cos x + a_2 \cos 3x + a_3 \cos 5x + \cdots \\ &\quad + b_1 \sin x + b_3 \sin 3x + b_5 \sin 5x + \cdots \end{aligned} \tag{8.33}$$

예제 8.3 그림 8.9와 같은 톱니파의 전압을 푸리에 급수로 전개하시오.

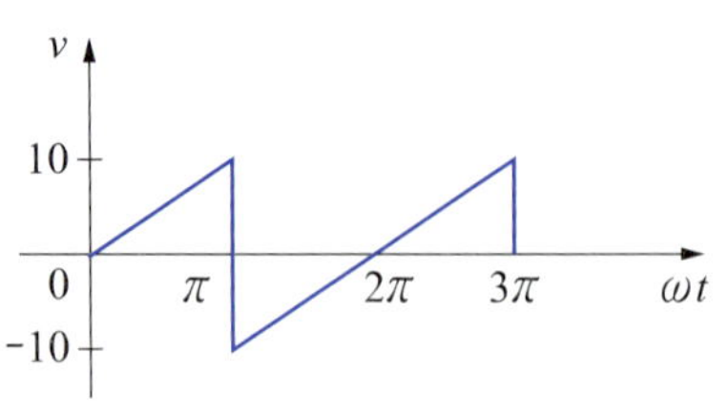

그림 8.9 톱니파의 전압 파형

풀이 톱니파는 기함수이고, 원점 대칭이므로 직류 성분과 여현항의 계수는 0이 된다. 따라서 정현항의 계수 b_n만을 구하면 된다.

$0 \leq t \leq \pi$에서 $v(\omega t) = \frac{V_m}{\pi}\omega t$이므로 정현항의 계수 b_n은 다음과 같다.

$$b_n = \frac{2}{\pi}\int_0^{\pi} v(\omega t)\cdot \sin n\omega t \, d(\omega t) = \frac{2}{\pi}\int_0^{\pi}\frac{V_m}{\pi}\omega t \cdot \sin n\omega t \, d(\omega t)$$

$$= \frac{2\,V_m}{\pi}\left\{-\frac{(-1)^n}{n}\right\} = \frac{2\times 10}{\pi}\left\{-\frac{(-1)^n}{n}\right\}$$

$$\because \int u'v\,dx = uv - \int uv'\,dx \qquad \text{단, } u = f(x),\ v = g(x)$$

$$v(t) = \frac{20}{\pi}\left\{\sin\omega t - \frac{1}{2}\sin 2\omega t + \frac{1}{3}\sin 3\omega t - \frac{1}{4}\sin 4\omega t + \cdots + \frac{(-1)^{n+1}}{n}\sin n\omega t + \cdots\right\} [\text{V}]$$

예제 8.4 그림 8.10과 같은 삼각파의 파형을 푸리에 급수로 전개하시오.

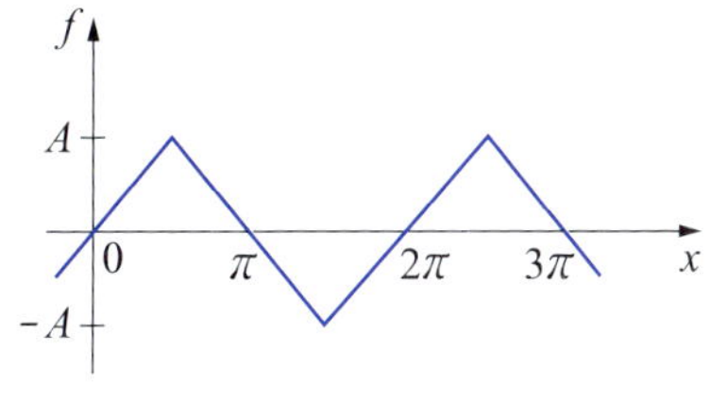

그림 8.10 삼각파의 파형

풀이 삼각파는 기함수이고, 반파 대칭 파형이므로 푸리에 급수에 의한 전개식은 n이 홀수인 정현항의 계수 b_n만을 구하면 된다. 그리고 b_n을 구하는 것은 함수의 특성에서 알 수 있듯이 1/4 주기를 적분하여 구하고, 그 값에 4배를 하면 된다.

$0 \leq t \leq \frac{\pi}{2}$에서 $f(x) = \frac{2A}{\pi}x$이므로 정현항의 계수 b_n은 다음과 같다.

$$b_n = 4\cdot\frac{1}{\pi}\int_0^{\pi/2} f(x)\cdot \sin nx\,dx = 4\cdot\frac{1}{\pi}\int_0^{\pi/2}\frac{2A}{\pi}x\cdot\sin nx\,dx$$

$$= \frac{8A}{\pi^2}\left\{-\frac{1}{n}\left(\frac{\pi}{2}\cdot\cos n\cdot\frac{\pi}{2}\right) + \frac{1}{n^2}\sin n\cdot\frac{\pi}{2}\right\}$$

단, n은 홀수이다.

$$b_n = \begin{cases} \dfrac{8A}{n^2\pi^2} & (n = 1, 5, 9, 13, \cdots) \\ \dfrac{-8A}{n^2\pi^2} & (n = 3, 7, 1, 15, \cdots) \end{cases}$$

$$f(t) = \frac{8A}{\pi^2}\left(\sin\omega t - \frac{1}{3^2}\sin 3\omega t + \frac{1}{5^2}\sin 5\omega t - \frac{1}{7^2}\sin 7\omega t + \cdots\right)$$

8.4 비정현파의 실효값 및 평균값

주기적인 시간 가변 전류 및 전압의 크기를 정의하는 방법은 산술적 평균값 외에 전력적인 측면에서의 실효값($r.m.s$; root mean square value or effective value)이 있다. 실효값은 순시값 $i(t)$의 제곱에 대한 평균값의 평방근으로 전류, 전압의 실효값은 I, V와 같이 대문자로 표기함으로써 순시적인 i, v 및 최대값 I_m, V_m과 구분하여 다음과 같이 표현된다.

$$I_{r.m.s} = \sqrt{\frac{1}{T}\int_0^T i^2\,dt} = \sqrt{\frac{1}{2\pi}\int_0^{2\pi} i^2\,d(\omega t)}\ [\mathrm{A}] \tag{8.34}$$

그러므로 비정현파에서의 순시값은 주기적인 정현파의 순시값과 차이가 있고, 다음과 같이 전개할 수 있다.

$$\begin{aligned} i = {} & I_0 + I_{m1}\sin(\omega t + \psi_1) + I_{m2}\sin(2\omega t + \psi_2) \\ & + \cdots + I_{mn}\sin(n\omega t + \psi_n) + \cdots\ [\mathrm{A}] \end{aligned} \tag{8.35}$$

식 (8.35)를 제곱하여 이를 전개해 보면 다음과 같은 네 종류의 항이 포함되어 있음을 알 수 있다.

① I_0^2 (8.36)

② $I_{mn}^2\sin^2(n\omega t + \psi_n)$ (8.37)

③ $I_0 \cdot I_{mn}\sin^2(n\omega t + \psi_n)$ (8.38)

④ $I_{mn} \cdot I_{ml}\sin(n\omega t + \psi_n) \cdot \sin(l\omega t + \psi_l)$ (8.39)

n, l은 임의의 양(陽)의 정수이며, ④의 경우는 $n = l$이다. 따라서 각각의 항에 대한 평균값을 구하면 다음과 같다.

$$① \quad \frac{1}{2\pi}\int_0^{2\pi} I_0^2 \cdot d(\omega t) = I_0^2 \tag{8.40}$$

$$② \quad \frac{1}{2\pi}\int_0^{2\pi} I_{mn}^2 \sin^2(n\omega t + \psi_n)\, d(\omega t) = \frac{I_{mn}^2}{2} = I_n^2 \ (\text{단, } I_n\text{은 실효값}) \tag{8.41}$$

$$③ \quad \frac{1}{2\pi}\int_0^{2\pi} I_0 \cdot I_{mn} \sin^2(n\omega t + \psi_n)\, d(\omega t) = 0 \tag{8.42}$$

$$④ \quad \frac{1}{2\pi}\int_0^{2\pi} I_{mn} \cdot I_{ml} \sin(n\omega t + \psi_n) \cdot \sin(l\omega t + \psi_l)\, d(\omega t) = 0 \tag{8.43}$$

그러므로 비정현파에서도 정현파와 같이 실효의 전류값 및 전압값 등으로 표현된다.

$$I_{r.m.s} = \sqrt{I_0^2 + \sum I_n^2} = \sqrt{I_0^2 + I_1^2 + I_2^2 + \cdots} \ [\mathrm{A}] \tag{8.44}$$

$$V_{r.m.s} = \sqrt{V_0^2 + \sum V_n^2} = \sqrt{V_0^2 + V_1^2 + V_2^2 + \cdots} \ [\mathrm{V}] \tag{8.45}$$

결국 일반적인 비정현 주기파의 실효값은 직류 성분과 기본항 그리고 각 고조파 실효값에 대해 제곱의 합에 대한 평방근으로 표현된다는 것을 알 수 있다. 그러므로 비정현파의 평균값은 그 값을 구하는 목적에 따라 정의가 달라진다.

직류 성분을 포함하는 정류파에서는 1주기 구간의 산술 평균을 구하면 되고, 대칭 파형에서는 정현파를 구하는 방법과 같이 반주기 구간에 대한 산술 평균을 구하면 된다. 우리가 일상적으로 사용하는 교류전압계, 전류계 등은 파형이 정현파이든 비정현파이든 단지 실효값을 지시하지만 가동코일형 계기는 평균값을 지시한다는 사실을 혼동해서는 안 된다.

그리고 비정현파에서 기본파에 비해 고조파 성분이 어느 정도 포함되어 있는가를 나타내는 것이 왜율(歪率, distortion factor)이다. 왜율은 정현파를 기준 파형으로 하고 있으므로 정현파와 유사한 파형일수록 왜율이 적은 값을 나타낸다.

$$\text{왜율} = \frac{\text{전고조파의 실효값}}{\text{기본파의 실효값}} = \frac{\sqrt{I_2^2 + I_3^2 + I_4^2 + \cdots}}{I_1} \tag{8.46}$$

예제 8.5 어떤 비정현파의 순시 전류 $i=5+10\sqrt{2}\sin\omega t+20\sin(3\omega t-\pi/3)$ [A]로 표시될 때 전류의 실효값은 얼마인가?

풀이 비정현파에서도 정현파와 같이 실효값은 다음과 같은 식을 적용한다.

$$I_{r.m.s}=\sqrt{I_0^2+I_1^2+I_3^2}=\sqrt{5^2+\left(\frac{10\sqrt{2}}{\sqrt{2}}\right)^2+\left(\frac{20}{\sqrt{2}}\right)^2}\fallingdotseq\sqrt{165}\fallingdotseq 12.8\,[\mathrm{A}]$$

8.5 비정현파 회로의 해석

R, L, C 회로 정수가 전압이나 전류의 크기에 의하여 변화하지 않는 선형 회로에서는 중첩의 원리가 성립한다. 따라서 회로에 중첩의 원리를 적용하여 직류 성분은 직류 성분만의 회로를 구하고, 교류 성분은 각 고조파마다 개별 회로로 분류하여 해석한 후 중첩하면 된다.

1 저항 R의 회로

저항 R만의 회로에 비정현파 전압 v가 다음과 같이 공급되었다고 가정하자.

$$v=V_0+V_{m1}\sin(\omega t+\psi_1)+V_{m2}\sin(2\omega t+\psi_2)+\cdots\ [\mathrm{V}] \tag{8.47}$$

그러므로 저항 R에 흐르는 전류 i는 중첩의 원리를 적용하여 정리하면 다음과 같은 전류가 흐른다.

$$i=\frac{V_0}{R}+\frac{V_{m1}}{R}\sin(\omega t+\psi_1)+\frac{V_{m2}}{R}\sin(2\omega t+\psi_2)+\cdots\ [\mathrm{A}] \tag{8.48}$$

즉, 저항에 흐르는 전류는 전압과 같은 파형이 된다.

2 인덕턴스 L의 회로

인덕턴스 L만을 갖는 이상적인 인덕턴스에 식 (8.47)의 전압이 인가되면 직류 성분의 전압 V_0에 대한 전류값은 나타나지 않고, 각각의 교류 성분에 대한 전압만이 나타난다. 이들 각 성분 전류를 합성하면 다음과 같은 전류가 흐른다.

$$i = \frac{V_{m1}}{\omega L}\sin\left(\omega t+\psi_1-\frac{\pi}{2}\right)+\frac{V_{m2}}{2\omega L}\sin\left(2\omega t+\psi_2-\frac{\pi}{2}\right) + \frac{V_{m3}}{3\omega L}\sin\left(3\omega t+\psi_2-\frac{\pi}{2}\right)+\cdots \ [\mathrm{A}] \tag{8.49}$$

즉, 정현파와 같이 비정현파의 인덕턴스만의 회로에서도 전류는 전압보다 위상이 $\pi/2$ 늦은 것을 알 수 있고, 각 고조파의 유도성 리액턴스 $n\omega L$은 주파수에 비례한다. 따라서 고조파의 차수가 높을수록 고조파 전류의 비율이 감소하여 전류 파형은 전압의 파형보다 일그러짐이 작아져서 정현파에 가깝게 된다.

3 커패시턴스 C의 회로

커패시턴스 C의 회로에 식 (8.47)의 전압이 인가되면 직류 성분의 전압 V_0에 대한 전류값은 나타나지 않고, 각각의 교류 성분에 대한 전압만이 나타난다. 이들 각 성분 전류를 합성하면 다음과 같은 전류가 흐른다.

$$i = \omega C V_{m1}\sin\left(\omega t+\psi_1+\frac{\pi}{2}\right)+2\omega C V_{m2}\sin\left(2\omega t+\psi_2+\frac{\pi}{2}\right) + 3\omega C V_{m2}\sin\left(3\omega t+\psi_3+\frac{\pi}{2}\right)+\cdots \ [\mathrm{A}] \tag{8.50}$$

즉, 용량성 리액턴스의 전류는 전압보다 위상이 $\pi/2$ 앞서는 것을 알 수 있고, 각 고조파의 리액턴스 $1/n\omega C$는 주파수에 반비례한다. 따라서 고조파의 차수가 높을수록 고조파 전류의 비율이 증가하여 전류 파형은 전압의 파형보다 일그러짐이 커지게 된다.

예제 8.6 저항 R은 10 [Ω]인 어떤 비정현파 회로가 있다. $v = 20 + 20\sqrt{2}\sin\omega t + 30\sqrt{2}\sin(3\omega t - \pi/3)$ [V]의 왜형파 전압을 인가할 때 회로의 순시값 및 실효값을 각각 구하시오.

풀이 회로에 흐르는 순시 전류 i는 다음과 같이 나타낼 수 있다.

$$i = \frac{v}{R} = \frac{20 + 20\sqrt{2}\sin\omega t + 30\sqrt{2}\sin(3\omega t - \pi/3)}{10}$$

$$= 2 + 2\sqrt{2}\sin\omega t + 3\sqrt{2}\sin(3\omega t - \pi/3)\ [\mathrm{A}]$$

그리고 전류의 실효값 I는 다음과 같다.

$$I_{r.m.s} = \sqrt{I_0^2 + I_1^2 + I_2^2 + I_3^2} = \sqrt{2^2 + 2^2 + 0^2 + 3^2} \fallingdotseq 4.12\ [\mathrm{A}]$$

8.6 R-L-C 직렬 회로와 고조파 공진 회로

어떤 전기회로 시스템에서 그림 8.11과 같은 R-L-C 직렬 회로가 있다. 여기에 $v = \sum_{n=1}^{\infty} \sqrt{2}\sin(n\omega t + \psi_n)$ [V]를 인가하면 다음과 같이 회로의 임피던스를 나타낼 수 있다.

$$\dot{Z}_n = R + j\left(n\omega L - \frac{1}{n\omega C}\right)\ [\Omega] \tag{8.51}$$

그리고 임피던스의 크기 및 위상은 각각 다음과 같다.

$$Z_n = \sqrt{R^2 + \left(n\omega L - \frac{1}{n\omega C}\right)^2}\ [\Omega] \tag{8.52}$$

$$\theta_n = \tan^{-1}\frac{n\omega L - \dfrac{1}{n\omega C}}{R}\ [\mathrm{rad}] \tag{8.53}$$

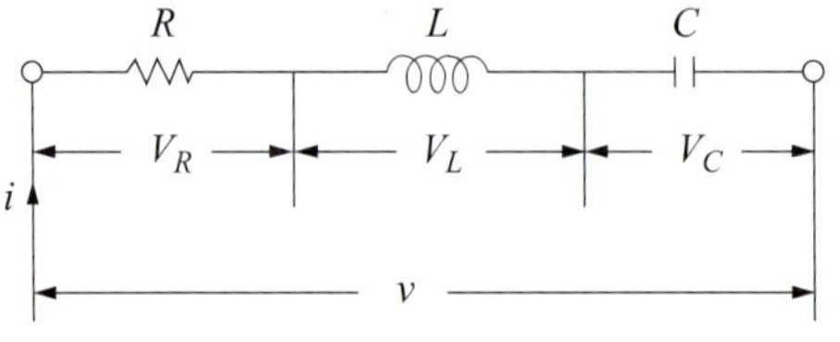

그림 8.11 R-L-C 직렬 회로

그러므로 회로에 흐르는 비정현파의 전류 i는 다음과 같이 나타낼 수 있다.

$$i = \sum_{n=1}^{\infty} \frac{\sqrt{2}\,V_n}{Z_n} \sin(n\omega t + \psi_n - \theta_n)\ [\mathrm{A}] \tag{8.54}$$

만일 식 (8.51)의 임피던스 중에서 리액턴스 부분이 '0'이 되었을 때 허수부는 다음과 같다.

$$\left(n\omega L - \frac{1}{n\omega C}\right) = 0 \tag{8.55}$$

그러므로 $1 - n^2\omega^2 LC = 0$이다. 따라서 정전 용량은 다음과 같다.

$$C = \frac{1}{n^2\omega^2 L}\ [\mathrm{F}] \tag{8.56}$$

식 (8.55)와 같은 조건이 회로에서 형성되면 제n고조파에 대하여 직렬 공진이 발생되어 제n차의 고조파가 증가하는데 이것을 고조파 공진(高調波 共振, harmonic resonance)이라 한다. 그리고 고조파 공진이 발생했을 때의 주파수는 다음과 같이 나타낸다.

$$f_r = \frac{1}{2\pi n\sqrt{LC}}\ [\mathrm{Hz}] \tag{8.57}$$

그림 8.12는 고조파 공진을 이용한 예를 나타낸 것이다. 부하와 병렬로 L-C 직렬 회로를 구성하고, 커패시턴스 $C = 1/n^2\omega^2 L$의 관계가 형성되면 제n차의 고조파 전류는 L-C 회로를 통과하여 바이패스 되므로 부하에는 제n차의 고조파 전류의 통과를 방지할 수 있는 것이다.

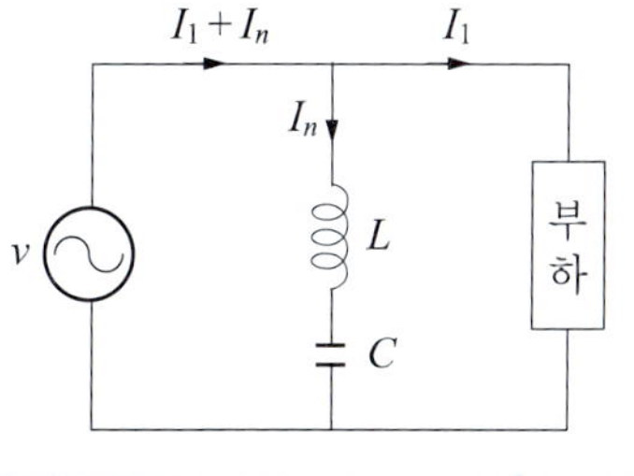

그림 8.12 고조파 통과 방지 회로

예제 8.7 어떤 $R-L$ 직렬 회로에서 $R=6\,[\Omega]$, $\omega L=8\,[\Omega]$일 때 다음과 같은 비정현파 전압이 공급된다면 회로에 흐르는 전류의 순시값 및 실효값은 얼마인가?

$v=6+100\sqrt{2}\sin(\omega t-\frac{\pi}{6})+50\sqrt{2}\sin 3\omega t\ [\mathrm{V}]$

풀이 ① 직류 성분 전류 I_0은 다음과 같다.

$$I_0 = \frac{V_0}{R} = \frac{6}{6} = 1\,[\mathrm{A}]$$

② 기본파 전류의 순시값 i_1, 임피던스 Z_1, 위상각 θ_1 등은 다음과 같다.

$$Z_1 = \sqrt{R^2+(\omega L)^2} = \sqrt{6^2+8^2} = 10\,[\Omega]$$

$$\theta_1 = \tan^{-1}\frac{\omega L}{R} = \tan^{-1}\frac{8}{6} \fallingdotseq 53°$$

$$i_1 = \frac{\sqrt{2}\,V_1}{Z_1}\sin\left(\omega t-\frac{\pi}{6}-\theta_1\right) = 10\sqrt{2}\sin(\omega t-83°)\,[\mathrm{A}]$$

③ 제3고조파 전류의 순시값 i_3, 임피던스 Z_3, 위상각 θ_3 등은 다음과 같다.

$$Z_3 = \sqrt{R^2+(3\omega L)^2} = \sqrt{6^2+(3\times 8)^2} = \sqrt{612} \fallingdotseq 25\,[\Omega]$$

$$\theta_3 = \tan^{-1}\frac{3\omega L}{R} = \tan^{-1}\frac{3\times 8}{6} \fallingdotseq 76°$$

$$i_3 = \frac{\sqrt{2}\,V_3}{Z_3}\sin(3\omega t-\theta_3) = 2\sqrt{2}\sin(3\omega t-76°)\,[\mathrm{A}]$$

따라서 순시 전류값 i는 다음과 같다.

$$\begin{aligned} i &= I_0+i_1+i_3 \\ &= 1+10\sqrt{2}\sin\left(\omega t-\frac{\pi}{6}-53°\right)+\frac{50\sqrt{2}}{25}\sin(3\omega t-76°) \\ &= 1+10\sqrt{2}\sin(\omega t-83°)+2\sqrt{2}\sin(3\omega t-76°)\,[\mathrm{A}] \end{aligned}$$

그리고 실효값 I는 다음과 같다.

$$I_{r.m.s} = \sqrt{I_0^2+I_1^2+I_3^2} = \sqrt{1^2+10^2+2^2} \fallingdotseq 10.25\,[\mathrm{A}]$$

8.7 비정현파 회로의 전력 및 등가 역률

비정현파의 전력도 그 전압과 전류의 순시값을 각각 v 및 i라 하면 순시 전력 $p = vi$로 표현되며, 정현파의 전력과 차이가 없음을 알 수 있다. 그러므로 비정현파의 순시값은 다음과 같이 표현된다.

$$\begin{aligned} v(t) &= V_0 + V_{m1}\sin(\omega t + \alpha_1) + V_{m2}\sin(2\omega t + \alpha_2) \\ &\quad + V_{m3}\sin(3\omega t + \alpha_3) + \cdots \ [\mathrm{V}] \end{aligned} \tag{8.58}$$

$$\begin{aligned} i(t) &= I_0 + I_{m1}\sin(\omega t + \beta_1) + I_{m2}\sin(2\omega t + \beta_2) \\ &\quad + I_{m3}\sin(3\omega t + \beta_3) + \cdots \ [\mathrm{A}] \end{aligned} \tag{8.59}$$

비정현파의 순시 전력도 평균 전력이므로 정현파의 평균 전력을 구하는 방법을 적용하면 된다.

$$P = \frac{1}{T}\int_0^T p\, dt = \frac{1}{T}\int_0^T vi\, dt \ [\mathrm{W}] \tag{8.60}$$

그러므로 식 (8.58)과 식 (8.59)를 곱한 결과는 다음과 같은 4가지 항으로 분류될 수 있다.

① 직류 성분의 곱; $V_0 I_0$

② 직류 성분, 교류 성분; $V_0 I_{mn}\sin(n\omega t + \beta_n)$ 또는 $I_0 V_{mn}\sin(n\omega t + \alpha_n)$

③ 주파수가 같은 두 정현파의 곱; $V_{mn} I_{mn}\sin(n\omega t + \alpha_n) \cdot \sin(n\omega t + \beta_n)$

④ 주파수가 다른 두 정현파의 곱; $V_{mn} I_{ml}\sin(n\omega t + \alpha_n) \cdot \sin(l\omega t + \beta_l)$

이들 각 항에 대한 1주기 기간의 평균값을 구해보면 ①항은 $V_0 I_0$이고, ②항 및 ④항은 정현파의 실효값을 구할 때와 같은 방법을 적용하여 구할 때 그 값은 '0'이 된다. 그리고 ③항은 다음과 같이 구할 수 있다.

$$\begin{aligned} P &= \frac{1}{T}\int_0^T V_{mn} I_{mn}\sin(n\omega t + \alpha_n) \cdot \sin(n\omega t + \beta_n) dt \\ &= \frac{V_{mn} I_{mn}}{T}\int_0^T \sin(n\omega t + \alpha_n) \cdot \sin(n\omega t + \alpha_n - \theta_n) dt \ [\mathrm{W}] \end{aligned} \tag{8.61}$$

단, $\beta_n = \alpha_n - \theta_n$에서 $\theta_n = \alpha_n - \beta_n$; 제$n$고조파의 전압, 전류의 위상차를 계산하면 다음과 같다.

$$\frac{1}{2} V_{mn} I_{mn} \cos\theta_n = V_n I_n \cos\theta_n;\ V_n,\ I_n \text{은 각 고조파의 실효값}$$

$$\because\ \sin x \cdot \sin y = \frac{1}{2}\{\cos(x-y) - \cos(x+y)\}$$

결국 평균 전력은 ①항과 ③항의 결과에 의해 얻을 수 있고, 직류 성분과 각 고조파가 단독적으로 공급하는 평균 전력의 총합과 같음을 알 수 있다.

$$\begin{aligned} P &= V_0 I_0 + V_1 I_1 \cos\theta_1 + V_2 I_2 \cos\theta_2 + V_3 I_3 \cos\theta_3 + \cdots \\ &= P_0 + P_1 + P_2 + P_3 + \cdots\ [\mathrm{W}] \end{aligned} \tag{8.62}$$

또한, 비정현파 회로에 있어서 무효 전력 P_r [Var]은 평균 전력 또는 유효 전력 등을 구하는 방법으로 구할 수 있다.

$$\begin{aligned} P_r &= \sum_{n=1}^{\infty} V_n I_n \sin\theta_n \\ &= V_1 I_1 \sin\theta_1 + V_2 I_2 \sin\theta_2 + V_3 I_3 \sin\theta_3 + \cdots\ [\mathrm{Var}] \end{aligned} \tag{8.63}$$

그리고 피상 전력 P_a [VA] 및 등가 역률 $p.f$ 등도 정현파의 해석과 같은 방법이 적용되며, 결과는 다음과 같다.

$$P_a = VI = V_0 I_o + \sum_{n=1}^{\infty} V_n I_n \tag{8.64}$$

$$= V_0 I_0 + V_1 I_1 + V_2 I_2 + V_3 I_3 + \cdots\ [\mathrm{VA}]$$

$$p.f = \frac{P}{P_a} = \frac{P}{VI}$$

$$= \frac{V_0 I_0 + V_1 I_1 \cos\theta_1 + V_2 I_2 \cos\theta_2 + V_3 I_3 \cos\theta_3 + \cdots}{(\sqrt{V_0^2 + V_1^2 + V_3^2 + V_3^2 + \cdots}) \times (\sqrt{I_0^2 + I_1^2 + I_3^2 + I_3^2 + \cdots})} \tag{8.65}$$

이상과 같이 비정현파에 대한 전력과 역률 관계 등을 확인하였다. 특히 비정현파의 전력은 각각의 조파별로 분석할 수 있기 때문에 비정현파가 주파수 선택 회로를 통과

할 때 통과 대역에 포함되는 고조파는 더욱 크게 전달되고, 이에 속하지 않는 고조파의 대역은 저지가 더 잘되는 것이다.

예제 8.8 어떤 $R-L$ 직렬 회로에서 $R=3\,[\Omega]$, $\omega L=4\,[\Omega]$일 때 다음과 같은 비정현파 전압이 공급된다면 회로의 유효 전력 P, 피상 전력 P_a 및 등가 역률 $p.f$는 얼마인가?

$$v=200\sqrt{2}\sin\omega t+50\sqrt{2}\sin 3\omega t+30\sqrt{2}\sin 5\omega t\ [\mathrm{V}]$$

풀이 기본파 및 각각의 고조파에 대한 임피던스를 구하면 다음과 같다.

$$\dot{Z}_1=R+j\omega L=3+j4\,[\Omega]$$
$$\dot{Z}_3=R+j3\omega L=3+j12\,[\Omega]$$
$$\dot{Z}_5=R+j5\omega L=3+j20\,[\Omega]$$

① 그러므로 유효 전력 P는 다음과 같다.

$$\begin{aligned}P&=V_1I_1\cos\theta_1+V_3I_3\cos\theta_3+V_5I_5\cos\theta_5\\&=V_1\times\frac{V_1}{Z_1}\times\frac{R}{Z_1}+V_3\times\frac{V_3}{Z_3}\times\frac{R}{Z_3}+V_5\times\frac{V_5}{Z_5}\times\frac{R}{Z_5}\\&=200\times\frac{200}{\sqrt{3^2+4^2}}\times\frac{3}{\sqrt{3^2+4^2}}+50\times\frac{50}{\sqrt{3^2+12^2}}\times\frac{3}{\sqrt{3^2+12^2}}\\&\quad+30\times\frac{30}{\sqrt{3^2+20^2}}\times\frac{3}{\sqrt{3^2+20^2}}\\&=4{,}800+49+6.6\fallingdotseq 4{,}856\,[\mathrm{W}]\end{aligned}$$

② 그리고 피상 전력 P_a는 다음과 같다.

$$\begin{aligned}P_a&=VI=\sqrt{V_1^2+V_3^2+V_5^2}\times\sqrt{I_1^2+I_3^2+I_5^2}\\&=\sqrt{200^2+50^2+30^2}\times\sqrt{\left(\frac{200}{\sqrt{3^2+4^2}}\right)^2+\left(\frac{50}{\sqrt{3^2+12^2}}\right)^2+\left(\frac{30}{\sqrt{3^2+20^2}}\right)^2}\\&\fallingdotseq 18{,}655\,[\mathrm{VA}]\end{aligned}$$

③ 등가 역률 $p.f$는 다음과 같다.

$$p.f=\frac{P}{P_a}=\frac{4{,}856}{18{,}655}\fallingdotseq 0.26$$

연습문제

01 정현파 교류 이외의 교류를 모두 무엇이라 하는가?

정답 비정현파

02 진동이나 파동 현상에서의 변위(變位) 크기의 극대값을 무엇이라 하는가?

정답 진폭

03 비정현파가 대칭성을 나타낼 때 수학적인 개념을 도입하여 나타내는 수식은 무엇인가?

정답 푸리에 급수

04 비정현파를 구성하는 3가지 파형의 성분은?

정답 직류 성분, 기본파, 고조파

05 사인파가 아닌 주기적 반복 파형은 그 기본 주파수를 가지는 사인파와 사인파의 정수배의 주파수를 갖는 파동으로 분해되는데 이 때 반복 파형을 구성하는 기본파 이외의 파동들을 무엇이라 하는가?

정답 고조파

06 주기적인 시간 가변 전류 및 전압의 크기를 정의하는 방법에 산술적 평균값 외에 전력적인 측면에서의 무엇이 있는가?

정답 실효값

07 비정현파에서 기본파에 비해 고조파 성분이 어느 정도 포함되어 있는가를 나타내는 것은 무엇인가?

정답 왜율

08 제n고조파에 대하여 직렬 공진이 발생되어 제n차의 고조파가 증가하는 데 이것을 고조파 공진이라 하며, 이때의 주파수는 어떻게 표현되는가?

정답 $f_r = \dfrac{1}{2\pi n\sqrt{LC}}$ [Hz]

Chapter 9

직류기

9.1 직류 발전기의 원리

어떤 공간에서 자극(磁極, magnetic pole)이 만든 자장 내에서 전기자 코일을 회전시켜 자속을 끊으면 코일에 전압이 유도된다. 그림 9.1과 같이 자극 N, S 사이에 코일 abcd를 놓고 그 두 끝을 슬립 링(slip ring) S_1, S_2에 연결하여 $x\,x'$를 축으로 시계 방향으로 회전시키면 도체 ab, cd는 자속을 절단하므로 플레밍의 오른손 법칙(Fleming's right hand rule)에 의해 도체에는 기전력이 유기된다. 그림 9.1(a)의 위치에서 180° 회전하면 도체 ab, cd에서 발생한 전압의 극성은 반대가 되고, 360° 회전하면 최초의 상태로 도달하게 된다. 따라서 화살표 방향으로 코일의 기전력 e가 발생하는 것이다. 회로에서 $B\,[\mathrm{Wb/m^2}]$는 도체가 있는 장소의 자속 밀도, $l\,[\mathrm{m}]$은 도체의 유효길이, $v\,[\mathrm{m/s}]$는 도체의 회전 속도이다.

$$e = B\,l\,v\,[\mathrm{V}] \tag{9.1}$$

그림 9.1(a)의 슬립 링 S_1, S_2 대신에 그림 9.1(b)와 같이 서로 절연된 금속편 C_1, C_2로 된 환을 붙이고 코일의 두 끝을 각각 금속편에 연결하여 $x\,x'$를 축으로 시계 방향으로 회전시키면 금속편에 접촉된 브러시를 통해서 전류는 C_2 → B_2 → 부하 → B_1 → C_1으로 흐르게 된다. 그리고 코일이 반회전하면 금속편 C_1, C_2와 브러시 B_1, B_2의 접촉이 바뀌므로 전류는 C_1 → B_2 → 부하 → B_1 → C_2로 흘러 같은 방향이 된다. 이와 같이 되는 이유는 코일에 유기된 교번기전력이 금속편 C_1, C_2와 브러시 B_1, B_2의 접촉이 반주기마다 바뀌므로 브러시에서 얻어지는 것은 직류 전압이다.

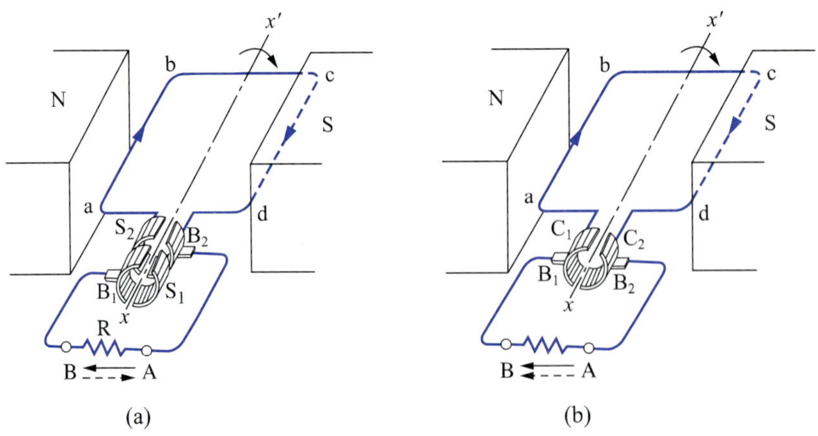

그림 9.1 직류 발전기의 원리

9.2 직류 발전기의 분류

일반적으로 직류 발전기는 자속을 만들어 주는 방법에 따라 영구 자석을 사용하는 것과 전자석을 사용한 것이 있다. 대부분의 직류 발전기는 전자석의 권선에 전류를 흘려 여자시키는 방식으로 제작되고 있다. 즉, 직류 발전기의 여자 방식에 따라 분류하면 다음과 같다.

1 타여자 발전기

타여자 발전기(他勵磁 發電機, separately excited generator)는 발전기가 가동되기 위한 여자 전류를 축전지 또는 다른 직류 발전기 등과 같은 다른 직류 전원에서 공급하는 방식이다.

2 자여자 발전기

자여자 발전기(自勵磁 發電機, self excited generator)는 발전기가 가동되기 위한 여자 전류를 발전기 자신의 유기 기전력으로 공급하는 방식이며, 다음과 같은 것들이 있다.

1. 직권 발전기

직권 발전기(直捲 發電機, series generator)는 계자 권선과 전기자 권선을 직렬 연결한 방식이다.

2. 분권 발전기

분권 발전기(分捲 發電機, shunt generator)는 계자 권선과 전기자 권선을 병렬 연결한 방식이다.

3. 복권 발전기

복권 발전기(複捲 發電機, compound generator)는 가동 복권 발전기와 차동 복권 발전기가 있다.

① 가동 복권 발전기(加動 複捲 發電機, cumulative compound generator)는 직권 계자 권선과 전기자 권선의 기자력이 합해지도록 되어 있는 방식이다.

② 차동 복권 발전기(差動 複捲 發電機, differential compound generator)는 직권 계자 권선과 전기자 권선의 기자력이 반대 방향으로 작용하여 서로 상쇄되도록 한 방식이다.

예제 9.1 그림 9.2는 타여자 직류 발전기의 회로를 나타낸 것이다. 무부하 상태에서 속도가 1,200 [rpm]일 때 발생되는 전압은 48 [V]로 확인되었다. 부하의 정격 속도 1,050 [rpm]에서 부하 전류가 12 [A] 흐를 때의 단자 전압을 결정하시오. 또한 발생 토크[N·m]는 얼마인가? 단, $r_a = 0.5\ [\Omega]$이고, $r_f = 4.5\ [\Omega]$이다.

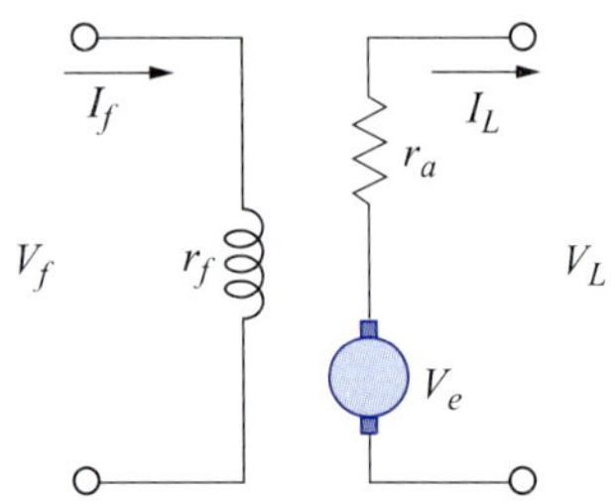

그림 9.2 타여자 직류 발전기

풀이 타여자 직류 발전기이므로 다음과 같은 관계가 성립한다.

$$I_L = I_a\ [\text{A}]$$
$$V_f = I_f r_f\ [\text{V}]$$
$$V_e = V_{e0}(n/n_0) = 48 \times (1{,}050/1{,}200) = 42\ [\text{V}]$$
$$V_L = V_e - I_a r_a = 42 - (12 \times 0.5) = 36\ [\text{V}]$$

발전기의 발생 출력은 다음과 같다.

$$P = V_a I_a = \omega T = 2\pi\left(\frac{n}{60}\right) T\ [\text{W}]$$

그러므로 발생 토크는 다음과 같이 나타낸다.

$$T = \frac{V_e I_a 60}{2\pi n} = \frac{V_e I_a 60}{2\pi n} = \frac{42 \times 12 \times 60}{2 \times \pi \times 1{,}050} \fallingdotseq 4.58\ [\text{N} \cdot \text{m}]$$

예제 9.2 그림 9.3은 직권 직류 발전기의 회로를 나타낸 것이다. 무부하 상태에서 속도가 1,200 [rpm]일 때 발생되는 전압은 48 [V]로 확인되었다. 부하의 정격 속도 1,120 [rpm]에서 단자 전압이 30 [V] 되기 위한 부하 전류[A] 및 출력[W]은 얼마인가? 단, $r_a = 0.5$ [Ω]이고, $r_f = 4.5$ [Ω]이다.

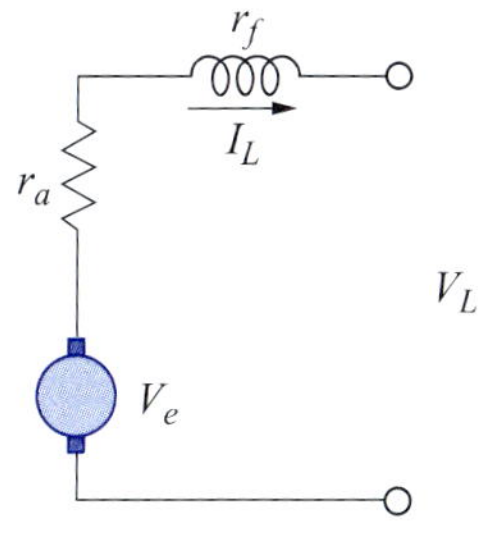

그림 9.3 직권 직류 발전기

풀이 직권 직류 발전기이므로 부하 전류와 전기자 전류는 같다.

$$I_L = I_a \text{ [A]}$$

그리고 유도되는 전압은 다음과 같은 관계가 성립한다.

$$V_e = V_{e0}(n/n_0) = 48 \times (1{,}120/1{,}200) = 44.8 \text{ [V]}$$

그리고 단자 전압은 다음과 같다.

$$V_L = V_e - I_a(r_a + r_f) \text{ [V]}$$

그러므로 전기자 전류는 다음과 같이 계산된다.

$$I_a = \frac{V_e - V_L}{r_a + r_f} = \frac{44.8 - 30}{0.5 + 4.5} = 2.96 \text{ [A]}$$

발전기의 출력은 다음과 같다.

$$P = V_L I_L = 30 \times 2.96 = 88.8 \text{ [W]}$$

예제 9.3 그림 9.4는 분권 직류 발전기의 회로를 나타낸 것이다. 무부하 상태에서 속도가 1,200 [rpm]일 때 발생되는 전압은 36 [V]로 확인되었다. 부하 전류가 6 [A]이고, 단자 전압이 30 [V] 되기 위한 발전기의 속도는 얼마인가? 단, $r_a =$ 0.5 [Ω]이고, $r_f = 100$ [Ω]이다.

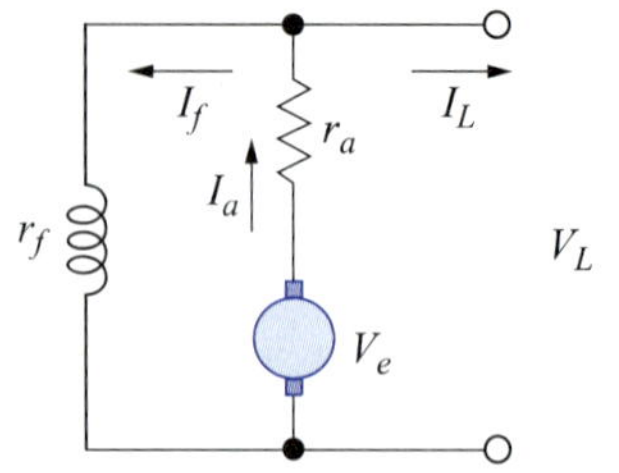

그림 9.4 분권 직류 발전기

풀이 분권 직류 발전기의 전기자 전류는 다음과 같다.

$$I_a = I_L + I_f = I_L + \frac{V_L}{r_f} = 6 + \frac{30}{100} = 6.3\,[\text{A}]$$

그리고 단자 전압은 다음과 같다.

$$V_L = V_e - I_a r_a\,[\text{V}]$$

그러므로 유도 기전력은 다음과 같이 구할 수 있다.

$$V_e = V_L + I_a r_a = 30 + (6.3 \times 0.5) = 33.15\,[\text{V}]$$

따라서 발전기의 속도는 다음과 같다.

$$n = n_0(V_e / V_{e0}) = 1{,}200 \times (33.15 / 36) = 1{,}105\,[\text{rpm}]$$

예제 9.4 그림 9.5는 복권 직류 발전기의 회로를 나타낸 것이다. 무부하 상태에서 속도가 1,200 [rpm]일 때 발생되는 전압은 48 [V]로 확인되었다. 부하의 정격 속도 1,050 [rpm]에서 부하의 단자 전압이 30 [V] 되기 위한 부하 전류[A]를 결정 결정하시오. 단, $r_a = 0.5\,[\Omega]$, $r_s = 4.5\,[\Omega]$, $r_f = 100\,[\Omega]$이다.

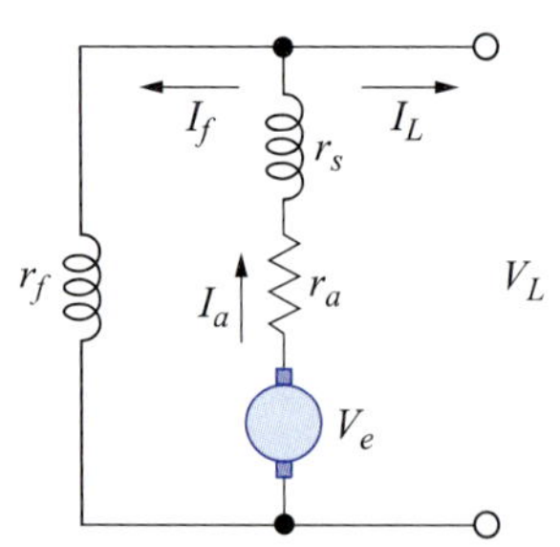

그림 9.5 복권 직류 발전기

풀이 복권 직류 발전기의 관계식은 다음과 같다.

$$V_L = V_e - I_a(r_a + r_s)\ [\mathrm{V}]$$
$$V_L = I_f r_f\ [\mathrm{V}]$$
$$I_a = I_L + I_f\ [\mathrm{A}]$$

전기자 전류는 다음과 같이 계산된다.

$$I_L = \frac{V_e - V_L}{r_a + r_s} - \frac{V_f}{r_f} = \frac{42-30}{0.5+4.5} - \frac{30}{100} = 2.1\ [\mathrm{A}]$$

그러므로 유도 기전력은 다음과 같이 구할 수 있다.

$$V_e = V_{e0}(n/n_0) = 48 \times \left(\frac{1{,}050}{1{,}200}\right) = 42\ [\mathrm{V}]$$

9.3 직류 전동기의 분류

전기 에너지를 운동 에너지로 변환하는 전동기(電動機, motor)는 다른 동력에 비해 효율이 우수하고, 소형으로 제작이 가능하여 경제성이 뛰어난 기기이다. 전동기에 의해서 변환된 에너지는 물건을 이동 또는 운반시킬 수 있고, 제어가 편리하다는 특징을 갖고 있다. 일반적으로 전동기는 전원의 종류, 회전 원리 및 구조 등에 따라 분류하면 다음과 같다.

1 여자 방식에 따른 분류

1. 타여자 전동기

타여자 전동기(他勵磁 電動機, separately excited motor)는 여자 전류를 다른 직류 전원에서 공급하는 방식이다.

2. 자여자 전동기

자여자 전동기(自勵磁 電動機, self excited motor)는 여자 전류를 전동기 자신의 유기 기전력으로 공급하는 방식이다.

2 전원의 종류에 따른 분류

1. 직류 전동기

직류 전동기(直流 電動機, DC motor)는 직류 전류가 회전자와 고정자를 흐르면서 자계를 형성하게 되며 토크를 발생시켜 전동기를 회전시킨다. 정류자는 전기자 권선과 결합되어 있는 기계적 장치이며, 위치에 관계없이 동일한 방향으로 전기자 전류가 항상 순환되도록 한다. 계자 권선과 전기자 권선의 연결한 방식에 따라 직권 전동기, 분권 전동기, 복권 전동기 등이 있다.

(1) 직권 전동기

직권 전동기(直捲 電動機, series motor)는 계자 권선과 전기자 권선을 직렬 연결한 방식이다.

(2) 분권 전동기

분권 전동기(分捲 電動機, shunt motor)는 계자 권선과 전기자 권선을 병렬 연결한 방식이다.

(3) 복권 전동기

복권 전동기(腹捲 電動機, compound motor)는 가동 복권 발전기와 차동 복권 발전기가 있다.

① 가동 복권 전동기(加動 複捲 電動機, cumulative compound motor)는 직권 계자 권선과 전기자 권선의 기자력이 합해지도록 되어 있는 방식이다.
② 차동 복권 전동기(差動 複捲 電動機, differential compound motor)는 직권 계자 권선과 전기자 권선의 기자력이 반대 방향으로 작용하여 서로 상쇄되도록 한 방식이다.

2. 교류 전동기

교류 전동기(交流 電動機, AC motor)는 교류 전원으로 운전되며, 생활 주변에서 가장 널리 쓰이는 전동기이다. 교류 전동기는 외부 고정자와 내부 회전자로 구성되어 있다. 교류 전류가 고정자 권선에 공급되면 전자기 유도에 의해 자기장이 변화한다. 이때 회전자에서 회전하는 자기장에 의해 유도 전류가 생기고 토크에 의해 회전자에 있는 축에서 회전력이 발생한다. 회로의 구성 및 에너지원의 종류에 따라 유도 전동기,

동기 전동기, 정류자 전동기 등이 있다.

(1) 유도 전동기

① 단상 유도 전동기

단상 유도 전동기(單相 誘導 電動機, single-phase induction motor)는 단상 교류 전원으로 운전되는 유도 전동기이며, 기동력을 주기 위해 각종 기동 장치가 부착되어 있다.

예 분상 기동형 전동기, 콘덴서 기동형 전동기, 영구 콘덴서형 전동기, 세이딩 코일형 전동기

② 3상 유도 전동기

3상 유도 전동기(三相 誘導 電動機, three-phase induction motor)는 서로 다른 위상을 갖는 3개의 코일(aa, bb, cc)를 이용하여 전자석을 만들어 그 에너지로 동력을 발생시키는 기기이다. 고정자의 안쪽에 회전자를 둔 다음 전기를 보내주면 고정자에 회전 자기장이 발생하고 회전자는 고정자의 회전 자기장 속도로 시계 방향으로 회전하는 전동기이다.

예 보통 농형 전동기, 특수 농형 전동기, 권선형 전동기

(2) 동기 전동기

동기 전동기(同期 電動機, synchronous motor)는 전기적 에너지를 기계적 에너지로 바꾸는 장치의 일종으로 부하의 크기에 관계없이 전원 주파수에 비례하는 일정 속도로 회전하는 교류 전동기이다. 동기 전동기는 3상 대형 전동기에 널리 사용된다. 고정자 쪽은 3상 유도 전동기와 동일한 구조로 보아도 되지만 회전자는 직류 여자된 자극을 둔다. 정상으로 운전할 경우의 회전자속도는 전원 주파수가 일정하므로 부하의 경중에 관계없다는 것이 동기 전동기의 특징이다. 또한, 직류 여자를 어느 값으로 하면 역률(力率)이 1 로 되어 동일한 입력으로 교류 쪽에서 흘러들어가는 전류를 최소값으로 할 수 있는 것도 특징이다. 이와 같은 역률 조정은 유도 전동기로는 할 수 없다.

예 회전 자극형 동기 전동기, 회전 전기자형 동기 전동기

(3) 정류자 전동기

정류자 전동기(整流子 電動機, commutator motor)는 직류 직권 전동기와 거의 같은 구조를 가진 교류 전동기이다. 계자 자속과 전기자 전류가 동시에 극성을 바꿈으

로써 같은 방향의 회전을 할 수 있다. 직권 전동기와 동일한 구성으로 단상 교류 전압을 가하는 것을 단상 직권 정류자 전동기라 하며, 이것은 회전이 매우 빨라 수천 rpm 또는 그 이상의 빠른 속도를 얻을 수 있다. 가정용 전기청소기, 믹서, 전기드릴 등에 사용된다.

3상 전원에서 사용하는 정류자 전동기는 바깥 틀에 부착된 핸들의 조작으로 많은 브러시를 동시에 이동함으로써 속도를 크게 변속할 수 있기 때문에 속도 제어를 필요로 할 경우에 사용된다. 속도를 자유롭게 변경할 수 있는 점은 직류 전동기와 유사하지만 전원을 얻는 것은 직류의 경우보다 손쉽다. 그러나 브러시의 수가 많으므로 관리상의 문제점이 직류기보다 많다.

예 직권형 정류자 전동기, 분권형 정류자 전동기, 유니버설 정류자 전동기

3 직류 전동기의 회전 원리

직류 전동기(直流 電動機, DC motor)의 기본 원리는 플레밍의 왼손 법칙에 따라 자기장 B가 있는 공간에 도체를 놓고 전류 I가 흐르면 이 도체에 전자력 F가 발생되는 성질을 응용한 것이다.

그림 9.6(a)와 같이 자극 N, S 사이에 코일 abcd를 놓고 그 코일의 양 끝단에 직류 전원으로부터 브러시(brush) B_1, B_2 및 정류자편(commutator bar) C_1, C_2를 통해서 전류가 유입되면 코일의 ab 및 cd 변에는 각각 시계 방향의 토크가 발생하므로 코일 전체가 시계 방향으로 회전하게 된다.

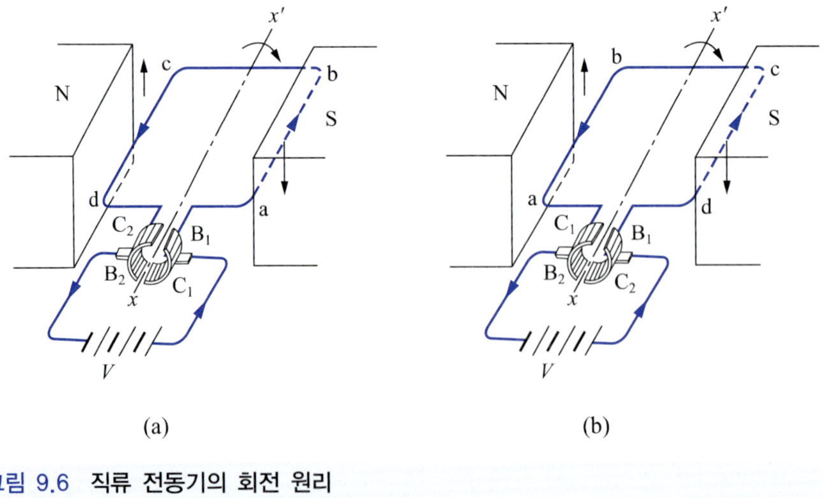

그림 9.6 직류 전동기의 회전 원리

그리고 코일이 반회전 한 다음에 그림 9.6(b)의 위치에 도달하면 역시 ab 및 cd에서는 시계 방향의 토크가 발생하므로 코일 전체는 그림 9.6(a)와 같이 시계 방향으로 회전한다.

즉, 코일에 전류가 유입되는 동안에는 시계 방향으로 회전을 하게 되는 것이다. 이와 같은 현상을 응용한 것이 직류 전동기인데 이것은 직류 발전기와 같은 현상을 나타내는 것으로 직류 전동기의 구조는 직류 발전기의 구조와 매우 유사하며, 계자 권선과 전기자 권선의 연결 방식에 따라 직권 전동기, 분권 전동기, 복권 전동기 등으로 분류된다.

9.4 직류 전동기의 구조

그림 9.7은 직류 전동기의 구조와 명칭을 나타낸 것으로 주요 구성품은 철심, 권선, 정류자, 전기자, 베어링 등이 있다.

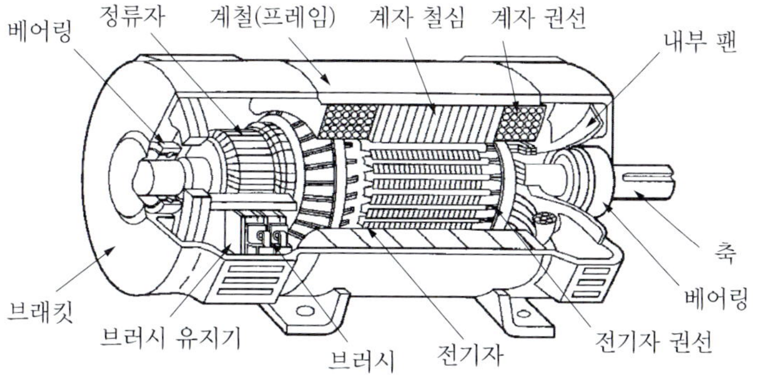

그림 9.7 직류 전동기의 구조와 명칭

1 철심

철심(鐵心, core)은 계철, 전기자 철심, 계자 철심 등으로 구성되어 있다. 계철(繼鐵, yoke)은 그림 9.8과 같이 계자 철심을 고정시키는 부분이며, 브래킷과 함께 전동기의 몸체를 구성한다. 소용량의 전동기는 계철과 계자 철심이 하나로 구성되어 있으며, 대용량은 계철에 계자 철심을 볼트로 고정한다. 사용 재료는 주철을 많이 쓰고 있으나 최근에는 강판이나 알루미늄의 사용도 늘고 있다.

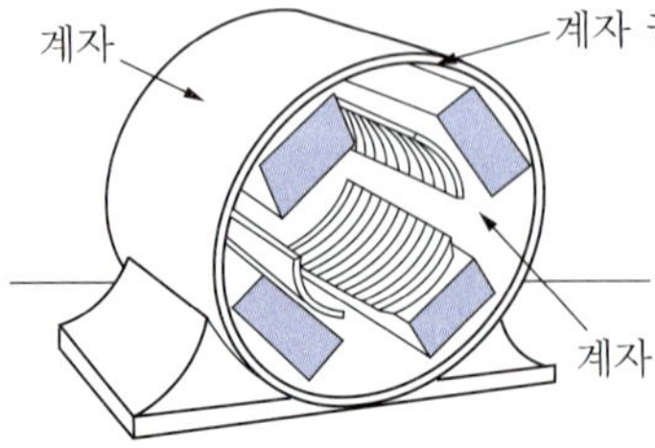

그림 9.8 계철 및 계자 권선

전기자 철심(電機子 鐵心, armature core)과 계자 철심(界磁 鐵心, field core)은 주자속이 통과하는 부분이므로 맴돌이 전류손(渦流 電流損, eddy current loss)을 방지하기 위하여 규소 강판을 성층하여 만든다. 전기자 철심에는 그림 9.9와 같이 코일이 들어가는 슬롯(slot)이 파여져 있는데 직선 홈(straight slot)과 비틀어져 있는 홈(skewed slot)이 있다.

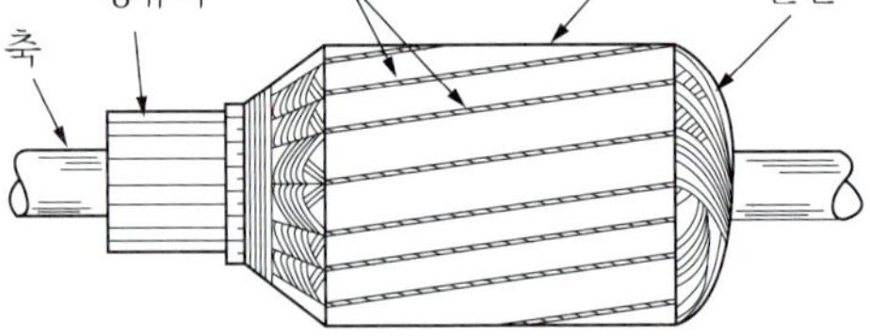

그림 9.9 전기자 철심 및 권선

2 권선

권선(捲線, winding wire)은 전기자 권선과 계자 권선이 있으며, 이들 권선에서 발생한 자기력선의 상호 작용에 의해 회전력이 발생된다. 전기자 권선(電機子 捲線, armature winding) 및 회전자 권선(回轉子 捲線, rotor winding)은 슬롯에 직접 감거나 미리 감은 권선을 끼워 넣는다. 극수, 전압의 크기, 용량 등의 조건에 따라 감는 방법과 슬롯에 들어가는 코일수가 달라진다. 계자 권선 및 고정자 권선은 그림 9.10과 같이 절연 전선으로 권선한 후 테이프로 감아 절연하여 계자 철심에 끼워 넣는다.

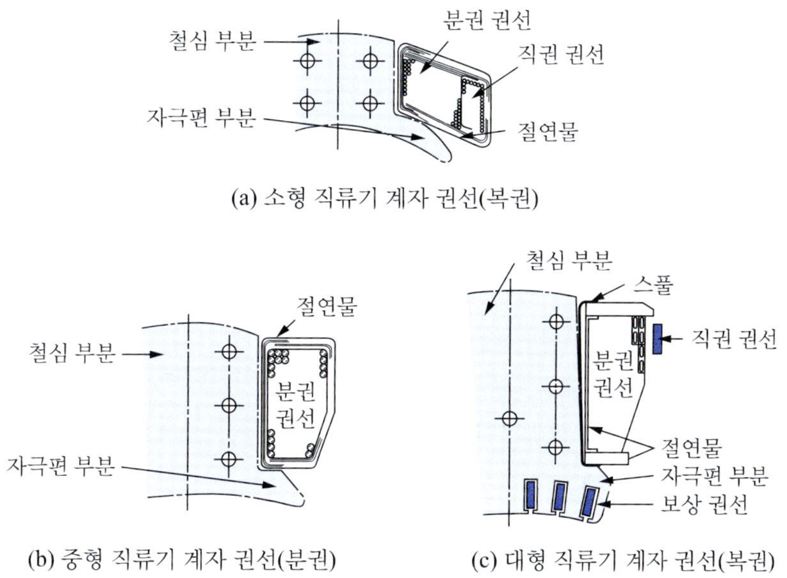

그림 9.10 주계자 권선의 절연(예)

3 정류자와 브러시

정류자(整流子, commutator)는 직류기, 전동기 등에서 일정한 방향으로 회전하도록 전류의 방향을 주기적으로 바꿔 전기자에 공급하는 장치이다. 직류발전기, 직류전동기, 교류정류자전동기 등 정류자를 가지는 전기기기를 정류자기라고 한다. 정류자와 브러시(brush)는 정류 작용을 하는 부분으로서 직류기에서는 매우 중요한 요소이다.

정류자는 그림 9.11과 같이 순동(純銅, copper)으로 된 편(片, segment) 사이에 운모(雲母, mica)로 절연하여 원형으로 만든 구조이다. 브러시는 정류자와 접촉하여 전류를 전기자 코일에 공급하는 부분이다.

브러시는 돌아가는 발전기나 전동기의 정류자에 닿아서 밖으로 전류를 끌어내거나 밖으로부터 전류를 끌어들이는 장치이다. AC 발전기에 사용되는 브러시는 스프링 장력으로 슬립링에 접촉되어 하나는 전류를 로터 코일에 공급하고, 다른 하나는 전류를 유출한다. 또한, 브러시는 로터가 작동하는 동안 슬립링과 미끄럼 접촉을 하고 있으므로 접촉 저항이 적고 내마멸성이 좋은 금속계 흑연을 사용한다.

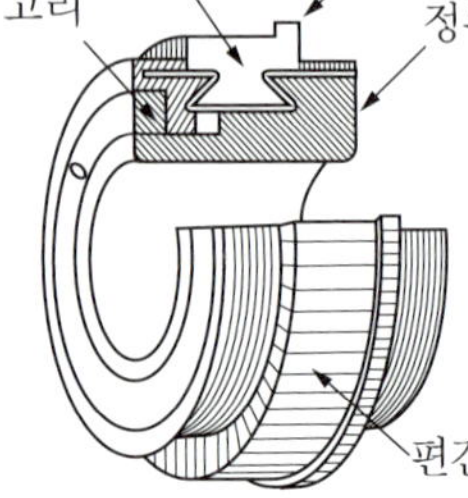

그림 9.11 정류자의 구조

DC 발전기의 브러시는 정류자와 경사지게 설치되어 전기자에서 발생된 전류를 외부에 보내는 역할을 한다. 브러시는 엔진의 운전과 동시에 작용되기 때문에 정류자의 마멸을 적게 하는 전기 흑연 계통을 주로 사용한다. 소형은 천연 탄소 브러시, 일반용은 전기 흑연 브러시, 대전류용은 금속 흑연 브러시 등을 사용한다.

4 브래킷과 베어링

직류 전동기의 구조에서 브래킷(bracket)은 계철(繼鐵, yoke)의 양쪽에 결합되어 계자 권선을 보호한다. 덕트나 관을 지지하고 기기류를 매달기 위해 벽이나 구조체 등에서 돌출시킨 지지 구조재이다.

베어링(bearing)은 회전하고 있는 기계의 축(軸, axis)을 일정한 위치에 고정시키고 축의 자중과 축에 걸리는 하중을 지지하면서 축을 회전시키는 역할을 하는 기계요소이다. 전기기계에 사용되는 베어링은 회전자 축에 삽입된 베어링을 유지하고 회전자를 지지한다. 베어링은 고정 부분과 회전 부분을 연결하는 역할을 한다.

9.5 직류 전동기의 종류 및 특성

직류 전동기의 종류는 자속을 발생시키는 여자 방법에 따라 타여자 전동기와 자여자 전동기 등으로 분류된다. 그리고 자여자 전동기는 계자 권선과 전기자 권선의 연결 형태에 따라 직권 전동기, 분권 전동기, 복권 전동기 등이 있다.

1 타여자 전동기

타여자 전동기(他勵磁 電動機, separately excited motor)는 그림 9.12와 같이 계자 권선과 전기자 권선에 다른 전원을 연결하는 방식으로서 산업용으로 많이 사용된다. 타여자 전동기는 계자 권선에 공급되는 전류가 전기자 전류와 다른 전원을 사용하므로 자속이 일정하여 정속도 특성을 갖는다.

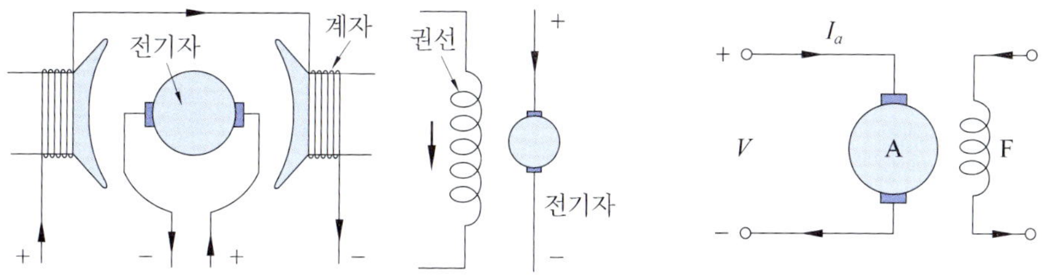

(a) 실제도 (b) 회로도

그림 9.12 타여자 전동기의 실제도 및 회로도

예제 9.5 그림 9.13은 타여자 직류 전동기의 회로를 나타낸 것이다. 무부하 상태에서 속도가 1,200 [rpm]일 때 발생되는 전압은 32 [V]로 확인되었다. 그리고 전기자 전압은 28 [V], 계자 전류는 0.2 [A]가 흘렀다. 그런데 전기자의 속도가 900 [rpm]으로 변동하였다면 계자 전류[A]는 얼마인가? 단, $r_a = 0.5$ [Ω]이고, $r_f = 4.5$ [Ω]이다.

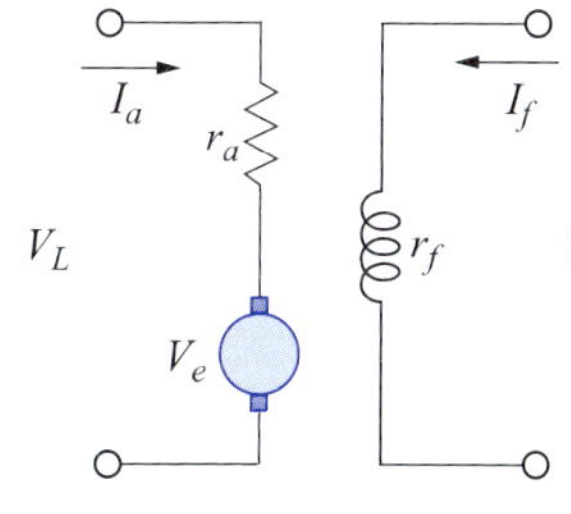

그림 9.13 타여자 직류 전동기

풀이 타여자 직류 전동기이므로 다음과 같은 관계가 성립한다.

$$I_L = I_a \text{ [A]}$$

$$V_f = I_f r_f \text{ [V]}$$
$$V_e = k I_f \omega_m \text{ [V]}$$
$$V_L = V_e + I_a r_a = k I_f \omega_m + I_a r_a \text{ [V]}$$
$$\omega_m = (n_0/60) 2\pi \text{ [rad/s]}$$

그러므로 전기자 전류는 다음과 같다.

$$I_a = \frac{V_L - V_e}{r_a} = \frac{32 - 28}{0.5} = 8 \text{ [A]}$$

무부하 상태의 회전자 각속도는 다음과 같다.

$$\omega_m = (n_0 / 60) 2\pi = (1{,}200 / 60) \times 2\pi = 40\pi \text{ [rad/s]}$$

그러므로 상수 k는 다음과 같다.

$$k = \frac{V_L - I_a r_a}{I_f \omega_m} = \frac{32 - 8 \times 0.5}{0.2 \times 40\pi} = 1.114$$

따라서 부하 상태의 회전자 각속도 및 계자 전류는 다음과 같다.

$$\omega = (n / 60) 2\pi = (900 / 60) \times 2\pi = 30\pi \text{ [rad/s]}$$
$$I_f = \frac{V_L - I_a r_a}{k\,\omega} = \frac{32 - 8 \times 0.5}{1.114 \times 30\pi} \fallingdotseq 0.27 \text{ [A]}$$

2 자여자 전동기

자여자 전동기(自勵磁 電動機, self excited motor)는 계자 권선과 전기자 권선에 같은 전원을 연결하는 전동기로 직권 전동기, 분권 전동기, 복권 전동기 등이 있다.

1. 직권 전동기

직권 전동기(直捲 電動機, series motor)는 그림 9.14와 같이 계자 권선(界磁 捲線, field winding)과 전기자 권선(電氣子 捲線, armature winding)을 전원에 직렬로 연결한 구조이다. 계자 권선은 비교적 굵은 코일을 수회 정도 권선하여 사용한다. 직권 전동기는 부하에 따라 달라지는 전류가 그대로 계자 권선을 통과한다. 이 전류가 작아지면 속도는 매우 커지게 되는 변속도 특성을 갖는다. 무부하 상태에서의 운전은 속도가 증가하여 회전자가 원심력에 의해 일탈될 수도 있다. 그러므로 무부하 운전이나 벨트 등을 연결한 운전을 하면 위험하므로 직결 또는 기어 결합 등으로 체결하여야 한다.

기동할 때 전기자 전류와 자속이 동시에 증가하므로 기동 토크가 크고 가속이 빠르므로 효율이 좋다.

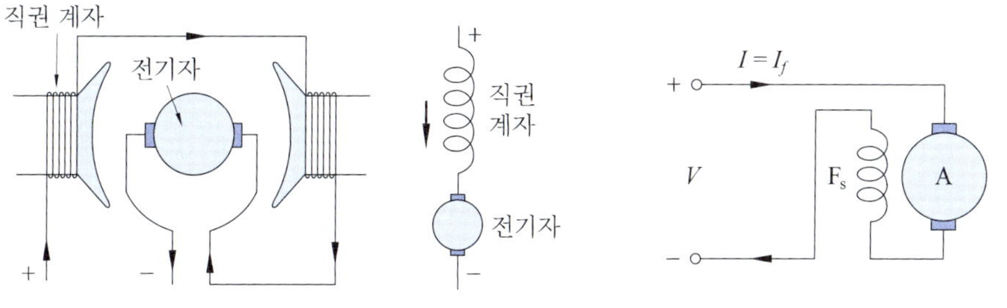

(a) 실제도 (b) 회로도

그림 9.14 직권 전동기의 실제도 및 회로도

예제 9.6 그림 9.15는 직권 직류 전동기의 회로를 나타낸 것이다. 공급 전압이 220 [V]일 때 부하 전류는 12 [A]가 흐르며, 전기자 저항 $r_a = 0.5\,[\Omega]$이다. 계자 코일의 저항 $r_f = 4.5\,[\Omega]$일 때 유기되는 기전력[V]과 출력[Hp]은 얼마인가?

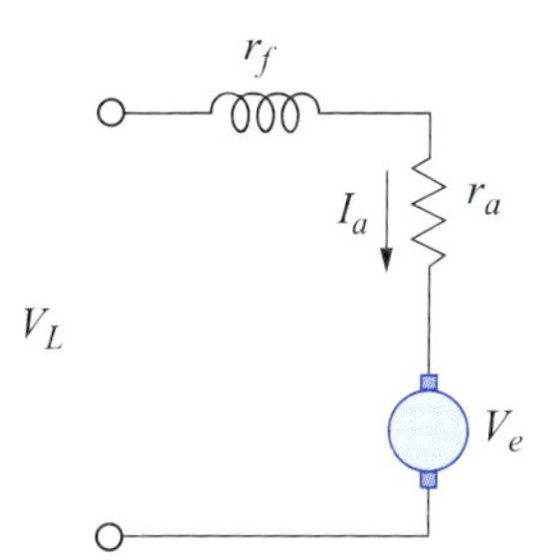

그림 9.15 직권 직류 전동기

풀이 직권 직류 전동기이므로 다음의 관계가 성립한다.

$$I_L = I_a\,[\mathrm{A}]$$
$$V_L = V_e + I_a(r_a + r_f) = k\phi n + I_a(r_a + r_f)\,[\mathrm{V}]$$

그러므로 유도되는 기전력은 다음과 같다.

$$V_e = V_L - I_a(r_a + r_f) = 220 - 12 \times (0.5 + 4.5) = 160\,[\mathrm{V}]$$

그리고 입력 전력은 다음과 같다.

$$P_{in} = V_L I_L = 220 \times 12 = 2{,}640\ [\mathrm{W}]$$

또한, 전동기의 손실은 다음과 같다.

$$P_{loss} = I_a^{\,2}(r_a + r_f) = 12^2 \times (0.5 + 4.5) = 720\ [\mathrm{W}]$$

그러므로 전동기의 출력은 다음과 같다.

$$P_{mech} = P_{in} - P_{loss} = 2{,}640 - 720 = 1{,}930\ [\mathrm{W}]$$

이것을 마력으로 나타내면 다음과 같다.

$$\mathrm{Hp} = \frac{P_{mech}}{746} = \frac{1{,}930}{746} \fallingdotseq 2.6\ [\mathrm{Hp}]$$

2. 분권 전동기

분권 전동기(分權 電動機, shunt motor)는 그림 9.16과 같이 계자 권선을 전기자 권선과 병렬로 연결한 구조이다. 계자 권선은 코일이 가늘고 권선 횟수가 대단히 많으며 흐르는 전류도 작다. 계자 전류는 전기자 전류의 1/10 ~ 1/20 정도의 크기이다. 무부하에서 정격 부하에 이르기까지 속도의 변동이 거의 없다. 그래서 분권 전동기를 정속도 특성의 전동기라고 한다.

분권 전동기의 기동 토크는 직권 전동기보다 낮지만 속도 조절이 용이하다. 분권 전동기가 작은 부하에서 작동하고 있을 때 계자 권선이 끊어지면 속도가 지나치게 상승되어 위험하다.

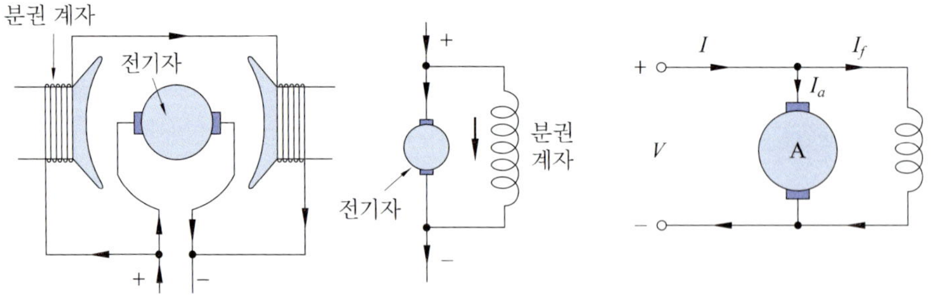

(a) 실제도 (b) 회로도

그림 9.16 분권 전동기의 실제도 및 회로도

예제 9.7 그림 9.17는 분권 직류 전동기의 회로를 나타낸 것이다. 무부하 상태에서 단자 전압은 32 [V], 무부하 전류는 2 [A], 속도는 1,200 [rpm]이다. 그런데 부하가 연결되어 속도가 1,050 [rpm]으로 변경되었다면 전기자 전류[A]는 얼마인가? 단, 전기자 저항 $r_a = 0.5$ [Ω]이고, 계자 코일의 저항 $r_f = 100$ [Ω]이다.

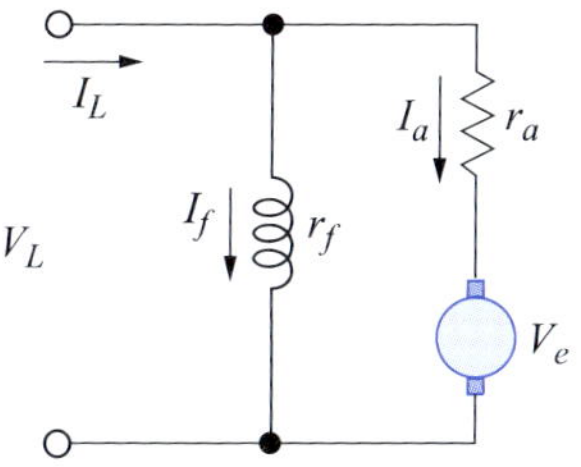

그림 9.17 **분권 직류 전동기**

풀이 분권 직류 전동기의 전류는 다음의 관계가 성립한다.

$$I_L = I_a + I_f \text{ [A]}$$

① 무부하일 때

$$I_a = I_L \left[\frac{r_f}{r_a + r_f} \right] = 2 \times \left[\frac{100}{0.5 + 100} \right] \fallingdotseq 1.99 \text{ [A]}$$

$$I_f = I_L \left[\frac{r_a}{r_a + r_f} \right] = 2 \times \left[\frac{0.5}{0.5 + 100} \right] \fallingdotseq 0.01 \text{ [A]}$$

$$k\phi = \frac{V_L - I_a r_a}{n} = \frac{32 - 1.99 \times 0.5}{1,200} \fallingdotseq 0.0258$$

② 부하가 연결되었을 때

$$V_L = V_e + I_a r_a = k\phi n + I_a r_a \text{ [V]}$$

$$I_a = \frac{V_L - k\phi n}{r_a} = \frac{32 - 0.0258 \times 1,050}{0.5} = 9.82 \text{ [A]}$$

3. 복권 전동기

복권 전동기(複捲 電動機, compound motor)는 그림 9.18과 같이 직권과 분권을 조합한 형태이다. 두 개의 계자 권선이 전기자 권선과 직렬 및 병렬로 연결된 구조이다.

직권 계자 권선과 전기자 권선의 전류 흐름 방향에 따라 가동 복권 전동기와 차동 복권 전동기 등으로 분류된다.

복권 전동기의 속도와 토크는 직권 전동기와 분권 전동기의 중간 특성을 갖는다. 분권 전동기와 마찬가지로 계자 전류를 변화시켜 속도를 제어할 수 있다.

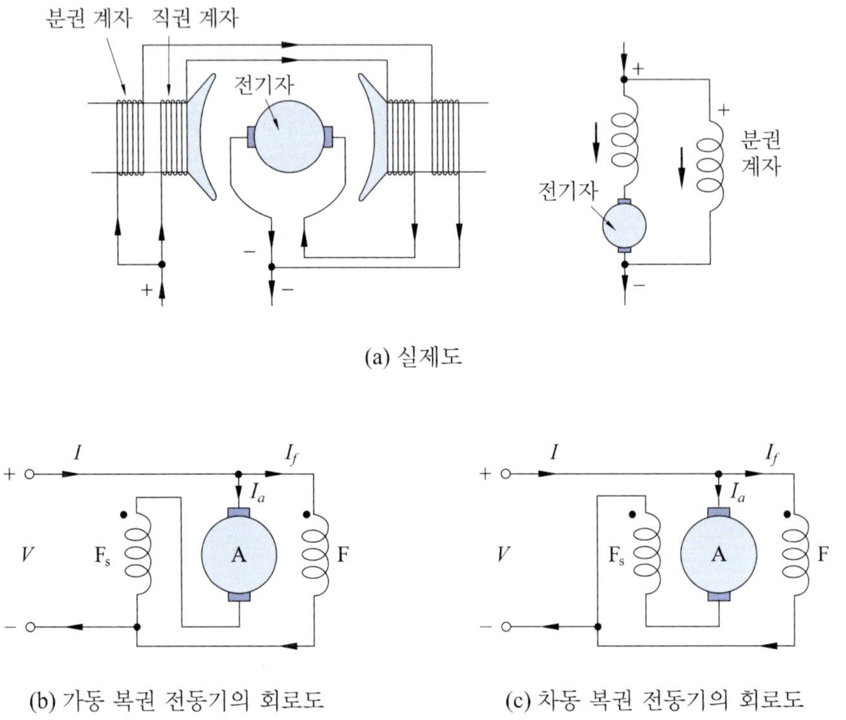

그림 9.18 복권 전동기의 실제도 및 회로도

예제 9.8 그림 9.19는 복권 직류 전동기의 회로를 나타낸 것이다. 전부하 상태에서 부하 전류는 5 [A]가 흐르고, 단자 전압은 32 [V]일 때 회전 속도는 1,150 [rpm]이다. 무부하 상태에서의 전기자 전압[V] 및 전기자 전류[A]는 얼마인가? 단, 전기자 저항 $r_a = 0.5$ [Ω], 분권 저항 $r_s = 0.7$ [Ω], 계자 코일의 저항 $r_f = 64$ [Ω]이다.

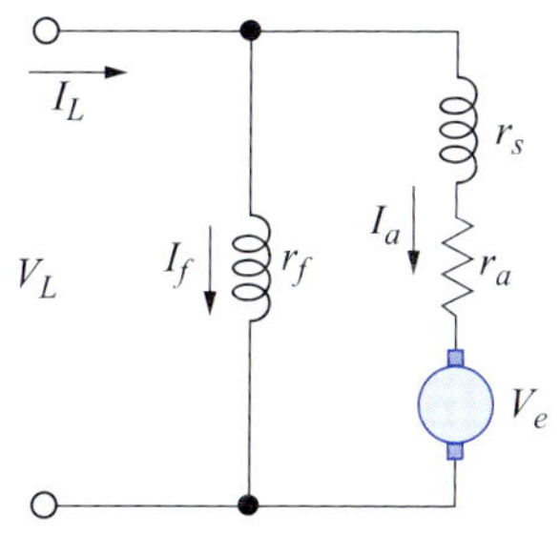

그림 9.19 복권 직류 전동기

풀이 복권 직류 전동기의 부하 전류는 다음과 같다.

$$I_L = I_a + I_f = I_a + \frac{V_L}{r_f}\ [\mathrm{A}]$$

또한, 계자 전류는 다음과 같이 계산된다.

$$I_f = \frac{V_L}{r_f} = \frac{32}{64} = 0.5\ [\mathrm{A}]$$

그러므로 전기자 전류는 다음과 같다.

$$I_a = I_L - I_f = 5 - 0.5 = 4.5\ [\mathrm{A}]$$

그리고 단자 전압은 다음과 같은 관계가 있다.

$$V_L = V_e + I_a(r_a + r_s)\ [\mathrm{V}]$$
$$V_e = V_L - I_a(r_a + r_s) = 32 - 4.5 \times (0.5 + 0.7) = 26.6\ [\mathrm{V}]$$

그러므로 무부하 단자 전압과 회전수는 다음과 같은 관계가 성립한다.

$$V_{e0} = (n_0/n)\,V_e = \left(\frac{1,200}{1,150}\right) \times 26.6 \fallingdotseq 27.8\ [\mathrm{V}]$$

또한, 무부하 상태에서의 전압과 전류는 다음과 같다.

$$V_L = V_{e0} + I_{a0}(r_a + r_s)\ [\mathrm{V}]$$

따라서 무부하 상태의 전기자 전류는 다음과 같다.

$$I_{a0} = \frac{V_L - V_{e0}}{r_a + r_s} = \frac{32 - 27.8}{0.5 + 0.7} = 3.5\ [\mathrm{A}]$$

9.6 역기전력, 속도 및 토크

1 역기전력

직류 전동기의 회전 원리는 한 개의 도체를 예를 들어 설명하였으나 실제의 직류 전동기의 회전자는 그림 9.20과 같은 여러 개의 도체가 설치되어 있다. 그림 9.20(a)와 같이 시계 방향으로 전기자가 회전하게 되면 도체들이 자속을 절단하므로 마치 발전기와 같이 기전력이 유도된다. 유도된 기전력 E의 방향은 플레밍의 오른손 법칙에 따라 전동기에 가해진 단자 전압 V는 반대 방향이 되므로 이것을 역기전력(逆起電力, counter electromotive force)이라고 한다.

직류 전동기에서 발생되는 역기전력의 세기 E는 직류 발전기와 같은 특성을 나타내므로 다음과 같이 나타낸다.

$$E = \frac{p}{a} Z\Phi \frac{N}{60} = \frac{p\,Z}{60\,a} \Phi N = k\,\Phi\,N\,[\mathrm{V}] \tag{9.2}$$

p는 전동기의 자극수, Φ [Wb]는 1극당의 자속, Z는 도체수, a는 병렬 회로수, N [rpm]은 매분당 회전수 등을 나타낸다.

따라서 그림 9.20(b)와 같이 전기자 권선의 저항을 R_a [Ω]라 할 때 직류 전동기의 단자 전압 V는 다음과 같이 나타낸다.

$$V = E + I_a R_a\,[\mathrm{V}] \tag{9.3}$$

따라서 전기자 전류 I_a의 크기는 다음과 같이 나타낸다.

$$I_a = \frac{V - E}{R_a}\,[\mathrm{A}] \tag{9.4}$$

그러므로 역기전력 E는 전기자의 회전 속도 N에 비례하며, 전동기의 기계적 부하가 증가하여 전동기의 회전 속도가 감소하면 역기전력도 감소하는 것을 알 수 있다.

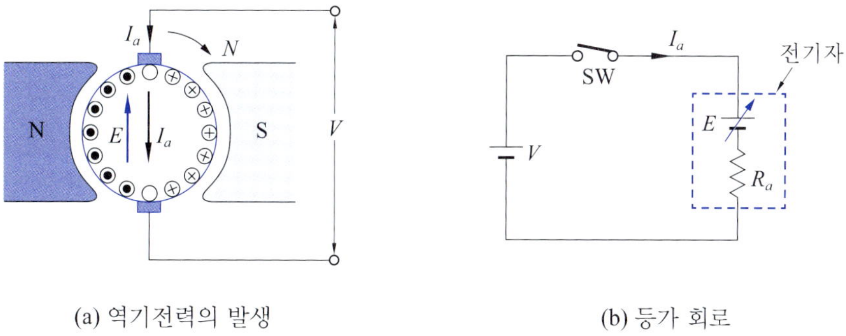

그림 9.20 직류 전동기의 역기전력의 발생 및 등가 회로

예제 9.9 어떤 직류 직권 전동기의 계자 권선과 전기자 권선의 저항이 각각 0.4 [Ω] 및 0.6 [Ω]이다. 이 전동기의 단자 전압이 220 [V]이고 전기자 전류가 80 [A]일 때 역기전력은 얼마인가?

풀이 직류 전동기의 단자 전압 V는 다음과 같이 나타낸다.

$$V = E + I_a R_a \text{ [V]}$$

따라서 역기전력을 구하기 위한 형태로 바꾸면 다음과 같다.

$$E = V - I_a R_a = 220 - 80 \times (0.4 + 0.6) = 140 \text{ [V]}$$

2 회전 속도 및 토크

1. 회전 속도

직류 전동기와 관련된 식 (9.2)와 식 (9.3)을 조합하면 전동기의 회전 속도는 다음과 같다.

$$N = \frac{E}{k\Phi} = \frac{V - I_a R_a}{k\Phi} = k_1 \frac{V - I_a R_a}{\Phi} \text{ [rpm]} \tag{9.5}$$

즉, 직류 전동기의 회전 속도는 역기전력에 비례하고 매극당의 자속에 반비례함을 알 수 있다.

예제 9.10 어떤 직류 직권 전동기의 계자 권선과 전기자 권선의 저항이 각각 0.5 [Ω] 및 0.5 [Ω]이다. 이 전동기의 자화 곡선은 회전수 300 [rpm], 전기자 전류 40 [A]에 대해서 전압은 150 [V]이다. 이 전동기를 전압 380 [V]에 사용하여 전기자 전류가 40 [A] 흐를 때의 속도를 구하시오. 단, 손실은 무시한다.

풀이 속도는 역기전력에 비례하는 관계를 이용하면 다음과 같다.

$$E_2 = V - I_a R_a = 380 - 40 \times (0.5 + 0.5) = 340 \text{ [V]}$$

그러므로 이때의 속도 N_2는 다음과 같다.

$$N_2 = N_1 \times \frac{E_2}{E_1} = 300 \times \frac{340}{150} = 680 \text{ [rpm]}$$

예제 9.11 어떤 직류 분권 전동기의 무부하의 속도가 1,800 [rpm]이고, 정격 부하 속도가 1,750 [rpm]일 때 전동기의 속도변동률은 얼마인가?

풀이 전동기의 속도 변동률 SR은 다음과 같다.

$$SR = \frac{N_{nl} - N_{fl}}{N_{fl}} \times 100 = \frac{1{,}800 - 1{,}750}{1{,}750} \times 100 = 2.86 \text{ [\%]}$$

2. 토크

전기자 회로에 직류 전압을 인가하면 전기자 권선에 전류가 흐르므로 전자력이 발생하여 회전하려는 힘이 발생하는데 이것을 토크 T라 한다. 토크 T [N·m]는 다음과 같이 나타낸다.

$$T = \frac{pZ}{2\pi a} \Phi I_a = k_2 \Phi I_a \text{ [N} \cdot \text{m]} \tag{9.6}$$

또는 각속도와 회전 속도를 고려하면 다음과 같이 나타낸다.

$$T = \frac{E I_a}{\omega} \text{ [N} \cdot \text{m/rad]} \tag{9.7}$$

$$\omega = 2\pi n \text{ [rad/s]} \tag{9.8}$$

p는 전동기의 자극수, Φ[Wb]는 1극당의 자속, Z는 도체수, a는 병렬회로수, ω[rad/s]는 각속도, n[rps]은 매초당 회전수 등을 나타낸다. 즉, 직류 전동기의 발생 토크는 매 극당의 자속과 전기자 도체에 흐르는 전기자 전류에 비례하는 것을 알 수 있다.

예제 9.12 어떤 직류 분권 전동기가 있다. 단자 전압이 220 [V], 전기자 전류가 50 [A], 전기자 저항이 0.2 [Ω], 회전 속도가 1,800 [rpm]일 때의 발생 토크[N·m/rad]를 구하시오.

풀이 분권전동기의 유기기전력은 다음과 같다.

$$E = V - I_a R_a = 220 - 50 \times 0.2 = 210\ [\mathrm{V}]$$

그리고 발생되는 토크는 다음과 같은 수식을 이용하면 구할 수 있다.

$$T = \frac{EI_a}{\omega} = \frac{EI_a}{2\pi \dfrac{N}{60}} = \frac{210 \times 50}{2 \times 3.14 \times \dfrac{1{,}800}{60}} \fallingdotseq 55.7\ [\mathrm{N \cdot m/rad}]$$

예제 9.13 어떤 4극 분권 전동기의 정격은 3 [Hp], $V_s = 220$ [V]이다. 그리고 회로와 자화 파라미터는 $I_s = 30$ [A], $I_f = 1.5$ [A], $R_a = 0.6$ [Ω], $\phi = 30$ [mWb], $N = 1{,}000$ [rpm], 전기자 권선에서 평행 경로의 수 $M = 4$이다. 이 전동기의 각속도[rad/s] 및 토크[N·m]는 얼마인가?

풀이 먼저 전동기의 정격을 SI 단위로 환산하면 다음과 같다.

$$P_{rated} = 3\ [\mathrm{Hp}] \times 746\ [\mathrm{W/Hp}] = 2{,}238\ [\mathrm{W}]$$

그리고 분권 전동기의 전기자 전류를 구하면 다음과 같다.

$$I_a = I_s - I_f = 30 - 1.5 = 28.5\ [\mathrm{A}]$$

그러므로 무부하 단자 전압 V_0는 다음과 같이 구할 수 있다.

$$V_0 = V_s - I_a R_a = 220 - 28.5 \times 0.6 = 202.9\ [\mathrm{V}]$$

또한, 분권 전동기의 전기자 상수 k_a는 다음과 같다.

$$k_a = \frac{pN}{2\pi M} = \frac{4 \times 1{,}000}{2\pi \times 4} = 159.15\ [\mathrm{V \cdot s/Wb \cdot rad}]$$

그리고 전기자 상수와 자속을 이용하여 각속도를 구할 수 있다.

$$\omega_m = \frac{V_0}{k_a \phi} = \frac{202.9}{159.15 \times (30 \times 10^{-3})} = 42.5\,[\text{rad/s}]$$

또한 분권 전동기에서 발생되는 토크는 다음과 같다.

$$T = \frac{P}{\omega_m} = \frac{2{,}238}{42.5} = 52.66\,[\text{N} \cdot \text{m}]$$

예제 9.14 직류 직권 전동기가 40 [A]로 운전되고 있다. 전동기의 정격은 10 [Hp], 정격 전압은 220 [V], 전부하 속도는 1,800 [rpm]이다. 그런데 이 전동기에 어떤 이유에 의해 60 [A]의 전류가 공급될 때 발생되는 토크는 얼마인가?

풀이 먼저 정격 출력을 구하면 다음과 같다.

$$P_{rated} = 10\,[\text{Hp}] \times 746\,[\text{W/Hp}] = 7{,}460\,[\text{W}]$$

그리고 40 [A]가 공급될 때의 전부하 토크는 다음과 같다.

$$T_{40[\text{A}]} = \frac{P}{\omega_m} = \frac{P}{2\pi n} = \frac{7{,}460}{2\pi \times \frac{1{,}800}{60}} = 39.58\,[\text{N} \cdot \text{m}]$$

직권 전동기의 토크 식을 활용하여 상수를 구하면 다음과 같다.

$$T = k_a k_s I_a^2 = K I_a^2\,[\text{N} \cdot \text{m}]$$

$$K = k_a k_s = \frac{T}{I_a^2} = \frac{39.58}{40^2} = 0.025\,[\text{N} \cdot \text{m/A}^2]$$

$$T_{60[\text{A}]} = K I_a^2 = 0.025 \times 60^2 = 90\,[\text{N} \cdot \text{m}]$$

3. 출력

전동기의 출력을 구하기 위해서는 식 (9.3)의 양변에 I_a를 곱하면 다음과 같이 나타낸다.

$$V I_a = E I_a + I_a^2 R_a\,[\text{W}] \tag{9.9}$$

이 식에서 $V I_a$는 전기자 회로의 입력이고, $I_a^2 R_a$는 전기자 회로의 동손이다. 이 식을 다시 나타내면 다음과 같다.

$$EI_a = VI_a - I_a{}^2 R_a \ [\mathrm{W}] \tag{9.10}$$

EI_a는 전동기에서 기계적인 동력으로 변환되는 직류 전력이며, 이것을 기계적 동력 P_m이라 하면 식 (9.2)와 식 (9.6)을 이용하여 다음과 같이 나타낸다.

$$\begin{aligned} P_m &= EI_a = 2\pi \frac{N}{60} \frac{Z}{2\pi} \frac{p}{a} \Phi I_a = \frac{p\Phi N}{60} \frac{Z}{a} I_a \\ &= \omega T = 2\pi n T \ [\mathrm{W}] \end{aligned} \tag{9.11}$$

따라서 전동기가 기계적인 동력으로 변환되는 기계적 동력 P_m은 역기전력과 전기자 전류의 곱과 같고, 회전수와 토크의 곱에 비례함을 알 수 있다. 즉, 전동기의 출력 P는 기계적 동력 P_m에서 전기자의 철손과 기계손을 뺀 것이며, 다음과 같이 나타낸다.

$$P = P_m - (\text{철손} + \text{기계손}) \ [\mathrm{W}] \tag{9.12}$$

예제 9.15 어떤 전동기의 전기자 전류는 100 [A]가 흐르고 있으며, 전기자 총 도체수가 100, 극수는 4극, 병렬회로수(파권)는 2이다. 이 전동기의 회전수가 1,800 [rpm]일 때 1극당의 자속수가 0.06 [Wb]라면 발생하는 기계동력[kW]은 얼마인가?

풀이 이 전동기에서 발생되는 토크 T [N·m]는 다음과 같다.

$$T = \frac{pZ}{2\pi a} \Phi I_a = \frac{4 \times 100}{2 \times \pi \times 2} \times 0.06 \times 100 = \frac{600}{\pi} \ [\mathrm{N \cdot m}]$$

그러므로 회전수 N [rpm]일 때 발생하는 기계적 동력(P_m)은 다음과 같다.

$$P_m = 2\pi n T = 2\pi \times \frac{1{,}800}{60} \times \frac{600}{\pi} = 36{,}000 \ [\mathrm{W}] = 36 \ [\mathrm{kW}]$$

9.7 직류 전동기의 기동 및 속도 제어

1 기동

정지 상태의 전동기를 운전 상태로 하는 것을 기동(起動, starting)이라고 한다. 직류 전동기의 전기자 권선에 흐르는 전류의 크기는 인가되는 전압, 권선의 저항 그리고 권선에서 발생되는 역기전력에 의해 다르게 된다. 일반적으로 기동 전류는 1 [kW] 이하의 소형에서는 정격의 7~10배, 1 [kW] 이상에서는 2~5배 정도까지 허용하고 있다. 기동할 때 소용량은 직접 전원을 투입하는 직입 기동법이 사용되고 있으나 1 [kW] 이상의 전동기는 기동 전류를 적절히 제한하는 방법을 고려해야 한다. 이와 같은 방법으로는 기동 저항법과 가감 전압에 의한 감압법 등이 있다. 직류 전동기가 운전 중 전기자에 흐르는 전기자 전류 I_a는 식 (9.4)에 의해 다음과 같이 표현이 가능하다.

$$I_a = \frac{V - E}{R_a} = \frac{V - k\Phi N}{R_a}\ [\mathrm{A}] \tag{9.13}$$

따라서 전기자의 저항 R_a는 매우 적은 값이지만 운전 중에는 전기자에 역기전력이 발생하기 때문에 전기자 전류의 값은 일정한 값을 유지한다. 그런데 전동기가 기동하는 순간에는 역기전력 $E = 0$이므로 전원의 단자 전압 V는 전기자에 모두 인가되어 전기자 전류는 다음과 같이 나타낸다.

$$I_a = \frac{V}{R_a}\ [\mathrm{A}] \tag{9.14}$$

즉, 큰 기동 전류 때문에 전기자 권선, 브러시, 정류자 등이 손상될 수 있으므로 정격 전류의 100~150 [%] 정도로 제한하고자 전기자 회로에 적당한 저항을 직렬로 접속한다. 즉, 기동 전류를 억제하기 위해서 사용된 저항을 기동 저항(起動 抵抗, starting rheostat)이라 하고, 이와 같은 기동 저항과 손잡이 등의 부속품을 조립한 기구를 기동기(起動器, starter)라 한다.

2 속도 제어

직류 전동기의 속도는 전기자 저항, 자속, 단자 전압 등을 변화시키면 된다. 회전 중인 직류 전동기의 회전 방향을 바꾸려면 전기자 회로의 단자 또는 계자 회로의 단자를 바꾸어 주면 된다. 즉, 단자가 바뀜으로써 전기자 회로에 유입되는 전류의 방향이 바뀌거나 계자 회로에 발생되는 자속의 방향이 바뀌기 때문이다. 일반적인 직류 전동기의 회전을 바꾸기 위한 회로를 그림 9.21에 나타낸다.

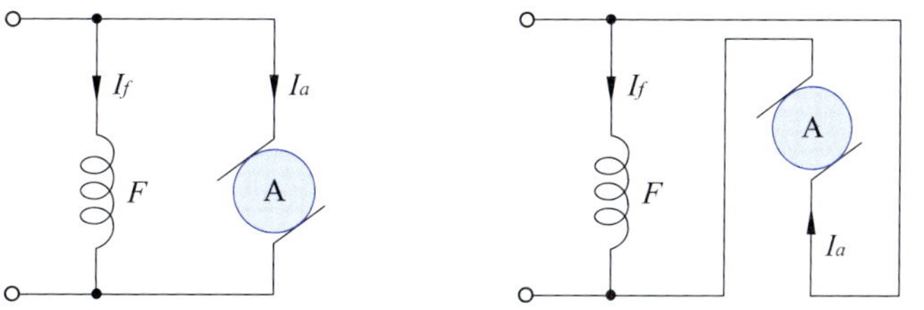

(a) 정방향 회전 (b) 역방향 회전

그림 9.21 직류 전동기의 회전 방향

1. 저항 제어법

저항 제어법(抵抗 制御法, rheostatic control)은 전기자 권선의 저항을 변화시키는 방법이다. 정토크 특성을 나타내지만 속도 변동이 크고 효율이 나쁘다. 주로 직권 전동기에 사용한다.

2. 계자 제어법

계자 제어법(界磁 制御法법, field control)은 계자 전류의 크기를 변화시키면 자속이 변화하게 되는데 이와 같은 방법으로 속도를 제어한다. 정출력, 정속도 특성을 가지나 응답성이 나쁘다. 주로 복권 전동기 및 분권 전동기 등에 사용한다.

3. 전압 제어법

전압 제어법(電壓 制御法, voltage control)은 전기자에 가해주는 전압을 변화시키는 것으로 다양한 제어기기를 사용한다. 이 방법은 정토크, 정속도 특성을 가지며 속응성이 양호하다. 주로 타여자 전동기에 사용한다.

3 제동

전동기의 회전을 급히 멈출 필요가 있는데 이와 같이 전동기의 회전을 빨리 정지시키는 것을 제동(制動, braking)이라고 한다. 제동 방법에는 기계적인 제동과 전기적인 제동 방법이 있다. 기계적인 제동법은 전자 브레이크, 수동 브레이크, 유압 브레이크, 공기 브레이크 등의 브레이크를 이용한 마찰 제동 방법이다. 전기적인 제동법에는 발전 제동, 역상 제동, 회생 제동 등이 있다.

9.8 직류 전동기의 정격 및 효율

1 정격

전동기는 사용 목적 및 용도에 따라 전압, 전류, 속도 등이 정해져 있다. 이와 같이 정해진 한도를 넘거나 부족하게 되면 손실이 증가하는 것은 물론 사고의 위험이 있다. 따라서 이들의 제한 범위 내에서 발생할 수 있는 최대 출력에 적당한 여유를 주는 출력, 전압, 전류, 속도 등을 기계의 정격(定格, rating)이라 한다. 일반적으로 정격은 기계의 명판(名板, name plate)에 표시되어 있다. 정격에는 연속 사용에 적합한 연속 정격(連續 定格, continuous rating)과 단시간 동안에 사용할 수 있는 단시간 정격(短時間 定格, short time rating) 등으로 분류한다.

2 손실

모든 전기기기는 기계적 에너지가 전기적 에너지로 변환될 때 일부 에너지의 손실(損失, loss)이 발생한다. 전동기의 손실은 무부하손, 부하손, 표류부하손 등이 있다. 무부하손(無負荷損, no load loss)은 부하의 변화에 관계없이 거의 일정한 손실을 말하며 일반적으로 고정손(固定損, constant loss)이라 하며, 철손, 기계손 등이 있다. 부하손(負荷損, load loss)은 전동기가 운용될 때 부하의 크기에 따라 변화하므로 가변손(可變損, variable loss)이라고도 불리며 대표적인 것이 동손이다. 전기기계에서 발생되는 전손실, 철손, 동손 및 기계손은 다음과 같다.

$$\text{전손실}(W) = \text{철손}(W_i) + \text{동손}(W_c) + \text{기계손}(W_m) + \text{표류부하손}(W_s) \tag{9.15}$$

$$\text{철손} = \text{히스테리시손} + \text{맴돌이 전류손} \tag{9.16}$$

$$\text{동손} = \text{전기자 동손} + \text{계자 동손} + \text{브러시 전기손} \tag{9.17}$$

$$\text{기계손} = \text{마찰손(브러시 베어링)} + \text{풍손} \tag{9.18}$$

3 효율

전기기기에 공급되는 전력 또는 기계적 동력을 입력(入力, input)이라 하고, 전기기기에서 인출되는 전력 또는 기계적 동력을 출력(出力, output)이라고 한다. 일반적인 이론 효율(效率, efficiency)은 입력에 대한 출력의 비를 백분율로 나타낸 것이며, 다음과 같이 나타낸다.

$$\eta = \frac{\text{출력}}{\text{입력}} \times 100\,[\%] \tag{9.19}$$

그러나 기기에 실제 부하를 연결하여 입력에 대한 출력의 비를 실측 효율(實測 效率, measured efficiency)이라 하며, 어느 출력에 대한 각종 손실을 규격 등으로 미리 정해진 방법에 의해 측정 또는 산정하여 다음과 같이 나타낸 것을 규약 효율(規約 效率, conventional efficiency)이라 한다.

그리고 출력과 손실을 이용하여 규약 효율을 나타내면 다음과 같다.

$$\eta = \frac{\text{출력}}{\text{출력} + \text{손실}} \times 100\,[\%] \tag{9.20}$$

그리고 입력과 손실을 이용하여 규약 효율을 나타내면 다음과 같다.

$$\eta = \frac{\text{입력} - \text{손실}}{\text{입력}} \times 100\,[\%] \tag{9.21}$$

예제 9.16 어떤 전동기의 효율이 90 [%]이고, 정격이 220 [V], 전류가 10 [A]가 흐른다면 출력은 얼마인가? 단, 손실은 무시한다.

풀이 손실이 없는 전동기의 이론 효율은 다음과 같다.

$$\eta = \frac{\text{출력}}{\text{입력}} \times 100\,[\%]$$

따라서 전동기의 출력은 다음과 같이 나타낸다.

$$\text{출력} = \text{입력} \times \text{효율} = 220 \times 10 \times 0.9 = 1{,}980\,[\text{W}]$$

예제 9.17 정격출력 2.2 [kW], 전압 220 [V], 회전속도 900 [rpm]의 직류 타여자 전동기가 있다. 이 전동기의 규약 효율[%]을 구하시오. 단, 전기자 회로의 저항은 0.04 [Ω], 계자 권선의 저항손은 30 [W], 고정손은 42 [W], 브러시 손실은 1 [%]이며, 그 밖의 손실은 없다.

풀이 전동기 브러시의 전압강하에 의한 손실 $2v_bI_a$는 다음과 같다.

$$2v_bI_a = 2P = 2\times\left(2.2\times10^3\times\frac{1}{100}\right) = 2\times22$$

$$\begin{aligned}\text{전손실}(W) &= 2v_bI_a + R_aI_a{}^2 + R_fI_f{}^2 + \text{표유부하손} + \text{고정손}\\ &= (2\times22)+(0.04\times10^2)+30+42 = 120\ [\mathrm{W}]\end{aligned}$$

$$\eta = \frac{\text{출력}}{\text{출력}+\text{손실}}\times100 = \frac{2,200}{2,200+120}\times100 \fallingdotseq 95\ [\%]$$

연습문제

01 철심은 계철, 전기자 철심, 계자 철심으로 구성되어 있다. 계철은 계자 철심을 (   )시키는 부분이며, 브래킷과 함께 전동기의 (   )를 구성한다.

정답 고정, 몸체

02 전기자 철심과 계자 철심은 주자속이 통과하는 부분이므로 맴돌이 전류손을 방지하기 위하여 규소 강판을 (   )하여 만든다.

정답 성층

03 직류기의 종류를 분류할 때 (   )는 계자 권선과 전기자 권선을 전원에 직렬로 연결한 구조이며, (   )는 계자 권선을 전기자 권선과 병렬로 연결한 구조이다.

정답 직권 전동기, 분권 전동기

04 직류기 중에서 (   )는 직권 권선과 분권 권선을 조합한 형태로 두 개의 계자 권선이 전기자 권선과 직렬 및 병렬로 연결된 구조이다.

정답 복권 전동기

05 직류 전동기는 큰 기동 전류 때문에 전기자 권선, 브러시, 정류자 등이 손상될 수 있으므로 정격 전류의 100~150 [%] 정도로 제한하고자 전기자 회로에 적당한 저항을 직렬로 접속한다. 이와 같은 목적으로 사용된 저항을 (   )이라 한다.

정답 기동 저항

06 직류 전동기의 속도는 전기자 저항, 자속, 단자 전압을 변화시키면 된다. 회전 중인 직류 전동기의 회전 방향을 바꾸려면 (   )의 단자 또는 (   )의 단자를 바꾸어 주면 된다.

정답 전기자 회로, 계자 회로

07 직류기의 (   )은 전기자 권선의 저항을 변화시키는 방법이다. 정토크 특성을 나타내지만 속도 변동이 크고 효율이 나쁘며, 주로 직권전동기에 사용한다.

정답 저항 제어법

08 직류기의 (   )은 계자 전류의 크기를 변화시키면 자속이 변화하게 되는데 이와 같은 방법으로 속도를 제어하며, 정출력 및 정속도 특성을 가지나 응답성이 나쁘다.

정답 계자 제어법

09 직류기의 (   )은 전기자에 가해주는 전압을 변화시키는 것으로 다양한 제어기기를 사용하며, 정토크 및 정속도 특성을 가지며 속응성이 양호하다.

정답 전압 제어법

10 전동기의 회전을 급히 정지하기 위한 제동 방법 중에서 전기 제동의 방법은 어떤 것이 있는가?

정답 발전 제동, 역상 제동, 회생 제동

Chapter 10

유도 전동기

10.1 유도 전동기의 원리

유도 전동기(誘導 電動機, induction motor)는 취급과 운전이 쉽고 값이 싸며 내구성이 좋기 때문에 가정이나 공장에서 가장 많이 사용하는 전동기이다. 그러므로 전동기라고 하면 일반적으로 유도 전동기를 의미하는 경우가 많다.

유도 전동기의 원리는 그림 10.1과 같은 아라고 원판(Arago's disk)에 의해 설명할 수 있다. 영구 자석을 화살표 방향으로 회전시키면 원판도 같은 방향으로 회전한다. 1824년 프랑스의 과학자 아라고(Dominique-Francois-Jean Arago, 1786~1853)의 실험에 의해 발견된 것으로 맴돌이 전류 현상이다. 자석을 회전시키면 원판을 통과하는 자속이 변화하게 된다. 그러면 플레밍의 오른손 법칙에 따른 유도 기전력이 원판에 발생한다. 유도 기전력에 의한 맴돌이 전류(eddy current)와 영구 자석(永久 磁石, permanent magnet)에 의한 각각의 자력선 사이에 전자력이 발생하여 원판이 회전하게 된다. 이때 원판은 영구 자석의 속도보다 느리게 회전한다. 만약 원판과 자석의 속도가 같게 되면 원판을 지나는 자속은 일정하게 된다. 자속이 변하지 않으면 맴돌이 전류가 발생되지 않고 원판은 더 이상 회전하지 않게 된다.

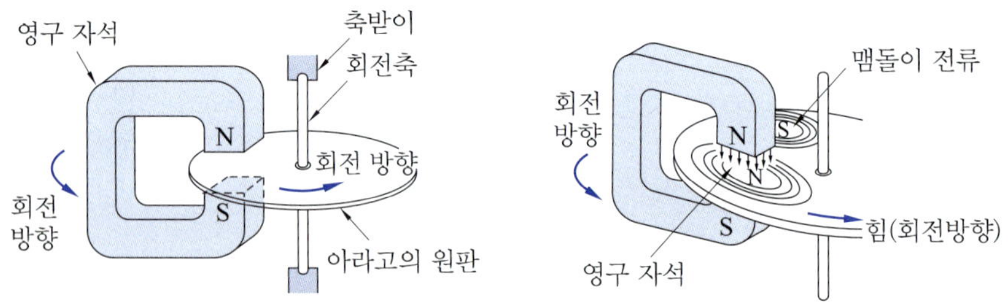

(a) 원판의 회전 (b) 맴돌이 전류

그림 10.1 아라고 원판의 회전 및 맴돌이 전류

아라고 원판 대신에 그림 10.2에 나타낸 것과 같은 형태의 도체를 사용하여도 동일한 특성을 나타낸다. 그림 10.2(a)는 원통형 도체를 이용한 것이며, 도체만으로도 회전은 되지만 누설 자속이 많이 발생하여 효율이 떨어진다. 그러므로 그림 10.2(b)와 같이 규소 강판을 성층한 철심에 원통형의 도체를 결합하여, 그림 10.2(c)와 같은 회전자(回轉子, rotor)를 만든다. 이와 같은 구조의 회전자를 농형이라 하며 유도 전동기는 대부분 농형 회전자(籠形 回轉子, squirrel type rotor)를 사용한다.

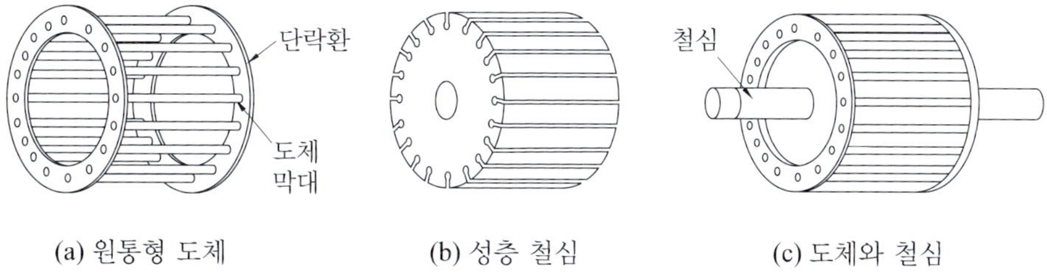

그림 10.2 농형 회전자의 도체와 철심

유도 전동기는 도체와 자기장 사이에서 발생되는 전자 유도(電磁 誘導, electromagnetic induction) 작용을 이용한 것이며, 플레밍의 오른손 법칙으로 기전력이 발생되는 원리와 왼손 법칙으로 전동력이 발생되는 원리를 적용하여 설명이 가능하다. 아라고 원판 실험에서 영구 자석을 돌리면 원판도 따라서 회전한다. 그러나 실제 전동기에서 자석을 돌려 회전력을 얻는 것은 무의미하다. 따라서 유도 전동기의 회전자가 큰 토크로 회전하려면 자석이 실제 회전에 기여하는 에너지가 필요하다.

그림 10.3과 같이 고정자 철심에 권수, 전선의 굵기, 크기가 같은 코일 a, b, c를 120°의 일정한 간격으로 배치한다. 그리고 대칭인 3상 전류를 흘리면 자석을 돌리는 것과 같은 효과를 얻을 수 있는데 이것을 회전 자기장(回轉 磁氣場, rotating magnetic field)이라 한다. 3상 교류에서는 쉽게 회전 자기장을 얻을 수 있는데 단상 교류에서는 회전 자기장이 만들어지지 않고 교번 자기장이 만들어진다. 그러므로 적절한 방법으로 회전 자기장을 만들어야 회전이 가능하다.

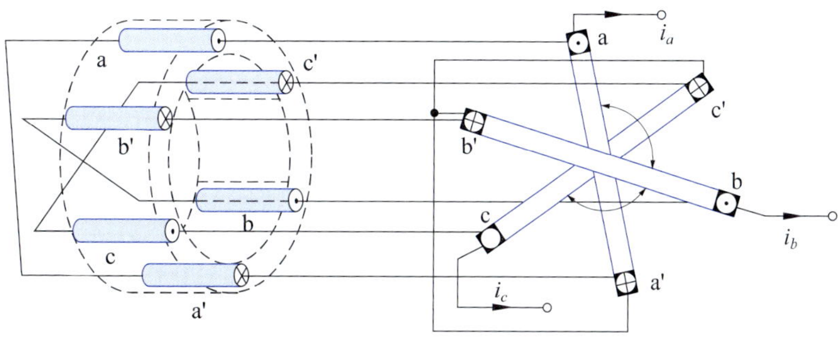

그림 10.3 3상 고정자 권선의 배치와 전류의 방향

10.2 3상 유도 전동기의 구조

3상 유도 전동기(3相 誘導 電動機, three-phase induction motor)는 3상 전원에 의해 쉽게 회전 자기장을 얻을 수 있으므로 비교적 구조가 간단하다. 그림 10.4는 3상 유도 전동기의 구조 및 명칭을 나타낸다.

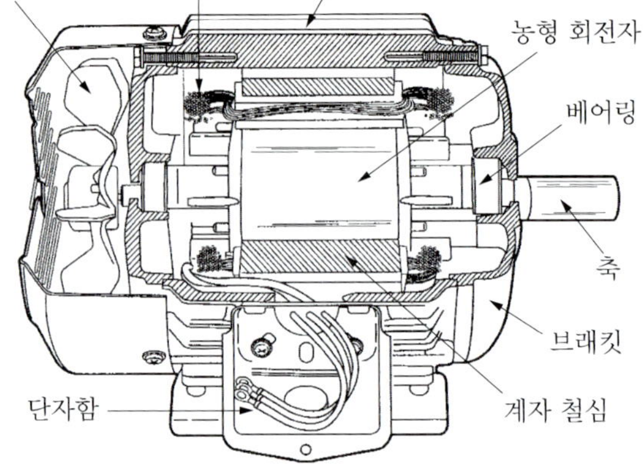

그림 10.4 3상 유도 전동기의 구조 및 명칭

1 고정자

고정자(固定子, stator)는 전동기, 발전기 등에서 고정이 되어 있는 부분이다. 즉, 권선(捲線, coil)을 지지하는 철심(鐵心, core)과 철심을 부착하는 프레임(frame)으로 이루어져 있다. 3상 유도 전동기의 고정자는 고정자 틀, 고정자 철심, 고정자 권선으로 이루어져 있다.

1. 고정자 틀

고정자 틀(stator frame)은 그림 10.4에서 보는 바와 같이 고정자 철심을 지지하는 전동기의 가장 바깥쪽 부분으로서 소용량은 주철을 사용하며, 대용량은 압연 강판을 사용한다. 성층한 철심의 두께가 큰 경우에는 적당한 간격으로 폭 10 [mm] 정도의 통풍 덕트(air duct)를 만든다. 그리고 모양은 용도와 냉각 방식에 따라서 조금씩 다르다.

2. 고정자 철심

고정자 철심(固定子 鐵心, stator core)은 보통 그림 10.5(a)와 같은 규소 강판을 그림 10.5(b)처럼 성층하여 사용한다. 홈(slot)은 그림 10.5(c)와 같이 저압 전동기는 반폐홈(semi-closed slot)을 적용하며, 고압 전동기는 개방 홈(open slot)을 사용한다. 철심과 권선 사이에는 절연을 실시하며, 하나의 슬롯 하부에 하층 및 상층 코일 변을 각각 수납하고 상부는 쐐기를 사용하여 고정시킨다.

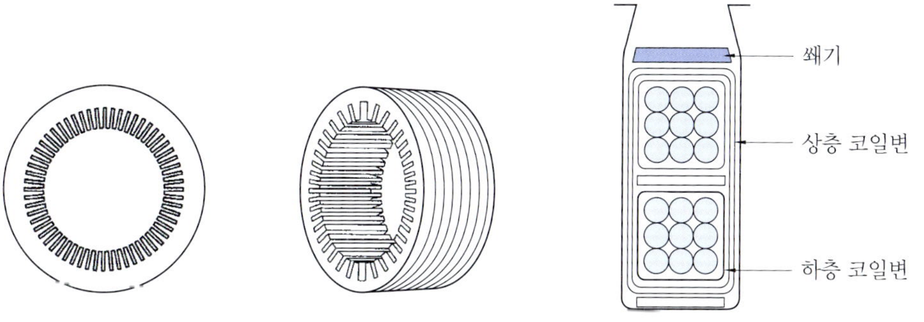

(a) 규소 강판　　(b) 성층 철심　　(c) 고정자 홈

그림 10.5 3상 유도 전동기 고정자 철심의 구조

3. 고정자 권선

고정자 권선(固定子 捲線, stator coil)은 회전 자기장을 만들기 위한 것으로서 그림 10.6(a)는 저압용과 고압용 권선을 나타낸다. 저압 전동기에서는 반폐 홈에 권선을 한 가닥씩 삽입하여 고정자 권선을 완성한다. 고압 전동기는 성형 권선으로 만든 후 개방 홈에 넣는다. 그림 10.6(b)는 고정자 홈에 권선을 삽입한 모양을 나타낸다. 고정자 홈에 삽입한 권선들을 적절한 방법으로 결선하여 완성한다. 홈에 권선을 넣는 방법은 하나의 코일변이 들어가는 단층권과 두 개가 들어가는 2층권이 있다. 그림 10.6(c)는 고정자 권선의 2층권을 나타내며, 3상 유도 전동기는 대부분 2층권이 사용된다.

3상 유도 전동기에서 고정자 권선은 각 상의 시작선 (+)와 끝선 (−)를 어떻게 연결하느냐에 따라 그림 10.7과 같이 Y 결선(Y-結線, star connection)과 △ 결선(△-結線, delta connection)으로 나눈다. 그림 10.7(a)의 Y 결선은 각 상의 끝점을 함께 한 점에 접속하고 시작점을 전원에 연결한다. 그림 10.7(b)의 △ 결선은 한 상의 끝점을 다음 상의 시작점에 연결하여 각각을 전원에 연결한다.

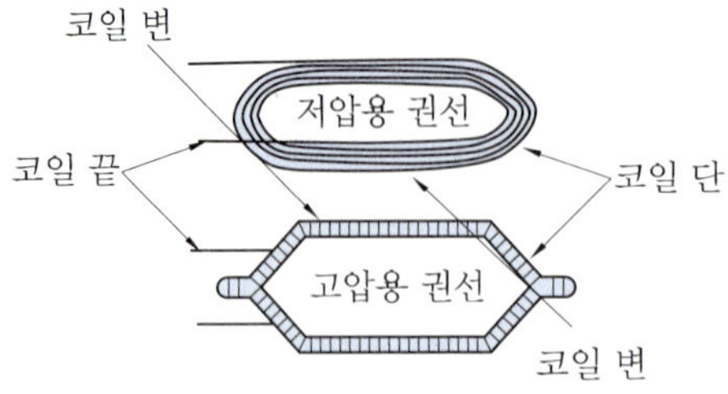

(a) 고정자 권선

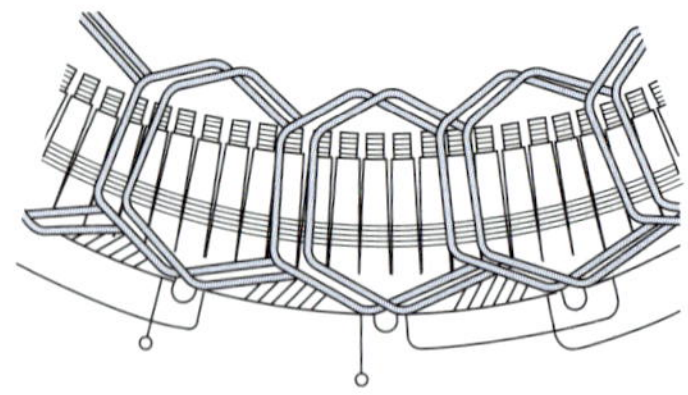

(b) 고정자 권선의 배치

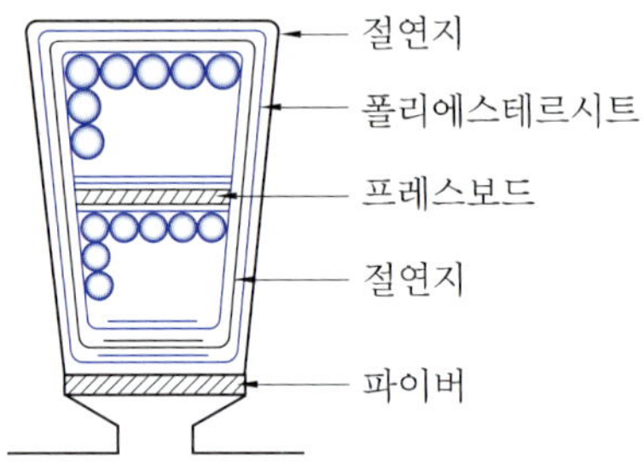

(c) 2층권

그림 10.6 유도 전동기의 고정자 권선의 형태 및 배치 방법

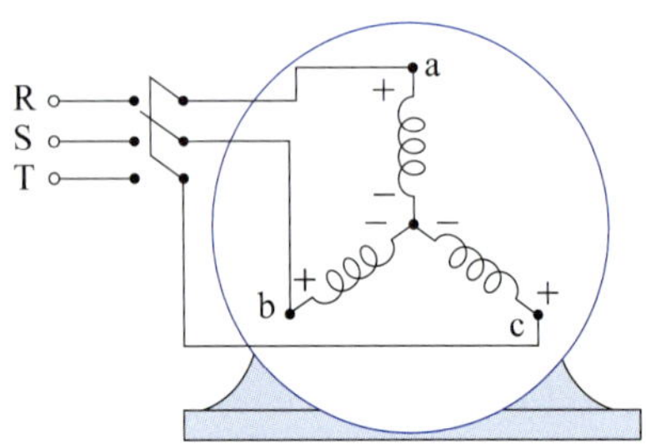

(a) Y 결선

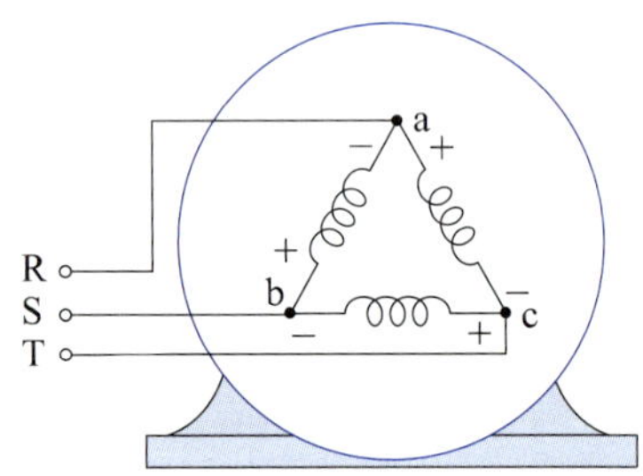

(b) △ 결선

그림 10.7 3상 유도 전동기 고정자 권선의 결선법

2 회전자

회전자(回轉子, rotor)는 원형의 규소 강판 둘레에 도체가 들어갈 수 있는 홈을 파고, 중심에는 축이 들어갈 수 있는 큰 구멍을 내어 이들을 성층하여 만든다. 도체의 구조에 따라 농형 회전자와 권선형 회전자 등이 있다.

1. 농형 회전자

농형 회전자(籠形 回轉子, squirrel-cage rotor)는 홈에 구리선을 삽입하여 양쪽을 구리로 된 단락환(端絡環, end-ring)과 함께 납땜 또는 용접으로 연결한 것과 알루미늄을 주물로 하여 만든 것이 있다. 농형 회전자의 도체가 들어가는 홈은 축 방향과 평행하지 않고 약간 비틀어져 있는 홈(skewed slot)으로 만들어 소음을 억제하는 효과가 있고, 그림 10.8과 같은 형태를 나타낸다.

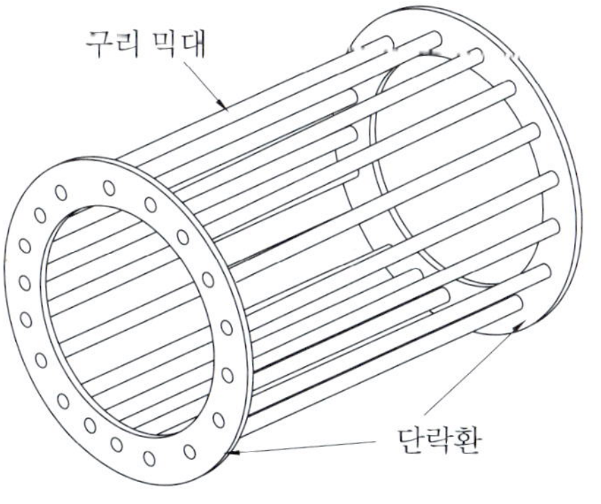

그림 10.8 **도체와 단락환의 형태**

2. 권선형 회전자

권선형 회전자(捲線形 回轉子, wound rotor)는 일반적으로 회전자 철심의 홈에 코일을 감아 Y 결선 한 후 축에 붙어 있는 슬립 링(slip ring)에 연결한다. 슬립 링에 접촉되어 있는 브러시에는 기동 저항기가 달려 있어 기동 전류를 감소시키고 속도를 제어할 수 있다. 슬롯의 모양은 그림 10.9와 같이 절연 코일을 삽입할 수 있는 반폐 슬롯(semi-enclosed slot)이 사용된다.

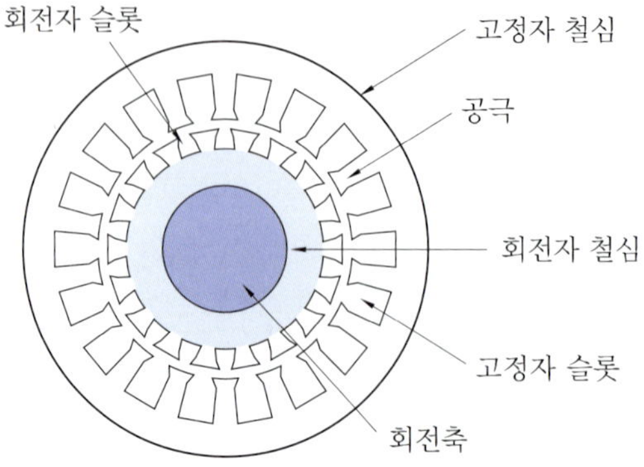

그림 10.9 권선형 회전자의 슬롯

3 베어링

베어링(bearing)은 회전 및 직선 운동을 하는 축을 지지하는 역할을 하는 것을 말하며, 미끄럼 베어링과 구름 베어링 등이 있다. 전동기의 고장 원인 중에서 발생 빈도가 높은 부분이다.

1. 미끄럼 베어링(sliding bearing)

베어링이 면과 접촉하고 있는 베어링으로 축에 가해지는 하중의 방향에 따라 레이디얼 베어링(radial bearing)과 스러스트 베어링(thrust bearing) 등이 있다. 바깥쪽은 주철(鑄鐵, cast iron) 또는 주강(鑄鋼, cast steel) 등으로 만들어지며, 한 덩어리로 제작된 것과 상하 2개로 분리되어 있어서 볼트로 체결된 것이 있다. 베어링의 축에 접하는 부분은 보통 포금(砲金, gun metal) 또는 주석, 안티몬 및 구리 등을 합금한 배빗 메탈(babbit metal)[1] 등으로 제작되며 가운데 기름이 들어 있다. 항상 기름을 칠하여 마찰에 의한 소손이 없도록 해야 하며, 주유할 때는 이물질이 들어가지 않도록 주의가 필요하다.

2. 구름 베어링(rolling bearing)

외륜과 내륜 사이에 볼을 넣어서 구름 접촉을 시켜 마찰을 경감시킨 베어링이다. 구름 베어링은 전동체의 모양, 궤도륜, 하중의 방향 등에 따라 명칭이 다르다. 볼이 들어

1) 배빗 메탈(babbit metal)은 주석을 주성분으로 하고 이것에 안티몬과 동을 추가한 베어링용 합금이다.

있는 것, 롤러가 들어 있는 것 등이 있다. 보통 볼이 들어 있는 것을 볼 베어링, 롤러가 들어 있는 것을 롤러 베어링이라 한다. 볼 베어링은 고속으로 회전하고 부하가 비교적 작은 설비에 사용된다. 그리고 롤러 베어링은 고속 또는 저속으로 회전하고 부하가 볼 베어링 설비보다 큰 경우에 사용하는 데 마찰이 적어서 효율이 우수하지만 가격이 비싸다.

10.3 회전수와 슬립

회전자의 토크(torque)는 회전자 도체에 흐르는 전류와 자속과의 곱에 비례한다. 부하가 없는 무부하 상태에서 회전자의 속도 N [rpm]이 점차 증가하여 회전 자기장의 속도인 동기 속도(同期 速度, synchronous speed) N_s [rpm]에 가까워지면 도체를 관통하는 자속의 수는 줄어들게 된다. 자속이 감소하면 회전자에 유도되는 전류가 줄고 따라서 회전자 토크도 감소한다. 또한, 부하가 연결되면 회전자 속노가 늦아져 동기 속도와의 차가 커진다. 그러면 도체를 관통하는 자속의 수도 증가하여 도체에 발생하는 전류가 커진다. 이것은 전동기의 토크를 크게 하고 속도는 다시 증가하게 된다. 그러므로 전동기가 큰 토크로 부하를 돌려주기 위해서는 회전자 속도가 동기 속도보다 낮은 회전수를 가져야 한다. 이때 만들어지는 회전 자기장의 극수를 P라 하면 회전 자기장은 교류 파형의 1주기마다 $P/2$ 회전하게 되므로 1분 동안의 회전수 N_s [rpm]일 때 주파수 f [Hz]는 다음과 같다.

$$f = \frac{P}{2} \times \frac{N_s}{60} = \frac{PN_s}{120} \text{ [Hz]} \tag{10.1}$$

그리고 회전수 N_s를 나타내면 다음과 같다.

$$N_s = \frac{120f}{P} \text{ [rpm]} \tag{10.2}$$

유도 전동기에서 동기 속도와 회전자 속도의 차 $N_s - N$를 동기 속도 N_s로 나눈 것을 슬립(slip)이라 하며, 다음과 같이 나타낸다. 슬립은 유도 전동기의 특성을 해석하는 데 중요한 요소이다.

$$s = \frac{N_s - N}{N_s} \times 100\ [\%] \tag{10.3}$$

그러므로 $s=1$이면 $N=0$이 되어 전동기가 정지하고 있는 것이 된다. $s=0$이면 $N=N_s$가 되어 전동기가 동기 속도로 회전하는 것이 되는데 이 경우는 이상적인 무부하 상태이다. 일반적으로 부하가 증가하면 슬립은 증가하며, 보통 전부하에 대한 슬립은 3~4 [%] 정도이다.

예제 10.1 저압용 설비에 설치되어 있는 전동기의 주파수가 60 [Hz]이고, 4극인 유도 전동기의 동기 속도는 얼마인가?

풀이 유동 전동기의 동기 속도는 다음과 같이 구할 수 있다.

$$N_s = \frac{120\times f}{p} = \frac{120\times 60}{4} = 1{,}800\ [\mathrm{rpm}]$$

예제 10.2 단상 유도 전동기의 동기 속도가 1,800 [rpm]이고, 회전자의 속도가 1,700 [rpm]일 때 슬립은 얼마인가?

풀이 유도 전동기의 슬립은 다음과 같은 관계를 적용한다.

$$s = \frac{N_s - N}{N_s}\times 100 = \frac{1{,}800-1{,}700}{1{,}800}\times 100 \fallingdotseq 5.5\ [\%]$$

10.4 3상 유도 전동기의 운전

유도 전동기의 기동 전류는 정격 전류의 5~10배 정도의 큰 전류가 흐른다. 그러므로 용량이 큰 전동기의 경우에는 적절한 기동 장치를 사용하여 기동 전류를 제한할 필요가 있다. 일반적으로 3상 농형 유도 전동기의 기동법은 전전압 기동법, Y－Δ 기동법, 기동 보상기법, 리액터 기동법, 저항 기동법 등이 사용한다.

1 3상 농형 유도 전동기의 기동법

1. 전전압 기동법

전전압 기동법(全電壓 起動法, direct line starting)은 직접 기동법을 말하며 용량이 5 [kW] 이하의 소용량 농형 유도 전동기에 적용된다. 별도의 기동 장치를 사용하지 않고 직접 정격 전압을 인가하는 방법을 말한다. 운전을 시작할 때 4∼6배 정도의 기동 전류가 흐르며, 용량이 적기 때문에 직접 전전압을 인가하여도 시스템에는 큰 무리가 없다.

2. Y−Δ 기동법

농형 유도 전동기의 용량이 5∼10 [kW] 정도가 되면 전전압 기동법에 의해 시스템을 운용할 때 큰 기동 전류에 의해 전동기의 소손이 발생할 우려가 있다. 따라서 기동을 할 때는 고정자 권선을 Y 결선인 상태에서 기동하고, 정상 속도에 가까워지면 개폐기를 이용하여 Δ 결선으로 회로를 전환하는 방법이다. 이 방법을 적용하면 기동할 때 고정자 각 상의 권선에는 정격 전압의 $1/\sqrt{3}$ 의 전압이 인가되므로 기동전류는 Δ 결선으로 기동할 때의 1/3이 되므로 기동 전류를 안정된 범위로 제한할 수 있다.

3. 기동 보상기법

기동 보상기법은 10∼200 [kW] 정도의 대용량 전동기의 기동에 활용하는 방법으로 3상 단권 변압기를 사용하여 기동 전압을 낮추어 기동 전류를 제한할 수 있으며, 이와 같은 장치를 기동 보상기(起動 補償器, starting compensator)라 한다. 정격 전압의 40∼80 [%] 범위 안에서 각 단계마다 탭을 설정하여 전동기의 용도 및 용량에 따라 이들 탭 중에서 적당한 것을 선택하여 사용한다. 일정 시간이 경과된 후 정격 속도에 이르렀을 때 조작용 핸들을 연속 운전이 가능한 곳으로 이동시켜 전동기에 전전압을 인가하는 동시에 기동 보상기를 회로에서 분리하여 전동기를 운전하는 것이다.

4. 리액터 기동법

리액터 기동법은 Y−Δ 기동 방법과 같은 방법으로 전전압 기동으로 전동기를 기동하면 기동 전류가 지나치게 많이 흘러서 사고의 위험이 있을 때 적용하는 방법이다. 전동기 1차측에 철심이 든 리액터를 접속하고 전동기가 기동된 후 리액터를 감소시킴에 따라 전동기의 단자 전압은 높아지고 토크가 커지게 되어 전동기는 정상 운전을 하게 된다.

2 권선형 유도 전동기의 기동법

농형 유도 전동기를 기동할 때 1차측에 인가하는 전압이 낮으므로 기동 토크가 적어지는 단점이 있다. 그러나 권선형 유도 전동기는 그림 10.10과 같이 전동기의 2차 회로에 있는 슬립 링을 접속하고 기동 저항기를 이 슬립 링에 접속하는 방법이다. 즉, 기동 저항기(起動 底抗器, SR; starting rheostat)를 조절함으로써 기동할 때 흐르는 기동 전류를 제한하고 적당한 기동 토크를 발생한다.

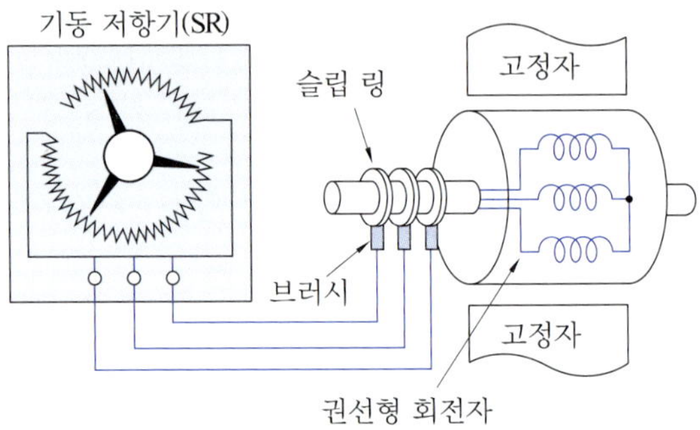

그림 10.10 권선형 유도 전동기의 기동법

10.5 단상 유도 전동기

3상 유도 전동기는 공장이나 빌딩과 같이 대용량의 동력이 필요한 장소에 3상 전원을 공급받아 사용된다. 반면에 단상 유도 전동기는 가정이나 사무실과 같은 소용량 전동력이 요구되는 곳에서 사용된다. 단상 유도 전동기는 3상 유도 전동기와는 달리 회전 자기장이 만들어지지 않고 교번 자기장이 발생되므로 회전자를 기동시킬 수 없다. 그러나 어떤 방법을 사용하더라도 자기 기동(自己 起動, self starting)만 되면 그 방향으로 토크가 생겨 회전을 계속하게 된다.

1 분상 기동형 유도 전동기

서로 자기적인 위치를 달리하면서 병렬로 연결되어 있는 주권선과 보조 권선이 내장된 전동기를 분상 기동형 유도 전동기(分相 起動形 誘導 電動機, phase split start type induction motor)라 한다. 이 전동기는 주로 펌프, 소형 공작 기계, 공업용 재봉틀, 세탁기 등 가장 광범위하게 사용되는 전동기이다. 원리는 주권선과 보조 권선에 의해 회전 자기장을 만들어 기동시킨다. 기동 후 속도가 점차 증가하여 동기 속도의 70 ~80 [%]가 되면 원심력 스위치(CS; centrifugal switch)가 작동하여 보조 권선 회로가 개방되고 전동기는 주권선에 의해서 동작한다.

2 콘덴서 유도 전동기

보조 권선에 콘덴서가 직렬로 연결되어 있는 것을 콘덴서 유도 전동기(capacitor induction motor)라 한다. 종류에는 기동할 때만 콘덴서를 사용하는 콘덴서 기동형 전동기(capacitor starting motor), 운전 중에도 콘덴서를 사용하는 영구 콘덴서 전동기(permanent capacitor motor), 2중 콘덴서 전동기(two-value capacitor motor) 등이 있다.

콘덴서 기동형은 농사용 펌프, 냉장고, 공업용 재봉틀 등에 사용되고, 영구 콘덴서형은 펌프, 세탁기, 선풍기 등에 사용된다. 원리는 콘덴서가 연결된 권선과 주권선 사이의 위상차로 회전 자기장이 만들어져 회전자를 기동시킨다. 콘덴서 기동형 전동기는 전해 콘덴서를 사용하며 정격 속도에 도달하면 회로에서 콘덴서를 개방시켜야 한다. 영구 콘덴서 전동기는 기동 토크가 낮으며 기름 콘덴서를 사용한다. 2중 콘덴서 전동기는 기동 토크가 매우 높다. 운전용으로는 기름 콘덴서를 사용하고 기동용으로 전해 콘덴서가 쓰인다. 회전수가 일정 속도에 도달하면 전해 콘덴서를 회로에서 개방시킨다.

3 셰이딩 코일형 유도 전동기

셰이딩 코일형 유도 전동기(shaded-pole motor)는 고정자의 주자극 옆에 작은 돌극(突極, salient-pole)을 만든다. 여기에 굵은 구리선으로 수 회 정도 감아 단락시킨 구조의 전동기이다. 이 전동기는 주자극에서 셰이딩 자극 쪽으로만 회전하며 회전 방향을 바꿀 수 없다. 셰이딩 코일형 전동기는 구조가 간단하고 기동 토크가 적으므로 소형 선풍기, 가전기기 등의 소용량 부하에 주로 사용된다.

4 반발형 유도 전동기

반발형 유도 전동기(反撥形 誘導 電動機, repulsion induction motor)는 회전자에 권선이 있어 권선형 단상 유도 전동기라 부르기도 한다. 반발형 전동기의 원리는 고정자 권선과 회전자 권선에서 발생하는 자기장 사이의 반발력을 이용한 것이다. 용도로는 영업용 냉장고, 펌프 등에 사용된다.

10.6 유도 전동기의 2차 입력과 토크 및 효율

1 유도 전동기의 2차 입력과 토크

유도 전동기를 1분간 속도 N [rpm]으로 운전하였을 때 회전자의 출력 P [W]는 다음과 같이 나타낸다.

$$P = 2\pi \times \frac{N}{60} \times T\,[\mathrm{W}] \tag{10.4}$$

따라서 토크는 다음과 같이 표현된다.

$$\begin{aligned} T &= \frac{60}{2\pi} \times \frac{P}{N}\,[\mathrm{N \cdot m}] \\ &= \frac{60}{9.8 \times 2\pi} \times \frac{P}{N} = 0.975 \times \frac{P}{N}\,[\mathrm{kg \cdot m}] \end{aligned} \tag{10.5}$$

그런데 효율(η)은 전동기의 1분간 속도 N를 동기 속도 N_s로 나누는 것 또는 2차 출력을 2차 입력으로 나누는 것과 같으므로 다음과 같이 나타낸다.

$$\eta = \frac{N}{N_s} = (1-s) = \frac{P}{P_2} = \frac{\text{2차 출력}}{\text{2차 입력}} \tag{10.6}$$

그러므로 속도와 동기 속도를 2차 출력으로 나타내면 다음과 같이 나타낸다.

$$P = \frac{N}{N_s} P_2\,[\mathrm{W}] \tag{10.7}$$

따라서 식 (10.7)을 식 (10.5)에 대입하여 정리하면 다음과 같다.

$$T = \frac{60}{2\pi} \times \frac{P}{N} = \frac{60}{2\pi} \times \frac{P_2}{N_s}\,[\mathrm{N \cdot m}]$$

$$= \frac{60}{9.8 \times 2\pi} \times \frac{P_2}{N_s} = 0.975 \times \frac{P_2}{N_s} \text{ [kg · m]} \tag{10.8}$$

즉, 토크는 2차 입력에 정비례하고 동기 속도에 반비례한다. 그런데 동기 속도는 일정하므로 토크 T와 2차 입력 P_2는 비례한다. 이렇게 표시한 토크를 동기 와트로 표시한 토크라고 하는데 유도 전동기의 토크는 동기 와트(synchronous watt)로 표시하는 경우가 있다.

예제 10.3 4극 220 [V], 60 [Hz] 3상 유도 전동기가 4 [%]의 슬립으로 회전하며 15 [kg · m]의 토크를 발생하고 있다. 회전자에 생기는 기계적 출력 및 2차 입력을 구하시오.

풀이 동기 속도를 구하면 다음과 같다.

$$N_s = \frac{120f}{P} = \frac{120 \times 60}{4} = 1{,}800 \text{ [rpm]}$$

회전자 기계 속도는 다음과 같다.

$$N = (1-s)N_s = (1-0.04) \times 1{,}800 = 1{,}728 \text{ [rpm]}$$

전동기의 토크는 다음과 같다.

$$T = 0.975 \times \frac{P}{N} \text{ [kg · m]}$$

따라서 기계적 출력은 다음과 같이 구할 수 있다.

$$P = \frac{T \times N \times 10^{-3}}{0.975} = \frac{15 \times 1{,}728 \times 10^{-3}}{0.975} \fallingdotseq 26.6 \text{ [kW]}$$

2차 입력은 다음과 같다.

$$P_2 = \frac{P}{(1-s)} = \frac{26.6}{(1-0.04)} \fallingdotseq 27.7 \text{ [kW]}$$

2 유도 전동기의 효율

유도 전동기는 실제로 축(軸, axis)에서 이용할 수 있는 출력과 1차 입력 P_1과의 비를 효율이라 한다. 또한, 유도 전동기의 효율을 표시하는 방법으로 와트로 표시하는 출력 P와 VA로 표시한 피상 전력과의 비를 효율로 나타내면 이것을 피상 효율(皮相效率, apparent efficiency)이라 하며, 다음과 같이 나타낸다.

$$\eta = \frac{\text{출력}}{\text{입력}} \times 100 = \frac{\text{입력} - \text{손실}}{\text{입력}} \times 100$$
$$= \frac{P}{\sqrt{3}\, V_1 I_1 \cos\theta_1} \times 100\,[\%] \tag{10.9}$$

그리고 출력(P)와 2차 입력(P_2)와의 비를 2차 효율(2次 效率, secondary efficiency)라고 하며, 다음과 같이 나타낸다.

$$\eta_2 = \frac{\text{2차 출력}}{\text{2차 입력}} \times 100 = \frac{P}{P_2} \times 100$$
$$= \frac{P_2(1-s)}{P_2} \times 100 = \frac{N}{N_s} \times 100$$
$$= (1-s) \times 100\,[\%] \tag{10.10}$$

예제 10.4 직류 발전기의 단자 전압 220 [V], 전류 200 [A]이고, 3상 전동기의 전압이 3,300 [V]일 때 유도 전동기의 전류는 얼마인가? 단, 발전기 및 전동기의 효율은 각각 0.9이며, 역률은 0.85이다.

풀이 유도 전동기의 효율은 다음과 같다.

$$\eta = \frac{\text{출력}}{\text{입력}} \times 100\,[\%]$$

따라서 전동기의 입력을 구하면 다음과 같다.

$$\text{전동기 입력} = \frac{\text{출력}}{\eta} \times 100 = \frac{220 \times 200}{0.9 \times 0.9 \times 0.85} = 63{,}907\,[\mathrm{VA}]$$

그러므로 전동기의 전류는 다음과 같다.

$$\text{전동기의 전류} = \frac{63{,}907}{\sqrt{3} \times 3{,}300} \fallingdotseq 11.2\,[\mathrm{A}]$$

10.7 유도 전동기의 등가 회로

유도 전동기는 고정자에 교류 전압을 인가하여 전자 유도 현상으로 회전자에 전류를 흘려 회전력을 생기게 하는 교류 전동기이다. 이상적인 유도 전동기의 등가 회로는 변압기의 등가 회로와 유사한 특성을 갖고 있다. 그림 10.11은 유도 전동기의 특성을 해석하기 위해 제시된 회로 모델이다. 회로 모델의 해석에 표기 및 의미는 다음과 같다.

R_S : 고정자 저항　　X_S : 고정자 리액턴스

R_R : 회전자 저항　　X_R : 회전자 리액턴스

X_m : 자화 리액턴스　　R_C : 등가 철손 저항

E_S : 고정자 저항에서 유도 전압　　E_R : 고정자 저항에서 유도 전압

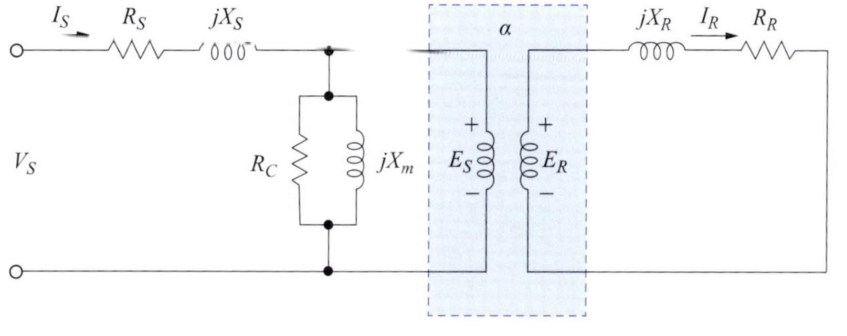

그림 10.11 이상적인 유도 전동기의 회로 모델

그리고 1차 내부 고정자 권선에서 유도 전압 E_S는 유효 권수비(有效 卷數比, effective turns ratio) α인 이상적인 유도 전동기에 의해 2차 회전자 전압 E_R로 나타낼 수 있다. 그러므로 유도 전동기의 회전자 회로의 슬립에서 유도된 전압은 다음과 같이 표현된다.

$$E_R = s\,E_{R0}\,[\mathrm{V}] \tag{10.11}$$

E_{R0} 는 회전자가 정지된 상태일 때의 유도 회전자 전압이고, X_R 및 X_{R0}은 다음과 같이 나타낸다.

$$X_R = \omega_R L_R = 2\pi f_R L_R = 2\pi\, s\, f_R L_R = s\,X_{R0}\,[\Omega] \tag{10.12}$$

$$X_{R0} = \omega L_R = 2\pi f L_R\,[\Omega] \tag{10.13}$$

그리고 회전자가 정지되어 있을 때의 리액턴스를 고려한 회전자 전류는 다음과 같다.

$$I_R = \frac{E_R}{R_R + jX_R} = \frac{s\,E_{R0}}{R_R + j\,s\,X_{R0}} = \frac{E_{R0}}{R_R/s + j\,X_{R0}}\,[\mathrm{A}] \tag{10.14}$$

그러므로 회전자의 등가 회로는 그림 10.12와 같이 나타낼 수 있다.

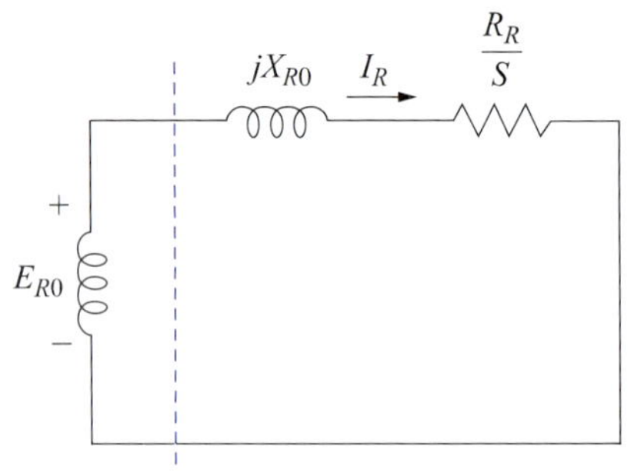

그림 10.12 회전자의 등가 회로

따라서 회전자(2차)의 전압, 전류 및 임피던스는 유효 권수비에 의해 고정자(1차)로 환산할 수 있으며, 변환된 회전자 전압(2차)은 다음과 같다.

$$E_2 = E_R' = \alpha\,E_{R0}\,[\mathrm{V}] \tag{10.15}$$

그리고 변환된 회전자 전류(2차)는 다음과 같다.

$$I_2 = \frac{I_R}{\alpha}\,[\mathrm{A}] \tag{10.16}$$

또한, 변환된 회전자 저항(2차) 및 회전자 리액턴스(2차)는 다음과 같다.

$$R_2 = \alpha^2 R_R\,[\Omega] \tag{10.17}$$

$$X_2 = \alpha^2 X_{R0}\,[\Omega] \tag{10.18}$$

이상과 같이 각각의 요소를 반영한 전동기의 등가 회로는 그림 10.13과 같다.

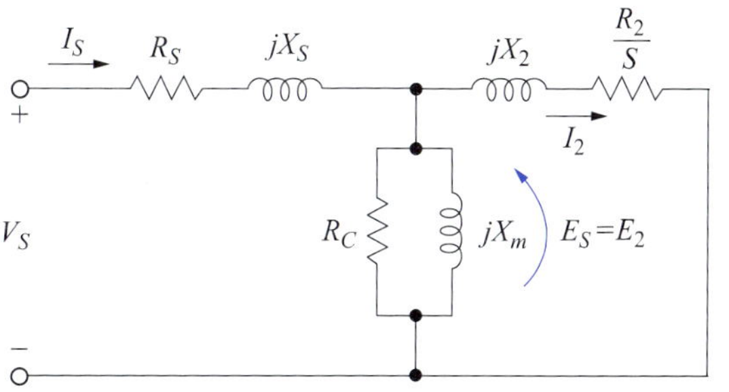

그림 10.13 유도 전동기의 등가 회로

예제 10.5 유도 전동기의 이상적인 회로 모델에서 전동기의 정격은 220 [V], 60 [Hz], 4극, $s=0.022$, 10 [hp], $R_s=0.6$ [Ω], $R_2=0.3$ [Ω], $X_s=1.2$ [Ω], $X_2=0.4$ [Ω], $X_m=25$ [Ω]이다. 유도 전동기의 철손은 없는 것으로 가정할 때 속도, 고정자 전류, 역률 및 출력 토크를 결정하시오.

풀이 유도 전동기의 동기 속도는 다음과 같이 구할 수 있다.

$$N_s = \frac{120f}{P} = \frac{120\times 60}{4} = 1{,}800\ [\text{rpm}]$$

회전자의 기계 속도는 다음과 같다.

$$N=(1-s)N_s = (1-0.022)\times 1{,}800 = 1{,}760\ [\text{rpm}]$$

먼저 변환된 임피던스는 위상당 회로의 파라미터로부터 다음과 같이 구할 수 있다.

$$Z_2 = \frac{R_2}{s} + jX_2 = \frac{0.3}{0.022} + j0.4 = 13.64 + j0.4\ [\Omega]$$

그리고 합성된 자화 임피던스와 회전자 임피던스의 합은 다음과 같다.

$$Z = \frac{1}{\frac{1}{jX_m}+\frac{1}{Z_2}} = \frac{1}{-j0.04+0.073\angle -1.68°}$$

$$= \frac{1}{0.073-j0.042} \fallingdotseq \frac{1}{0.084\angle -30°} \fallingdotseq 12\angle 30°\ [\Omega]$$

그러므로 전체 임피던스는 다음과 같다.

$$Z_{tatal} = Z_s + Z = (0.6+j1.2)+(10.4+j6) = 11+j7.2$$
$$\fallingdotseq 13.15\angle 33.2°\ [\Omega]$$

따라서 고정자 전류는 다음과 같다.

$$I_s = \frac{V_s}{Z_{total}} = \frac{220/\sqrt{3}\angle 0°}{13.15\angle 33.2°} \fallingdotseq 9.66\angle -33.2° \text{ [A]}$$

역률은 지상이며, 다음과 같다.

$$pf = \cos 33.2° = 0.84$$

그리고 출력 및 토크는 다음과 같다.

$$P_{out} = 10 \times 746 = 7{,}460 \text{ [W]}$$

$$T = \frac{P}{2\pi n} = \frac{7{,}460}{2 \times \pi \times 1{,}760/60} \fallingdotseq 40.5 \text{ [N·m]}$$

연습문제

01 유도 전동기는 도체와 자기장 사이에서 발생되는 (   )작용을 이용한 것이며, 플레밍의 오른손 법칙으로 기전력이 발생되는 원리와 왼손 법칙으로 전동력이 발생되는 원리를 적용하여 설명이 가능하다.

정답 전자 유도

02 유도 전동기의 고정자 틀은 (   )을 지지하는 전동기의 가장 바깥쪽 부분으로서 소형에서는 주철을 대형에서는 압연 강판을 사용한다.

정답 고정자 철심

03 일반적으로 3상 유도 전동기에서 고정자 권선은 각 상의 시작선과 끝선을 어떻게 연결하느냐에 따라 (   )과 (   ) 등으로 나눈다.

정답 Y 결선, △ 결선

04 전동기의 (   )은 직접 기동법을 말하며 용량이 5 [kW] 이하의 소용량 농형 유도 전동기에 적용된다. 별도의 기동 장치를 사용하지 않고 직접 정격 전압을 인가하는 방법을 말한다.

정답 전전압 기동법

05 농형 유도 전동기를 기동을 할 때는 고정자 권선을 Y 결선인 상태에서 기동하고, 정상 속도에 가까워지면 개폐기를 이용하여 △ 결선으로 회로를 전환하는 기동법은 무엇인가?

정답 Y－△ 기동법

06 유도 전동기에서 동기와트로 표시되는 것은 무엇인가?

정답 토크

07 유도 전동기의 속도를 결정하는 세 가지 요소는 무엇인가?

정답 극수, 주파수, 슬립

08 단상 유도 전동기는 회전 자기장이 만들어지지 않고 (   )이 발생되므로 회전자를 기동시킬 수 없다. 그러나 어떤 방법을 사용하더라도 자기 기동만 되면 그 방향으로 토크가 생겨 회전을 계속하게 된다.

정답 교번 자기장

09 고정자의 주자극 옆에 작은 돌극(突極)을 만들어 구조가 간단하고 기동 토크가 적어서 소형 선풍기나 가전기기 등의 소용량에 주로 사용하는 전동기는?

정답 셰이딩 코일형 유도 전동기

10 유도 전동기의 토크는 2차 입력에 정비례하고 동기 속도에 반비례한다. 또한, 동기 속도는 일정하므로 토크(T)와 2차 입력(P_2)은 비례한다. 이렇게 표시한 것을 무엇이라 하는가?

정답 동기 와트

Chapter 11

전자 회로의 기초

11.1 반도체의 개요

반도체(半導體, semiconductor)는 전기 전도도에 따른 물질의 분류 가운데 하나로 도체(導體, conductor)와 부도체(不導體, insulator)의 중간 영역에 속하는 물질이다. 순수한 상태에서는 부도체와 비슷하지만 불순물의 첨가나 기타 조작에 의해 전기 전도도를 바꿀 수 있다. 일반적으로 실온에서 비저항이 $10^{-3} \sim 10^{10}$ [$\Omega \cdot$cm] 정도이며, 그 범위가 엄격한 것은 아니다.

1 전자의 에너지

전자의 에너지는 전자의 상수 및 에너지 상태 등에 따라 다르게 나타난다. 원자(原子, atom)는 물질의 성질을 결정하는 최소 단위이며, 양성자(陽性子, proton) 및 중성자(中性子, neutron)로 이루어진 원자핵과 원자핵 주위 궤도를 회전하는 전자로 이루어져 있다. 원자 안에서 음(−) 전하를 지닌 전자는 양(+) 전하를 지닌 양성자에게 전기적으로 속박되어 있다.

분자는 원자들이 모여서 구성되며, 분자들은 모여서 결정체나 물체를 구성한다. 그림 11.1은 원자의 구조와 전자를 나타낸 것으로 원자핵 주위에 전자를 각각 1개, 2개씩 갖는 가장 간단한 구조이다.

전자는 일정한 질량을 가진 입자의 성질과 함께 부피가 제한되지 않은 파동의 성질을 갖는 일종의 에너지 덩어리와 같은 형태로 존재한다. 전자의 전하량과 정지 상태의 질량은 다음과 같다.

$$q_0 = -1.602 \times 10^{-19} \text{ [C]} \tag{11.1}$$

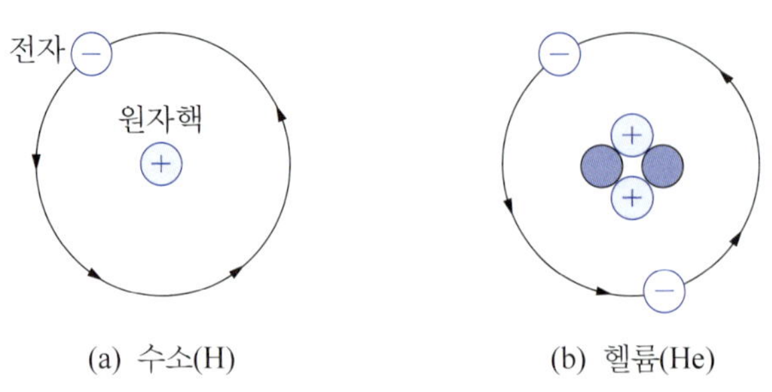

그림 11.1 원자의 구조와 전자

$$m_0 = 9.1 \times 10^{-31} \text{ [kg]} \tag{11.2}$$

전자의 에너지는 줄[J]과 비교하여 대단히 작기 때문에 전자볼트[eV]라는 단위를 사용한다. 1 [eV]는 1 [V]의 전위차를 갖는 전기장 안에 있는 전자가 갖는 위치 에너지의 크기이다.

$$1 \text{ [eV]} = 1.602 \times 10^{-19} \text{ [J]} \tag{11.3}$$

그리고 전자는 에너지 상태에 따라 속박 전자, 전도 전자, 자유 전자 등으로 분류된다.

1. 속박 전자

원자핵에 의한 전기적 구심력과 전자 궤도의 공전에 의한 원심력이 평형을 이루며, 원자 안에 속박된 상태이다. 대부분의 전자는 속박 전자(束縛 電子, bound electron)에 속한다.

2. 전도 전자

원자의 안쪽 궤도에 속박되었던 전자가 외부 에너지를 받아 전기 전도 현상을 일으킬 수 있는 새로운 바깥쪽 궤도로 이동한 상태이다. 전도 전자(傳導 電子, conduction electron)는 도체 속을 이동하는 전자이며, 열과 전기 에너지를 전달할 수 있다.

3. 자유 전자

열, 빛, 전기장 등에 의하여 외부로부터 충분한 에너지를 얻은 전자가 원자의 속박으로부터 완전히 벗어난 상태로서 공간을 자유롭게 이동할 수 있다. 자유 전자(自由 電子, free electron)는 독립된 입자처럼 도체 외부의 공간을 자유롭게 이동한다.

2 고체의 에너지

1. 고체의 에너지 대역

원자의 가장 바깥 궤도를 회전하는 전자는 원자의 화학적 결합 값을 결정하기 때문에 가전자(價電子, valence electron)라고 부른다. 가전자들의 에너지 준위는 거의 같은 크기를 가지며, 물질 내에서 무수히 많은 원자들이 모여 있다. 이들이 갖는 무수히 많은 가전자들의 에너지 준위는 겹겹이 쌓여 가전자들의 궤도를 중심으로 하나의 에너지 대역을 이룬다. 그리고 안쪽 궤도를 회전하는 전자들은 안쪽 궤도를 중심으로 별도의 에너지 대역을 이룬다. 결정체 전체로 보면 허용대(許容帶, allowed band)는 원자핵을 둘러싸고 있는 전자 궤도를 중심으로 띄엄띄엄 떨어져 존재한다. 그리고 인접한 두 허용대 사이에는 전자가 존재할 수 없는 공간인 금지대(禁止帶, forbidden band)가 존재하며, 고체의 에너지 대역의 분포는 그림 11.2와 같다.

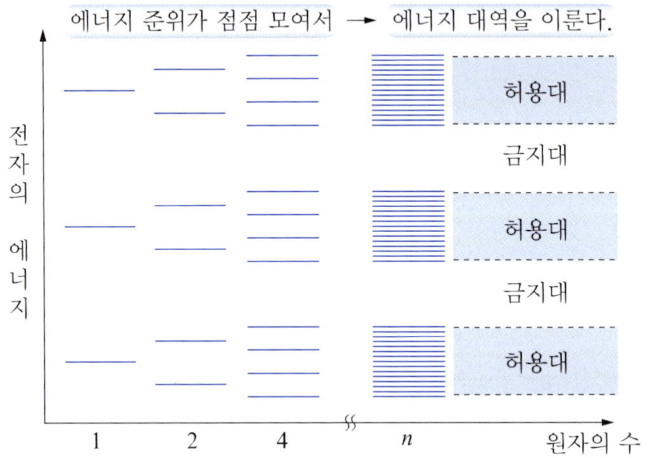

그림 11.2 **고체의 에너지 대역**

그리고 고체의 에너지 대역은 충만대(充滿帶, full band)와 전도대(傳導帶, conduction band)로 구분할 수 있으며, 충만대는 전자가 가득찬 허용대이다. 상온에서 충만대의 가전자 중의 극히 일부는 금지대를 건너뛰어 전도대로 이동할 수 있을 만큼 큰 에너지를 가진 전자이다. 이때 충만대의 전자는 속박 전자이며, 전도대로 이동한 전자는 전도 전자가 된다. 전도 전자의 발생은 금지대의 폭에 의해 영향을 받으며, 일반적으로 금지대의 폭이 5 [eV]인 물질을 절연체, 대략 1 [eV]인 물질을 반도체, 거의 0 [eV]인 물질을 도체라고 한다. 반도체 재료로 사용되는 실리콘(Si), 게르마늄(Ge) 등의 금지대 폭은 각각 1.12 [eV], 0.67 [eV] 정도이다.

2. 전자의 방출

전도대로 올라온 전도 전자가 추가적인 에너지를 얻으면 자유 공간으로 방출되어 자유 전자가 된다. 이와 같이 전자가 물질의 표면 밖으로 방출되는 현상을 전자 방출이라고 한다. 자유 전자는 전자 방출의 원인이 되는 에너지의 형태에 따라 다음과 같이 분류된다.

① 열 전자는 외부의 열 에너지에 의하여 방출된 자유 전자이다.

② 광 전자는 외부의 빛 에너지에 의하여 방출된 자유 전자이다.

③ 전기장 전자는 전기장 에너지에 의하여 방출된 자유 전자이다.

④ 2차 전자는 가속된 전자가 원자와 충돌하여 2차적으로 방출된 자유 전자이다.

3 반도체 재료

반도체 재료는 게르마늄(Ge), 실리콘(Si) 결정처럼 4개의 가전자로 공유 결합하고 있는 진성 반도체(眞性 半導體, intrinsic semiconductor)와 특성이 반도체 결정 본래의 성질이 아니라 첨가되는 불순물에 의해서 특징지어지는 불순물 반도체(不純物 半導體, impurity semiconductor)로 구분된다. 대부분의 반도체는 불순물 반도체이며 5족 원소를 첨가하면 n-type 반도체, 3족 원소를 첨가하면 p-type 반도체가 된다.

1. 진성 반도체

진성 반도체(眞性 半導體, intrinsic semiconductor)는 단결정 구조를 가진 순수한 반도체이다. 실리콘(Si) 및 게르마늄(Ge)은 원자핵의 가장 바깥 궤도에 4개의 전자가 존재하는 Ⅳ족 원소에 속하며, 인접한 원자들과 함께 공유 결합을 이룬다. 순수한 반도체에 에너지를 가하면 충만대에 속박되어 있던 전자 가운데 일부가 금지대를 넘어 전도대로 이동할 수 있다. 충만대에서 전도대로 이동한 전자는 이전에 소속되었던 충만대에 하나의 빈자리를 남기게 된다. 이러한 빈자리는 원래 음(−) 전하가 있어야 할 자리에 마치 양(+) 전하가 출현한 것과 같으며, 이것을 정공(正孔, positive hole)이라 한다. 정공은 충만대에서 비교적 이동이 자유로워 전도대의 전자와 함께 전하를 나르는 반송자의 역할을 한다.

2. 불순물 반도체

불순물 반도체(不純物 半導體, impurity semiconductor)는 순수한 반도체에 의도적으로 특정한 불순물을 첨가하여 전자(電子, electron) 또는 정공(正孔, positive hole)을 크게 증가하도록 한 것이다. 첨가된 불순물에 의해 발생된 전자 또는 정공은 다수 반송자(搬送子, carrier)를 구성하며 다수 반송자가 전자이면 n-type 반도체, 정공이면 p-type 반도체라고 부른다. 그림 11.3은 불순물이 첨가된 반도체의 구조를 나타낸 것이다.

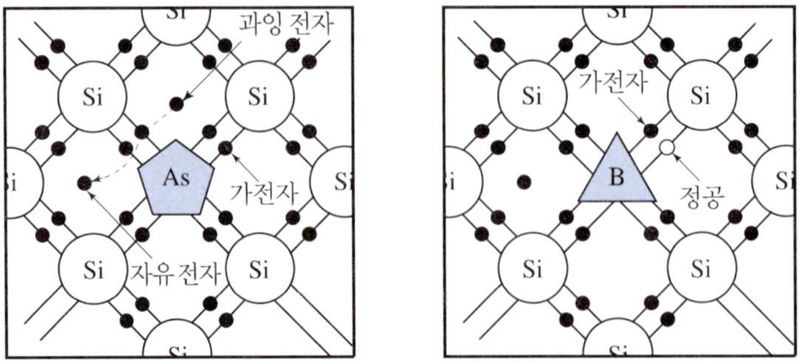

(a) n-type 반도체 (b) p-type 반도체

그림 11.3 반도체의 구조

① **n-type 반도체**

안티몬(Sb), 비소(As), 인(P) 등의 Ⅴ족 원소를 불순물로 사용하며 다수 반송자는 전자(電子, electron)이다. 이때 첨가된 불순물을 도너(donor)라고 하며, 도너에 의한 과잉 전자는 상온에서 쉽게 전도대로 옮겨진다.

② **p-type 반도체**

붕소(B), 알루미늄(Al), 갈륨(Ga), 인듐(In) 등의 Ⅲ족 원소를 불순물로 사용하며 다수 반송자는 정공(正孔, positive hole)이다. 이때 첨가된 불순물을 억셉터(acceptor)라고 부르며, 억셉터에 의한 과잉 정공은 상온에서 쉽게 충만대로 옮겨진다.

11.2 PN 접합 및 다이오드

PN 접합(PN junction)은 접합의 일종으로 반도체의 내부에서 p형과 n형의 성질을 나타내는 두 영역 사이의 경계 또는 전이 부분이다. 하나의 결정체 속에서 일부분을 p-type으로 다른 일부분을 n-type으로 만든 것을 PN 접합이라 한다. PN 접합을 하면 한쪽 방향으로는 전류를 통과하나 반대 방향으로는 전류를 통과하지 못하는 정류 작용(整流 作用, rectifying action)이 가능하다. 이와 같은 성질을 응용하여 만든 것이 다이오드(D; diode)이다.

즉, 다이오드는 전류를 한 방향으로만 흐르게 하고 그 역방향으로 흐르지 못하게 하는 성질을 가진 반도체 소자(semiconductor device)를 의미한다. 다이오드가 전류를 한 방향만으로 흐르게 하는 작용을 정류(整流, rectification)라 하며, 교류(交流, AC; alternative current)를 직류(直流, DC; direct current)로 변환할 때 쓰인다.

1 PN 접합

PN 접합(PN junction)은 반도체의 내부에서 p-type과 n-type의 성질을 나타내는 두 영역 사이의 경계 또는 전이 부분을 의미한다. p-type 반도체는 정공의 밀도가 높고, n-type 반도체는 전자의 밀도가 높다. 그림 11.4와 같이 p-type 반도체와 n-type 반도체를 접합시키면 반송자의 밀도차에 의해서 p-type의 정공은 n-type 쪽으로, n-type의 전자는 p-type 쪽으로 이동된다. 이것은 마치 물에 떨어뜨린 잉크가 농도차에 의해서 주위로 확산되는 것과 같은 현상이다. 이동된 전자와 정공은 재결합하여 소멸된다.

결국, 접합면 부근의 p-type 영역에서는 억셉터 원자의 정공이 이동하여 없어지고 (−) 전하를 띠게 된다. n-type 영역에서는 도너 원자의 전자가 이동하여 없어지므로 (+) 전하가 생긴다. 이와 같이 접합면 부근에서 반송자가 없어지고 전위차가 생긴 영역을 공핍층(空乏層, depletion layer)이라 한다. 이러한 공핍층이 형성되면 전위차가 발생하기 때문에 반송자는 더 이상 이동하지 못한다.

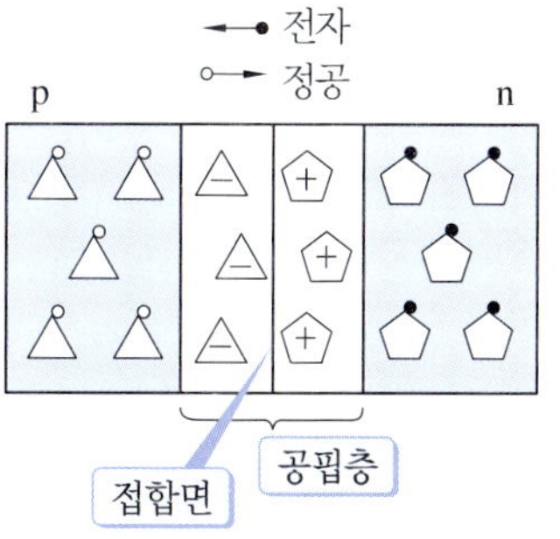

그림 11.4 PN 접합

그러나 그림 11.5(a)와 같이 전압을 가해 주면 공핍층(空乏層, depletion layer)의 전위차가 낮아져 반송자가 이동하여 전류가 흐른다. 이와 같이 전류가 흐르기 쉽게 가해 준 전압은 순방향 전압이며, 이때 흐르는 전류는 순방향 전류이다. 게르마늄 다이오드의 순방향 전압은 약 0.2 [V] 이상, 실리콘 다이오드는 약 0.6 [V] 이상이다.

그림 11.5(b)와 같이 전압을 가하면 n-type의 전자는 (+) 전원으로 이동하고, p-type의 정공은 (−) 전원으로 이동하게 된다. 따라서 전위차는 더욱 커지고 공핍층이

넓어져 전류는 흐르지 못한다. 이 때 가해 준 전압은 역방향 전압이며, 전류는 역방향 전류이다. 이와 같이 PN 접합 소자에 전압을 가하면 일정 방향으로만 전류가 흐르게 되는데 이것을 PN 접합 다이오드 또는 다이오드(D; diode)라고 한다.

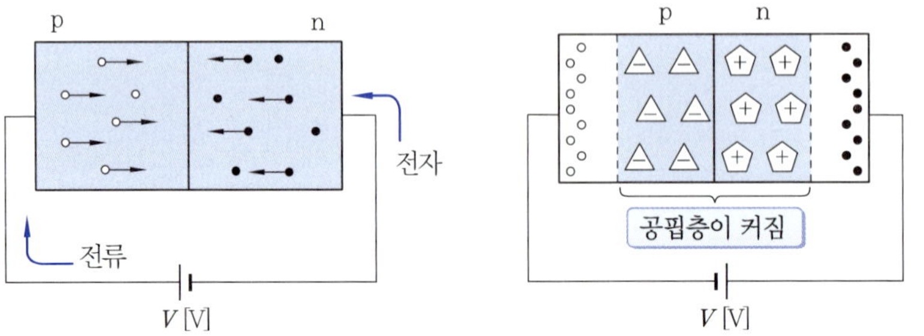

(a) 순방향 전압 (b) 역방향 전압

그림 11.5 PN 접합 다이오드의 반송자 이동

2 다이오드

1. 다이오드의 종류 및 특성

다이오드(D; diode)는 진공관 다이오드(vacuum-tube diode)와 반도체 다이오드(semi-conductor diode)가 있다. 다이오드 용도로 사용되는 진공관(眞空管, vacuum-tube)[1]은 2극관 또는 2극진공관이라고 한다. 진공관 다이오드는 보통 진공관의 경우와 같이 방열형과 직열형이 있는 데 이것은 열전자 방출체인 음극의 가열 방식에 따라 구분한다. 그림 11.6은 진공관 다이오드의 전압과 전류 특성을 5개의 영역으로 나누어 나타낸 것이다.

① **영역 Ⅰ**

양극(陽極, anode)이 음극(陰極, cathode)에 대하여 매우 큰 음전압을 갖게 되어 그 진공용기 속에서 공간을 통하여 방전을 일으키거나 용기의 벽을 따라 방전하는 전압파괴 영역이다.

② **영역 Ⅱ**

음극으로부터 방출된 열전자에 의한 전자전류가 누설 전류(漏洩 電流, leakage

1) 진공관은 높은 진공 속에서 금속을 가열할 때 방출되는 전자를 전기장으로 제어하여 정류 및 증폭 등의 특성을 얻을 수 있는데 이러한 용도를 위해 만들어진 유리관을 말한다.

current)에 대해 무시할 수 있는 누설전류 영역이다.

③ **영역 Ⅲ**

음극으로부터 방출되는 열전자들이 초속도를 갖고 있기 때문에 양극전압 V_p가 다소 음의 값으로 되더라도 양극전류 I_p가 양극으로 유입되게 되는 초속전류 영역이다.

④ **영역 Ⅳ**

음극을 이탈한 전자들이 일정한 속도 분포를 가지고 있으며, 양극전압 V_p가 충분히 크지 못하므로 음극보다도 전위가 낮은 곳이 생기고 이것에 의해 양극전류 I_p가 제한되는 영역이다.

⑤ **영역 Ⅴ**

양극전압 V_p가 충분히 커서 음극에서 방출된 전자가 음극 앞에서 머뭇거리지 않고 모두 양극을 향해 진행하여 포착되는 영역으로 양극전류 I_p는 음극에서 방출되는 전자의 수에 따라서 음극온도에 의하여 결정된다.

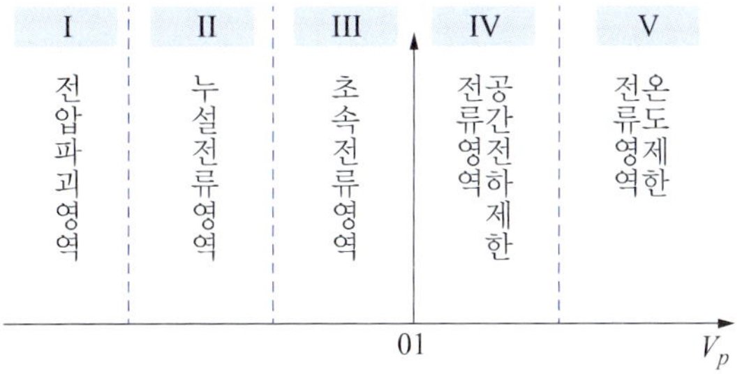

그림 11.6 진공관 다이오드의 전압과 전류 특성

반도체 다이오드는 일반적으로 점접촉 다이오드이며, 그 종류도 매우 다양해지고 많은 분야에 응용되고 있다. 점접촉 다이오드는 구조가 간단하고 값이 싸며 고주파 특성이 좋으나 접촉점에 압력이 가해지기 때문에 특성이 이상적인 p-n접합 다이오드에 비해 나쁘다. 따라서 일반적으로 p-n접합 다이오드를 주로 사용한다. p-n접합 다이오드는 순방향 바이어스일 때 저항 값은 아주 작고, 역방향 바이어스일 때 저항 값은 상대적으로 매우 크다. 그림 11.7은 PN 접합 다이오드의 전압과 전류의 특성 곡선을 나타낸 것이다. 표 11.1은 다이오드의 종류 및 응용 분야를 나타낸 것이다.

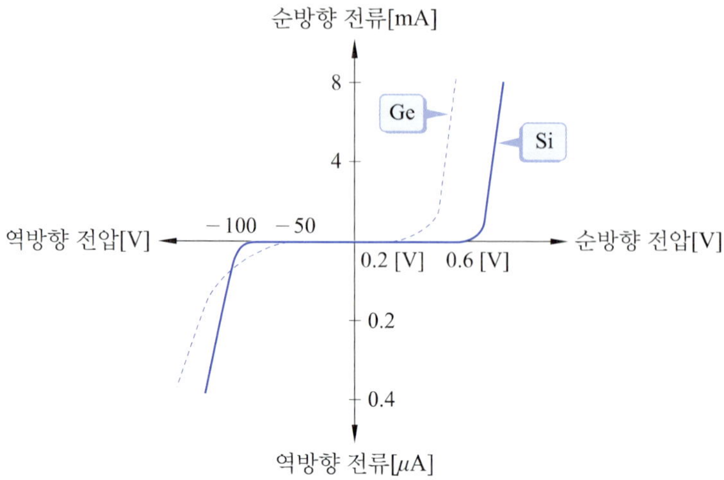

그림 11.7 PN 접합 다이오드의 전압과 전류 특성 곡선

표 11.1 다이오드의 종류 및 응용 분야

다이오드의 종류	응용 분야
정류 다이오드	교류를 직류로 변환하는 정류 회로
스위칭 다이오드	고속 ON/OFF 특성을 이용한 스위칭 회로
정전압(제너) 다이오드	정전압 특성을 이용한 전압 안정화 회로
발광 다이오드(LED)	발광 특성을 이용한 표시용 램프 및 디스플레이
수광(포토) 다이오드	광 검출 특성을 이용한 광센서
가변 용량(바랙터) 다이오드	가변 용량 특성을 이용한 FM 변조 회로
터널(에사키) 다이오드	음 저항 특성을 이용한 마이크로파 발진 회로
배리스터 다이오드	트랜지스터 출력단의 온도 보상 회로
MES(쇼트키) 다이오드	금속과 반도체의 접촉 특성을 응용

예제 11.1 어떤 밀폐된 시스템의 온도가 27 [℃]라면 열 전압(thermal voltage) V_T는 얼마인가? 단, 볼츠만 상수 $k = 1.38 \times 10^{-23}$ [J/K]이고, 전하량 $q = 1.602 \times 10^{-19}$ [C]이다.

풀이 절대온도 $T = 273 + 27$ [℃] $= 300$ [K]이다.

그러므로 열 전압(thermal voltage) V_T는 다음과 같다.

$$V_T = \frac{kT}{q} = \frac{(1.38 \times 10^{-23}) \times (300)}{1.602 \times 10^{-19}} \fallingdotseq 26\ [\text{mV}]$$

2. 다이오드의 극성 및 고장 검사

전자 회로에서 스위치의 핵심 역할을 하는 반도체 다이오드는 PN 접합의 양쪽 영역에 각각 외부 전극을 연결한 것이며, 다이오드의 회로 기호와 외형은 그림 11.8과 같다. 두 개의 전극 중에서 p-type 쪽을 양극 또는 애노드(A; anode), n-type 쪽을 음극 또는 캐소드(K; cathode)라고 부른다. 다이오드는 일반적으로 캐소드 쪽에 띠 모양의 표식이 있으므로 애노드와 캐소드를 쉽게 구별할 수 있다.

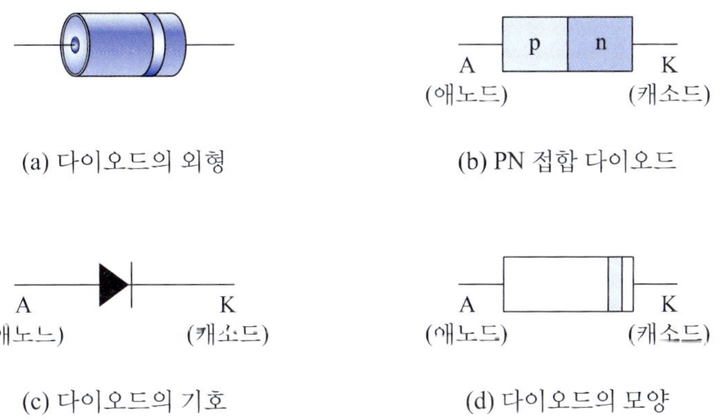

그림 11.8 **다이오드의 기호 및 극성**

그리고 다이오드의 고장 여부는 회로 시험기로 간단히 검사할 수 있다. 정상적인 다이오드는 그림 11.9(a)와 같이 아날로그 회로 시험기의 흑색 측정 단자를 다이오드의 애노드(A)에 연결하고, 적색 측정 단자를 다이오드의 캐소드(K)에 연결한 순방향 측정

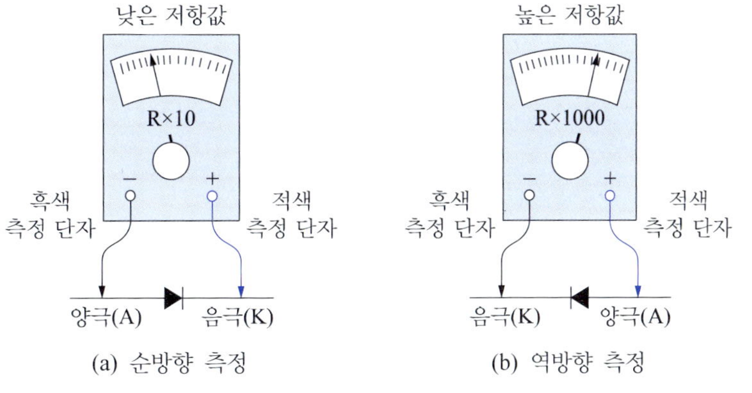

그림 11.9 **아날로그 회로 시험기를 이용한 다이오드의 검사**

에서 적은 저항 값을 나타낸다. 반대로 그림 11.9(b)와 같은 역방향 측정에서는 높은 저항 값을 나타낸다. 이러한 특성을 이용하여 정상적인 다이오드의 애노드와 캐소드를 판별할 수 있다. 디지털 회로 시험기는 내부 전원의 극성과 측정 단자의 연결이 아날로그 회로 시험기와 반대로 되어 있으므로 주의가 요구된다.

예제 11.2 그림 11.10의 다이오드에서 동작점이 ① $I_D = 4$ [mA], ② $I_D = 2$ [mA], ③ $V_D = -10$ [V]일 때 각각의 직렬 저항 값을 구하시오.

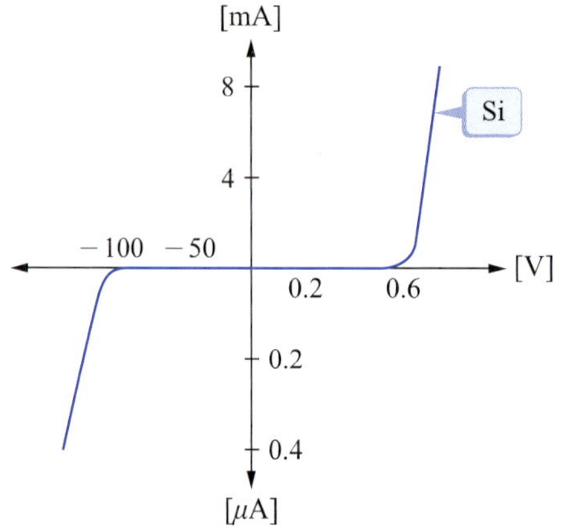

그림 11.10 다이오드의 동작 곡선

풀이 ① $I_D = 4$ [mA]일 때 특성 곡선에서 $V_D \fallingdotseq 0.7$ [V]이므로 저항 값은 다음과 같다.

$$R_D = \frac{V_D}{I_D} = \frac{0.7}{4 \times 10^{-3}} = 175\,[\Omega]$$

② $I_D = 2$ [mA]일 때 특성 곡선에서 $V_D \fallingdotseq 0.6$ [V]이므로 저항 값은 다음과 같다.

$$R_D = \frac{V_D}{I_D} = \frac{0.6}{2 \times 10^{-3}} = 300\,[\Omega]$$

③ $V_D = -10$ [V]일 때 특성 곡선에서 $I_D \fallingdotseq -1$ [μA]이므로 저항 값은 다음과 같다.

$$R_D = \frac{V_D}{I_D} = \frac{-10}{-1 \times 10^{-6}} = 10\,[\mathrm{M}\Omega]$$

11.3 트랜지스터

트랜지스터(TR; transistor)는 3개 이상의 단자를 가진 반도체의 능동 소자이다. 전기 회로의 부품은 저항, 콘덴서, 코일 등과 같이 대부분 2단자 소자이다. 트랜지스터는 이미터(E; emitter), 베이스(B; base), 컬렉터(C; collector) 등의 단자가 있다. 그 한 단자의 전압 또는 전류에 의해 다른 두 단자 사이에 흐르는 전류 또는 전압을 제어할 수 있는 소자이다.

1 트랜지스터의 구성

트랜지스터는 p-type과 n-type 반도체를 3개 층으로 접합한 것이다. 그림 11.11(a)는 트랜지스터의 외형이고, 그림 11.11(b)와 11.11(c)는 npn-type과 pnp-type 트랜지스터의 기호를 나타낸 것이다. 트랜지스터의 전극은 가운데의 베이스(B; base)와 전자나 정공을 방출하는 이미터(E; emitter), 이미터에서 방출된 전자나 정공을 모으는 컬렉터(C; collector)로 구성되어 있다.

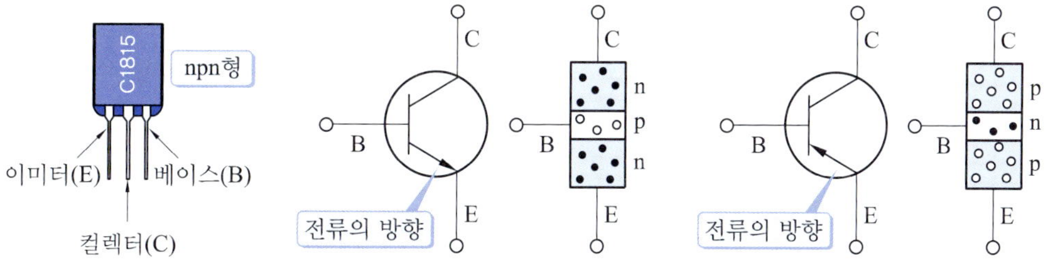

(a) 외형 (b) npn형 트랜지스터 (c) pnp형 트랜지스터

그림 11.11 트랜지스터의 외형 및 기호

그림 11.12(a)는 미국의 JEDEC(joint electronic device engineering council)에서 분류하고 있는 BJT 및 FET의 종류 예를 나타낸 것이다. 미국은 소신호용, 전력용, 고주파용 등으로 분류한다. 첫 번째 숫자 및 다음의 N은 반도체 접합의 수를 표시하는 것이다. 그림 11.12(b)는 일본공업규격(JIS; Japanese industrial standards) 및 일본전자기계공업회(EIAJ; electronic industries association of Japan)에서 제시하고 있는 트랜지스터의 명칭과 의미이다.

분류	종류	타입	소자
BJT	-	npn	소신호용 : 2N3904, 2N2222 전력용 : MJ802, 2N3055
		pnp	소신호용 : 2N3906, 2N2907 전력용 : MJ4502, 2N2955
FET	J FET	n 채널	2N5457, 2N5458, 2N5459
		p 채널	2N5460, 2N5461, 2N5462
	MOS FET	n 채널	2N4351
		p 채널	2N4352

(a) 미국 JEDEC의 트랜지스터 분류 예

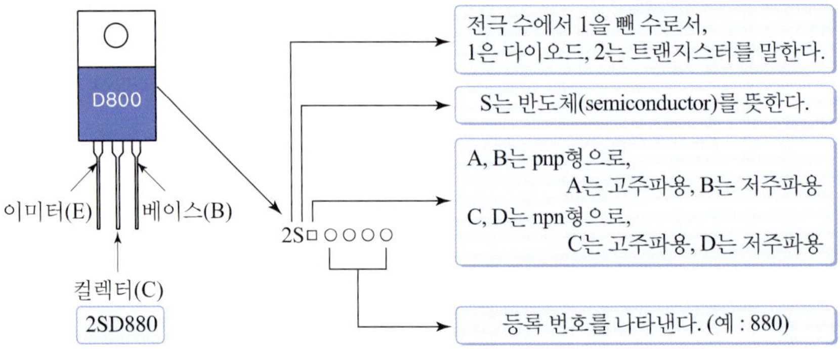

(b) JIS의 트랜지스터 명칭

그림 11.12 트랜지스터의 분류 및 명칭

2 트랜지스터의 동작 원리

그림 11.13은 npn-type 트랜지스터의 동작 원리를 나타낸 것이다. 회로도에서 컬렉터와 이미터 사이의 전압 V_{cc}만 인가하면 트랜지스터는 동작되지 않는다. 이 때 베이스와 이미터 사이에 순방향 전압 V_{BB}를 가하면 이미터의 전자는 (－) 전원에 반발되어 베이스로 이동한다. 베이스에 유입된 전자의 일부는 베이스 내의 정공과 재결합하여 소멸된다.

재결합분의 전류는 베이스 단자에서 공급되므로 베이스 전류가 되며, 극히 작은 값이다. 그러나 베이스의 폭이 매우 얇고, V_{cc}의 전압이 높기 때문에 이미터 전자의 대부분은 V_{cc}의 (＋) 전원에 이끌려 베이스를 지나 컬렉터로 이동된다.

결국, 컬렉터에는 큰 전류가 흐르게 된다. 컬렉터 전류를 I_C, 베이스 전류를 I_B라고 하면 이미터 전류 I_E는 다음과 같다.

$$I_E = I_C + I_B \text{ [A]} \tag{11.4}$$

그림 11.13은 이미터를 입력과 출력 단자의 공통으로 사용하므로 이미터 접지 회로라 하며, 가장 많이 사용되는 접지 방식(接地 方式, grounding system)이다. 그리고 베이스 전류에 대한 컬렉터 전류의 비를 직류 전류 증폭률이라 하고, h_{FE}로 나타낸다.

$$h_{FE} = \frac{I_C}{I_B} \tag{11.5}$$

그리고 그림 11.14는 트랜지스터의 기본 접지 방법에 대해서 나타낸 것이다. 접지된 단자의 명칭을 이용하여 접지 회로를 명명하고 있다.

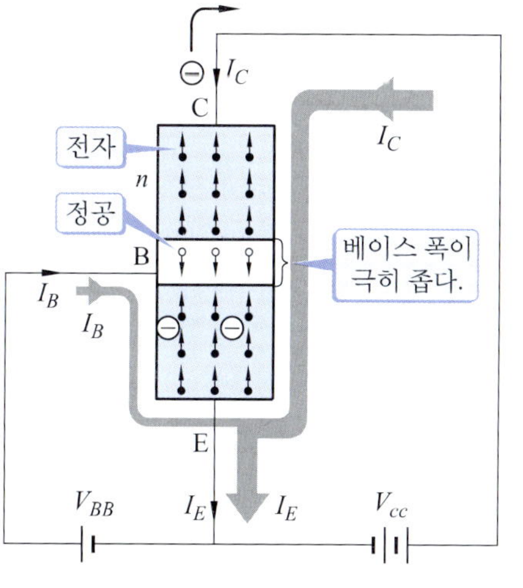

그림 11.13 npn-type 트랜지스터의 동작 원리

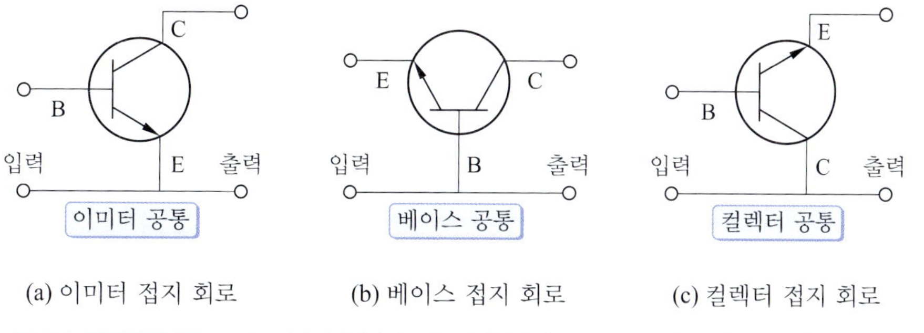

그림 11.14 트랜지스터의 기본 접지

3 전계 효과 트랜지스터

트랜지스터는 실리콘과 같은 반도체 결정 속의 전자 또는 정공의 작용을 이용하여 증폭, 발진, 변조, 검파 등의 작용을 한다. npn-type 및 pnp-type 트랜지스터는 입력 전류 또는 베이스 전류를 제어하여 출력 전류 또는 컬렉터 전류를 변화시킨다.

그러나 전계 효과 트랜지스터(FET; field effect transistor)는 입력 전압을 제어하여 출력 전류를 변화시키는 소자로 구조에 따라 접합형 FET(J−FET)와 MOSFET(metal oxide silicon field effect transistor)로 구분된다. 접합형 FET는 p채널 및 n채널 등이 있으며, MOSFET는 증가형과 공핍형 등이 있다. 또한, 그림 11.15는 FET의 외형과 기호를 나타낸 것이다.

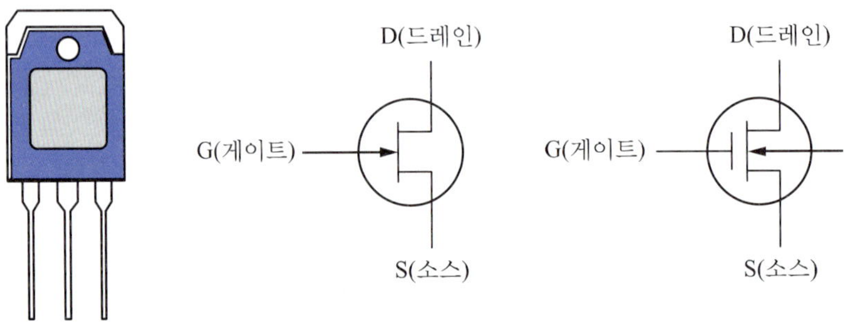

(a) 외형 (b) n채널 J-FET (c) n채널 MOS-FET

그림 11.15 FET의 외형과 기호

그림 11.16은 n채널형의 접합형 전계 효과 트랜지스터(FET; field effect transistor)에 대한 동작 원리를 나타낸 것이다. 3개의 전극 가운데 반송자가 흘러 들어가는 쪽이 소스(S; source), 흘러 나가는 쪽이 드레인(D; drain), 그리고 반송자가 드레인으로 이동할 때 채널(통로) 폭을 결정해 주는 전극이 게이트(G; gate)이다.

그림 11.16(a)와 같이 드레인과 소스 사이에 전압을 가하면 소스에서 드레인 방향으로 전자가 흘러간다. 게이트 전극에는 (−) 전압이 걸려 있으므로 p-type 안의 정공은 게이트 전극 쪽으로 끌리고, n채널의 전자는 게이트의 (−) 전압에 반발되어 공핍층이 커진다. 공핍층이 커지면 전류의 통로가 좁아져 드레인의 전류가 제한된다. 이러한 공핍층은 역방향 전압이 클수록 넓어지게 되어 주 전류의 흐름을 제한한다.

FET는 역방향 전압의 바이어스를 가하므로 입력 임피던스가 매우 높고 잡음이 적다. 따라서 저 잡음의 저주파 증폭이나 고주파의 FM, TV의 튜너(VHF, UHF)와 같은 고주파 증폭 또는 고속 스위칭에 사용된다.

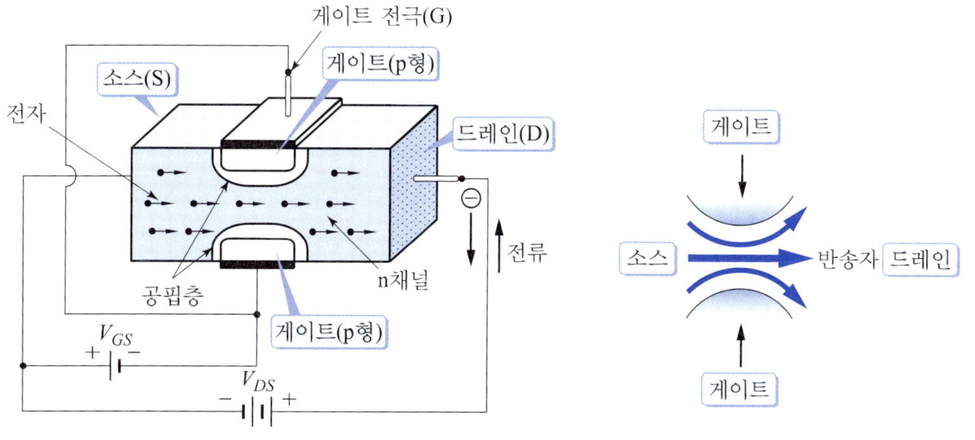

(a) 접합형 FET(n채널)의 동작 원리 (b) FET의 동작 모형

그림 11.16 FET의 동작 원리

4 사이리스터

사이리스터(thyristor)는 전력 제어용 반도체 소자를 총칭한다. 사이리스터는 쇼클리 다이오드(shockley diode), 실리콘 제어 정류기(SCR; silicon controlled rectifier)와 같은 단방향 제어 소자와 트리거용 다이오드인 다이악(DIAC; diode ac switch), 교류용 실리콘 제어 정류기인 트라이악(TRIAC; triode ac switch)과 같은 쌍방향 제어 소자 등이 있다.

SCR은 pnpn 접합의 4층 구조를 가진다. 그림 11.17과 같이 두 개의 pnp 및 npn 트랜지스터가 증폭된 전류를 서로 병렬 되먹임 하는 구조로 연결되어 있다. SCR의 게이트 G 단자로 트리거 펄스가 입력되면 npn 트랜지스터에서 출력 전류가 pnp 트랜지스터의 입력 전류로 공급된다.

pnp 트랜지스터에서 출력 전류는 다시 npn 트랜지스터의 입력 전류로 공급되므로 순간적으로 역방향 항복 전압이 무너지면서 평범한 순방향 다이오드처럼 도통한다. SCR의 전류는 양극(A)과 음극(K) 전압의 극성이 바뀌면 차단된다. 이러한 특성의 사이리스터는 무접점 ON/OFF 스위치로 사용된다.

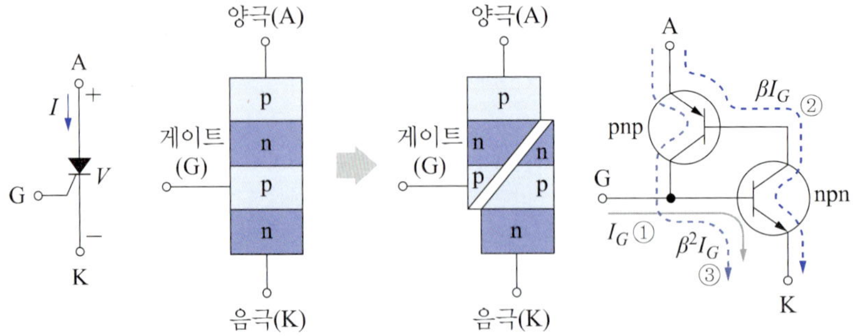

그림 11.17 SCR의 기호 및 동작 회로

그림 11.18은 단접합 트랜지스터(UJT; unijunction transistor)를 나타낸 것으로 하나의 접합만 갖는 구조이다. 커패시터와 저항기 회로를 결합하여 트리거 펄스를 발생시킬 수 있다. UJT는 SCR 회로의 트리거 신호 발진용 소자로 사용된다. 프로그램 가능한 PUT(programmable unijunction transistor)는 트리거 성능을 가변할 수 있도록 개발된 소자로서 외부 저항 값에 의하여 트리거 성능을 원하는 값으로 설정할 수 있다.

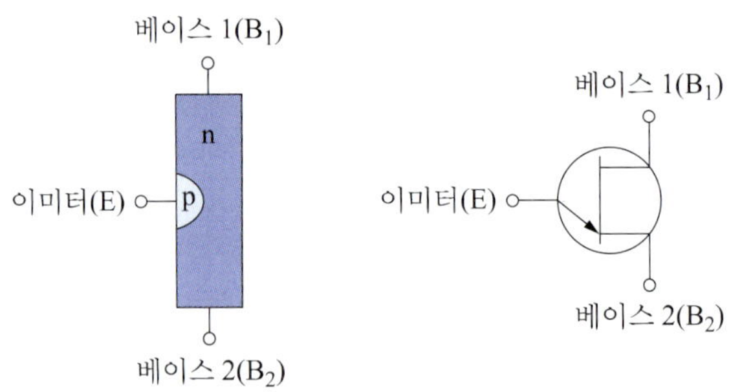

그림 11.18 UJT의 기호 및 구조

그림 11.19는 절연 게이트형 트랜지스터(IGBT; insulated gate bipolar transistor)의 고정밀 무접점화 제어를 실현하기 위한 전력용 반도체 스위칭 소자로서 양극성 접합 트랜지스터와 전계 효과 트랜지스터의 장점을 모은 것이다.

IGBT는 전계 효과 트랜지스터처럼 입력 임피던스가 높고, 100 [kHz] 정도의 고속 스위칭이 가능하며, 양극성 접합 트랜지스터의 대전류 출력 특성을 갖추고 있다. IGBT는 범용 인버터, 스위칭 모드 전원 장치, 무정전 전원 장치 등에서 성능 개선이 이루어지고 있으며, 사이리스터의 대체용 소자로서 점차 사용 범위가 확대되고 있다.

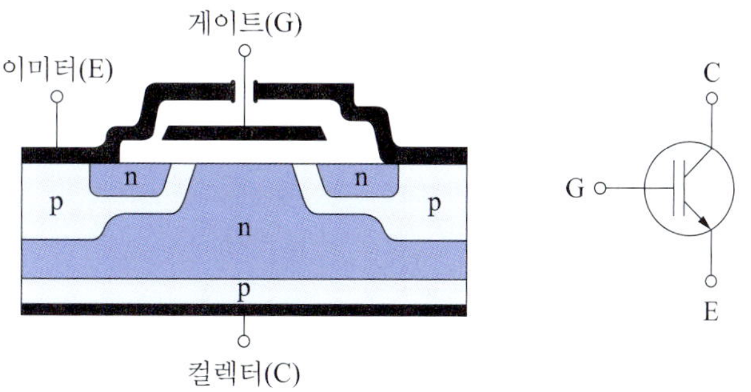

그림 11.19 IGBT의 기호 및 구조

5 광전 소자

1. 발광 소자 및 수광 소자

광선 변환 장치는 광신호의 변화를 받아 전기 신호로 변환하는 수광 소자(受光 素子, photodetector)와 전기 신호의 변화를 받아 광신호로 출력하는 발광 소자(發光 素子, luminous element)가 있다. 반도체 내부의 광전 효과에 의해 자유 전자가 생성되기 위해서는 전자와 정공의 결합을 깨뜨릴 만큼의 큰 에너지가 요구된다.

빛 에너지는 파장에 반비례하므로 광전 소자의 동작은 빛의 파장에 의해 영향을 받는다. 또한, 발광 소자와 수광 소자를 결합하여 한 패키지에 결합시킨 광결합 소자가 있으며, 표 11.2는 종류를 나타낸 것이다.

표 11.2 광전 소자의 분류 및 종류

분 류	광전 소자의 종류
수광 소자	광전도체, 포토다이오드, 포토트랜지스터, 태양 전지 등
발광 소자	발광 다이오드(LED), 레이저 다이오드(LD) 등
광결합 소자	포토아이솔레이터, 포토인터럽터 등
촬상 소자	이미지 센서, CCD(Charge Coupled Device) 등

2. 광전도체

일반적으로 반도체 결정에 빛이 닿으면 전기 저항이 낮아져 전류가 쉽게 통하는 광전도 현상(光傳導 現象, photoconductive effect)을 나타낸다. 특히 II족 및 VI족 화합물인 황화카드뮴(CdS) 계열의 반도체는 분광 감도가 사람의 눈의 특성과 흡사한 광전도체(光電導體, photoconductor)이다.

광전도체는 가로등의 점멸기를 비롯하여 각종 자동 제어기의 광센서로 사용되고 있다. 또한, 황화카드뮴과 비슷한 셀렌화카드뮴(CdSe) 계열의 반도체는 황화카드뮴에 비하여 적색 쪽에 더욱 민감하다. 한편 이들 광전도체는 빛의 변화에 대한 응답 속도가 포토다이오드에 비해 매우 느려서 고속 신호처리가 필요한 통신 응용에는 사용할 수 없다. 그림 11.20은 CdS의 외형과 기호를 나타낸 것이다.

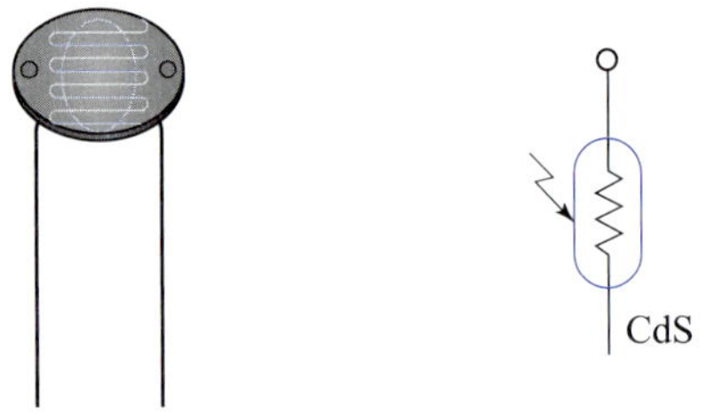

(a) 외형 (b) 기호

그림 11.20 CdS의 외형과 기호

3. 레이저 다이오드와 발광 다이오드

반도체 재료 중에서 Ⅲ족과 Ⅴ족 화합물인 갈륨비소(GaAs)는 실리콘(Si)보다 광방출 효과가 뛰어난 물질이다. 갈륨비소의 결정 격자 구조는 실리콘과 비슷하며 Ⅵ족 원소를 첨가하면 n-type으로, Ⅱ족 원소를 첨가하면 p-type으로 동작한다. 갈륨비소로 만든 pn 접합 다이오드는 순방향 바이어스에서 파장이 800 [nm] 수준인 근적외선을 방출하는 레이저 다이오드(LD; laser diode)가 되며, 프린터, CD 드라이브, 광통신 등에 사용된다.

갈륨비소 다이오드는 램프처럼 사용하는 발광 다이오드(LED; light emitting diode)로 만들 수도 있다. 가시광선 중에 적색부터 녹색까지 단색 빛을 방출하는 물질들은 갈륨비소(GaAs)와 갈륨인(GaP)을 적절한 비율로 혼합한 GaAsP 화합물로 만들어지며, 이러한 LED의 전기적 특성 곡선은 그림 11.21과 같다.

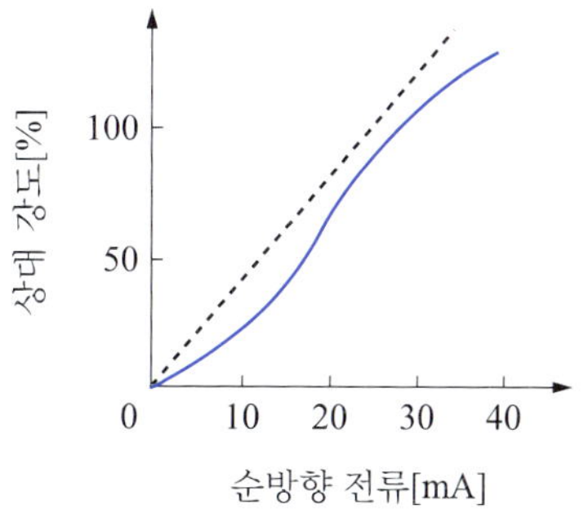

(a) 광출력-전류 특성

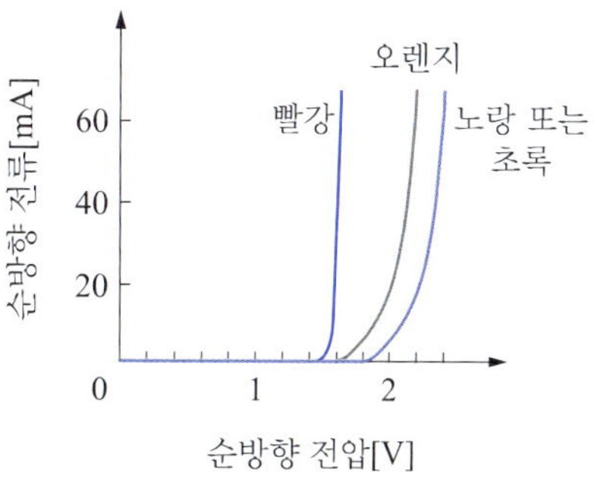

(b) 순방향 전류-전압 특성

그림 11.21 GaAsP LED의 특성 곡선

4. 광결합 소자

포도커플리(PC; photo coupler)는 발광 소자와 수광 소자를 함께 조합한 광결합 소자이며, 그림 11.22와 같이 구성된다. 포토커플러는 전기 절연 광결합 소자이며, 발광 소자와 수광 소자가 마주 보는 구조로 작은 케이스 속에 봉입되어 있다.

포토인터럽터(PI; photo interrupter)는 차광 감지 광결합 소자이며, 포토커플러와 달리 발광된 빛이 일단 케이스 밖으로 나왔다가 거울에 반사되어 되돌아와 수광되는 광센서의 일종이다.

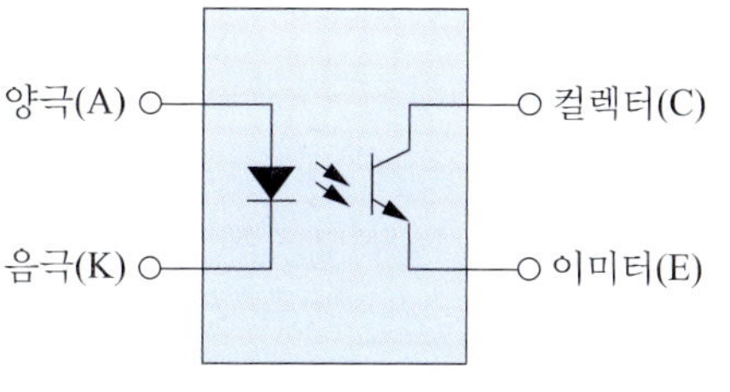

그림 11.22 포토커플러의 회로

11.4 직류 전원 회로

1 전원 회로

우리나라의 가정에서 전자 제품의 전원으로 사용되는 것은 220 [V], 60 [Hz]의 상용 교류이다. 국가마다 50 [Hz] 또는 60 [Hz]의 주파수, 100~240 [V]의 전압, 그리고 전원을 꽂는 플러그의 모양이 각각 다르므로 외국에서 가져온 전자 제품을 사용하지 못하거나 잘못 연결하여 고장이 나는 경우도 발생한다.

표 11.3은 주요 국가의 전압 및 주파수를 나타낸 것이고, 그림 11.23은 교류를 직류로 변환하는 전원 회로를 나타낸 것이다.

표 11.3 주요 국가의 전압 및 주파수

지역	국가	도시	전압 [V]	주파수 [Hz]
아시아	한국	서울	220	60
	일본	도쿄	100	50/60
	중국	베이징	220	50
북미	미국	워싱턴	120	60
	멕시코	멕시코시티	127	60
유럽	프랑스	파리	127/220	50
	영국	런던	240	50
	독일	베를린	220	50
	러시아	모스크바	127	50

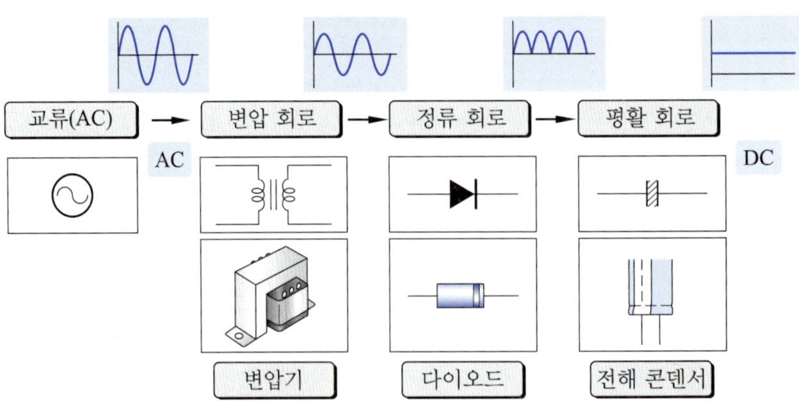

그림 11.23 교류를 직류로 변환하는 전원 회로

1. 변압기

변압기(變壓器, Tr; transformer)는 전자 유도 현상을 이용하여 교류의 전압이나 전류의 값을 변환시키는 장치이다. 전원 회로에서 변압기의 또 다른 역할은 1차측 전원과 2차측 전원을 전기적으로 분리하여 절연을 하는 것이다. 절연 기능은 감전 사고를 예방하고, 1차측 입력 전압의 급격한 변동에 의한 제품 파손을 막아 주는 역할을 한다. 또한, 작은 변압기를 사용하여 소형 휴대용 전자 제품의 전원 공급 장치를 구성하기도 하며, 트랜스포머 또는 트랜스로 줄여서 부르기도 한다.

2. 정류기

정류기(整流器, rectifier)는 교류 전력에서 직류 전력을 얻기 위해 만들어진 전기적인 회로 소자 또는 장치이며, 한 방향으로만 전류를 통과시키는 기능이 있다. 대부분의 전원 장치에서는 실리콘 다이오드가 사용되며, 제어 정류기의 응용에는 사이리스터가 주로 사용된다.

2 정류 회로

교류 전원을 직류 전원으로 변환하는 것을 정류(整流, rectification)라 하고, 그 회로를 정류 회로(整流 回路, rectifier circuit)라고 한다. 이러한 정류 회로에는 다이오드가 중요한 역할을 하게 된다. 정류 방식에는 반파 정류 회로, 전파 정류 회로, 브리지 정류 회로, 배전압 정류 회로 등 이다.

1. 반파 정류 회로

그림 11.24와 같이 다이오드 1개로 교류의 양(+)과 음(−)의 반주기만을 정류하므로 반파 정류라 하고, 그 회로를 반파 정류 회로(半波 整流 回路, half-wave rectifier circuit)라고 한다. 반파 정류 회로는 다이오드에 (+) 반주기가 가해질 때만 도통되어 출력된다. 또한, (−) 반주기가 가해지면 출력되지 않는다. 따라서 반파 정류 회로로 정류된 전압에는 교류분이 많이 포함되어 있고, 정류 효율이 낮아 잘 사용되지 않는다.

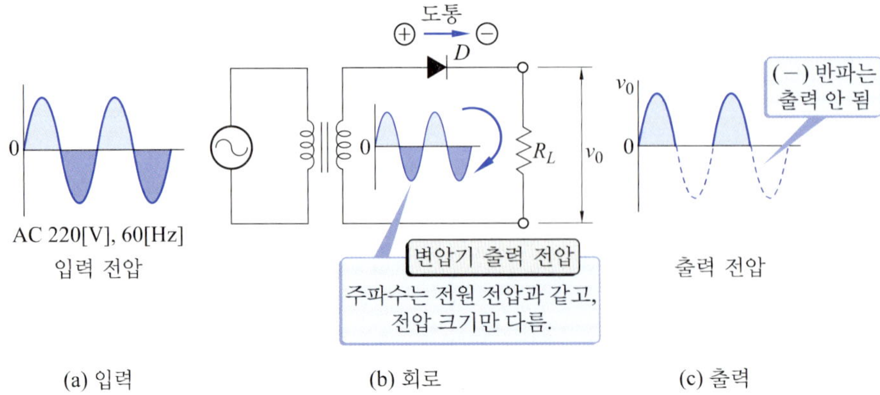

그림 11.24 **반파 정류 회로**

예제 11.3 그림 11.25는 반파 정류 회로 및 파형을 나타낸다. 입력 전압 $v_1 = 220\sin 377t$ [V]이고, 저항 $R = 300$ [Ω]일 때 ① 직류 전류 I_{dc}, ② 맥동 전류 I_{rms} 및 ③ 맥동률(ripple factor) r_f 각각을 구하시오.

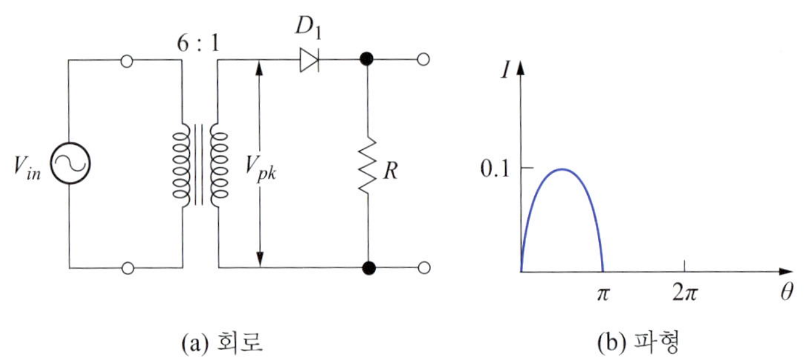

그림 11.25 **반파 정류 회로 및 파형**

풀이 먼저 V_{pk} 및 I_{pk} 각각을 구하면 다음과 같다.

$$V_{pk} = \frac{220}{6} \fallingdotseq 36.7\,[\mathrm{V}]$$

$$I_{pk} = \frac{V_{pk}}{R} = \frac{(220/6)}{300} \fallingdotseq 0.12\,[\mathrm{mA}]$$

① 직류 전류 I_{dc}는 다음과 같다.

$$I_{dc} = \frac{1}{2\pi}\int_0^{\pi} I_{pk}\sin\theta\, d\theta = -\frac{I_{kp}}{2\pi}[\cos\theta]_0^{\pi} = \frac{I_{kp}}{2\pi}[1+1] = 0.318 I_{pk}$$

$$= 0.318 \times (0.12 \times 10^{-3}) = 3.8 \times 10^{-5}\,[\mathrm{A}]$$

② 맥동 전류 I_{rms}는 다음과 같다.

$$I_{rms}^2 = \frac{1}{2\pi}\int_0^{\pi}[I_{pk}\sin\theta]^2 d\theta = \frac{I_{pk}^2}{2\pi}\int_0^{\pi}\frac{1-\cos 2\theta}{2}d\theta = \frac{I_{pk}^2}{2\pi}\times\frac{\pi}{2} = \frac{I_{pk}^2}{4}$$

$$I_{rms} = \frac{I_{pk}}{2} = \frac{1}{2}\times(0.12\times 10^{-3}) = 6.0\times 10^{-5}\,[\mathrm{A}]$$

③ 맥동률(ripple factor) r_f는 다음과 같다.

$$r_f = [I_{rms}/I_{dc}]^{1/2} = [(6.0\times 10^{-5})/(3.8\times 10^{-5})]^{1/2} \fallingdotseq 1.26$$

2. 전파 정류 회로

그림 11.26은 2개의 다이오드를 사용하여 교류의 (+)와 (−)의 전주기를 정류하는 전파 정류 회로(全波 整流 回路, all wave rectifier)를 나타낸 것이다. 회로에서 변압기의 중간 탭을 중심으로 회로를 구성하여 교류의 (+)와 (−)의 반주기에 대한 동작을 각각 생각해 볼 수 있다. 양(+)의 반주기 동안은 다이오드 D_1이 도통되고, D_2는 도통되지 않는다. 또한, 음(−)의 반주기 동안은 다이오드 D_2가 도통되고, D_1은 도통되지 않는다.

결국, 부하 저항 R_L에는 (+)와 (−)의 전주기에 대한 모든 파형이 출력된다. 전파 정류 회로로 정류한 전압은 반파 정류 회로에 비해 교류분이 훨씬 작게 포함되어 있고, 정류 효율도 반파 정류 회로보다 우수하다.

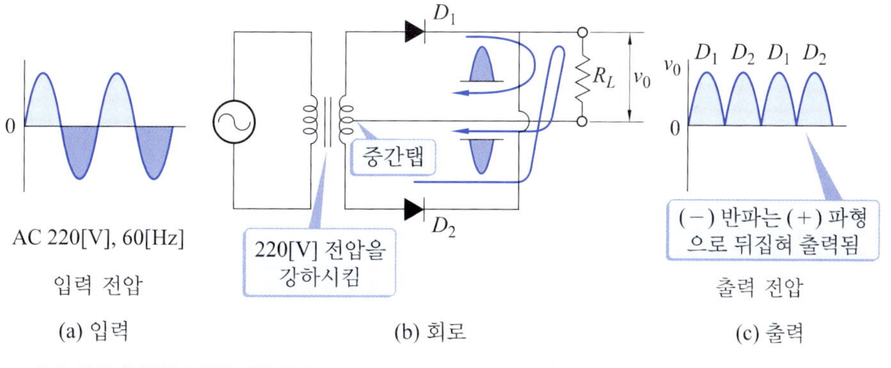

그림 11.26 **전파 정류 회로**

예제 11.4 어떤 회로에서 200 [μF]의 필터 커패시터를 갖는 전파 정류기가 50 [mA]의 전류를 흐르게 할 수 있는 부하에 연결되었을 때 ① 전파 정류기의 맥동 전압, ② 정류 전압의 피크 값이 28 [V]라면 필터의 직류 전압, ③ 그리고 필터의 맥동률은 얼마인가?

풀이 ① 전파 정류기의 맥동 전압은 다음과 같다.

$$V_{rms} = \frac{I_{dc}}{4\sqrt{3}\,f\,C} = \frac{2.4I_{dc}}{C} = \frac{2.4\,V_{dc}}{R_L\,C}\ [\mathrm{V}]$$

$$V_{rms} = \frac{2.4I_{dc}}{C} = \frac{2.4\times 50}{200} = 0.6\ [\mathrm{V}]$$

② 커패시터 양단에 걸치는 직류 전압은 다음과 같다.

$$V_{dc} = V_m - \frac{4.17I_{dc}}{C} = 28 - \frac{4.17\times 50}{200} \fallingdotseq 26.96\ [\mathrm{V}]$$

③ 커패시터 필터의 맥동률은 다음과 같다.

$$r = \frac{V_{rms}}{V_{dc}}\times 100\ [\%] = \frac{2.4I_{dc}}{C\,V_{dc}}\times 100\ [\%] = \frac{2.4}{R_L\,C}\times 100\ [\%]$$

$$= \frac{0.6}{26.96}\times 100\ [\%] \fallingdotseq 2.23\ [\%]$$

예제 11.5 그림 11.27은 전파 정류 회로 및 파형을 나타낸다. 입력 전압 $v_1 = 220\sin 377t$ [V]이고, 저항 $R = 300$ [Ω]일 때 ① 직류 전압 V_{dc}, ② 맥동 전압 V_{rms} 및 ③ 맥동률(ripple factor) r_f 각각을 구하시오.

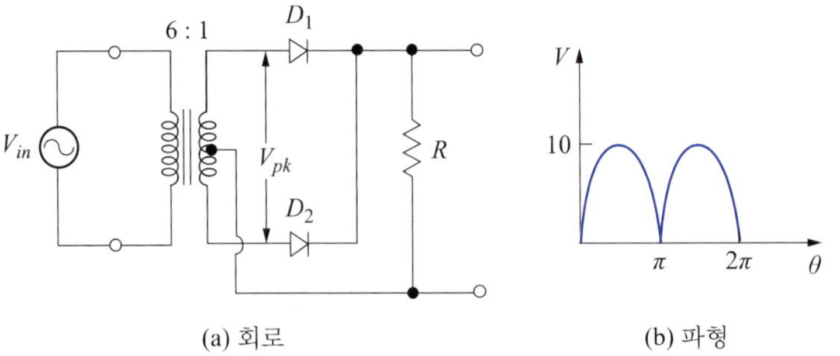

(a) 회로　　(b) 파형

그림 11.27 전파 정류 회로 및 파형

풀이 먼저 V_{pk} 및 $V_{pk}{}'$ 각각을 구하면 다음과 같다.

$$V_{pk} = \frac{220}{6} \fallingdotseq 36.7\,[\mathrm{V}]$$

$$V_{pk}{}' = \frac{V_{pk}}{2} = \frac{(220/6)}{2} \fallingdotseq 18.3\,[\mathrm{V}]$$

① 직류 전압 V_{dc}는 다음과 같다.

$$V_{dc} = \frac{1}{2\pi}\int_0^{2\pi} V_{pk}{}'\sin\theta\, d\theta = -\frac{2V_{kp}{}'}{2\pi}[\cos\theta]_0^{\pi} = \frac{V_{kp}{}'}{\pi}[1+1] = \frac{2V_{kp}{}'}{\pi}$$
$$= 0.636\,V_{pk}{}' = 0.636 \times 18.3 \fallingdotseq 11.64\,[\mathrm{V}]$$

② 맥동 전압 V_{rms}는 다음과 같다.

$$V_{rms}^2 = \frac{1}{2\pi}\int_0^{2\pi}[V_{pk}{}'\sin\theta]^2 d\theta = \frac{2V_{pk}{}'^2}{2\pi}\int_0^{\pi}\frac{1-\cos 2\theta}{2}d\theta$$
$$= \frac{V_{pk}{}'^2}{\pi} \times \frac{\pi}{2} - \frac{V_{pk}{}'^2}{2}$$

$$V_{rms} = \frac{V_{pk}{}'}{\sqrt{2}} = 0.707 \times 18.3 \fallingdotseq 12.94\,[\mathrm{V}]$$

③ 맥동률(ripple factor) r_f는 다음과 같다.

$$r_f = [(V_{rms}/V_{dc})^2 - 1]^{1/2} = [(12.94/11.64)^2 - 1]^{1/2} \fallingdotseq 0.485$$

3. 브리지 정류 회로

그림 11.28은 교류의 (+), (−) 전주기를 정류하는 전파 정류 방식으로 4개의 다이오드를 사용한 브리지 정류 회로(整流 回路, bridge rectifier circuit)이다. 브리지 정류 회로에서 (+)의 반주기 동안은 D_2, D_3가 도통되고, (−)의 반주기 동안은 D_1, D_4가 도통된다.

브리지 정류 회로는 변압기의 중간 탭을 사용하지 않아도 다이오드 2개를 사용한 전파 정류 회로의 결과를 얻을 수 있어서 많이 사용된다. 이와 같이 다이오드는 한 방향으로만 전류를 통전시켜 정류 작용을 할 수 있다.

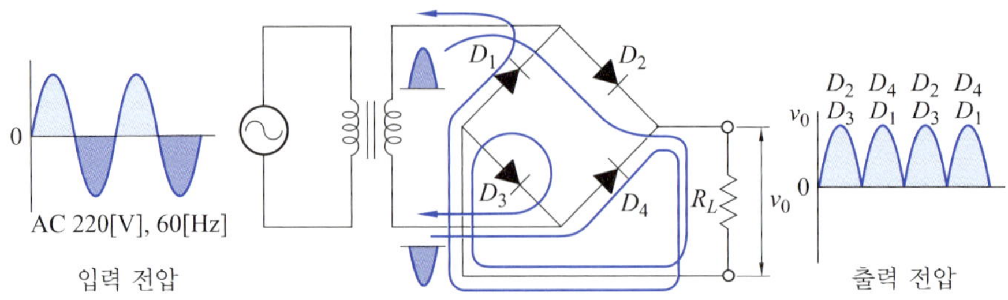

(a) 입력 (b) 회로 (c) 출력

그림 11.28 브리지 정류 회로

예제 11.6 그림 11.29는 브리지 정류 회로 및 파형을 나타낸다. 입력 전압 $v_1 = 220\sin 377t$ [V]이고, 저항 $R = 300$ [Ω]일 때 ① 직류 전압 V_{dc}, ② 맥동 전압 V_{rms} 및 ③ 맥동 제한 전압이 0.1 [V]일 때 콘덴서의 정전용량(C)을 구하시오.

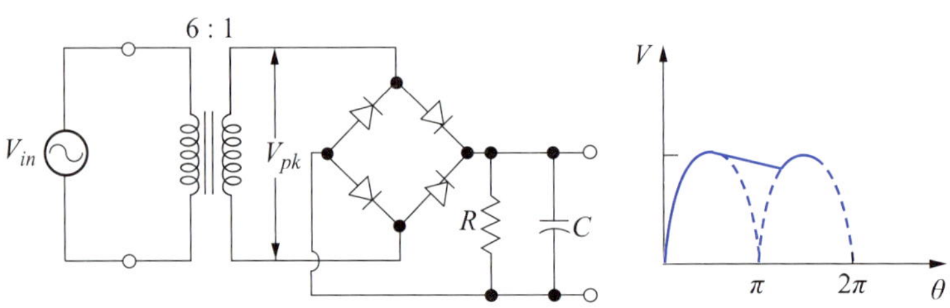

(a) 회로 (b) 파형

그림 11.29 브리지 정류 회로 및 파형

풀이 먼저 V_{pk} 및 I_{pk} 각각을 구하면 다음과 같다.

$$V_{pk} = \frac{220}{6} \fallingdotseq 36.7\ [\mathrm{V}]$$

$$I_{pk} = \frac{V_{pk}}{R} = \frac{(220/6)}{300} \fallingdotseq 0.12\ [\mathrm{mA}]$$

① 직류 전압 V_{dc}는 다음과 같다.

$$V_{dc} = \frac{1}{2\pi}\int_0^{2\pi} V_{pk}\sin\theta\, d\theta = -\frac{2V_{kp}}{2\pi}[\cos\theta]_0^{\pi} = \frac{V_{kp}}{\pi}[1+1]$$

$$= \frac{2V_{kp}}{\pi} = 0.636\,V_{pk}' = 0.636 \times 36.7 \fallingdotseq 23.34\ [\mathrm{V}]$$

② 맥동 전압 V_{rms}는 다음과 같다.

$$V_{rms}^2 = \frac{1}{2\pi}\int_0^{2\pi}[V_{pk}\sin\theta]^2 d\theta = \frac{2V_{pk}^2}{2\pi}\int_0^{\pi}\frac{1-\cos 2\theta}{2}d\theta$$

$$= \frac{V_{pk}^2}{\pi}\times\frac{\pi}{2} = \frac{V_{pk}^2}{2}$$

$$V_{rms} = \frac{V_{pk}}{\sqrt{2}} = 0.707\times 36.7 \fallingdotseq 25.95\,[\mathrm{V}]$$

③ 콘덴서의 정전용량 C는 다음과 같다.

$$T = \frac{1}{f} = 1/60 \fallingdotseq 16.67\times 10^{-3}\,[\mathrm{A}]$$

$$C = \frac{Q}{V_r} = \frac{I_{pk}T}{V_r} = \frac{(0.12\times 10^{-3})\times(8.33\times 10^{-3})}{0.1} = 9.996\times 10^{-6}\,[\mathrm{F}]$$

4. 배전압 회로

브리지 회로 중에서 그림 11.30과 같이 2개의 다이오드를 커패시터로 바꾸면 출력 전압을 2배로 하는 배전압 회로(倍電壓 回路, dual voltage circuit)가 된다.

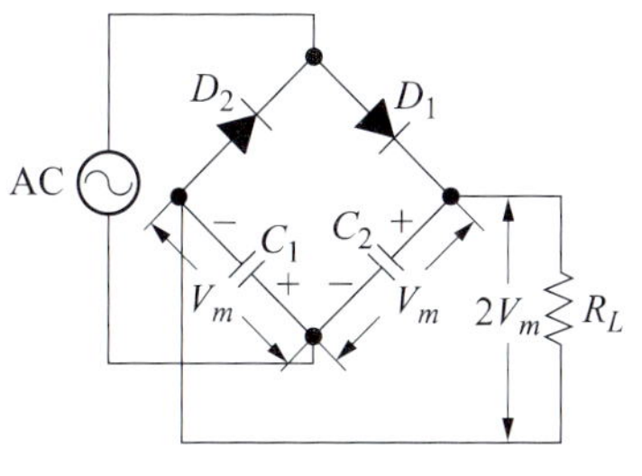

(a) 회로

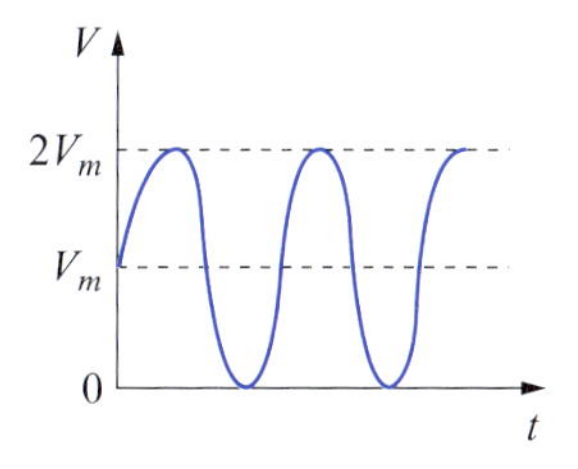

(b) 파형

그림 11.30 배전압 회로 및 파형

5. 정류 회로의 문제점

다이오드를 통과하여 정류된 출력 파형은 완전한 직류가 아니라 펄스와 같은 파형을 포함하고 있는 직류 성분이다. 이와 같은 파형은 직류 회로에 적용하는 것은 현실적으로 불가능하므로 전압 변동을 제거하기 위한 평활 회로(平滑 回路, smoothing circuit)가 필요하다. 또한, 변압기의 1차측 입력 전압이 불안정하게 변동할 때 변압기의 2차측 출력 전압에 나타나는 불안정한 전압이 정류 회로에도 그대로 발생된다.

그러므로 입력 전압에 전압 변동이 발생하면 출력 전압에도 나타나는 전압 변동을 제거하기 위한 전압 안정화 회로(電壓 安定化 回路, voltage stabilizing circuit)를 추가로 설치된다. 즉, 전원 회로는 정류 회로, 평활 회로, 전압 안정화 회로를 거쳐 비로소 안정된 전원으로 시스템에 공급할 수 있다.

11.5 평활 회로

평활 회로(平滑 回路, smoothing circuit)는 직류 발전기나 정류기에 의해서 직류를 얻는 경우에 직류 중에 포함되는 리플(ripple)을 제거하기 위하여 삽입하는 회로이다. 맥류 성분의 교류 성분을 제거하고 직류 성분만을 출력하기 위해 저주파 필터 회로(filter circuit)가 사용된다.

교류 전원의 60 [Hz] 성분은 브리지 회로를 통과함으로써 2배인 120 [Hz]의 맥류 파형이 나타나고 이 신호는 저주파 필터인 p-type 필터를 통과하면서 120 [Hz]의 성분이 제거된다.

1 L-C의 평활 특성

대부분의 평활 회로에는 그림 11.31과 같은 인덕터(L) 및 커패시터(C)를 이용한 저역 통과 필터가 적용된다. L과 C는 주파수에 따른 리액턴스 특성이 서로 반대이므로 필요한 주파수를 차단하거나 통과시키는 필터 회로를 구성할 수 있다. L은 주파수의 변화에 따른 전류의 변화에 대해 역기전력으로 교류의 흐름을 차단하고 직류는 그대로 통과시키는 특성이 있다.

그리고 C는 L과는 반대로 주파수 성분인 교류 성분의 전류는 잘 통과시키지만 직류를 차단하는 특성을 가진다. 그림 11.31(b)는 이런 특성을 필터 회로에 적용한 평활 회로용 저역 통과 필터이다.

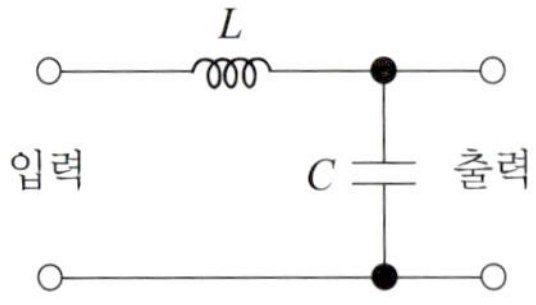

(a) 인덕터 입력형 LC 회로

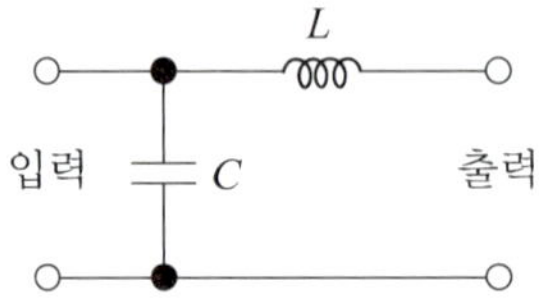

(b) 커패시턴스 입력형 LC 회로

그림 11.31 평활 회로용 저역 통과 필터

그림 11.32는 p-type 저역 통과 필터인 π형 CLC 및 CRC 등을 나타낸 것이다. C와 L의 배치하는 순서에 따라 이름을 명명한 것이다. 회로의 구성이 간단하고 가격이 저렴한 특징이 있다. 또한, 인덕터 L을 저항 R로 치환한 CRC 필터가 사용되기도 한다.

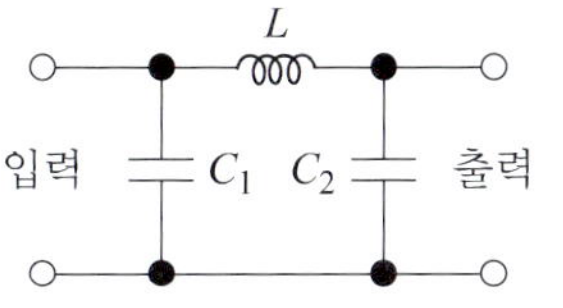

(a) π형 CLC 필터

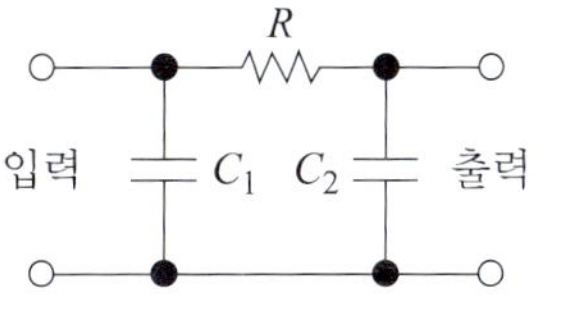

(b) π형 CRC 필터

그림 11.32 p-type 저역 통과 필터

예제 11.7 그림 11.33과 같이 RC 필터 회로의 부하 R_L 양단에 걸리는 출력 신호의 ① 직류 성분, ② 교류 성분 및 ③ 출력 파형의 맥동률을 구하시오.

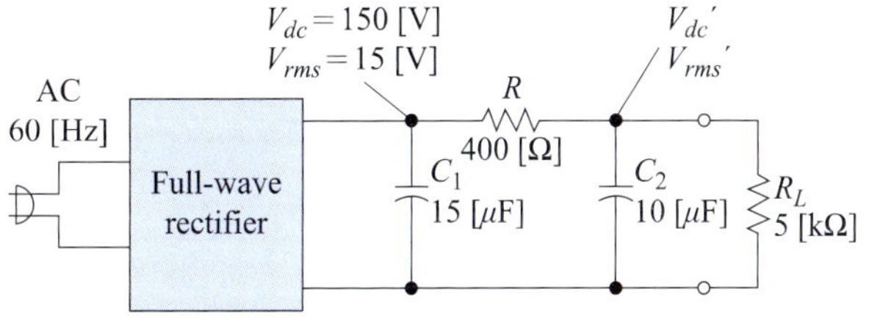

그림 11.33 RC 필터 회로

풀이 ① 직류 성분은 다음과 같다.

$$V_{dc}' = \frac{R_L}{R+R_L} V_{dc} = \frac{5\times 10^3}{400+(5\times 10^3)} \times 150 \fallingdotseq 139\ [\mathrm{V}]$$

② 전파 정류기에 대해서 교류 맥동 주파수는 120 [Hz]인 커패시터의 용량성 임피던스를 구해야 하므로 $X_C = \frac{1.3}{C_2}$이다. 단, C는 [μF], X_C는 [kΩ]이다.

$$X_C = \frac{1.3}{C_2} = \frac{1.3}{10\times 10^{-6}} = 130\ [\Omega]$$

그러므로 출력 전압의 교류 성분은 다음과 같다.

$$V_{rms}' = \frac{X_C}{R} V_{rms} = \frac{130}{400} \times 15 \fallingdotseq 4.9 \, [\mathrm{V}]$$

③ 출력 파형의 맥동률은 다음과 같다.

$$r = \frac{V_{rms}'}{V_{dc}'} \times 100 \, [\%] = \frac{4.9}{139} \times 100 \fallingdotseq 3.5 \, [\%]$$

2 잡음

잡음(雜音, noise)은 전자 회로에서 본래 의도된 이외의 전류와 전압, 통신의 송신과 수신의 차이 및 정보 검색 과정 등에서 발생된다. 전자 회로에 발생되는 잡음은 리플 잡음과 스위칭 잡음 등이 주된 요소이다. 리플 잡음(ripple noise)을 완전히 제거할 수는 없지만 얼마만큼 적게 만드느냐가 전원 회로 설계의 중요한 요소가 된다. 이러한 리플 잡음은 평활 회로의 커패시턴스 용량이 클수록 작아지지만 용량을 무한정으로 키우는 것도 한계가 있으므로 시스템 동작에 영향을 끼치지 않을 정도로 리플 잡음의 크기를 제한하여 설계한다.

스위칭 잡음(switching noise)은 스위칭 모드 전원 회로(SMPS; switching mode power supply)에서 발생하는 리플 잡음을 말한다. 스위칭 방식의 전원 회로는 수십 [kHz]에서 수백 [kHz]의 스위칭 주파수를 사용함으로써 수백 [kHz]에서 수십 [MHz] 대역의 고조파 잡음이 발생한다. 특히 스위칭 방식의 전원 회로에서 스위칭 잡음은 정밀 계측 기기의 회로 성능에 영향을 주므로 잡음을 제거해야 한다. 또한, 스위칭 잡음 고조파는 전자파를 발생시켜 주변의 다른 전자 제품에도 영향을 줄 수 있다. 그러므로 전자파의 크기를 일정 수준 이하로 유지하는 전원 회로를 설계해야 한다.

3 블리더 저항

그림 11.34의 저항 R_B는 블리더(bleeder)이며, π형 평활 회로 다음에 병렬로 접속한 저항이다. 블리더의 역할은 커패시터 C_1, C_2의 방전 통로를 마련하는 것이다. 회로에서 R_B가 없이 갑자기 스위치가 OFF 되었을 때 대용량 커패시터에 충전되었던 전하는 방전 통로가 없어 그대로 충전 상태에 머물러 있게 된다. 이처럼 커패시터 내부의 잔류 전하는 상당한 전기에너지를 갖고 있어서 제작 과정 및 수리 과정에서 작업자에게 전기적인 충격을 줄 수 있다.

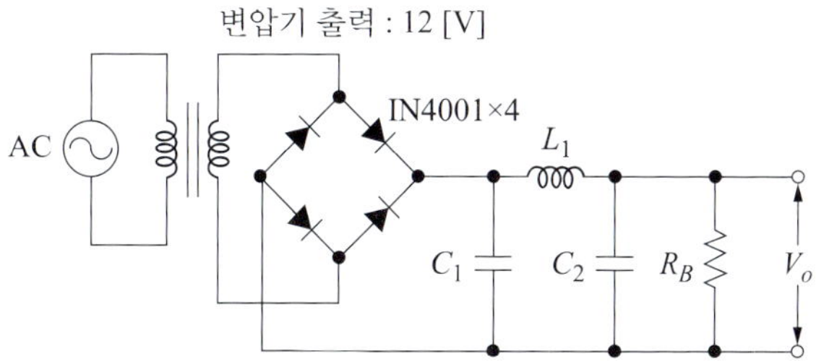

그림 11.34 π**형 필터와 블리더 저항**

따라서 불의의 감전 쇼크를 유발하거나 시스템 오작동(誤作動, malfunction)의 원인이 될 수 있다. 즉, 블리더 저항은 회로의 안전성 및 신뢰성 확보를 위해서 필요한 저항이다.

11.6 정전압 안정화 회로

정전압 안정화 회로(定電壓 安定化 回路, constant voltage stabilizing circuit)는 입력 전원 및 부하 저항 등의 변동과 관계없이 일정한 출력을 얻기 위해서 사용된다. 출력 전압의 불안정한 현상은 1차측 입력 전압의 변동이 변압기를 통해 2차측 변압기 출력 전압에 영향을 주기 때문이다. 또한, 전원 회로의 출력 부하 저항의 영향으로 부하 전류가 증가할 수 있다. 일반적으로 제너 다이오드를 이용한 정전압 회로, 3단자 레귤레이터 IC를 이용한 정전압 회로, TL 431을 이용한 정전압 회로, 스위칭 방식 레귤레이터를 이용한 정전압 회로 등이 사용되고 있다.

제너 다이오드(zener diode)는 특정한 역방향 전압에 대해 급격한 항복 특성을 갖는 소자이며, 그림 11.35에서 제너 다이오드의 정전압 I-V 특성을 나타낸 것이다. 그림 11.35(c)는 제너 다이오드의 I-V 특성 곡선에서 알 수 있듯이 출력 전압을 V_z 이내로 제한하는 데 사용된다.

그림 11.36은 입력 전압 V_s 중에서 V_z보다 높은 전압 범위인 $V = V_s - V_z$의 불필요한 전압은 제너 다이오드의 항복 전압 특성으로 인해 제너 다이오드 방향으로 흘려버림으로써 출력 전압은 항상 안정된 $V_o = V_z$가 된다.

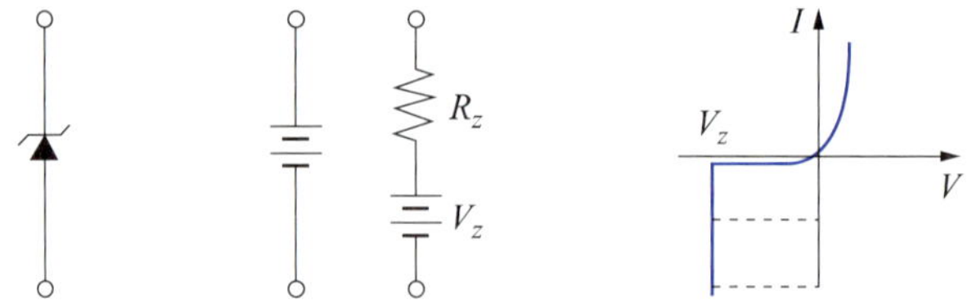

(a) 기호 (b) 등가 회로 (c) 특성 곡선

그림 11.35 제너 다이오드의 정전압 I-V 특성

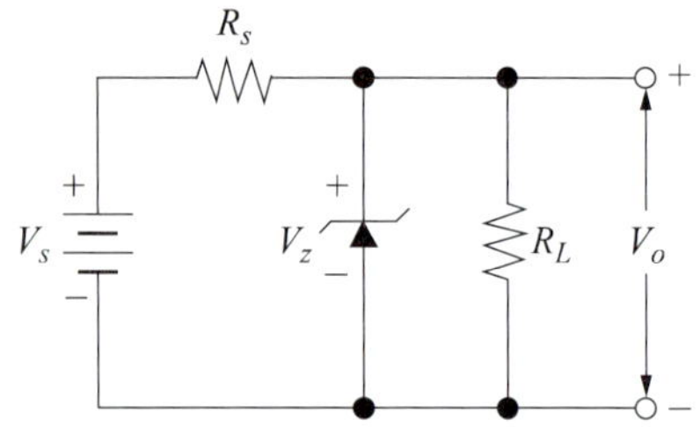

그림 11.36 제너 다이오드의 정전압 특성

그림 11.37은 안정된 정전압 회로를 나타낸 것으로 출력 전압의 변동을 억제하기 위해 되먹임 회로를 추가한 것이다. 이와 같은 되먹임 회로에서 출력 전압 V_o이 증가하면 TR_2의 컬렉터 전류 I_C가 증가한다. 이것은 V_{CE} 전압 감소를 일으키고 결국 출력 전압 V_o이 감소하게 된다.

즉, 출력 전압이 증가 또는 감소하면 되먹임 회로를 통해 변동한 만큼 감소 또는 증가하게 함으로써 항상 일정한 전압을 유지할 수 있게 된다.

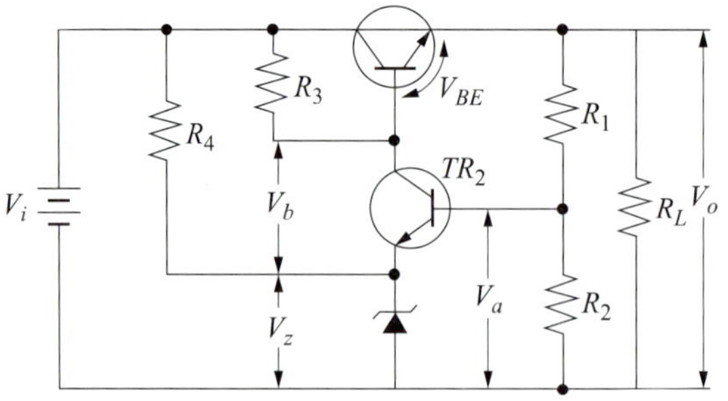

그림 11.37 되먹임 제어 회로가 추가된 정전압 회로

예제 11.8 그림 11.38에서 제너 다이오드 회로에 대한 ① 단자 전압 V_L, ② R에 걸리는 전압 V_R, ③ 제너 다이오드에 흐르는 전류 I_z, ④ 제너 다이오드에서 소비되는 전력 P_z 등을 구하시오.

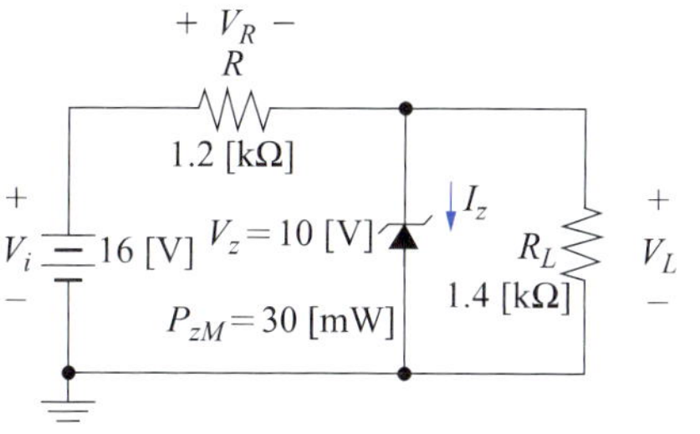

그림 11.38 제너 다이오드를 이용한 전압 조정기 회로

풀이 그림 11.38의 회로를 제안된 회로에 따라 변형하면 그림 11.39와 같다.

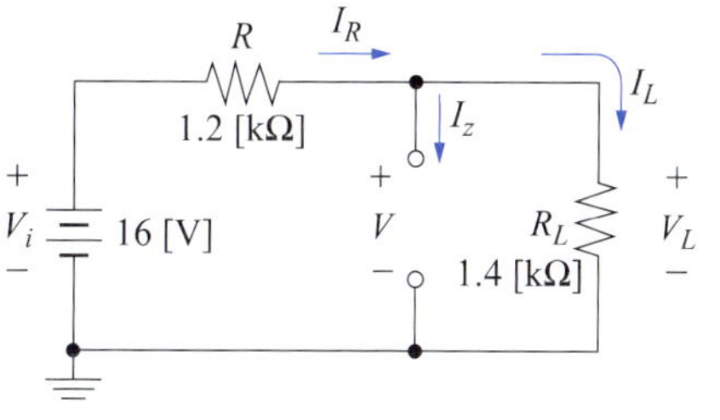

그림 11.39 전압 조정기에 대한 전압의 결정

① 전압 분배 법칙에 의해 단자 전압 V_L을 구하면 다음과 같다.

$$V_L = V = \frac{R_L}{R+R_L}V_i = \frac{1400}{1200+1400} \times 16 \fallingdotseq 8.62\,[\text{V}]$$

② R에 걸리는 전압 V_R은 다음과 같다.

$$V_R = V_i - V_L = 16 - 8.62 = 7.38\,[\text{V}]$$

③ 제너 다이오드에 흐르는 전류 I_z는 다음과 같다.

$$I_z = 0\,[\text{A}]$$

④ 제너 다이오드에서 소비되는 전력 P_z는 다음과 같다.

$$P_z = V_z I_z = 10 \times 0 = 0\,[\mathrm{W}]$$

연습문제

01 전자의 에너지를 표현하는 데 활용되는 단위는?

정답 eV

02 p-type 반도체에서 다수 반송자는 무엇인가?

정답 정공

03 도체 속을 이동하며 열과 전기 에너지를 전달하는 것은 무엇인가?

정답 전도 전자

04 반도체의 PN 접합에서 발생하는 순방향 전위 장벽의 크기는 얼마인가?

정답 0.7 [V]

05 전자가 존재할 수 있는 곳으로 에너지 상태가 밀집된 대역은?

정답 허용대

06 반도체 중에서 공핍형 동작과 증가형 동작이 모두 가능한 소자는?

정답 MOSFET

07 반도체 중에서 전력 소모가 가장 낮은 전계 효과 트랜지스터의 구조는?

정답 CMOS

08 FET의 고입력 저항과 BJT의 대전류 용량의 장점을 고려하여 제작된 소자는?

정답 IGBT

09 전자 회로에서 평활 회로를 거친 전원은 대부분 직류 성분이지만 일부 정류 회로에서 남아 있는 교류 성분의 잡음 성분은 무엇인가?

정답 리플 잡음

10 입력 전압의 변동이나 부하 전류의 변동에 의해 출력 전압의 변동이 일어난다. 이러한 출력 전압 변동을 안정화하기 위한 회로는 무엇인가?

정답 전압 안정화 회로

11 전원 회로에서 교류를 직류로 바꾸는 것을 (　　　　), 직류를 교류로 바꾸는 것을 (　　　　), 직류를 또 다른 직류로 변환하는 회로를 (　　　　)라고 한다.

정답 정류 회로, 인버터, 컨버터

12 전원 회로에서 1차측 입력 전압과 2차측 출력 전압을 전기적으로 절연하는 가능을 갖는 것은?

정답 변압기

Chapter 12

연산 증폭기

12.1 연산 증폭기의 구성

연산 증폭기(演算 增幅器, OP-AMP; operating amplifier)는 고이득, 고입력 저항, 저출력 저항 등의 이상적인 특성을 가진 선형 집적 증폭 회로이다. 연산 증폭기는 대부분 소비 전력 1 [W] 이하의 소신호용이다. 그림 12.1은 741 연산 증폭기로서 반전 입력 및 비반전 입력, 양 전원($+V$) 및 음 전원($-V$) 등을 나타낸 것이다. 연산 증폭기는 실제 응용에서 하나의 개별 소자처럼 취급된다. 연산 증폭기의 외부에 저항기와 커패시터 같은 수동 소자를 이용하여 되먹임 회로를 구성함으로써 전압 이득과 대역폭을 적절하게 제어할 수 있다. 연산 증폭기는 전압 증폭기, 발진기, 필터 회로, 변복조 회로, 비교기, 연산 회로 등에 사용된다.

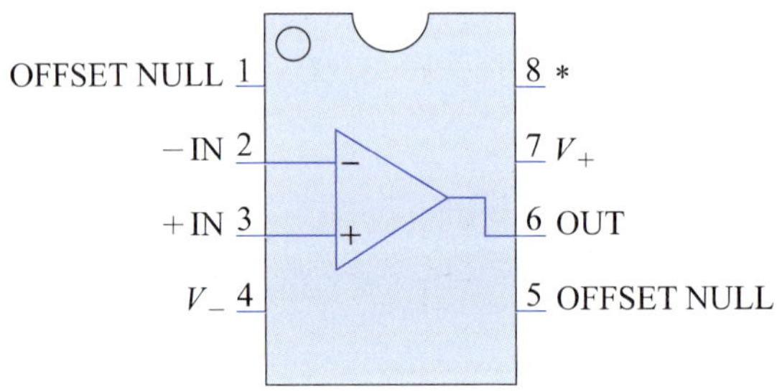

그림 12.1 741 연산 증폭기

연산 증폭기(演算 增幅器, operating amplifier)는 이상적인 전압 증폭기로서 우수한 성능의 아날로그 응용 회로를 쉽게 만들 수 있으나 증폭 회로를 구성할 때 2개의 입력 신호와 2개의 전원을 사용하는 것이 특징이다. 그림 12.2는 연산 증폭기 회로의 기호이다. 연산 증폭기는 이상적인 전압 증폭기로 사용하기에 적합한 큰 입력 저항, 작은 출력 저항, 높은 전압 증폭도를 가진다. 연산 증폭기는 2개의 입력 단자 V_-와 V_+를 갖고 있으며, 전압 증폭도를 A라고 할 때 출력 전압 V_o는 두 입력의 차에 비례한다.

$$V_o = A(V_+ - V_-)\,[\mathrm{V}] \tag{12.1}$$

출력 전압(V_o)은 V_-가 증가하면 오히려 감소하지만 V_+가 증가하면 따라서 증가한다. 이러한 이유로 V_-는 반전 입력, V_+는 비반전 입력이며, 각각 회로 기호에 (−) 및 (+) 극성으로 표시한다.

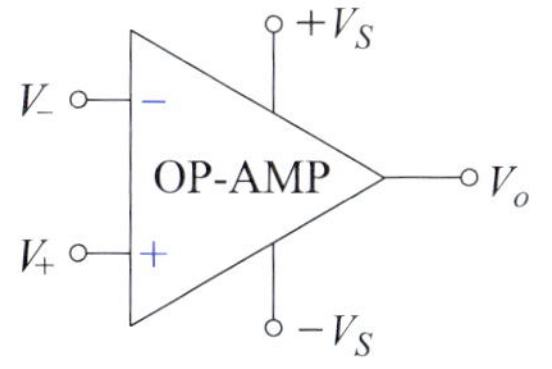

그림 12.2 **연산 증폭기**

그림 12.3은 일반적으로 사용되는 연산 증폭기의 회로를 나타낸 것이다. 연산 증폭기는 2개의 전원을 사용하며, $+V_S$와 $-V_S$는 각각 양(+) 전원 및 음(−) 전원을 연결하는 전원 단자이다. 전원 전압은 특별히 지정하지 않는 한 보통 ±15 [V]이며, 연산 증폭기에 따라 ±5 ~ ±18 [V] 범위에서 사용할 수 있다. 간단한 연산 증폭기 회로도에서는 전원 단자를 생략할 수 있다. 주의할 것은 연산 증폭기 자체는 접지점(接地点, ground point)에 직접 연결되는 단자가 없으나 입력과 출력 사이의 신호 전달을 위해서 접지 회로의 연결을 확보해야 한다.

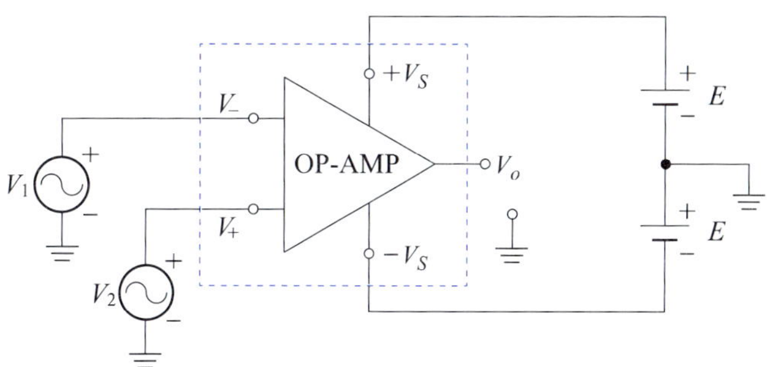

그림 12.3 **연산 증폭기의 입력과 전원**

12.2 실제의 연산 증폭기

실제 회로 설계에서 사용되는 IC 741의 연결 단자는 그림 12.4와 같다. IC화된 대부분의 연산 증폭기는 이상적인 파라미터 값에 근거하여 해석한 것이다. 그런데 실제 연산 증폭기는 전압과 전류 두 가지 모두 한계 값을 가진다. 예를 들어 출력 전압의 첨두값은 일반적으로 두 개의 공급 전압보다 낮게 제한된다. 그리고 출력 전류 역시 전력 손실 및 회로 구성의 차이 등에 의해 내부적 한계에 직면하게 된다.

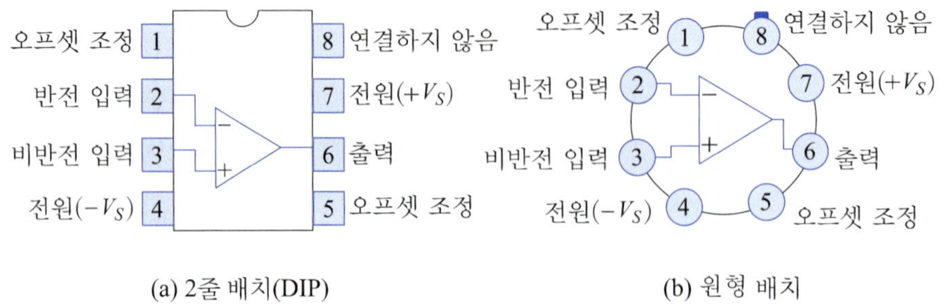

그림 12.4 연산 증폭기 IC 741의 연결 단자 및 배치 형태

오프셋 조정 단자는 반전 입력 단자 및 비반전 입력 단자의 입력 신호가 '0'일 때 출력 전압을 '0'으로 조정하기 위한 단자이며, 그림 12.5와 같이 사용된다.

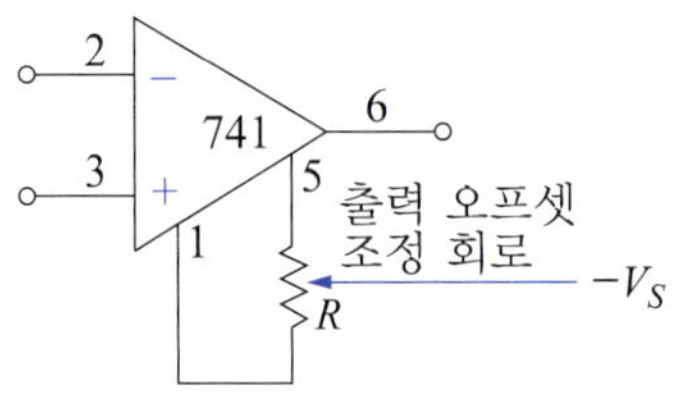

그림 12.5 영점 조정 회로

12.3 연산 증폭기의 특성

연산 증폭기의 성능을 확인하고자 한다면 규격을 조사하는 것이 바람직하다. 규격은 연산 증폭기에 대한 일반적인 설명, 내부 회로도, 단자 구성도, 절대 정격, 전기적 특성 및 특성 곡선 등이 기록되어 있다. 절대 정격은 연산 증폭기가 안전하게 동작할 수 있도록 허용되는 최대의 값으로 전원 전압, 소비 전력, 입력 신호 전압, 동작 온도 등이 있다. 전기적 특성은 연산 증폭기의 동작 특성을 나타내는 것으로 입력 저항과 출력 저항, 개방 전압 이득, 단위 이득 주파수, 슬루율, 동상 신호 제거비 등이 있다.

1 입력 저항과 출력 저항

입력 저항 R_{in}은 입력 단자에 인가된 전압과 입력 전류의 비, 출력 저항 R_{out}은 출력 단자의 전압과 출력 전류의 비를 나타낸다.

2 개방 전압 이득

개방 회로는 그림 12.6의 연산 증폭기와 같이 외부 되먹임 회로가 연결되지 않은 상태를 의미한다. 이때의 전압 이득을 개방 전압 이득 A_{OL}이라고 하는데 보통 수만 배 이상의 큰 값으로서 데시벨(dB; decibel) 단위로 표시한다. 그림 12.6(a)는 개방 전압 이득의 전형적인 주파수 응답이다.

직류에서 10 [Hz]까지 A_{OL}은 100 [dB]로 일정하지만 그 이상의 주파수에서는 주파수가 10배, 100배로 증가할 때마다 전압 이득이 1/10, 1/100로 감소하는 이른바 −20 [dB/decade]의 기울기를 보인다. 또한, 연산 증폭기 회로에 출력 신호가 반전 입력 단자로 되돌아오는 음되먹임이 존재할 때 폐회로 이득 A_{CL}의 주파수 응답은 그림 12.6(b)와 같다.

여기서 알 수 있는 것은 음되먹임이 증가하여 전압 이득이 감소하지만 일정한 출력의 길이에 해당하는 대역폭이 증가하여 이득 대역폭곱(GBP; gain bandwidth product)은 음되먹임의 크기와 관계없이 항상 일정하다.

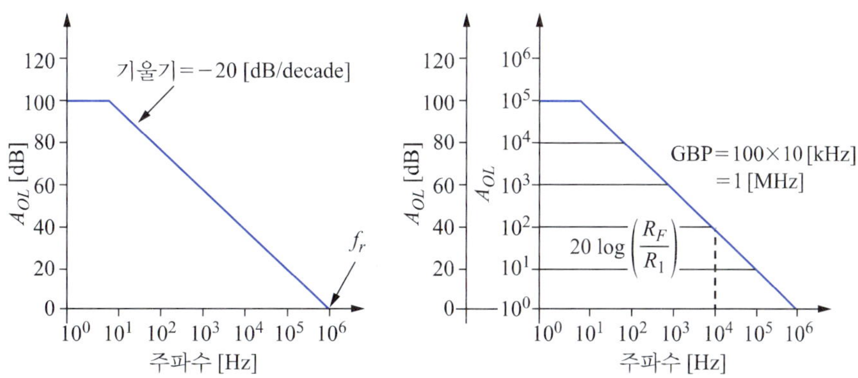

(a) 개방 회로 이득의 주파수 응답 (b) 닫힌 회로 이득의 주파수 응답

그림 12.6 연산 증폭기 전압 이득의 주파수 특성

예제 12.1 어떤 회로의 전달 함수 $G(s) = \dfrac{10}{(s+1)(10s+1)}$ 일 때 보드 선도(Bode diagram)의 이득 곡선은?

풀이 보드 선도의 이득 곡선을 해석하기 위해 전달 함수의 변수 s를 $j\omega$로 바꾸면 다음과 같다.

$$g\,[\text{dB}] = 20\log\left|\frac{10}{(j\omega+1)(j10\omega+1)}\right| = 20\log\frac{10}{\sqrt{\omega^2+1}\;\sqrt{(10\omega)^2+1}}$$
$$= 20\log 10 - 20\log\sqrt{\omega^2+1} - 20\log\sqrt{(10\omega)^2+1}$$

① $\omega < 0.1$일 때

$$g = 20 - 20\log 1 - 20\log 1 = 20\,[\text{dB}]$$

② $0.1 < \omega < 1$일 때

$$g = 20 - 20\log 1 - 20\log 10\omega = 20 - 0 - 20\log 10 - 20\log\omega$$
$$= 20 - 20\log 10 - 20\log\omega = -20\log\omega$$

그러므로 -20 [dB/dec]이다.

③ $\omega > 1$일 때

$$g = 20 - 20\log\omega - 20\log 10\omega = 20 - 20\log\omega - 20\log 10 - 20\log\omega$$
$$= -40\log\omega$$

그러므로 -40 [dB/dec]이다.

①, ②, ③의 값을 이용하여 보드 선도를 나타내면 다음과 같다.

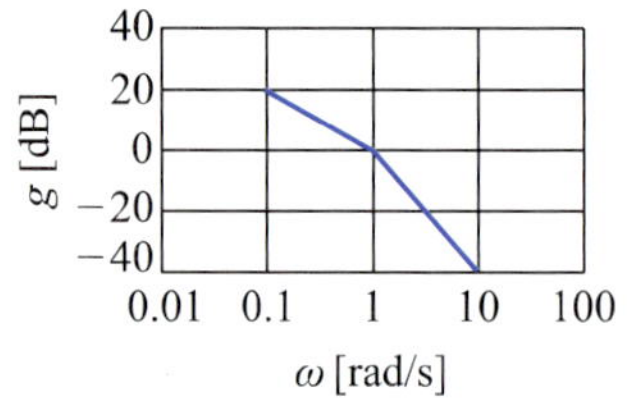

그림 12.7 **보드 선도**

3 단위 이득 주파수

단위 이득 주파수 f_T는 개방 전압 이득이 1 또는 0 [dB]로 감소되는 주파수로서 이득 대역폭곱(GBP; gain bandwidth product)과 동일한 값을 가진다.

4 슬루율

슬루율(SR; slew rate)은 구형파 입력에 대한 연산 증폭기 출력 전압의 최대 변화율이며, 그림 12.8은 슬루율 측정 회로이다. 슬루율이 부족하면 출력 신호는 높은 주파수를 갖는 입력 신호의 급격한 변화를 따라가지 못하여 사다리꼴 파형처럼 나타나며, 입력 신호의 주파수가 더 높아지면 삼각 파형처럼 변한다.

$$\mathrm{SR} = \frac{\Delta V_o}{\Delta t}\ [\mathrm{V/s}] \qquad (12.2)$$

연산 증폭기의 슬루율도 대역폭과 함께 출력 신호의 빠른 변화를 제한한다. 첨두 전압이 V_p인 사인파 신호의 경우 출력 신호에서 일그러짐이 발생하지 않는 최대 주파수 $f_{\max}$는 다음과 같다.

$$f_{\max} = \frac{\mathrm{SR}}{2\pi V_p}\ [\mathrm{Hz}] \qquad (12.3)$$

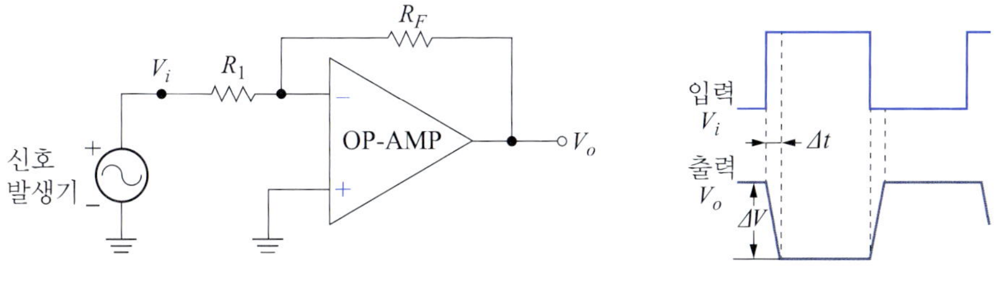

(a) 실험 회로 (b) 출력 파형

그림 12.8 슬루율의 실험 회로 및 출력 파형

예제 12.2 어떤 연산 증폭기의 슬루율 SR = 2 [V/μs]이고, 입력 신호가 0.5 [V]에서 10 [μs]만큼씩 변할 때 최대 폐회로 전압 이득 A_{CL}은 얼마인가?

풀이 $\mathrm{SR} = \frac{\Delta V_o}{\Delta t} = A_{CL}\frac{\Delta V_i}{\Delta t}$에서 최대 폐회로 전압 이득 A_{CL}은 다음과 같다.

$$A_{CL} = \frac{\text{SR}}{\Delta V_i / \Delta t} = \frac{2\,[\text{V}/\mu\text{s}]}{0.5\,[\text{V}]/10\,[\mu\text{s}]} = 40$$

5 동상 신호 제거비

동상 신호 제거비(CMRR; common mode rejection ratio)는 연산 증폭기의 출력이 두 입력 단자에 동일하게 가해진 동상 신호에 영향 받지 않는 정도를 나타낸다. 차동 이득이 A_{dm}, 동상 이득이 A_{cm}일 때 동상 신호를 제거하는 능력을 나타내는 CMRR은 다음과 같다.

$$\text{CMRR} = 20\log\frac{A_{dm}}{A_{cm}}\ [\text{dB}] \tag{12.4}$$

연산 증폭기의 CMRR이 100 [dB]이면 이것은 연산 증폭기 입력에 차동 신호 성분과 함께 전자기 간섭, 전원 리플 잡음의 동상 잡음 성분이 인가되었을 때 연산 증폭기 출력에서는 차동 신호 성분과 동상 잡음 성분의 비율이 입력에 비해 100,000배 만큼 개선된 결과가 얻어진다는 것을 의미한다. 그림 12.9는 CMRR 측정 회로이며, 이 회로의 차동 이득 A_{dm}과 동상 이득 A_{cm}은 다음과 같다.

$$A_{dm} = \frac{R_2}{R_1} \tag{12.5}$$

$$A_{cm} = \frac{V_o}{V_i} \tag{12.6}$$

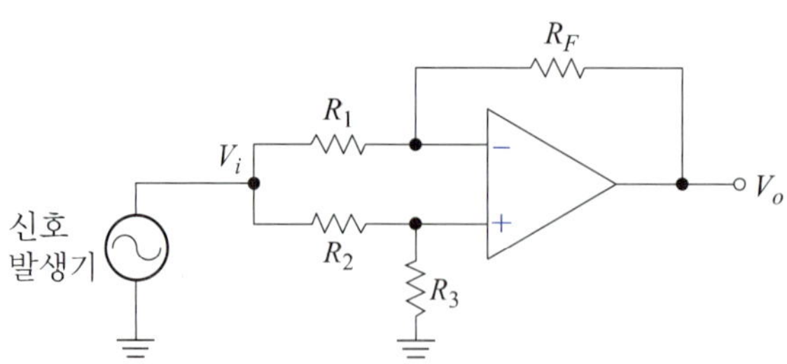

그림 12.9 동상 신호 제거비의 측정 회로

그리고 이상적인 연산 증폭기는 순수한 차동 증폭기 CMRR = ∞로서 다음과 같은 특성을 가진다.

① 무한대의 전압 이득 $A_{OL}=\infty$를 가진다.

② 무한대의 입력 저항 $R_i=\infty$를 가진다.

③ '0'인 출력 저항 $R_o=0$를 가진다.

즉, 이상적인 연산 증폭기는 실제로 존재할 수 없으나 일반적으로 음되먹임을 사용하는 연산 증폭기는 이상적인 특성을 가진다고 가정하고 해석해도 좋은 결과를 얻을 수 있다.

예제 12.3 그림 12.10의 회로에 있어서 공통 모드 제거비 CMRR을 계산하시오.

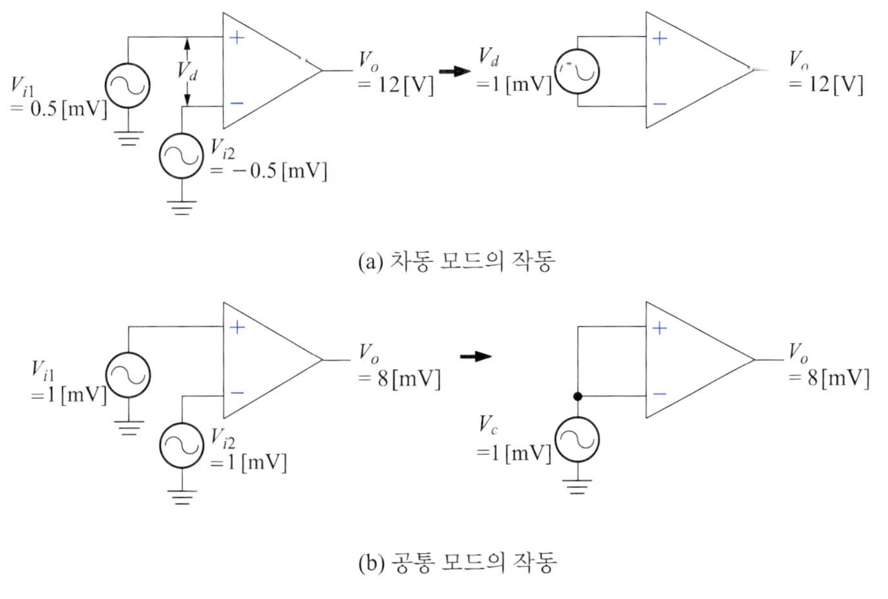

그림 12.10 차동 모드와 공통 모드의 작동

풀이 그림 12.10(a)의 차동 모드 회로에 대한 단계 1을 적용하면 다음과 같다.

$$A_d=\frac{V_o}{V_d}=\frac{12}{1\times 10^{-3}}=12,000$$

그림 12.10(b)의 공통 모드 회로에 대한 단계 2를 적용하면 다음과 같다.

$$A_c = \frac{V_o}{V_c} = \frac{8\times10^{-3}}{1\times10^{-3}} = 8$$

그러므로 공통 모드 제거비 CMRR 값을 구하면 다음과 같다.

$$\text{CMRR} = \frac{A_d}{A_c} = \frac{12{,}000}{8} = 1{,}500$$

또는 $\text{CMRR} = 20\log_{10}\dfrac{A_d}{A_c} = 20\log_{10}1{,}500 \fallingdotseq 63.52\ [\text{dB}]$

예제 12.4 어떤 시스템에서 입력 $V_{i1} = 120\,[\mu\text{V}]$, $V_{i2} = 100\,[\mu\text{V}]$인 연산 증폭기의 출력 전압은 얼마인가? 단, 증폭기의 차 $A_d = 3{,}000$이고 CMRR은 ① 150, ② 10^4이다.

풀이 증폭기의 차동 입력은 다음과 같다.

$$V_d = V_{i1} - V_{i2} = 120 - 100 = 20\ [\mu\text{V}]$$

증폭기의 공통 입력은 다음과 같다.

$$V_c = \frac{1}{2}(V_{i1} + V_{i2}) = \frac{(120+100)}{2} = 110\ [\mu\text{V}]$$

① 그러므로 CMRR 값이 150일 때의 출력 전압은 다음과 같다.

$$V_o = A_d V_d\left(1 + \frac{1}{\text{CMRR}}\,\frac{V_c}{V_d}\right)$$
$$= (3{,}000)\times(20\times10^{-6})\times\left(1 + \frac{1}{150}\,\frac{110\times10^{-6}}{20\times10^{-6}}\right) \fallingdotseq 62.2\ [\mu\text{V}]$$

② 그리고 CMRR 값이 10^4일 때의 출력 전압은 다음과 같다.

$$V_o = (3{,}000)\times(20\times10^{-6})\times\left(1 + \frac{1}{10^4}\,\frac{110\times10^{-6}}{20\times10^{-6}}\right) \fallingdotseq 60.03\ [\text{mV}]$$

12.4 반전 증폭기

반전 증폭기(反轉 增幅器, inverting amplifier)는 입력 신호에 대해 위상이 180° 바뀐 출력 신호가 얻어지는 것이며, 그림 12.11과 같다. 반전 입력 단자에는 저항 R_1을 통하여 입력 신호가 인가됨과 동시에 되먹임 저항 R_F를 통해 출력 신호도 되먹임 되고 있다. 이와 같은 회로를 해석하기 위해 가상 접지(假想 接地, virtual ground) 개념을 도입하면 매우 편리하다. 가상 접지는 연산 증폭기에서 두 입력 단자 사이의 전압이 0 [V]라 가정하고 하나의 입력 단자를 접지시키면 다른 입력 단자의 전위도 가상적으로 접지된 효과를 얻는다. 이것은 연산 증폭기의 전압 이득이 매우 크기 때문에 출력 전압의 크기가 유한하다면 차동 입력 전압을 $V_{id}=0$ [V]로 근사할 수 있다는 것을 의미한다.

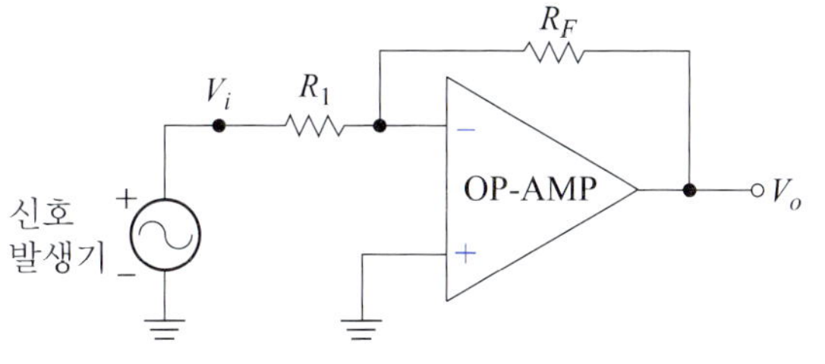

그림 12.11 반전 증폭기의 회로

그림 12.12는 그림 12.11을 가상 접지 개념으로 나타낸 것이다. 가상 접지를 이용한 비반전 입력 단자의 전위가 0 [V]이므로 가상 접지에 의해 반전 입력 단자의 전위도 0 [V]가 된다. 따라서 입력 전압이 V_i일 때 입력 전류는 $I_i = V_i/R_1$이다. 또한, 연산 증폭기의 두 입력 단자 사이는 사실상 개방 회로 상태이므로 모든 입력 전류는 되먹임 저항 R_F를 통해 흐른다. 그러므로 R_F의 전압 강하는 $v = I_i R_F$가 되며, 출력 전압 $V_o = -I_i R_F$가 된다. 따라서 반전 증폭기의 전압 이득 A_v는 다음과 같이 표현된다.

$$A_v = \frac{V_o}{V_i} = \frac{-I_i R_F}{V_i} = \frac{(-V_i/R_1)R_F}{V_i} = -\frac{R_F}{R_1} \tag{12.7}$$

음(−)의 부호는 출력 신호가 입력 신호와 180° 위상차가 있음을 의미한다.

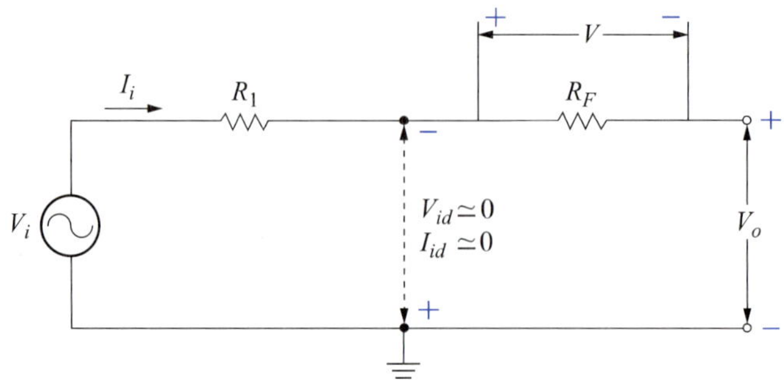

그림 12.12 가상 접지의 회로

예제 12.5 어떤 반전 증폭기에서 $R_1 = 200\,[\mathrm{k\Omega}]$, $R_f = 600\,[\mathrm{k\Omega}]$이다. 입력 전압 $V_1 = 2$ [V]일 때 출력 전압은 얼마인가?

풀이 $A_v = \dfrac{V_o}{V_i} = -\dfrac{R_F}{R_1}$에서 출력 전압을 나타내면 다음과 같다.

$$V_o = -\frac{R_F}{R_1}V_1 = -\frac{600}{200} \times 2 = -6\,[\mathrm{V}]$$

12.5 비반전 증폭기

비반전 증폭기(非反轉 增幅器, non-inverting amplifier)는 입력과 출력의 위상이 동일한 증폭기를 얻는 것으로 그림 12.13과 같이 입력 신호가 비반전 입력 단자에 인가되도록 회로를 구성한다. 증폭기가 안정한 동작을 하려면 출력 전압은 항상 반전 입력 단자로 되먹임되어야 한다. 비반전 입력 단자의 전압을 V_i라고 하면 가상 접지에 의해 반전 입력 단자의 전압도 V_i와 동일하며, 이것은 R_1 양단의 전압 V_i와 같다. R_1 양단의 전압 V_i는 출력 전압 V_o이 R_1과 R_F에 의해 분압되므로 양단의 전압 V_i는 다음과 같다.

$$V_i = \frac{R_1 V_o}{R_1 + R_F}\,[\mathrm{V}] \tag{12.8}$$

따라서 비반전 증폭기의 전압 이득 A_v는 다음과 같이 표현된다.

$$A_v = \frac{V_o}{V_i} = \frac{V_o}{V_1} = \frac{V_o}{R_1 V_o / (R_1 + R_F)} = 1 + \frac{R_F}{R_1} \qquad (12.9)$$

즉, 비반전 증폭기의 전압 이득은 부호가 양이므로 입력과 출력이 동상이고, R_1 및 R_F에 관계없이 항상 '1'보다 크다는 것을 알 수 있다.

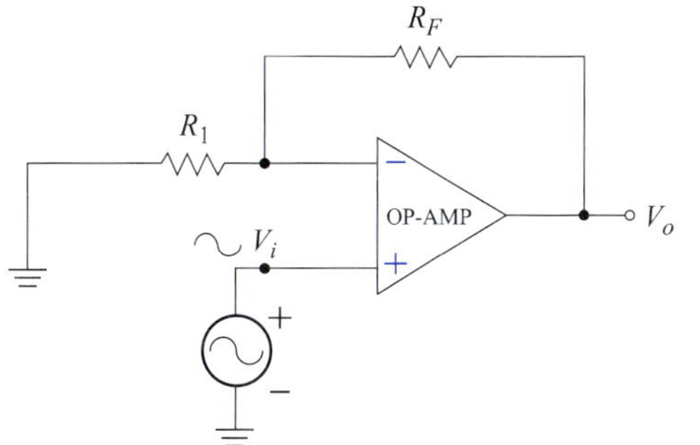

그림 12.13 비반전 증폭기의 회로

예제 12.6 어떤 비반전 증폭기에서 $V_1 = 1$ [V], $R_f = 600$ [kΩ], $R_1 = 200$ [kΩ]일 때 출력 전압은 얼마인가?

풀이 $A_v = \frac{V_o}{V_1} = 1 + \frac{R_F}{R_1}$에서 출력 전압을 나타내면 다음과 같다.

$$V_o = \left(1 + \frac{R_f}{R_1}\right) V_1 = \left(1 + \frac{600}{200}\right) \times 1 = 4 \text{ [V]}$$

12.6 완충 증폭기

완충 증폭기(緩衝 增幅器, buffer amplifier)는 비반전 증폭기의 일종으로 $R_1 = \infty$ 및 $R_F = 0$인 특수한 경우이며, 회로는 그림 12.14와 같다. 따라서 버퍼 증폭기의 전압 이득 A_v는 다음과 같이 표현된다.

$$A_v = 1 + \frac{R_F}{R_1} = 1 \tag{12.10}$$

연산 증폭기는 원래 높은 입력 저항과 낮은 출력 저항을 갖고 있지만 완충 증폭기는 음되먹임에 의해서 입력 저항이 더욱 높아지고 출력 저항은 더욱 낮아진다. 완충 증폭기는 높은 출력 저항을 가진 회로와 낮은 입력 저항을 가진 회로를 서로 연결하는 임피던스 정합(impedance matching)의 기능을 수행하며, 전류 공급 능력이 부족한 신호원으로부터 신호 전압을 얻어서 손실 없이 다음 단계로 전달하는 이상적인 완충 증폭기에 적합하다. 완충 증폭기는 출력 전압이 입력 전압에 따라 변하므로 전압 폴로어(voltage follower)라고 부른다.

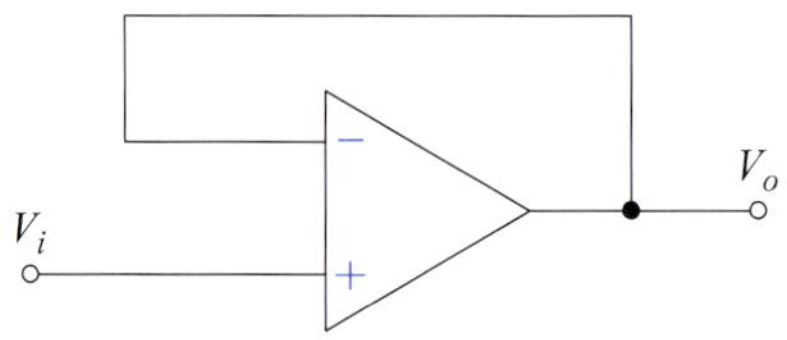

그림 12.14 **버퍼 증폭기의 회로**

12.7 가산기

가산기(加算器, adder)는 반전 증폭기를 이용하여 구성한 것으로 그림 12.15와 같이 구성된다. 회로에서 가상 접지에 의해 반전 입력 단자의 전위가 '0'이므로 입력 회로의 전류는 각각 다음과 같다.

$$I_1 = \frac{V_1}{R_1} \text{ [A]} \tag{12.11}$$

$$I_2 = \frac{V_2}{R_2} \text{ [A]} \tag{12.12}$$

연산 증폭기의 입력 저항이 매우 크므로 입력 전류 I_1 및 I_2는 연산 증폭기 쪽으로 거의 흐르지 못하고 대부분 되먹임 저항 R_F를 통해서 흐른다. 출력 전압 V_o는 R_F 양단의 전압을 이용하여 구할 수 있으며, 다음과 같은 수식으로 표현된다.

$$V_o = -I_F R_F = -(I_1 + I_2)R_F$$
$$= -\left\{\left(\frac{R_F}{R_1}\right)V_1 + \left(\frac{R_F}{R_2}\right)V_2\right\} [\mathrm{V}] \quad (12.13)$$

만일 모든 입력 저항의 값이 $R_1 = R_2$로 동일하면 다음과 같은 가산기를 얻을 수 있다.

$$V_o = -\frac{R_F}{R_1}(V_1 + V_2) [\mathrm{V}] \quad (12.14)$$

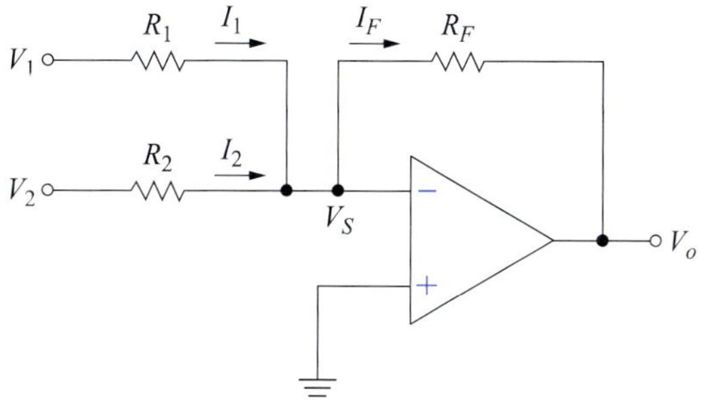

그림 12.15 가산기의 회로

예제 12.7 그림 12.16과 같은 가산기에서 입력 전압이 $V_1 = 48\sin(1{,}000t)$ [mV], $V_2 = 24\sin(3{,}000t)$ [mV]라면 각각의 출력 전압은 얼마인가?

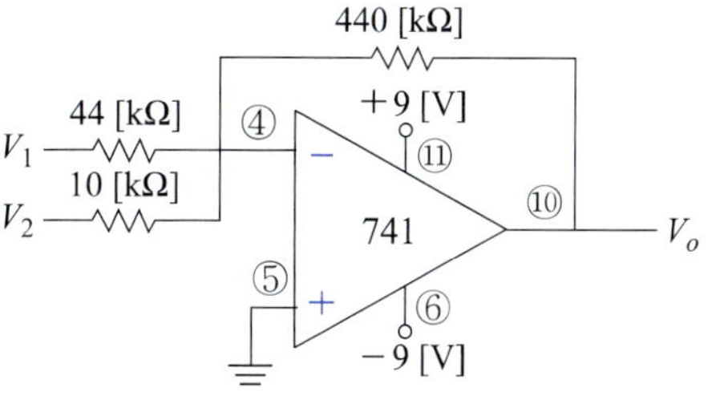

그림 12.16 가산기

풀이 가산기의 출력 전압은 다음과 같이 나타낸다.

$$V_o = -I_F R_F = -(I_1 + I_2) R_F = -\left\{\left(\frac{R_F}{R_1}\right) V_1 + \left(\frac{R_F}{R_2}\right) V_2\right\} \text{[V]}$$

그러므로 회로에서 주어진 값을 이용하여 구할 수 있다.

$$\begin{aligned} V_o &= -\left\{\left(\frac{R_F}{R_1}\right) V_1 + \left(\frac{R_F}{R_2}\right) V_2\right\} \\ &= -\left\{\left(\frac{440\times 10^3}{44\times 10^3}\right) 48\times 10^{-3}\sin(1{,}000t) + \left(\frac{44\times 10^3}{10\times 10^3}\right) 24\times 10^{-3}\sin(3{,}000t)\right\} \\ &= -[0.48\sin(1{,}000t) + 0.1056\sin(3{,}000t)] \text{ [V]} \end{aligned}$$

12.8 감산기

감산기(減算器, subtracter)는 감산하고자 하는 두 신호를 반전 입력 단자와 비반전 입력 단자의 각각에 동시 공급하는 차동 증폭기로 구현할 수 있다. 그림 12.17은 감산 증폭기의 회로이며, 해석할 때 중첩의 원리를 이용하면 편리하다. 반전 입력 전압 V_1 만 존재하며, $V_2=0$일 때의 출력 전압을 V_{o1}라 하면 반전 증폭기의 원리에 의해 다음과 같이 주어진다.

$$V_{o1} = -\frac{R_F}{R_1} V_1 \text{ [V]} \tag{12.15}$$

비반전 입력 전압 V_2만 존재하며, $V_1=0$일 때의 출력 전압을 V_{o2}라 하면 비반전 입력 단자의 전압 V_+는 다음과 같다.

$$V_+ = \frac{R_3 V_2}{(R_2 + R_3)} \text{ [V]} \tag{12.16}$$

따라서 출력 전압 V_{o2}는 비반전 증폭기의 원리에 의해 다음과 같다.

$$V_{o2} = A_v V_+ = \left(1 + \frac{R_F}{R_1}\right) V_+$$

$$= \left(1 + \frac{R_F}{R_1}\right)\left(\frac{R_3}{R_2 + R_3}\right) V_2 \ [\mathrm{V}] \tag{12.17}$$

그러므로 두 입력 전압 V_1과 V_2가 모두 존재할 때 출력 전압 V_o는 중첩의 원리에 의해 출력 전압 V_{o1}과 출력 전압 V_{o2}의 합으로 표현되며, 만일 $R_F/R_1 = R_3/R_2$의 관계가 성립한다면 식 (12.17)에서 $R_3/(R_2 + R_3)$의 분모와 분자를 각각 R_2로 나누고 R_F/R_1로 치환함에 따라 다음과 같은 감산기의 전압을 나타낼 수 있다.

$$V_o = V_{o1} + V_{o2} = \frac{R_F}{R_1}(V_2 - V_1) \ [\mathrm{V}] \tag{12.18}$$

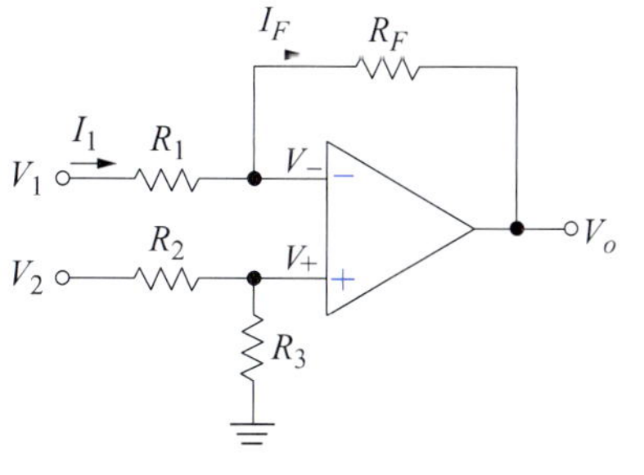

그림 12.17 **감산기의 회로**

예제 12.8 그림 12.18과 같은 감산기에서 출력 전압은 얼마인가?

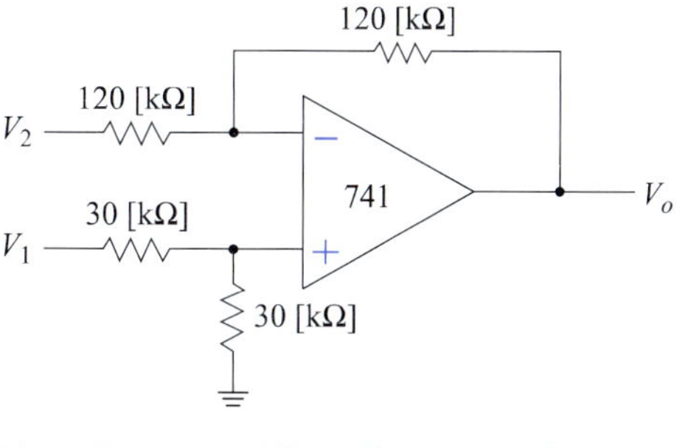

그림 12.18 **감산기**

풀이 감산기의 회로에서 $R_F/R_1 = R_3/R_2$이므로 출력 전압은 다음 식을 이용할 수 있다.

$$V_o = V_{o1} + V_{o2} = \frac{R_F}{R_1}(V_2 - V_1) = \frac{120}{120}(V_2 - V_1) = V_2 - V_1 \text{ [V]}$$

12.9 미분기

미분기(微分器, differentiator)는 수학적 미분 연산을 수행하는 회로이며, 입력 전압의 변화율에 비례하는 출력 전압을 얻을 수 있다. 미분기는 구형파의 에지(edge)를 검출하거나 트리거용 펄스를 만드는데 사용된다. 그림 12.19는 입력 회로에 커패시터를 설치하고 되먹임 회로에 저항을 배치하여 구성한 미분기로서 구형파, 삼각파 입력 신호에 대하여 각각 미분한 결과로 얻어진 출력 신호를 보여 준다. 이 회로에서 반전 입력 단자는 가상 접지되어 있으므로 입력 전압 V_i에 대해 입력 전류 $I = C(dV_i/dt)$이다. 따라서 출력 전압 V_o는 입력 전압 V_i의 시간 t에 대한 미분 요소이다.

$$V_o = -R_F I = -R_F C\frac{dV_i}{dt} \text{ [V]} \tag{12.19}$$

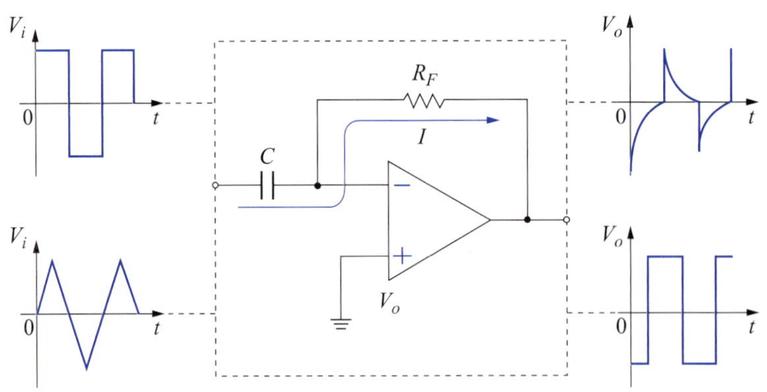

그림 12.19 미분기와 입·출력 회로 및 파형

예제 12.9 그림 12.20과 같은 회로에서 입력 신호가 V_i이고, 이득이 10^7인 연산 증폭기의 회로에서 출력 전압 V_o는 얼마인가?

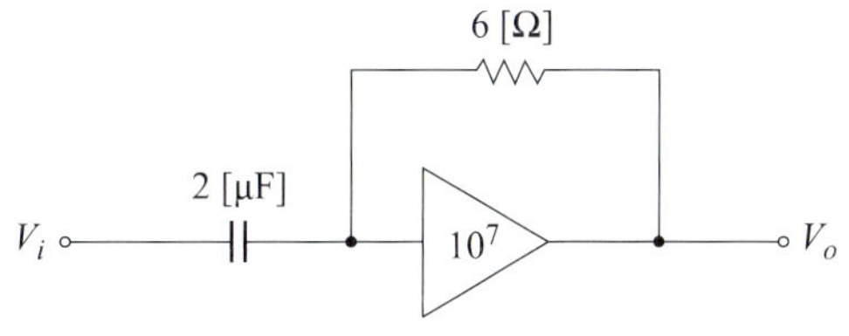

그림 12.20 미분기

풀이 미분기의 출력 전압은 다음 수식을 이용하여 구할 수 있다.

$$V_o = -R_F I = -R_F C\frac{dV_i}{dt}$$
$$= -(6)\times(2\times10^{-6})\times(10^7) = -120\ [\text{V}]$$

12.10 적분기

적분기(積分器, integrator)는 수학적 적분 연산을 수행하는 회로이며, 입력 전압의 시간에 따른 누적 합에 비례하는 출력 전압을 얻는데 사용된다. 그림 12.21은 입력 회로에 저항, 되먹임 회로에 커패시터를 배치하여 구성한 적분기이다. 직류, 구형파 입력 신호에 대하여 각각 적분한 결과로 얻어진 출력 신호를 보여 준다. 반전 증폭기를 이용하면 입력 신호와 출력 신호의 위상이 반전된다. 반전 입력 단자가 가상 접지 상태이므로 입력 전압에 비례한 입력 전류 $I = V_i/R$를 얻으며, 이 전류는 모두 커패시터로 흐른다. 커패시터 양단의 전압은 커패시터 전류의 적분에 비례한다는 것과 적분기의 출력 전압 V_o이 커패시터 전압 V_C와 크기는 같고, 극성은 반대라는 것을 이용하면 적분기의 출력 전압은 다음과 같이 입력 신호의 적분에 비례하게 된다.

$$V_o = -V_C = -\frac{1}{C_F}\int I\,dt = -\frac{1}{RC_F}\int V_i\,dt\ [\text{V}] \tag{12.20}$$

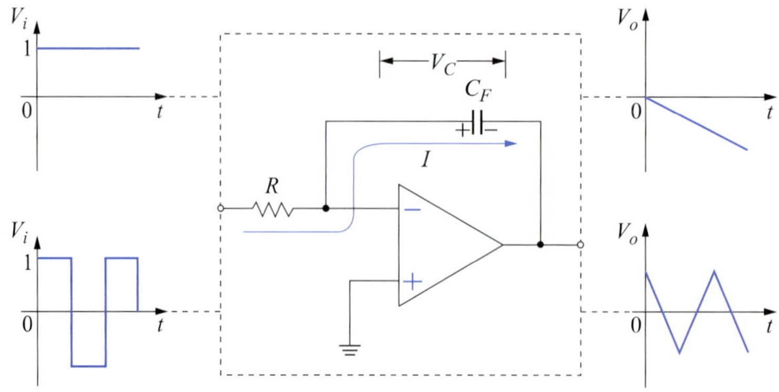

그림 12.21 **적분기와 입·출력 회로 및 파형**

예제 12.10 그림 12.22와 같은 이상적인 증폭기가 있다고 할 때 연산 기구의 출력은 얼마인가?

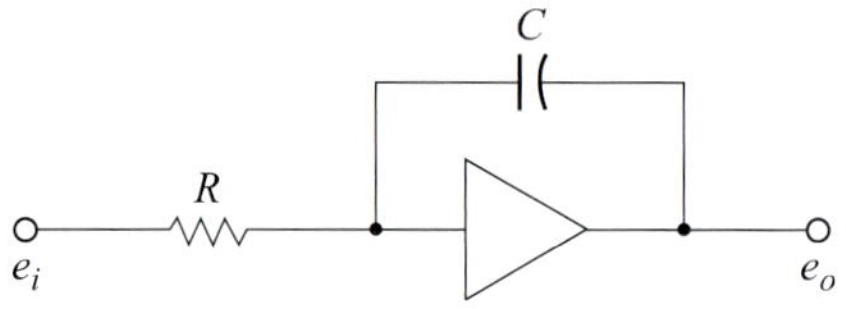

그림 12.22 **적분기**

풀이 적분기의 출력 전압은 다음 수식을 이용하여 구할 수 있다.

$$e_o = -e_c = -\frac{1}{C}\int I dt = -\frac{1}{RC}\int e_i dt \text{ [V]}$$

예제 12.11 그림 12.23과 같은 이득이 A인 연산 증폭기의 회로에서 출력 전압 e_o는 얼마인가?

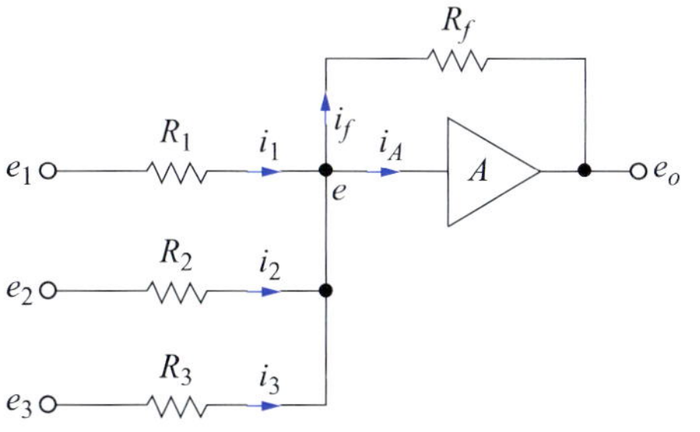

그림 12.23 연산 증폭기의 회로

풀이 각 분기 회로의 교차점에 키르히호프의 전류 법칙 $\sum i_a=0$을 적용하고, $i_A=0$라면 다음과 같다.

$$i_1+i_2+i_3=i_f+i_A \fallingdotseq i_f\,[\mathrm{A}]$$

그러므로 옴의 법칙을 적용하면 다음과 같이 나타낼 수 있다.

$$\frac{e_1-e}{R_1}+\frac{e_2-e}{R_2}+\frac{e_3-e}{R_3}=\frac{e-e_o}{R_f}$$

그리고 $e=-\frac{1}{A}e_o$를 적용하여 수식을 정리하면 다음과 같다.

$$\frac{e_1+\frac{1}{A}e_o}{R_1}+\frac{e_2+\frac{1}{A}e_o}{R_2}+\frac{e_3+\frac{1}{A}e_o}{R_3}=\frac{-\frac{1}{A}e_o-e_o}{R_f}$$

A가 $\frac{e_o}{A} << e_1,\ e_2,\ e_3$라면 다음과 같다.

$$\frac{e_1}{R_1}+\frac{e_2}{R_2}+\frac{e_3}{R_3}=-\frac{e_o}{R_f}$$

$$\therefore\ e_o=-\left(\frac{R_f}{R_1}e_1+\frac{R_f}{R_2}e_2+\frac{R_f}{R_3}e_3\right)=-R_f\left(\frac{1}{R_1}e_1+\frac{1}{R_2}e_2+\frac{1}{R_3}e_3\right)\,[\mathrm{V}]$$

연습문제

01 연산 증폭기(OP-AMP)는 고이득, 고입력 저항, 저출력 저항 등의 이상적인 특성을 가진 (   )이다.

정답 선형 집적 증폭 회로

02 연산 증폭기의 외부에 저항기와 커패시터 같은 수동 소자를 이용하여 되먹임 회로를 구성함으로써 (   )과 (   )을 적절하게 제어할 수 있다.

정답 전압 이득, 대역폭

03 연산 증폭기는 이상적인 전압 증폭기로 사용하기에 적합한 큰 (   ), 작은 (   ), 높은 전압 증폭도를 가진다.

정답 입력 저항, 출력 저항

04 연산 증폭기의 전원 전압은 특별히 지정하지 않는 한 보통 (   )이며, 연산 증폭기에 따라 (   ) 범위에서 사용할 수 있다.

정답 ±15 [V], ±5 ~ ±18 [V]

05 연산 증폭기 자체는 접지점에 직접 연결되는 단자가 없으나 입력과 출력 사이의 신호 전달을 위해서 (   )의 연결을 확보해야 한다.

정답 접지 회로

06 연산 증폭기의 (   )은 구형파 입력에 대한 연산 증폭기 출력 전압의 최대 변화율을 의미한다.

정답 슬루율

07 어떤 증폭기의 (   )는 연산 증폭기의 출력이 두 입력 단자에 동일하게 가해진 동상 신호에 영향 받지 않는 정도를 나타낸다.

정답 동상 신호 제거비

08 연산 증폭기의 (   )는 입력 신호에 대해 위상이 180° 바뀐 출력 신호가 얻어지는 것이다.

정답 반전 증폭기

09 연산 증폭기의 (   )는 입력과 출력의 위상이 동일한 증폭기를 얻는 것이다.

정답 비반전 증폭기

10 연산 증폭기의 (   )는 비반전 증폭기의 일종으로 $R_i = \infty$ 및 $R_F = 0$인 특수한 증폭기이다.

정답 완충 증폭기

11 연산 증폭기의 (   )는 반전 증폭기를 이용하여 구성한 것으로 회로에서 가상 접지에 의해 반전 입력 단자의 전위가 0이다.

정답 가산기

12 연산 증폭기의 (   )는 감산하고자 하는 두 신호를 반전 입력 단자와 비반전 입력 단자의 각각에 동시 공급하는 차동 증폭기로 구현할 수 있다.

정답 감산기

13 연산 증폭기의 (   )는 수학적 미분 연산을 수행하는 회로이며, 입력 전압의 변화율에 비례하는 출력 전압을 얻을 수 있다.

정답 미분기

14 연산 증폭기의 (   )는 수학적 적분 연산을 수행하는 회로이며, 입력 전압의 시간에 따른 누적 합에 비례하는 출력 전압을 얻는데 사용된다.

정답 적분기

Chapter 13

증폭 회로

13.1 바이어스

전자 회로의 바이어스를 구성하기 위해서 트랜지스터(TR; transistor)는 증폭 회로의 핵심 소자이며, 동작 영역은 4개로 구분된다. 베이스(B; base)의 입력 특성은 V_{BB}에 대한 I_B 사이의 곡선이며, 일반 다이오드의 전압과 전류 특성 곡선은 같은 의미를 갖는다. 베이스와 이미터(E; emitter) 사이의 전압 V_{BE}가 0.7 [V] 이상이면 베이스 전류가 급격히 흐른다. 컬렉터(C; collector)의 출력 특성은 순방향 바이어스 전압 V_{BB}와 역방향 바이어스 전압 V_{CC}를 변화시키면서 컬렉터 전류 I_C와 컬렉터 대 이미터 사이의 전압 V_{CE}의 관계를 나타낸 것이다.

1. 활성 영역

활성 영역(活性 領域, active region)은 콜렉터와 이미터 사이의 전압 V_{CE}가 1～40 [V] 사이의 중간 구간으로 트랜지스터가 전류 증폭을 하는 영역이다.

2. 항복 영역

항복 영역(降伏 領域, breakdown region)은 V_{CE}가 40 [V] 이상 되는 구간으로 활성 영역과는 다른 동작을 하며, 만일 이 영역에서 트랜지스터가 동작되면 트랜지스터는 손상될 가능성이 매우 높아서 동작하지 않도록 해야 한다.

3. 포화 영역

포화 영역(飽和 領域, saturation region)은 V_{CE}가 0～1 [V] 사이의 구간이다. 트랜지스터는 증폭기가 아닌 스위치 역할을 하고 스위치 역할 중에서 스위치가 닫힌(ON) 기능을 하는 구간이다.

4. 차단 영역

I_C가 '0'인 차단 영역(遮斷 領域, cutoff region)은 트랜지스터가 스위치 역할 중에서 열린(OFF) 기능을 한다. 트랜지스터가 증폭기의 역할을 하는 것이 아니고 단순히 스위치와 같은 ON/OFF 기능을 하므로 포화 영역과 차단 영역 사이를 번갈아 동작된다.

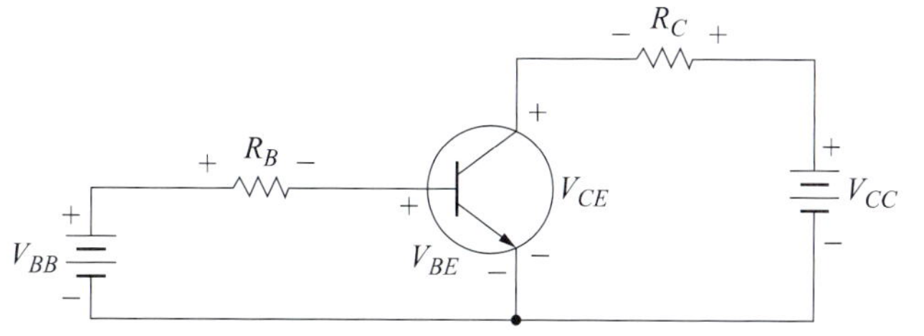

그림 13.1 베이스 바이어스 회로

트랜지스터가 증폭 기능 또는 스위칭 ON/OFF 기능을 하려면 활성 영역, 포화 영역, 차단 영역 등에서 동작되어야 하는데 이런 목적으로 설계된 회로가 바이어스 회로(bias circuit)이다. 바이어스 회로는 교류 신호 없이 직류 전압과 직류 전류만 있으므로 직류 바이어스 회로이다. 기본 증폭 회로에서 교류 입력을 증폭하려면 트랜지스터가 활성 영역에서만 동작되도록 바이어스 회로의 소자 값을 정해야 한다. 기본적인 바이어스인 베이스 바이어스 회로는 그림 13.1과 같다.

베이스 입력 회로에는 순방향 전압 V_{BB} 또는 베이스 입력 저항 또는 바이어스 저항 R_B를 변화시키면 트랜지스터에 흐르는 베이스 전류 I_B의 저항 값에 따라 변하고, 트랜지스터는 활성 영역에서 동작한다.

13.2 바이어스의 종류

바이어스(bias)는 트랜지스터 회로를 동작시키기 위해 직류 전압과 전류를 공급하는 것으로 베이스 바이어스, 이미터 바이어스, 음되먹임 바이어스와 이들을 혼합한 바이어스 등이 있다. 그림 13.1은 베이스 바이어스 회로를 나타낸 것으로 회로가 단순하고 입력된 신호의 전류 및 전압 성분 모두 효율적으로 증폭된다. 베이스 바이어스는 증폭 회로의 주위 온도가 변화하면 트랜지스터의 전류 이득이 변화되고, 전류와 전압 증폭도 변화하여 안정적인 바이어스 공급이 가능하다.

그림 13.2는 이미터 바이어스 회로를 나타낸 것으로 베이스 바이어스 방식이 가지고 있는 주위 온도나 트랜지스터 자체 온도 변화에 따라 바이어스가 변화되는 단점을 해결한 방식이다. 주위의 온도 변화나 트랜지스터 자체에서 발생한 열로 트랜지스터의 전류 이득이 변하면 컬렉터 저항에 전압 강하가 생겨 전압 변화가 발생한다. 이때 이미터 저항 R_E의 전압 강하를 통해 베이스 입력 회로에 되돌리는 방법으로 바이어스를

안정화시키는 데 이 방식을 음되먹임 바이어스라고 한다. 음되먹임 바이어스 회로는 주위 온도나 트랜지스터 자체 온도가 심하게 변해도 트랜지스터를 안정하게 동작시킨다.

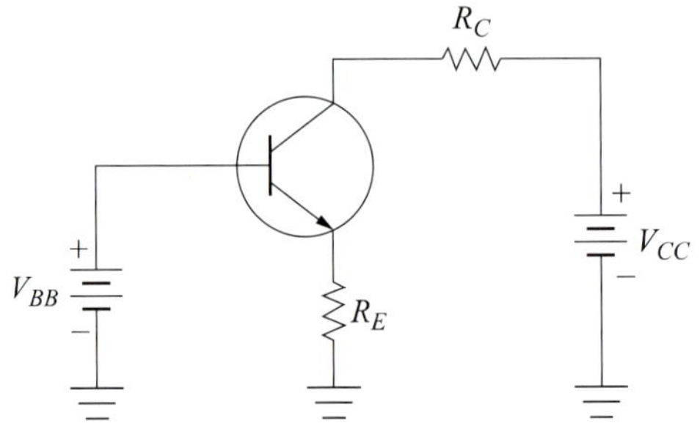

그림 13.2 **이미터 바이어스 회로**

예제 13.1 그림 13.3은 이미터 안정화 회로의 예를 나타낸 것이다. ① 베이스 전류 I_B, ② 컬렉터 전류 I_C, ③ 컬렉터-이미터 전압 V_{CE}, ④ 컬렉터 전압 V_C, ⑤ 이미터 전압 V_E, ⑥ 베이스 전압 V_B, ⑦ 베이스-컬렉터 전압 V_{BC} 등을 구하시오.

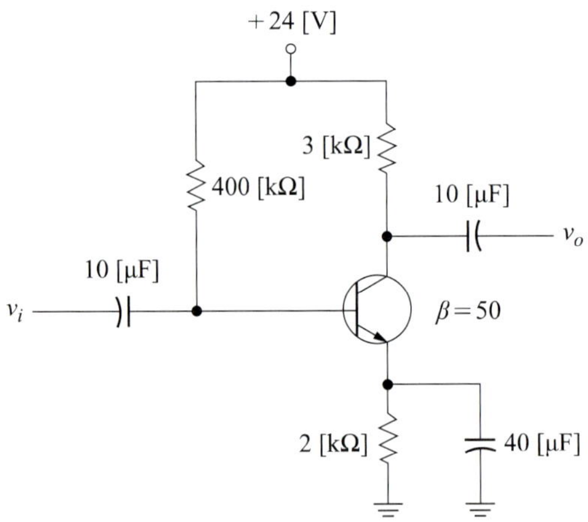

그림 13.3 **이미터 안정화 회로**

풀이 ① 다이오드의 $V_{BE} = 0.7$ [V]이므로 베이스 전류 I_B는 다음과 같다.

$$I_B = \frac{V_{CC} - V_{BE}}{R_B + (\beta+1)R_E} = \frac{24-0.7}{(400\times 10^3)+(50+1)\times(2\times 10^3)} \fallingdotseq 46.4\,[\mu\text{A}]$$

② 컬렉터 전류 $I_C = \beta I_B$는 다음과 같다.

$$I_C = \beta I_B = 50\times 46.4\times 10^{-6} = 2.32\,[\text{mA}]$$

③ 컬렉터-이미터 전압 V_{CE}는 다음과 같다.

$$\begin{aligned} V_{CE} &= V_{CC} - I_C(R_C + R_E) \\ &= 24-(2.32\times 10^{-3})\times(3\times 10^3 + 2\times 10^3) = 12.4\,[\text{V}] \end{aligned}$$

④ 컬렉터 전압 V_C는 다음과 같다.

$$V_C = V_{CC} - I_C R_C = 24-(2.32\times 10^{-3})\times(3\times 10^3) = 17.04\,[\text{V}]$$

⑤ 이미터 전압 V_E는 다음과 같다.

$$V_E = V_C - V_{CE} = 17.04 - 12.4 = 4.64\,[\text{V}]$$

또는 $V_E = I_E R_E \fallingdotseq I_C R_E = (2.32\times 10^{-3})\times(2\times 10^3) = 4.64\,[\text{V}]$

⑥ 베이스 전압 V_B는 다음과 같다.

$$V_B = V_{BE} + V_E = 0.7 + 4.64 = 5.34\,[\text{V}]$$

⑦ 베이스-컬렉터 전압 V_{BC}는 다음과 같다.

$$V_{BC} = V_B - V_C = 5.34 - 17.04 = -11.7\,[\text{V}]$$

그림 13.4는 전압 분배 바이어스를 나타낸 것으로 베이스 바이어스 및 이미터 바이어스의 V_{BB} 전원 대신에 V_{CC} 전원 전압을 R_1과 R_2 저항으로 분배하여 베이스 입력에 공급하는 단일 전원 공급 방식이다. 전압 분배기에 흐르는 전류 I 및 베이스 전압 V_B는 다음과 같다.

$$I = \frac{V_{CC}}{R_1 + R_2}\,[\text{A}] \tag{13.1}$$

$$V_B = I R_2\,[\text{V}] \tag{13.2}$$

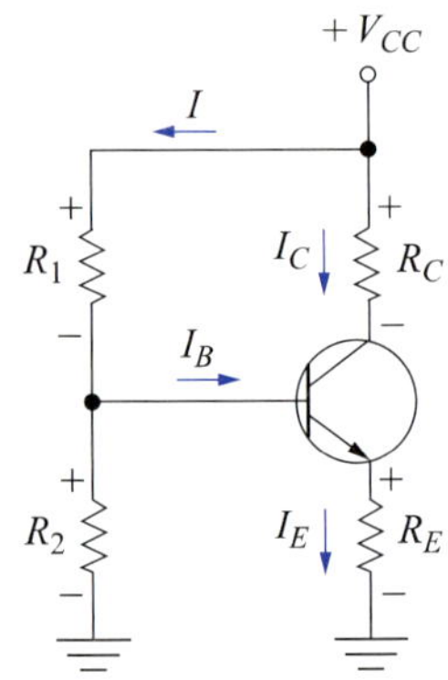

그림 13.4 전압 분배 바이어스 회로

그리고 이미터 전압 V_E는 베이스 전압 V_B를 이용하여 얻을 수 있다. 트랜지스터가 정상적인 작동을 할 때 베이스와 이미터 사이의 전압 V_{BE}는 0.7 [V]이고, 이미터 전류를 구하면 다음과 같다.

$$V_E = V_B - V_{BE}\,[\mathrm{V}] \tag{13.3}$$

또한, 이미터 전압을 이용하여 옴 법칙을 적용하면 이미터에 흐르는 전류를 구할 수 있다.

$$I_E = \frac{V_E}{R_E}\,[\mathrm{A}] \tag{13.4}$$

컬렉터 저항 R_C에 흐르는 컬렉터 전류 I_C는 키르히호프 전류 법칙 K.C.L을 이용하여 구할 수 있다. 또한, 베이스 전류 I_B는 이미터 전류 I_E 및 컬렉터 전류 I_C에 비해 매우 적으므로 다음과 같이 표현이 가능하다.

$$I_E = I_C + I_B \fallingdotseq I_C\,[\mathrm{A}] \tag{13.5}$$

컬렉터 전압 V_C 및 컬렉터와 이미터 사이의 전압 V_{CE}는 다음과 같다.

$$V_C = V_{CC} - I_C R_C\,[\mathrm{V}] \tag{13.6}$$

$$V_{CE} = V_C - V_E = V_{CC} - I_C R_C - V_E\,[\mathrm{V}] \tag{13.7}$$

예제 13.2 그림 13.5는 전압 분배기 바이어스 회로를 나타낸 것이다. 직류 바이어스의 ① 베이스 전류 I_B, ② 컬렉터 전류 I_C 및 ③ 컬렉터-이미터 전압 V_{CE}를 구하시오.

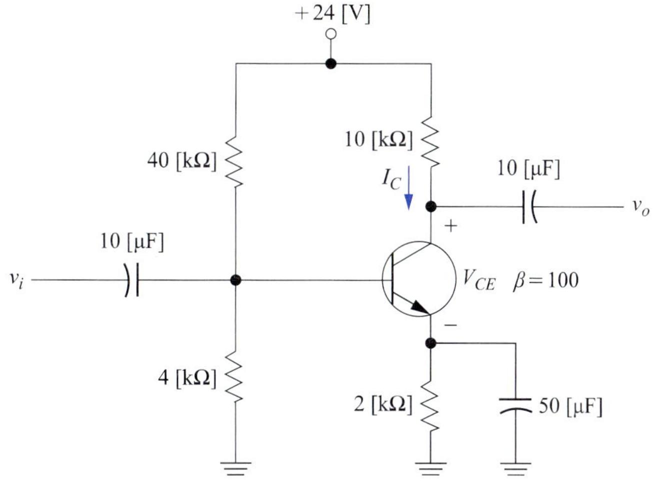

그림 13.5 전압 분배기 바이어스 회로

풀이 ① 베이스 전류 I_B를 구하기 위해서는 먼저 베이스에 대한 테브낭 저항 R_{Th}는 그림 13.6과 같이 전압원을 단락 회로로 대체하여 구할 수 있다.

$$R_{Th} = R_1 \parallel R_2 = \frac{40 \times 4}{40 + 4} \fallingdotseq 3.64\,[\mathrm{k\Omega}]$$

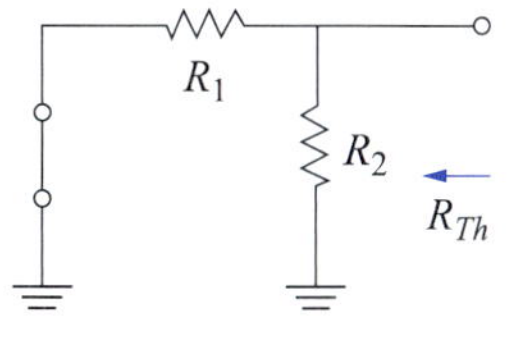

그림 13.6 R_{Th} 계산

그리고 테브낭의 전압 E_{Th}는 그림 13.7과 같이 회로를 개방하여 구할 수 있다.

$$E_{Th} = \frac{R_2 V_{CC}}{R_1 + R_2} = \frac{4 \times 24}{40 + 4} \fallingdotseq 2.18\,[\mathrm{V}]$$

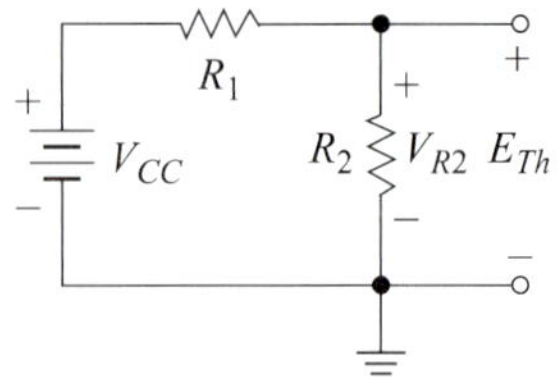

그림 13.7 E_{Th} 계산

베이스 전류 I_B를 구하기 위해서는 그림 13.8과 같은 테브낭의 등가 회로를 삽입한 회로를 이용한다. 베이스 전류의 작동점 또는 정지점 I_{BQ}는 시계 방향으로 K.V.L를 적용하면 구할 수 있다.

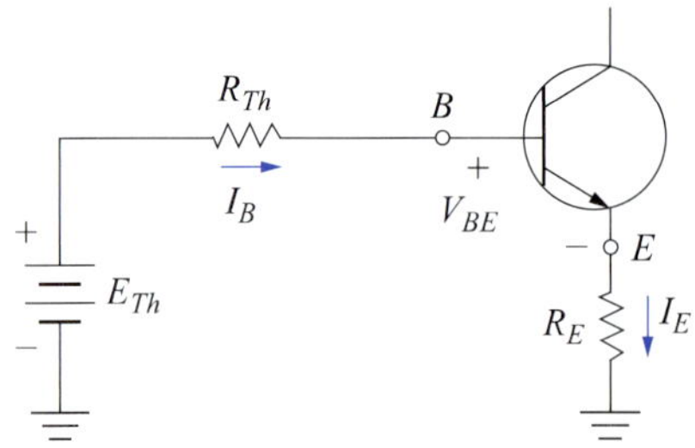

그림 13.8 테브낭의 등가 회로 삽입

K.V.L에 의한 방정식은 다음과 같다.

$$E_{Th} - I_B R_{Th} - V_{BE} - I_E R_E = 0$$

여기에 $I_E = (\beta+1)I_B$를 대입하고 정리하면 베이스 전류 I_B는 다음과 같다.

$$\begin{aligned} I_B &= \frac{E_{Th} - V_{BE}}{R_{Th} + (\beta+1)R_E} \\ &= \frac{2.18 - 0.7}{(3.64 \times 10^3) + (100+1) \times (2 \times 10^3)} = \frac{1.48}{(3.64 + 202) \times 10^3} \\ &\fallingdotseq 7.20\ [\mu\text{A}] \end{aligned}$$

② 컬렉터 전류는 다음과 같다.

$$I_C = \beta I_B = 100 \times (7.20 \times 10^{-6}) = 0.72\ [\text{mA}]$$

③ 컬렉터-이미터 전압은 다음과 같다.

$$\begin{aligned} V_{CE} &= V_{CC} - I_C(R_C + R_E) \\ &= 24 - (0.72 \times 10^{-3}) \times \{(10 \times 10^3) + (2 \times 10^3)\} = 15.36\ [\text{V}] \end{aligned}$$

13.3 트랜지스터의 등가 회로

음성 신호 또는 영상 신호는 증폭 회로의 베이스 입력 회로에 인가되어 컬렉터 출력 회로에서 증폭된 신호가 된다. 증폭된 신호는 크기가 커지고, 위상이 바뀐 것을 제외하고 입력 신호와 닮은 모양이 된다. 그림 13.9의 기본 트랜지스터 증폭기의 직류와 교류 등가 회로를 나타낸 것이다.

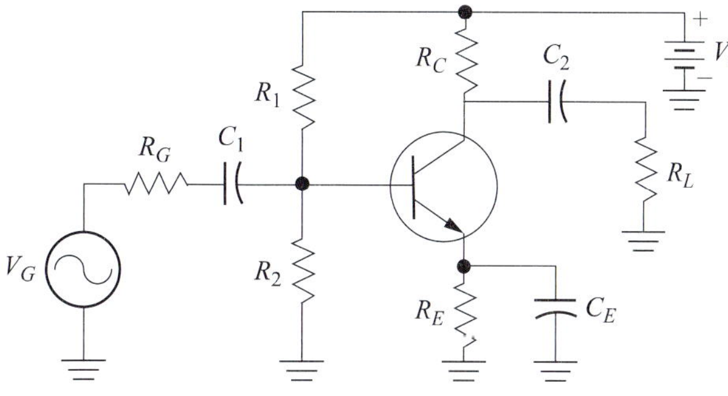

그림 13.9 기본 트랜지스터 증폭기

주파수가 '0'인 직류 신호가 인가되면 커패시터는 개방되어 통과시키지 못하고, 주파수가 높은 교류 신호를 인가하면 통과하여 신호가 전달된다. 그림 13.10의 결합 커패시터는 높은 주파수의 교류 신호가 한 회로에서 다른 회로로 이동할 수 있게 해준다.

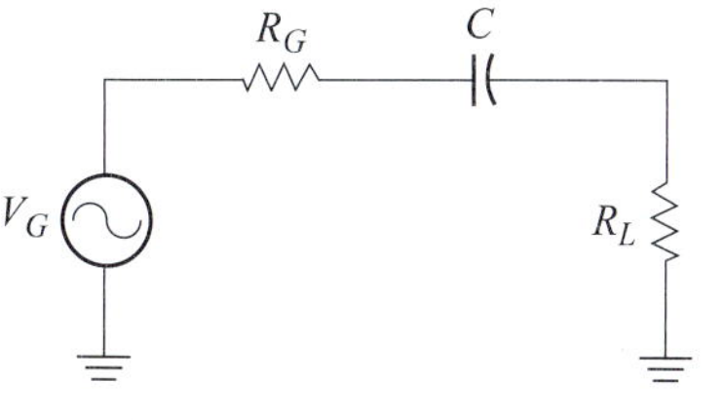

그림 13.10 결합 커패시터 회로

그림 13.9에서 V_{CC}는 직류 전원이고, V_G는 음성인 교류 신호이다. C_1은 입력 결합 커패시터로 교류 신호를 베이스와 결합하고, C_2는 출력 결합 커패시터로 증폭된 신호를 부하 저항과 결합시킨다. 그리고 C_E는 바이패스 커패시터이며, 이미터 저항

R_E와 병렬로 연결되어 있어서 커패시터를 통과하는 교류 신호는 모두 접지로 흐른다. 즉, 트랜지스터의 이미터 단자가 접지에 바로 연결된 것과 같은 특성을 나타낸다. 이와 같은 기본 증폭기의 회로 해석은 직류 등가 회로와 교류 등가 회로 등으로 분리하여 해석하는 것이 편리하다.

그림 13.11은 직류 등가 회로이며, 기본 트랜지스터 증폭기의 직류 등가 회로 해석 과정은 다음과 같다.

① 전압 분배기에 흐르는 전류 $I = V_{CC}/(R_1 + R_2)$를 구한다.
② 베이스 전압 $V_B = IR_2$를 얻는다.
③ 이미터 전압 $V_E = V_B - V_{BE}$를 구한다.
④ 이미터에 흐르는 전류는 $I_E = V_E/R_E$이다.
⑤ $I_C = I_B + I_E$이므로 컬렉터 전류 $I_C \fallingdotseq I_E$이다.
⑥ 컬렉터 전압 $V_C = V_{CC} - I_C R_C$이다.
⑦ 컬렉터-이미터 사이 전압 $V_{CE} = V_C - V_E$이다.
⑧ 직류 부하선은 $V_{CE} = V_{CC} - I_C R_C - V_E$이다.
⑨ 직류 부하선에서 $V_{CE} = 0$인 포화점을 얻는다.
⑩ 직류 부하선에서 $I_C = 0$인 차단점을 구한다.
⑪ 컬렉터 출력 특성에 포화점과 차단점을 표시한다.
⑫ 포화점과 차단점을 연결하면 직류 부하선이 된다.
⑬ 직류 부하선과 컬렉터 출력 특성 곡선이 만나는 동작점을 구한다.
⑭ 동작점이 활성 영역에 있는지 검사한다.

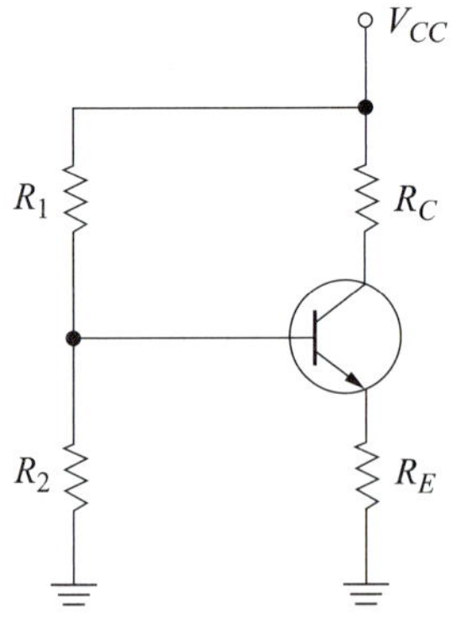

그림 13.11 직류 등가 회로

그림 13.12는 교류 해석을 위해 베이스와 이미터 사이에 입력된 교류 전압과 이미터에서 출력된 교류 전류 관계를 나타낸 것이다. 그림 13.13은 교류 등가 회로를 나타낸 것으로 Q점의 이미터 전류 I_E는 직류 등가 회로 해석에서 구한다.

그림 13.9에 있는 기본 트랜지스터 증폭기의 베이스 입력 회로에 교류 전압이 흐르면 Q점을 기준으로 교류 이미터 전류가 입력에 비례하여 출력된다. 교류 입력 전압의 변화는 교류 이미터 출력 전류를 변화시키는 데 이것이 교류 이미터 저항 r_e'로 트랜지스터 내부 저항을 의미한다.

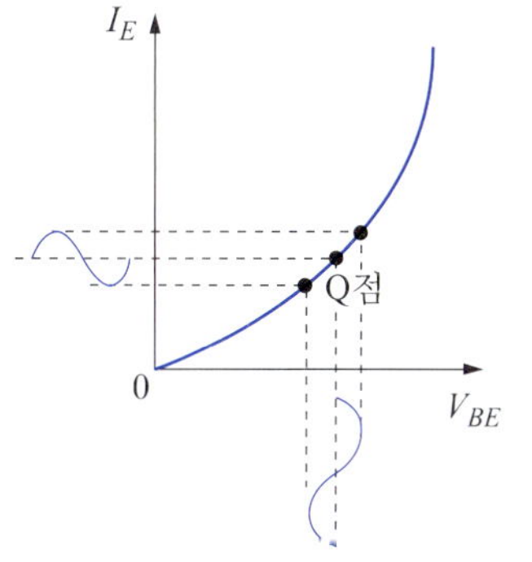

그림 13.12 V_{BE} 대 I_E 특성

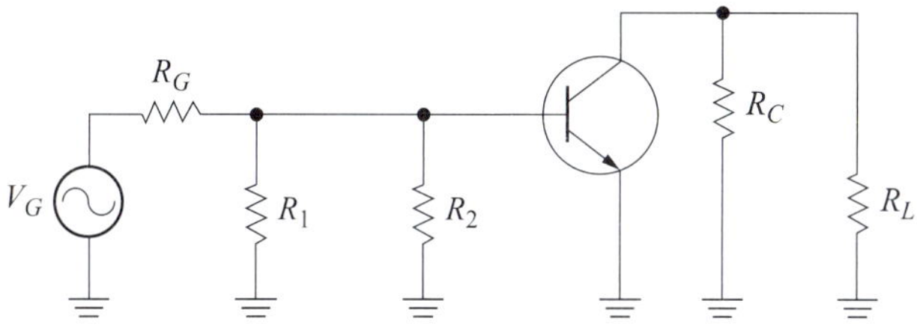

그림 13.13 기본 증폭기의 교류 등가 회로

증폭기의 해석은 반드시 직류 해석을 하여 구한 값인 동작점 또는 Q점을 사용해야만 교류 해석을 할 수 있다. 교류 이미터 저항은 직류 등가 회로 해석에서 얻은 값과 교류 등가 회로 해석에서 앞으로 구할 값들을 연결시킨다. 교류 이미터 저항은 베이스와 이미터 사이의 교류 전압 V_{BE}의 변화를 교류 이미터 전류 I_E의 변화로 나눈 것이다.

상온에서 교류 이미터 저항을 구하면 상온에서 $q/kT \fallingdotseq 40$ [mV]이므로 다음과 같이 표현할 수 있다.

$$r_e' = \frac{25\,[\mathrm{mV}]}{I_E\,[\mathrm{mA}]}\,[\Omega] \tag{13.8}$$

주위 온도가 섭씨 25[℃]이면 교류 이미터 저항 r_e'는 25 [mV] 전압을 그림 13.4의 이미터 저항 R_E에 흐르는 직류 이미터 전류 I_E로 나누어 구한다.

트랜지스터 증폭기의 교류 해석을 위해서 교류 이미터 저항 이외에 트랜지스터 자신의 교류 등가 회로도 필요하다. 트랜지스터의 교류 등가 회로는 π 모형이 많이 사용되는데 베이스와 이미터 사이를 저항으로 컬렉터와 이미터 사이를 전류원으로 등가 시킨 것이다. 그림 13.14는 증폭기의 교류 등가 회로에 π 모형을 적용한 회로이다.

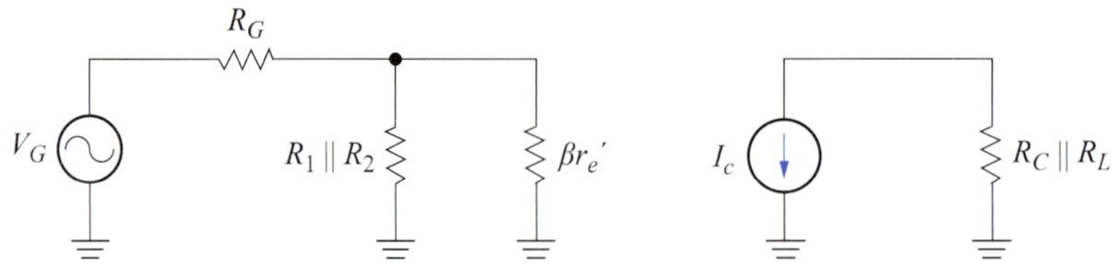

그림 13.14 π 모형을 사용한 기본 증폭기의 교류 등가 회로

예제 13.3 그림 13.15와 같이 공통 베이스 r_e 등가 회로가 있을 때 $I_E = 4\,[\mathrm{mA}]$, $\alpha = 0.980$이고 3 [mV]의 교류 신호가 베이스와 이미터 단자 사이에 인가되었다. ① 입력 임피던스 r_e, ② 0.6 [kΩ]의 부하가 출력 단자에 연결되었을 때의 전압 이득 A_v, ③ 출력 임피던스 Z_o 및 ④ 전류 이득 A_i를 각각 구하시오.

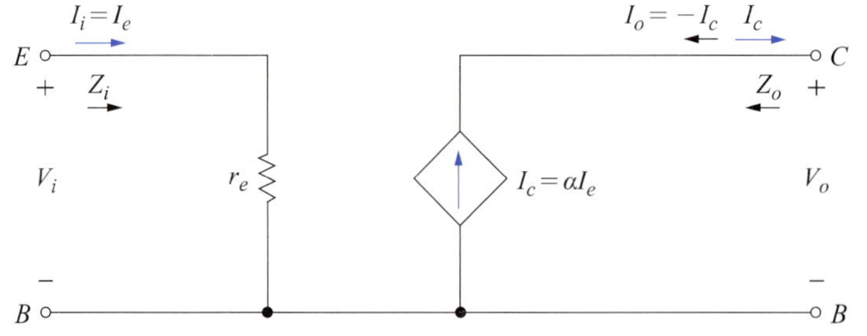

그림 13.15 공통 베이스 r_e 등가 회로

풀이 ① 입력 임피던스는 다음과 같다.

$$r_e = \frac{25\,[\mathrm{mV}]}{I_E[\mathrm{mA}]} = \frac{25}{4} = 6.25\,[\Omega]$$

② 0.6 [kΩ]의 부하가 출력 단자에 연결되었을 때의 전압 이득 A_v은 다음과 같다.

$$I_i = I_e = \frac{V_i}{Z_i} = \frac{(3\times 10^{-3})}{6.25} = 480\,[\mu\mathrm{A}]$$

$$V_o = I_c R_L = \alpha I_e R_L$$

$$= (0.98)\times(480\times 10^{-6})\times(0.6\times 10^{3}) = 282.24\,[\mathrm{mV}]$$

$$A_v = \frac{V_o}{V_i} = \frac{282.24}{3} = 94.08$$

또는 $A_v = \dfrac{\alpha R_L}{r_e} = \dfrac{(0.98)\times(0.6\times 10^{3})}{6.25} = 94.08$

③ 출력 임피던스는 다음과 같다.

$$Z_o \cong \infty$$

④ 전류 이득은 다음과 같다.

$$A_i = \frac{I_o}{I_i} = -\alpha = -0.98$$

13.4 증폭 이득과 입·출력 임피던스

기본 트랜지스터 증폭기의 직류와 교류 등가 회로를 해석한 결과를 사용하여 증폭 이득과 입·출력 임피던스를 구할 수 있다. 전류 이득은 일반적으로 베이스 전류에 대한 컬렉터 전류비이며, 이미터 전류에 대한 컬렉터 전류비 I_c/I_e도 전류 이득이므로 α로 표시한다.

기본 트랜지스터 증폭기인 베이스 교류 전류 I_b에 대한 컬렉터 교류 전류비 I_c를 교류 전류 이득이다. 전류 이득은 일반적으로 교류 전류 이득으로 β로 표시하며, $\beta = I_c/I_b$이다. 증폭기의 입력과 출력 임피던스는 교류 등가 회로를 이용하여 구할 수 있고, 입력 임피던스 z_{in}는 증폭기 입력단에서 구한 것으로 다음과 같다.

$$z_{in} = R_1 \parallel R_2 \parallel \beta r_e' = \frac{R_1 R_2 \beta r_e'}{R_1 R_2 + R_1 \beta r_e' + R_2 \beta r_e'} \, [\Omega] \tag{13.9}$$

출력 임피던스 z_{out}은 증폭기 출력 단에서 다음과 같이 나타난다.

$$z_{out} = R_C \parallel R_L = \frac{R_C R_L}{R_C + R_L} \, [\Omega] \tag{13.10}$$

따라서 전압 이득 A는 교류 입력 전압 V_{in}에 대한 교류 출력 전압 V_{out}에 대한 비이므로 다음과 같이 나타낸다.

$$A = \frac{V_{out}}{V_{in}} = \frac{i_c(R_C \parallel R_L)}{i_e r_e'} \fallingdotseq \frac{R_C \parallel R_L}{r_e'} = \frac{R_C R_L}{r_e'(R_C + R_L)} \tag{13.11}$$

예제 13.4 그림 13.16과 같은 공통 이미터 트랜지스터 구성의 r_e 모델에서 $\beta = 100$, $I_E = 4\,[\text{mA}]$, $r_o = \infty$일 때 ① 입력 임피던스 Z_i, ② 부하가 3 [kΩ]일 때 A_v 및 A_i를 각각 구하시오.

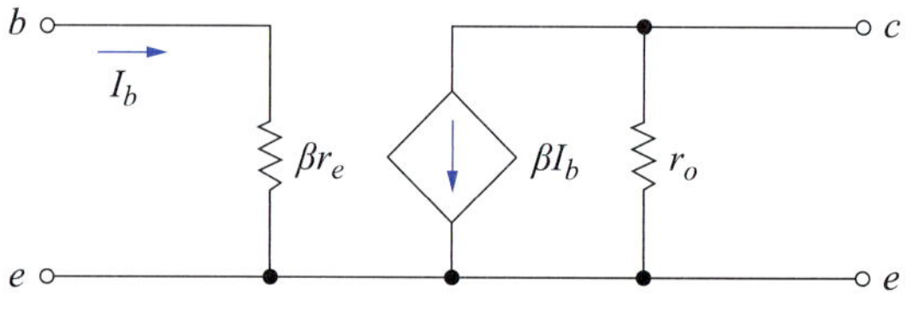

그림 13.16 공통 이미터 트랜지스터 구성의 r_e 모델

풀이 ① 입력 임피던스 Z_i는 다음과 같다.

$$r_e = \frac{25}{I_E} = \frac{25}{4} = 6.25\,[\Omega]$$

$$Z_i = \beta r_e = 100 \times 6.25 = 625\,[\Omega]$$

② 부하가 3 [kΩ]일 때 A_v 및 A_i는 다음과 같다.

$$A_v = -\frac{R_L}{r_e} = -\frac{3 \times 10^3}{6.25} = -480$$

$$A_i = \frac{I_o}{I_i} = \beta = 100$$

13.5 저역 통과 필터

능동 필터(active filter) 회로는 그림 13.17과 같이 주파수 응답의 통과 대역 특성에 따라 저역 통과 필터, 고역 통과 필터, 대역 통과 필터 및 대역 차단 필터 등이 있다. 또한, 필터 회로는 구현하는 방법에 따라 수동형과 능동형 등으로 분류한다.

수동 필터 회로는 저항, 인덕터 및 커패시터 등의 수동 소자로 구성되며, 이들이 능동 소자인 트랜지스터 또는 연산 증폭기와 결합하면 능동 필터 회로가 된다. 능동 필터 회로는 다수의 필터를 연결할 때 각각 독립적인 설계가 가능하고 RC 회로로 주파수 선택성 동조 회로를 구성할 수 있으며, 저주파대의 주파수 특성이 평탄하다는 장점이 있다.

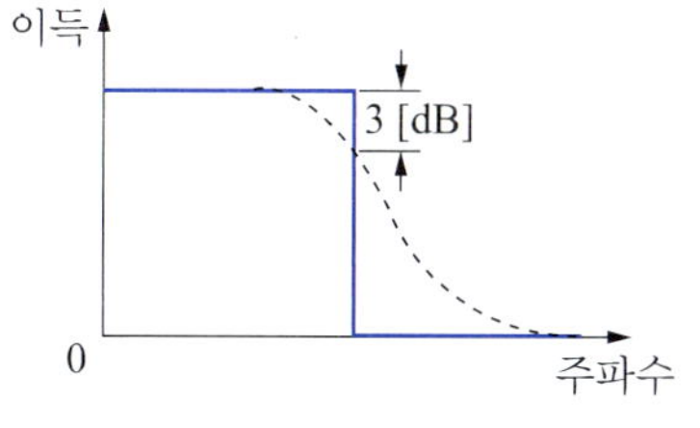

(a) 저역 통과 필터

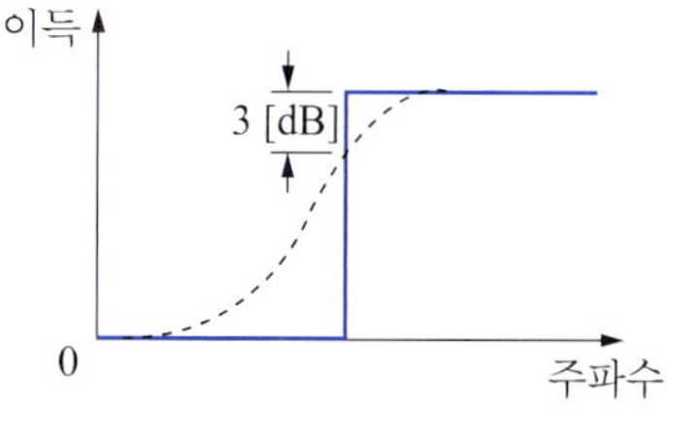

(b) 고역 통과 필터

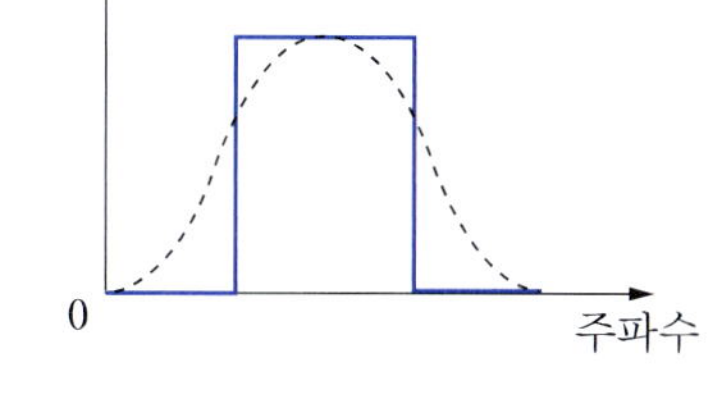

(c) 대역 통과 필터

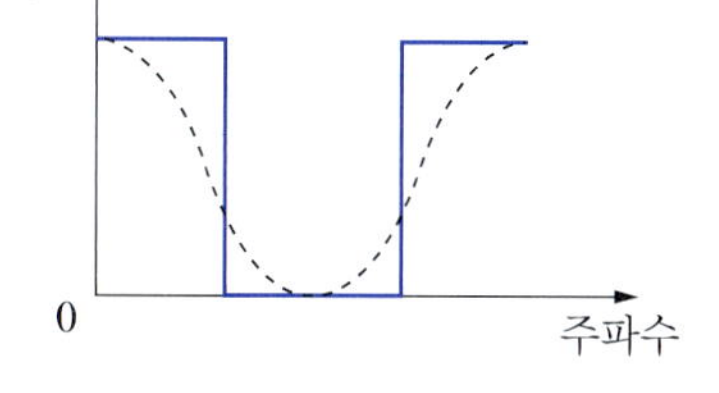

(d) 대역 차단 필터

그림 13.17 주파수 필터의 특성

그림 13.18(a)는 저역 통과 필터(low pass filter) 회로를 나타낸 것이며, 연산 증폭기는 전압 이득이 '1'인 전압 폴로어(voltage follower)로 작동한다. 연산 증폭기의 비반전 (+) 입력에서 신호 전압 V_i는 R과 C에서 분할된다. 낮은 주파수에서 커패시터 C는 차단 회로처럼 작용하지만 높은 주파수로 갈수록 C의 리액턴스는 작아져서 도통 회로처럼 작용한다.

따라서 신호 주파수가 높아질수록 필터의 출력 전압 V_o는 0 [V]로 접근하게 된다. 결과적으로 저주파 신호는 그대로 통과하고, 고주파 신호는 주파수가 높아질수록 감쇠된다. 저역 통과 필터의 주파수 응답은 그림 13.18(b)와 같다. 주파수가 증가함에 따라 출력 전압 V_o의 진폭은 통과 대역에서 일정하게 유지되다가 그 이상으로 주파수가 증가하면 감소하기 시작한다. V_o의 진폭이 최대치의 70.7 [%]로 감소하는 주파수를 고역 차단 주파수 f_H라 부르며, 다음 식과 같다.

$$f_H = \frac{1}{2\pi RC}\ [\mathrm{Hz}] \tag{13.12}$$

즉, 주파수는 저역 차단 필터를 통과하는 가장 높은 주파수로서 저역 통과 필터의 대역폭이라고 한다. 차단 주파수 이상에서는 주파수가 10배씩 증가할 때마다 전압 이득이 1/10로 감소하며, 이것은 −20 [dB/decade]의 기울기에 해당한다.

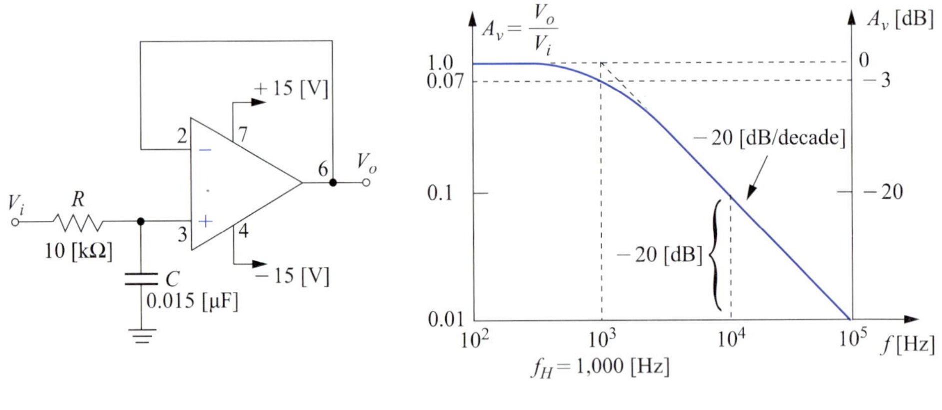

(a) 실험 회로 (b) 주파수 응답

그림 13.18 저역 통과 필터와 주파수 특성

예제 13.5 1차 저역 통과 필터에서 $R_1 = 1.6\,[\mathrm{k\Omega}]$, $C_1 = 0.02\,[\mu\mathrm{F}]$일 때 차단 주파수는 얼마인가?

풀이 진폭이 감소하는 주파수를 고역 차단 주파수는 다음과 같다.

$$f_H = \frac{1}{2\pi RC} = \frac{1}{2\pi \times (1.6 \times 10^3) \times (0.02 \times 10^{-6})} \doteqdot 4.97\,[\mathrm{kHz}]$$

13.6 고역 통과 필터

고역 통과 필터(high pass filter)의 회로는 그림 13.19(a)와 같으며, 입력 전압 V_i는 C와 R에 의하여 분할된다. 낮은 주파수에서는 커패시터에 의한 용량성 리액턴스가 매우 커서 V_i의 대부분은 C 양단에 걸리며, R 양단에는 매우 작게 나타난다. 높은 주파수에서는 용량성 리액턴스가 작아지므로 V_i는 대부분 R 양단에 걸리게 된다. 연산 증폭기 회로는 전압 폴로어이므로 출력 전압 V_o는 입력 전압 V_i와 같으므로 높은 주파수에서 $V_o \doteqdot V_i$가 된다.

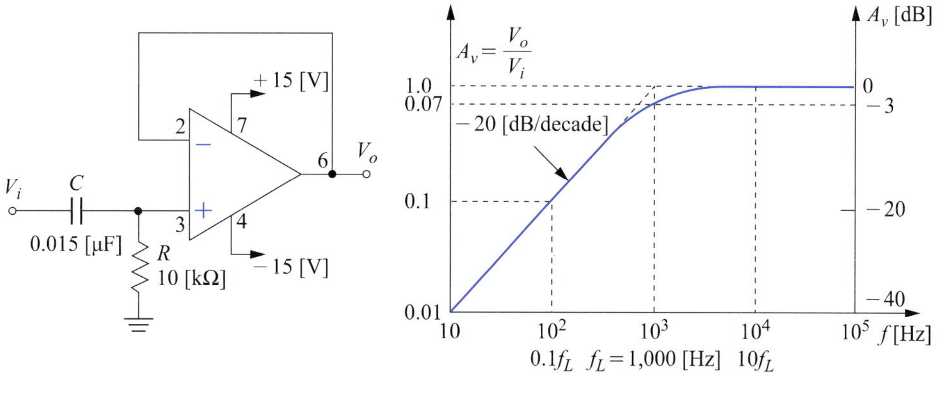

(a) 실험 회로 (b) 주파수 응답

그림 13.19 고역 통과 필터와 주파수 특성

그림 13.19(b)는 고역 통과 필터의 주파수 응답을 나타낸 것으로 V_o의 진폭이 최대치의 70.7 [%]로 감소하는 주파수를 저역 차단 주파수 f_L라 부른다. f_L 이하의 낮은 주파수 대역에서 주파수가 감소하면 이득은 -20 [dB/decade]의 기울기로 감소한다. 이때 저역 차단 주파수는 고역 통과 필터에 의하여 신호가 통과될 수 있는 가장 낮은 주파수로 정의된다.

$$f_L = \frac{1}{2\pi RC}\ [\mathrm{Hz}] \tag{13.13}$$

예제 13.6 그림 13.20의 고역 통과 필터에서 $R_1 = R_2 = 2\,[\mathrm{k}\Omega]$, $C_1 = C_2 = 0.04\,[\mu\mathrm{F}]$, $R_G = 10\,[\mathrm{k}\Omega]$, $R_F = 50\,[\mathrm{k}\Omega]$일 때 2차 고역 통과 필터의 전압 이득 및 차단 주파수는 얼마인가?

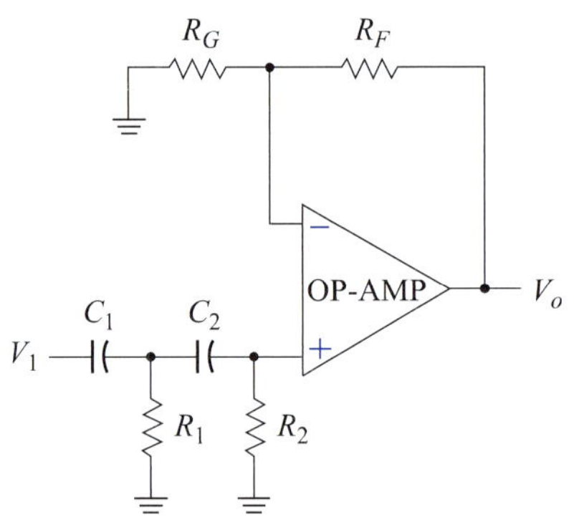

그림 13.20 고역 통과 필터 회로

풀이 전압 이득은 다음과 같다.

$$A_v = 1 + \frac{R_F}{R_G} = 1 + \frac{50}{10} = 6$$

그리고 차단 주파수는 다음과 같다.

$$f_L = \frac{1}{2\pi RC} = \frac{1}{2\pi \times (2\times 10^3)\times(0.04\times 10^{-6})} \fallingdotseq 1.99\ [\mathrm{kHz}]$$

13.7 대역 통과 필터와 대역 차단 필터

그림 13.44의 대역 통과 필터는 특정 주파수 대역 안에 있는 주파수 성분을 통과시킨다. 대역 통과 필터는 높은 고역 차단 주파수 f_H를 갖는 저역 통과 필터와 낮은 저역 차단 주파수 f_L를 갖는 고역 통과 필터를 직렬 접속하여 구성할 수 있다. 대역폭(帶域幅, BW; band-width)은 다음과 같다.

$$BW = f_H - f_L \tag{13.14}$$

대역 차단 필터는 대역 통과 필터와 반대로 특정 주파수 대역 안에 있는 주파수 성분만 차단한다. 고역 차단 주파수 f_H를 갖는 저역 통과 필터와 저역 차단 주파수 f_L를 갖는 고역 통과 필터를 병렬 접속하고, 이들의 출력을 가산기로 합성하여 구성할 수 있다.

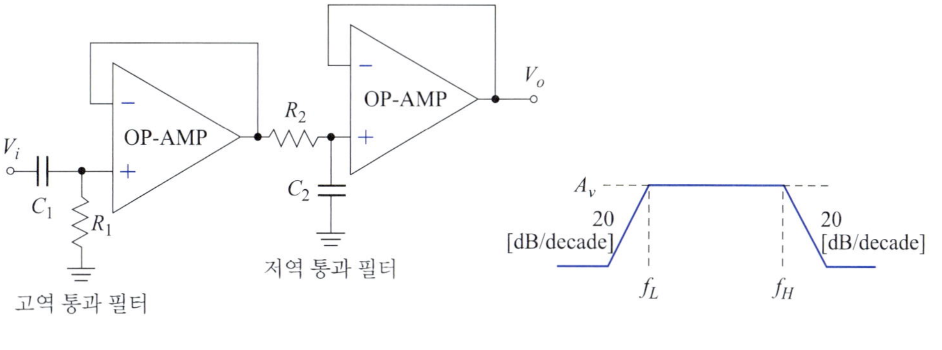

(a) 실험 회로 (b) 주파수 응답

그림 13.21 능동 대역 통과 필터

13.8 비교기

비교기(比較器, comparator)는 입력 신호를 기준 전압과 비교하여 그 차의 대소에 따라 두 가지 출력 상태 중에서 어느 한 상태로 결정하는 회로이다. 전압 비교기는 연속적인 아날로그 신호의 크기를 비교하여 그 결과를 두 가지 상태를 갖는 디지털 신호

H 또는 L로 출력하므로 디지털과 아날로그 회로의 접속 회로 등에 사용된다.

그림 13.22의 연산 증폭기를 이용한 전압 비교기에서 비반전 입력이 반전 입력보다 크면 비교기의 출력은 양(+)의 최대 전압 $+V_S$가 되고, 그 반대이면 음(−)의 최대 전압 $-V_S$가 된다.

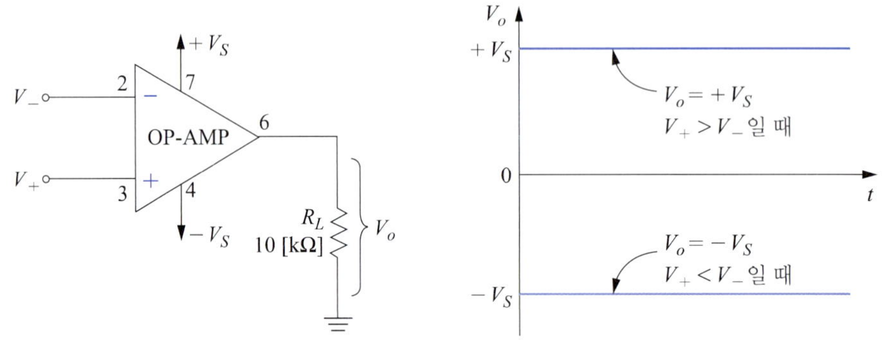

(a) 회로 (b) 출력 파형

그림 13.22 전압 비교기의 회로 및 동작

기준 전압 V_{ref}가 '0'인 비교기는 입력 신호가 '0' 전압을 지나는 점을 구할 수 있으므로 영교차 검출기라고 부른다. 그림 13.23의 영교차 검출기는 입력 전압 V_i가 음(−) 전압에서 양(+) 전압으로 교차할 때 출력 전압 V_o이 $-V_S$에서 $+V_S$로 전환되어 ⓐ의 위치에 있으며, V_i가 양(+) 전압에서 음(−) 전압으로 교차할 때 V_o는 $+V_S$에서 $-V_S$로 전환되어 ⓑ의 위치에 도달한다.

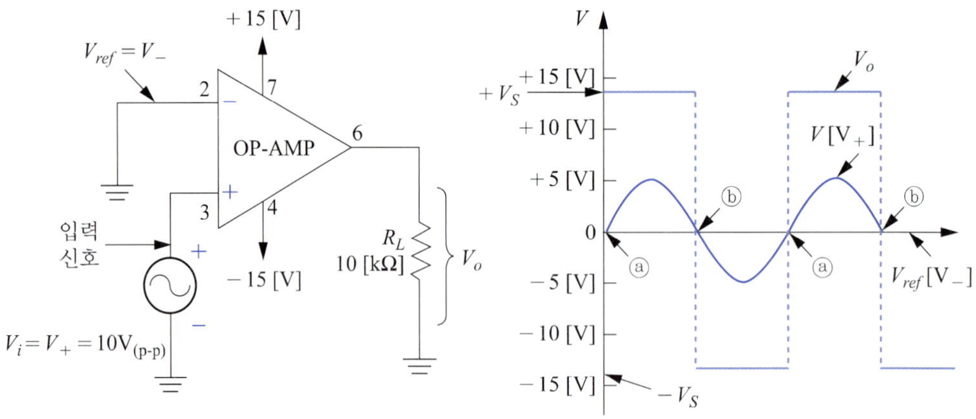

(a) 회로 (b) 입력 및 출력 파형

그림 13.23 영교차 검출기의 회로 및 동작

연습문제

01 전자 회로의 바이어스를 구성하기 위해서 트랜지스터(TR; transistor)는 증폭 회로의 핵심 소자이며, 동작 영역은 4개로 구분될 때의 전압은 어느 정도인가?

정답 수십 또는 수백 마이크로 볼트

02 증폭 회로의 (   )은 컬렉터와 이미터 사이의 전압(V_{CE})이 1~40 [V] 사이의 중간 구간으로 트랜지스터가 전류 증폭을 하는 영역이다.

정답 활성 영역

03 컬렉터와 이미터 사이의 전압(V_{CE})가 40 [V] 이상 되는 구간으로 활성 영역과는 다른 동작을 하게 되는데 이곳을 (   )이라 하며, 이 영역에서 트랜지스터가 동작되면 트랜지스터는 손상될 가능성이 매우 높아서 동작하지 않도록 해야 한다.

정답 항복 영역

04 증폭 회로의 (   )은 컬렉터와 이미터 사이의 전압(V_{CE})가 0~1 [V] 사이의 구간이며, 트랜지스터는 증폭기가 아닌 스위치 역할을 하고 스위치 역할 중에서 스위치가 닫힌(ON) 기능을 한다.

정답 포화 영역

05 바이어스(bias)는 트랜지스터 회로를 동작시키기 위해 직류 전압과 전류를 공급하는 것으로 (,   ,   )와 이들을 혼합한 바이어스 등이 있다.

정답 베이스 바이어스, 이미터 바이어스, 음되먹임 바이어스

06 증폭 회로의 (   )는 베이스 바이어스 방식이 가지고 있는 주위 온도나 트랜지스터 자체 온도 변화에 따라 바이어스가 변화되는 단점을 해결한 방식이다.

정답 이미터 바이어스 회로

07 저역 통과 필터의 주파수 응답은 (   )가 증가함에 따라 출력 전압(V_o)의 진폭은 통과 대역에서 일정하게 유지되다가 그 이상으로 주파수가 증가하면 감소하기 시작한다.

정답 주파수

08 출력 전압의 진폭이 최대치의 70.7 [%]로 감소하는 주파수를 고역 차단 주파수 f_H라 할 때의 값은?

정답 $f_H = \dfrac{1}{2\pi RC}$ [Hz]

09 증폭 회로의 (   )의 입력 전압(V_i)은 C와 R에 의하여 분할된다. 낮은 주파수에서는 커패시터에 의한 용량성 리액턴스가 매우 커서 V_i의 대부분은 C 양단에 걸리며, R 양단에는 매우 작게 나타난다.

정답 고역 통과 필터

10 증폭 회로의 (   )는 입력 신호를 기준 전압과 비교하여 그 차의 대소에 따라 두 가지 출력 상태 중에서 어느 한 상태로 결정하는 회로이다.

정답 비교기

Chapter 14

조합 논리 회로

14.1 개요

논리 회로는 조합 논리 회로(組合 論理 回路, combinational logic circuits) 및 순서 논리 회로(順序 論理 回路, sequential logic circuits) 등이 있다. 조합 논리 회로는 입력 신호에 의해 출력 신호가 결정되는 것으로 가산기와 감산기, 인코더와 디코더, 멀티플렉서와 디멀티플렉서, 비교기, 코드 변환기 등이 있다.

조합 논리 회로는 입력, 논리 게이트, 출력 등으로 구성되어 있다. 논리 게이트는 입력된 데이터를 조합하여 원하는 출력을 만들어 낸다. 이때 사용되는 기본 논리 회로는 AND(논리곱), OR(논리합), NOT(논리 부정) 등이 있다. 외부에서 들어온 n개의 입력 변수는 논리 게이트에서 2^n으로 조합하여 m개의 출력 변수가 만들어진다. 조합 논리 회로의 설계 과정은 다음과 같다.

1 조합 논리 회로의 설계 순서

1. 설계하고자 하는 시스템 분석 및 변수 정의

시스템 분석 및 변수 정의는 조합 논리 회로의 규모나 크기를 고려하는 과정이다. 입력과 출력 변수를 정하고 각각에 적당한 변수를 할당하는 것을 의미한다.

2. 입력 및 출력 변수 사이의 진리표 작성

변수가 결정되고 나면 진리표를 작성해야 한다. 진리표는 출력에 전류가 흐를 경우 시스템이 정상 작동된다고 가정하고 출력을 '1'로 정의하면 된다.

3. 간소화된 출력 함수의 관계식 세우기

진리표가 작성되고 나면 논리식을 세운다. 논리식의 간소화는 제품의 크기를 줄일 뿐 아니라 비용을 줄일 수 있기 때문에 중요하다. 일반적으로 카르노도를 사용하여 논리식을 간소화한다.

4. 출력 함수를 만족하는 조합 논리 회로도 구성 등

간소화된 논리식을 사용하면 논리 회로도를 쉽게 작성할 수 있다. 논리 회로도는 제품을 만드는 기초가 되기 때문에 비용과 제품의 크기를 줄이려면 최대로 간소화된 논리식을 사용해야 한다.

2 간소화된 함수를 이용한 조합 논리 회로의 구성

시스템의 조합 논리 회로가 다음과 같을 때 간소화 전 및 후의 관계를 예로 나타내면 다음과 같다.

$$F = \overline{A}BC + A\overline{B}\,\overline{C} + AB\overline{C} + ABC \qquad (14.1)$$

$$F = BC + A\overline{C} \qquad (14.2)$$

그리고 간소화 전 및 후의 조합 논리 회로를 구성하면 그림 14.1과 같다. 즉, 복잡한 수식을 단순하게 하면 회로를 단순하게 구성할 수 있어서 시스템이 적어지고 경제적이다.

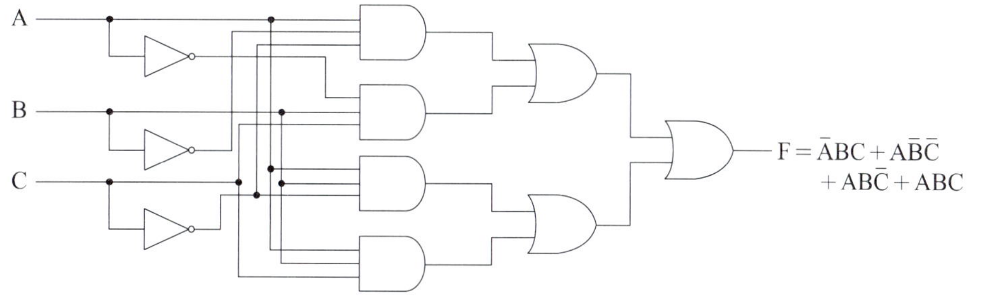

(a) 간소화 전의 F

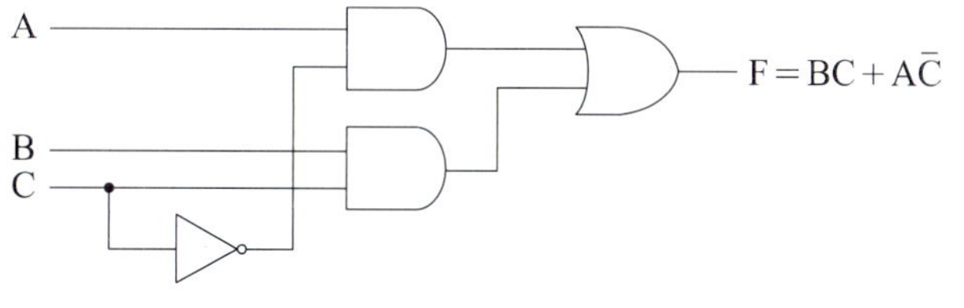

(b) 간소화 후의 F

그림 14.1 함수 F의 조합 논리 회로

14.2 가산기

가산기(加算機, adder)는 2진수의 덧셈을 수행하는 조합 논리 회로이다. 2개의 숫자만 더하는 반가산기(半加算機, HA; half adder)와 2개의 숫자와 함께 자리 올림수까지 더하는 전가산기(全加算機, FA; full adder) 등이 있다.

1 반가산기

반가산기(半加算機, HA)는 1비트로 구성된 2개의 2진수를 덧셈할 때 사용된다. 하위 자리에서 발생한 자리 올림 수를 포함하지 않고 덧셈을 수행하며, 2개의 2진수 입력과 2개의 2진수 출력을 가진다. 출력 변수는 합(S; sum)과 자리올림 수(C; carry)가 있다.

출력 변수의 합(S)은 2개의 입력 중 하나만 '1'일 때 '1'이 되며, 자리올림 수(C)는 입력(A, B)이 모두 '1'인 경우에만 '1'이 된다. 그림 14.2는 반가산기의 논리 회로 및 블록도 등을 나타낸 것이다.

A \ B	0	1
0	0	1
1	1	0

(a) 카르노도 S

A \ B	0	1
0	0	0
1	0	1

(b) 카르노도 C

입력		출력	
A	B	S	C
0	0	0	0
0	1	1	0
1	0	1	0
1	1	0	1

(c) 진리표

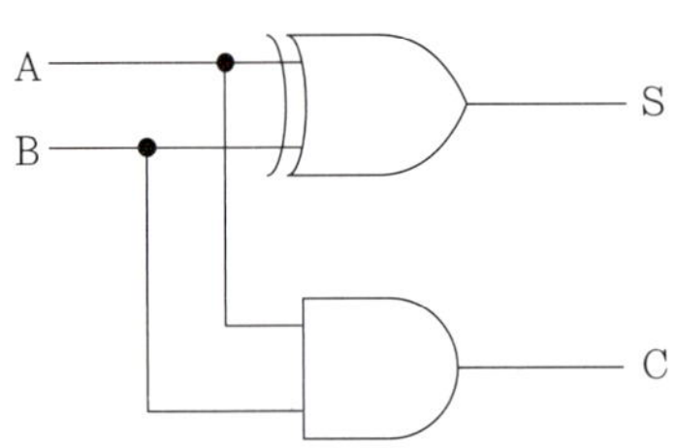

(d) 논리 회로

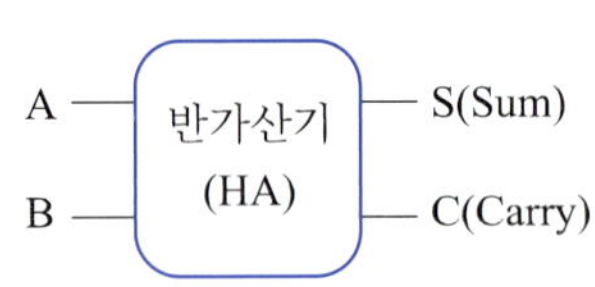

(e) 블록도

그림 14.2 반가산기의 논리 회로 및 블록도

$$S = A \cdot \overline{B} + \overline{A} \cdot B = A \oplus B \quad (14.3)$$

$$C = A \cdot B \quad (14.4)$$

2 전가산기

전가산기(全加算機, FA)는 1비트로 구성된 2개의 2진수와 1비트의 자리올림 수를 더할 때 사용된다. 하위 자리에서 발생한 자리올림 수를 포함하여 덧셈을 수행하며, 3개의 입력(A, B, Z)과 2개의 출력(S, C)으로 구성된다.

즉, 합(S)은 3개의 입력(A, B, Z) 중 '1'이 홀수 개인 경우에만 '1'이 되며, 자리올림 수(C)는 3개의 입력(A, B, Z) 가운데 2개 이상이 '1'인 경우에 '1'이 된다. 그림 14.3은 전가산기의 논리 회로 및 진리표 등을 나타낸 것이다.

$$\begin{aligned} S &= \overline{A} \cdot \overline{B} \cdot Z + \overline{A} \cdot B \cdot \overline{Z} + A \cdot \overline{B} \cdot \overline{Z} + A \cdot B \cdot Z \\ &= A \oplus B \oplus Z \end{aligned} \quad (14.5)$$

$$C = A \cdot B + B \cdot Z + A \cdot Z \quad (14.6)$$

A \ BZ	00	01	11	10
0	0	1	0	1
1	1	0	1	0

(a) 카르노도 S

A \ BZ	00	01	11	10
0	0	0	1	0
1	0	1	1	0

(b) 카르노도 C

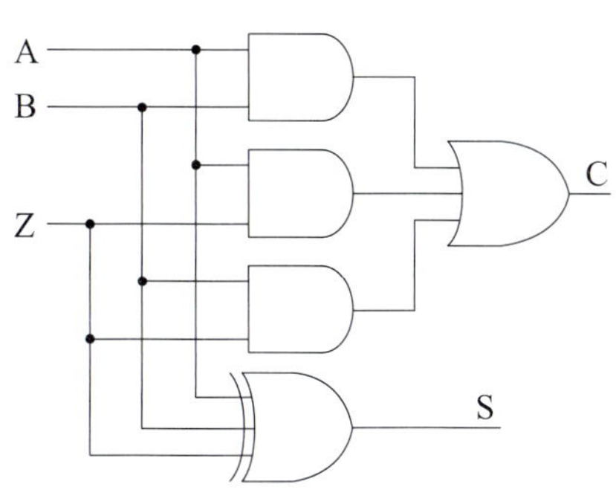

(c) 논리 회로

입력			출력	
A	B	Z	S	C
0	0	0	0	0
0	0	1	1	0
0	1	0	1	0
0	1	1	0	1
1	0	0	1	0
1	0	1	0	1
1	1	0	0	1
1	1	1	1	1

(d) 진리표

그림 14.3 전가산기의 논리 회로 및 진리표

14.3 감산기

감산기(減算機, subtracter)는 2진수의 뺄셈을 수행하는 조합 논리 회로이다. 2개의 숫자만 더하는 반감산기(半減算機, HS; half subtracter)와 2개의 숫자와 함께 자리 올림수까지 더하는 전감산기(全減算機, FS; full subtracter) 등이 있다.

1 반감산기

반감산기(半減算機, HS)는 2비트의 뺄셈을 수행하는 조합 논리 회로이다. A는 피감수, B는 감수로 나타낼 때 A-B를 수행하여 그 차와 '1'을 빌려왔는지의 여부를 나타내는 출력을 갖는다. 따라서 반감산기는 2개의 출력이 필요하다. 하나는 차를 나타내는 D로 표시하고, 다른 하나는 앞 위치의 비트로부터 빌려왔는지의 여부를 나타내는 빌림에 대한 b로 나타낸다. 그림 14.4는 반감산기의 논리 회로 및 블록도 등을 나타낸 것이다.

A \ B	0	1
0	0	1
1	1	0

(a) 카르노도 D

A \ B	0	1
0	0	1
1	0	0

(b) 카르노도 b

입력		출력	
A	B	D	b
0	0	0	0
0	1	1	1
1	0	1	0
1	1	0	0

(c) 진리표

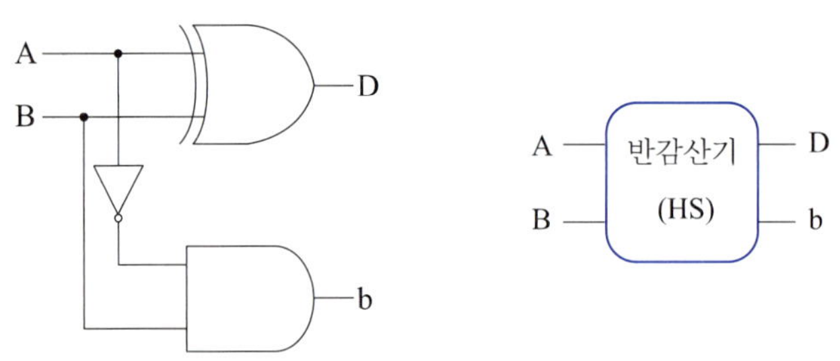

(d) 논리 회로　　(e) 블록도

그림 14.4 반감산기의 논리 회로 및 블록도

$$D = \overline{A}B + A\overline{B} = A \oplus B \tag{14.7}$$

$$b = \overline{A}B \tag{14.8}$$

2 전감산기

전감산기(全減算機, FS)는 바로 아랫단의 비트에 빌려준 '1'을 고려하여 두 비트의 뺄셈을 수행하는 조합 논리 회로이다. 3개의 입력과 2개의 출력을 갖는다. 입력 변수 A, B, B_i는 피감수, 감수, 바로 아랫단의 비트에 빌려준 빌림 수를 나타낸다.

A \ BB_i	00	01	11	10
0	0	1	0	1
1	1	0	1	0

(a) 카르노도 D

A \ BB_i	00	01	11	10
0	0	1	1	1
1	0	0	1	0

(b) 카르노도 B_o

입력			출력	
A	B	B_i	D	B_o
0	0	0	0	0
0	0	1	1	1
0	1	0	1	1
0	1	1	0	1
1	0	0	1	0
1	0	1	0	0
1	1	0	0	0
1	1	1	1	1

(c) 진리표

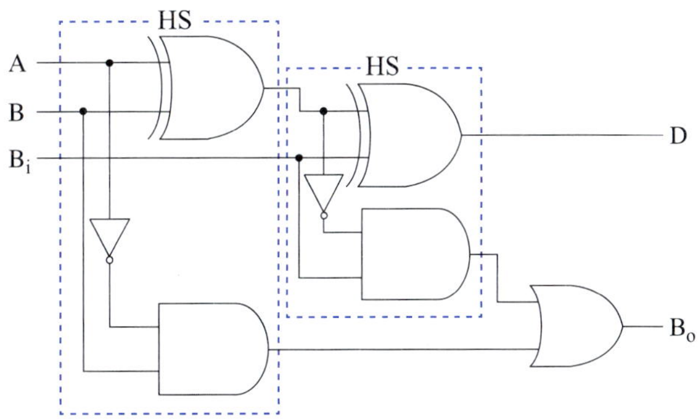

(d) 전감산기의 논리 회로

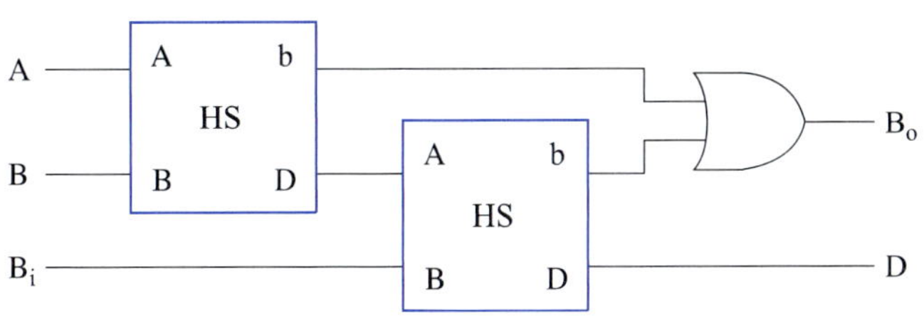

(e) 반감산기로 구성한 전감산기의 블록도

그림 14.5 반가산기의 논리 회로 및 블록도

그리고 출력 변수 D와 B_o는 현 위치의 뺄셈에서의 차와 빌림을 표시한다. 그림 14.5는 전감산기의 논리 회로 및 블록도 등을 나타낸 것이다.

$$\begin{aligned} D &= \overline{A}\,\overline{B}B_i + \overline{A}B\overline{B_i} + A\overline{B}\,\overline{B_i} + ABB_i \\ &= (\overline{A}B + A\overline{B})\overline{B_i} + (\overline{A}\,\overline{B} + AB)B_i \\ &= (A \oplus B)\overline{B_i} + (\overline{A \oplus B})B_i = (A \oplus B)B_i \end{aligned} \tag{14.9}$$

$$\begin{aligned} B_o &= \overline{A}\,\overline{B}B_i + \overline{A}B\overline{B_i} + A\overline{B}\,\overline{B_i} + ABB_i \\ &= (\overline{A}B + AB)\overline{B_i} + \overline{A}B(\overline{B_i} + B_i) \\ &= B_i(\overline{A}\,\overline{B} + AB) + \overline{A}B = (A \oplus B)B_i + \overline{A}B \\ &= B_i(\overline{A \oplus B}) + \overline{A}B = \overline{A}B + \overline{A}B_i + BB_i \end{aligned} \tag{14.10}$$

14.4 비교기

비교기(比較機, comparator)는 한 수가 다른 수보다 큰지, 같은지 또는 작은지 등을 결정하는 조합 논리 회로이다. 입력 A, B의 크기를 비교하는 회로를 2진 비교라 한다. 두 입력 수 A와 B를 비교하여 $A > B$, $A = B$, $A < B$ 등을 판정하는 것이다.

1 반비교기

반비교기(半比較機, HC; half comparator)는 두 수의 크기가 $A > B$, $A = B$, $A < B$ 중에서 어느 것인지를 알아내는데 이용된다. 그림 14.6은 반비교기의 논리 회로 및 진리표를 나타낸 것이다. 그림 14.6(a)는 1비트 1회로의 진리표를 나타낸 것으로 두 입력 모두 '1' 또는 '0'일 때 출력이 '1'이 되는 회로이다. 이것을 불 대수로 나타내면 크기가 같고, 다음과 같다.

$$E = \overline{A}\,\overline{B} + AB = (\overline{A \oplus B}) = \overline{\overline{A}B + A\overline{B}} \tag{14.11}$$

그리고 A가 B보다 클 때의 진리표는 그림 14.6(b)와 같으며, 이것을 H(High)로 나타내면 다음과 같다.

$$H = A\overline{B} \tag{14.12}$$

또한, A가 B보다 작은 진리표는 그림 14.6(c)와 같으며, 이것을 L(Low)로 나타내면 다음과 같다.

$$L = \overline{A}B \tag{14.13}$$

즉, 입력 A, B에 임의의 데이터를 입력하여 H가 '1'이면 A가 B보다 큰 수를 의미하며, E가 '1'이면 A와 B는 크기가 같다. 그리고 L이 '1'이면 A가 B보다 적은 수를 의미한다. 그리고 그림 14.7은 반비교기의 논리 회로 및 블록도를 나타낸 것이다.

입력		출력
A	B	A=B
0	0	1
0	1	0
1	0	0
1	1	1

(a) 1비트 회로

입력		출력
A	B	A>B
0	0	0
0	1	0
1	0	1
1	1	0

(b) A>B 회로

입력		출력
A	B	A<B
0	0	0
0	1	1
1	0	0
1	1	0

(c) A<B 회로

그림 14.6 반비교기의 논리 회로의 진리표

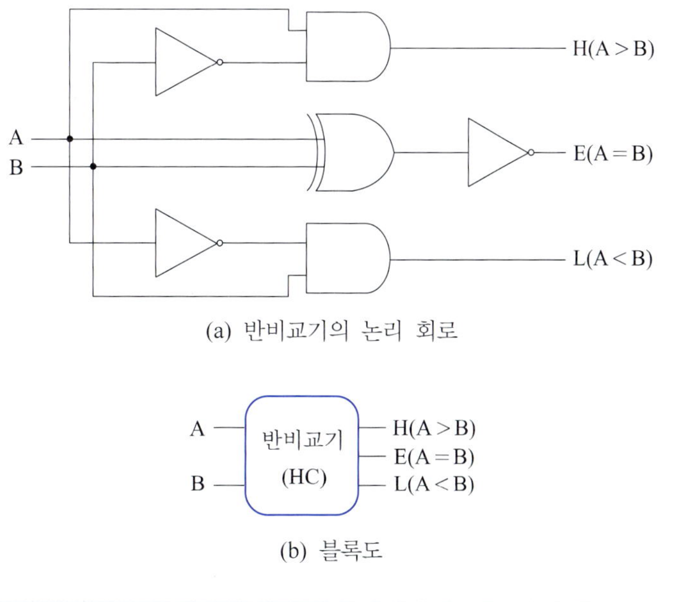

그림 14.7 반비교기의 논리 회로 및 블록도

2 전비교기

전비교기(全比較機, FC; full comparator)는 하위 아랫수까지의 비교 판정 결과도 포함하는 1비트로 이루어진 2개의 수 A와 B의 비교 회로를 말한다. 일반적으로 전비교기는 G(greater), Z(zero), S(small) 등을 이용하여 표기한다. 전비교기에서 $A > B$일 때 G_{i+1}의 진리표 및 카르노도는 그림 14.8과 같이 나타낸다.

즉, A_i와 B_i는 현재의 입력 데이터이고, G_i는 하위비트의 비교기로 계산된 것이다. G_i가 '1'이라는 것은 하위 A_{i-1}과 B_{i-1}비트의 크기 비교에서 A_{i-1}이 더 크다는 것을 의미하며, 가산기의 자리올림 수와 같다는 것이다. 그리고 G_i가 ×로 표시된 곳은 무정의 항으로서 어떤 값일지라도 G_{i+1}의 결과에 영향을 주지 못하는 것을 의미한다. G_{i+1}이 '1'이 되는 것은 $A_i = 1$, $B_i = 0$일 때 또는 $A_i = B_i$일 경우에는 $G_i = 1$일 때로서 이것의 대수식은 다음과 같다.

$$\begin{aligned} G_{i+1} &= \overline{A_i}\,\overline{B_i}\,G_i + A_i\overline{B_i} + A_i B_i G_i = A_i\overline{B_i} + (\overline{A_i \oplus B_i})G_i \\ &= A_i\overline{B_i} + (\overline{A_i\overline{B_i} \oplus \overline{A}B_i})G_i \end{aligned} \tag{14.14}$$

그리고 A와 B의 비교 결과가 같을 때는 Z_{i+1}의 결과에 대한 진리표는 그림 14.9(a)와 같으며, 카르노도는 그림 14.9(b)와 같다. 여기서, Z_i는 하위 비트에서 비교된 결과가 같다는 것을 의미하며, Z_{i+1}는 A_i, B_i, Z_i을 입력으로 사용하여 비교된 결과를 의미한다. Z_{i+1}이 '1'이 되는 것은 $A_i = B_i$일 때 $Z_i = 1$이며, 이것의 대수식은 다음과 같다.

$$\begin{aligned} Z_{i+1} &= \overline{A_i}\,\overline{B_i}\,\overline{Z_i} + A_i B_i Z_i = (\overline{A_i}\,\overline{B_i} + A_iB_i)Z_i \\ &= (\overline{A_i\overline{B_i} + \overline{A_i}B_i})Z_i \end{aligned} \tag{14.15}$$

입력			출력
A_i	B_i	G_i	G_{i+1}
0	0	1	1
0	1	×	0
1	0	×	1
1	1	1	1

(a) G_{i+1}의 진리표

A_i \ B_iG_i	00	01	11	10
0	0	1	0	1
1	1	1	1	0

(b) G_{i+1} 카르노도

그림 14.8 전비교기 G_{i+1}의 진리표 및 카르노도

입력			출력
A_i	B_i	Z_i	Z_{i+1}
0	0	1	1
0	1	×	0
1	0	×	1
1	1	1	1

(a) Z_{i+1}의 진리표

A_i \ B_iZ_i	00	01	11	10
0	0	1	0	0
1	0	0	1	0

(b) Z_{i+1} 카르노도

그림 14.9 전비교기 Z_{i+1}의 진리표 및 카르노도

또한, A가 B보다 작을 때 S_{i+1}의 결과에 대한 진리표는 그림 14.10(a)와 같으며, 카르노도는 14.10(b)와 같다. 그리고 그림 14.11은 전비교기의 논리 회로 및 블록도를 나타낸 것이다. S_i는 하위 비트의 비교기로 계산한 것으로 하위 A_{i-1}, B_{i-1}비트의 비교 값 A_{i-1}이 B_{i-1}보다 더 작다는 것을 의미한다. S_{i+1}이 '1'이 되는 것은 $A_i=0$, $B_i=1$일 때 또는 $A_i=B_i$일 경우에는 $S_i=1$일 때로 이것의 대수식은 다음과 같다.

$$
\begin{aligned}
S_{i+1} &= \overline{A_i}\,\overline{B_i}\,S_i + \overline{A_i}\,B_i + A_iB_iS_i = \overline{A_i}\,B_i + (\overline{A_i}\,\overline{B_i} + A_iB_i)S_i \\
&= A_i\overline{B_i} + (\overline{\overline{A_i}\,B_i} + A_i\overline{B_i})S_i \qquad (14.16)
\end{aligned}
$$

입력			출력
A_i	B_i	S_i	S_{i+1}
0	0	1	1
0	1	×	0
1	0	×	1
1	1	1	1

(a) S_{i+1}의 진리표

A_i \ B_iS_i	00	01	11	10
0	0	1	1	1
1	0	0	1	0

(b) S_{i+1} 카르노도

그림 14.10 전비교기 Z_{i+1}의 진리표 및 카르노도

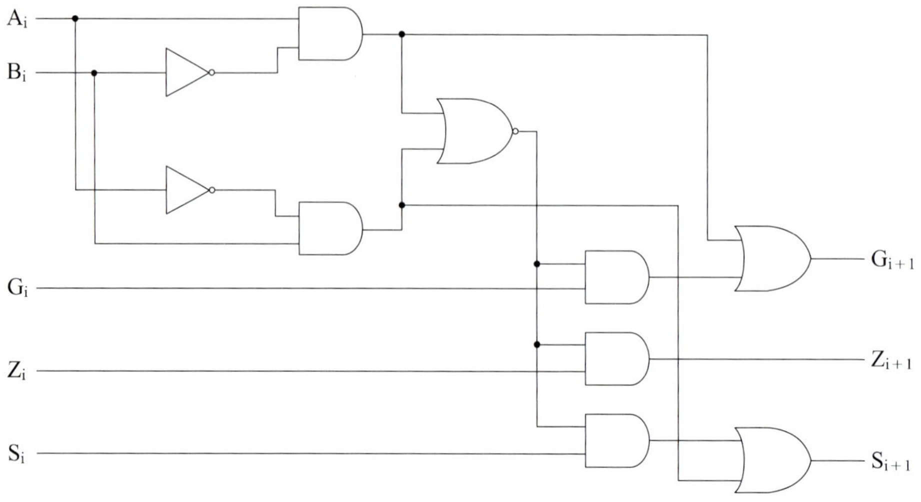

(a) 전비교기의 논리 회로

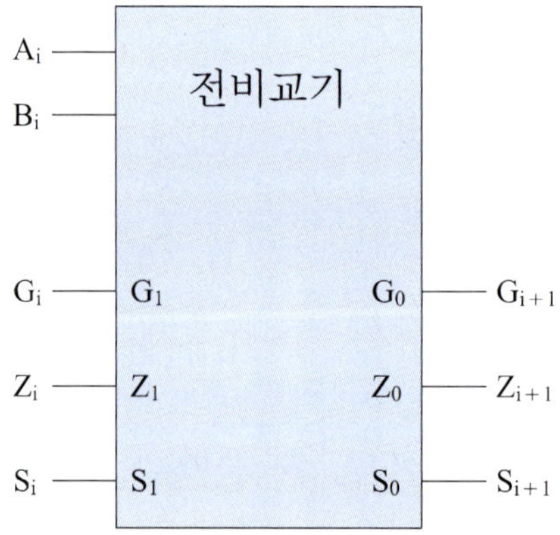

(b) 블록도

그림 14.11 전비교기의 논리 회로 및 블록도

3 n비트 비교기

n비트 비교기는 전비교기를 여러 개 조합한 논리 회로이다. 그림 14.12는 전비교기 4비트 데이터를 비교한 구성 예이다. 최하위 자리 비교기의 G, Z, S 입력을 0, 1, 0에 설정하면 첫 번째 단의 전비교기는 입력 A_0, B_0가 입력되더라도 아무런 영향을 주지 않는 반비교기가 된다. 그러므로 첫 번째 단의 전비교기 입력에 의해서 비교된 결과가 다음 단으로 전달되어 A_1 및 B_1 데이터까지 비교한다. 이와 같은 결과에 의해 상위

단으로 전달되어 A_3 및 B_3 데이터까지 비교하고, 그 결과가 다시 최상위 전비교기의 G_4, Z_4, S_4에 영향을 주어 전체를 비교하는 것이다. 그림 14.12(b)의 예에서 알 수 있듯이 15, 13, 12, 10번 핀은 A의 데이터 $A_3A_2A_1A_0$을 입력하면 1, 14, 11, 9번 핀은 B의 데이터 $B_3B_2B_1B_0$을 입력하므로 비교된 데이터의 결과는 5, 6, 7번 핀으로 출력된다.

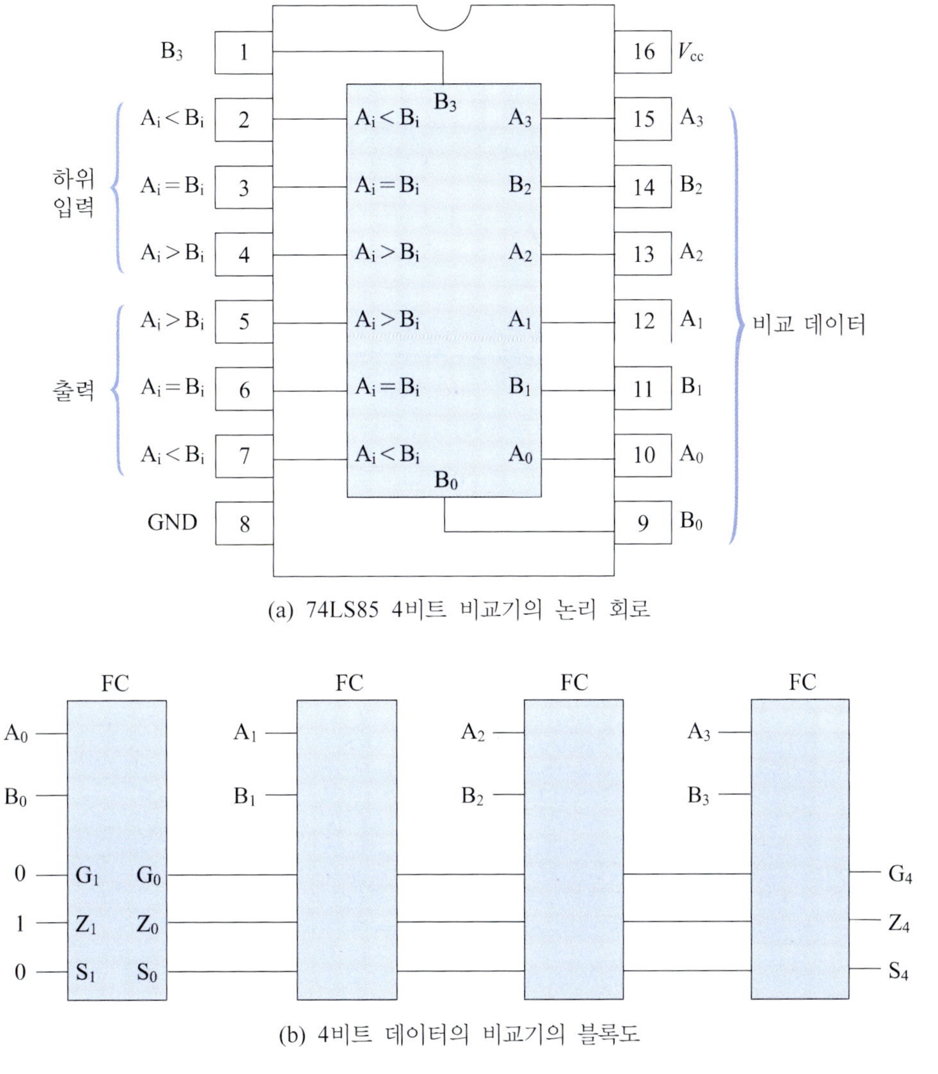

그림 14.12 전비교기 4비트 데이터를 비교한 구성 예

14.5 부호기

부호기(符號器, encoder)는 인코더라고도 불리며 10진수나 다른 진수를 2진수로 바꿀 때 사용된다. 해독기(解讀器, decoder)의 반대 기능을 수행한다. S^n비트의 입력 정보를 2진 코드로 변환하여 n비트 출력으로 내보내는 회로이다. 즉, 8×3 인코더가 있을 때 8개의 입력 2^3비트를 2진 코드로 변환하여 3개(3비트)의 2진수로 변환하여 출력한다.

1 2×1 부호기

2×1 부호기는 2개의 입력과 1개의 출력으로 구성되어 있으며, 입력 신호에 따라 '0'이나 '1'을 출력한다. 그림 14.13은 2×1 부호기의 논리 회로와 진리표를 나타낸 것이다. D_0는 의미가 없으며, D_1이 '1'일 때만 출력이 '1'이 된다.

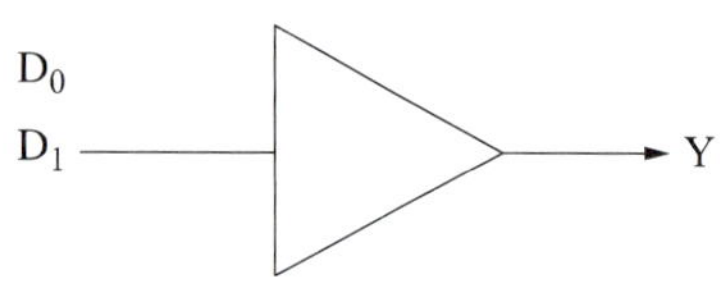

(a) 논리 회로

입력		출력
D_0	D_1	Y
1	0	0
0	1	1

(b) 진리표

그림 14.13 2×1 부호기의 논리 회로와 진리표

2 3×2 부호기

3×2 부호기는 3개의 입력과 2개의 출력으로 구성되어 있으며, 입력 신호에 따라 '0'이나 '1'을 출력한다. 그림 14.14는 3×2 부호기의 논리 회로와 진리표를 나타낸 것이다. D_0는 출력이 모두 '0'으로 의미가 없으나 D_1이 '1'일 때 출력 Y_0가 '1'이며, D_2이 '1'일 때 출력 Y_1가 '1'이 된다.

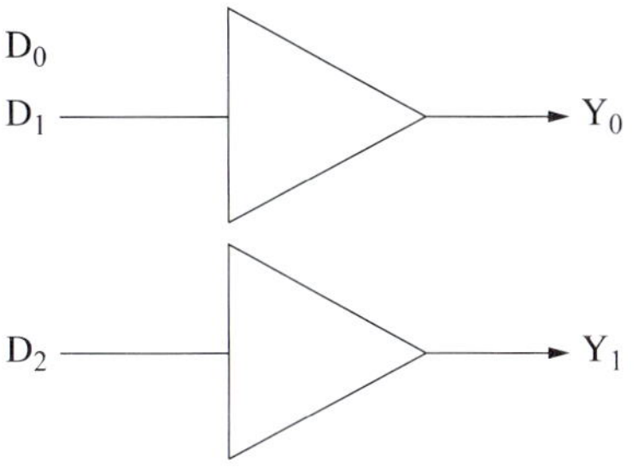

입력			출력	
D_0	D_1	D_2	Y_1	Y_0
1	0	0	0	0
0	1	0	0	1
0	0	1	1	0

(a) 논리 회로　　(b) 진리표

그림 14.14 3×2 부호기의 논리 회로와 진리표

3 4×2 부호기

4×2 부호기는 4개의 입력과 2개의 출력으로 구성되어 있으며, 입력 신호에 따라 '0'이나 '1'을 출력한다. 그림 14.15는 4×2 부호기의 논리 회로와 진리표를 나타낸 것이다. 이것은 2개 이상의 입력이 동시에 1이 되지 않도록 한 것이며, 출력은 다음과 같다.

$$Y_0 = D_1 + D_3 \tag{14.17}$$

$$Y_1 = D_2 + D_3 \tag{14.18}$$

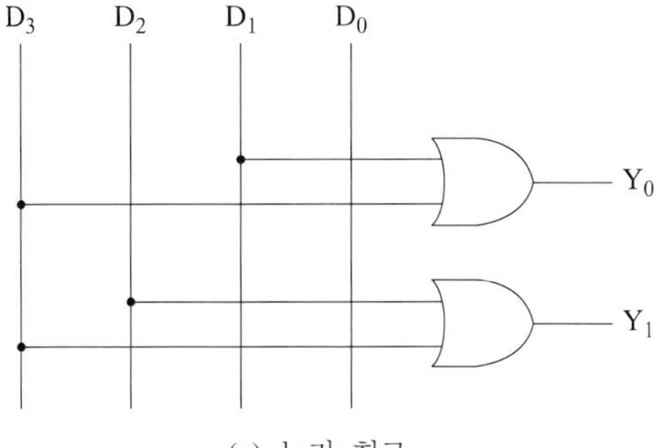

입력				출력	
D_3	D_2	D_1	D_0	Y_1	Y_0
0	0	0	1	0	0
0	0	1	0	0	1
0	1	0	0	1	0
1	0	0	0	1	1

(a) 논리 회로　　(b) 진리표

그림 14.15 4×2 부호기의 논리 회로와 진리표

4 8×3 부호기

8×3 부호기는 8개의 입력과 3개의 출력으로 구성되어 있으며, 입력 신호에 따라 '0'이나 '1'을 출력한다. $D_0=1$일 때 출력은 '0'이다. 또한, 8개의 입력 가운데 어느 하나가 '1'일 때에만 작동한다. 그림 14.16은 8×3 부호기의 논리 회로와 진리표를 나타낸 것이며, 논리식은 다음과 같다.

$$X = D_1 + D_3 + D_5 + D_7 \tag{14.19}$$

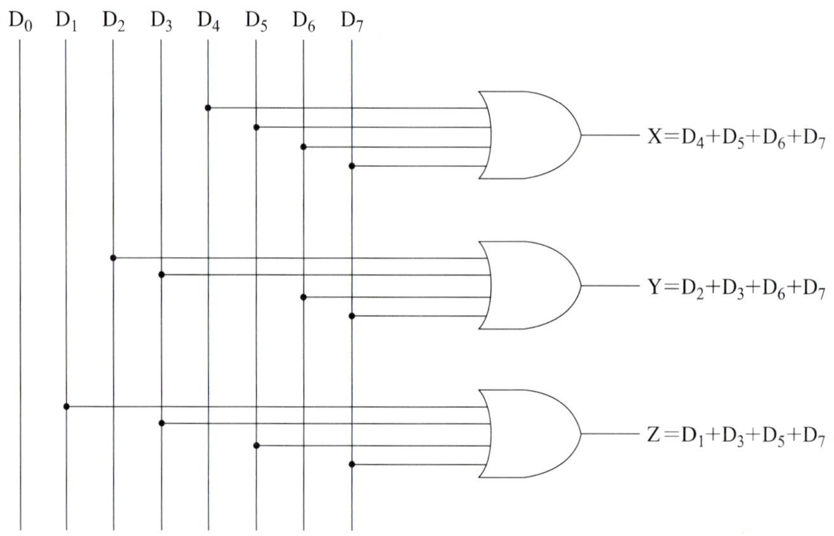

(a) 논리 회로

입력								출력		
D_0	D_1	D_2	D_3	D_4	D_5	D_6	D_7	X	Y	Z
1	0	0	0	0	0	0	0	0	0	0
0	1	0	0	0	0	0	0	0	0	1
0	0	1	0	0	0	0	0	0	1	0
0	0	0	1	0	0	0	0	0	1	1
0	0	0	0	1	0	0	0	1	0	0
0	0	0	0	0	1	0	0	1	0	1
0	0	0	0	0	0	1	0	1	1	0
0	0	0	0	0	0	0	1	1	1	1

(b) 진리표

그림 14.16 8×3 부호기의 논리 회로와 진리표

$$Y = D_2 + D_3 + D_6 + D_7 \quad (14.20)$$

$$Z = D_4 + D_5 + D_6 + D_7 \quad (14.21)$$

14.6 해독기

해독기(解讀器, decoder)는 디코더라고도 불리며, 2진수를 10진수로 변환하는 조합 논리 회로이다. 부호기(encoder)의 반대 기능을 수행하며, n비트의 입력 정보를 2^n비트 출력으로 만들어 준다.

1 1×2 해독기

1×2 해독기는 '1'개의 입력과 2개의 출력을 가지며, 1개의 입력에 따라 2개의 출력 가운데 1개가 선택된다. 그림 14.17은 1×2 해독기의 논리 회로와 진리표를 나타낸 것이며, 논리식은 다음과 같다.

$$Y_0 = \overline{A} \quad (14.22)$$

$$Y_1 = A \quad (14.23)$$

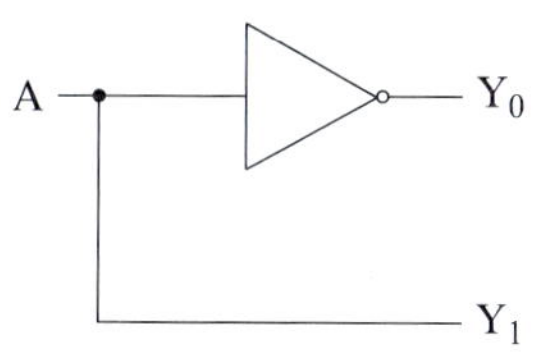

(a) 논리 회로

입력	출력	
A	Y_0	Y_1
0	1	0
1	0	1

(b) 진리표

그림 14.17 1×2 해독기의 논리 회로와 진리표

2 2×4 해독기

2×4 해독기는 2개의 입력과 4개의 출력을 가지며, 2개의 입력에 따라 4개의 출력 가운데 1개가 선택된다. 그림 14.18은 2×4 해독기의 논리 회로와 진리표를 나타낸 것이며, 논리식은 다음과 같다.

$$Y_0 = \overline{A}\,\overline{B} \tag{14.24}$$

$$Y_1 = \overline{A}\,B \tag{14.25}$$

$$Y_2 = A\,\overline{B} \tag{14.26}$$

$$Y_3 = A\,B \tag{14.27}$$

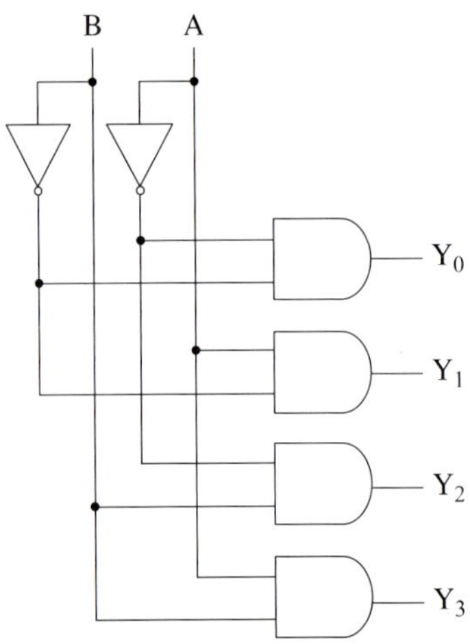

(a) 논리 회로

입력		출력			
A	B	Y_0	Y_1	Y_2	Y_3
0	0	1	0	0	0
1	0	0	1	0	0
0	1	0	0	1	0
1	1	0	0	0	1

(b) 진리표

그림 14.18 2×4 해독기의 논리 회로와 진리표

3 3×8 해독기

3×8 해독기는 3개의 입력과 8개의 출력을 가지며, 3개의 입력에 따라 8개의 출력 가운데 1개가 선택된다. 그림 14.19는 3×8 해독기의 논리 회로와 진리표를 나타낸 것이며, 논리식은 다음과 같다.

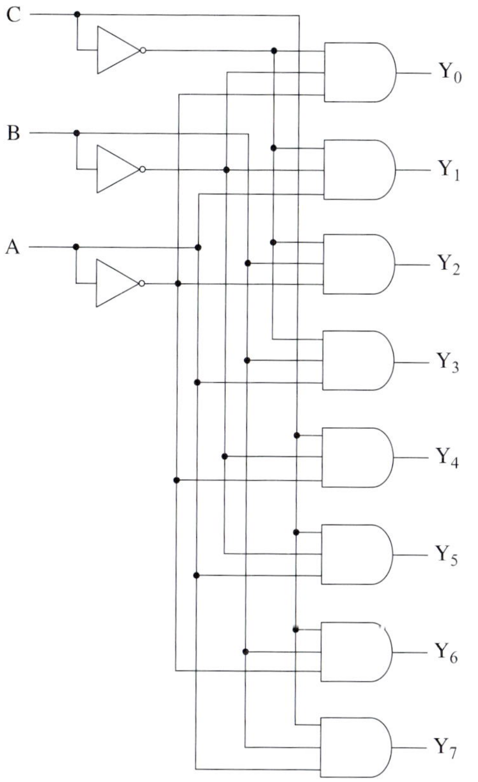

(a) 논리 회로

입력			출력							
A	B	C	Y_0	Y_1	Y_2	Y_3	Y_4	Y_5	Y_6	Y_7
0	0	0	1	0	0	0	0	0	0	0
1	0	0	0	1	0	0	0	0	0	0
0	1	0	0	0	1	0	0	0	0	0
1	1	0	0	0	0	1	0	0	0	0
0	0	1	0	0	0	0	1	0	0	0
1	0	1	0	0	0	0	0	1	0	0
0	1	1	0	0	0	0	0	0	1	0
1	1	1	0	0	0	0	0	0	0	1

(b) 진리표

그림 14.19 3×8 해독기의 논리 회로와 진리표

$$Y_0 = \overline{C}\,\overline{B}\,\overline{A} \quad (14.28)$$

$$Y_1 = \overline{C}\,\overline{B}\,A \quad (14.29)$$

$$Y_2 = \overline{C}\,B\,\overline{A} \tag{14.30}$$

$$Y_3 = \overline{C}\,B\,A \tag{14.31}$$

$$Y_4 = C\,\overline{B}\,\overline{A} \tag{14.32}$$

$$Y_5 = C\,\overline{B}\,A \tag{14.33}$$

$$Y_6 = C\,B\,\overline{A} \tag{14.34}$$

$$Y_7 = C\,B\,A \tag{14.35}$$

14.7 멀티플렉서

멀티플렉서(MUX; multiplexer)는 여러 개의 입력선 중에서 하나를 선택하여 출력선에 연결하는 회로이다. 많은 입력선 가운데 하나를 선택하여 출력하기 때문에 데이터 선택기(data selector)라고도 한다. 일반적으로 2^n개의 입력선 D와 n개의 선택선 S로 되어 있다.

1 2×1 멀티플렉서

2×1 멀티플렉서는 2개의 입력 D_0, D_1 가운데 1개를 선택하여 선택선 S에 입력된 값에 따라 출력한다. 그림 14.20에서 2개의 입력이고 선택선이 '0'이면 D_0가 선택되고, '1'이면 D_1이 선택되는 것을 나타낸 것이며, 논리식은 다음과 같다.

$$Y = \overline{S}\,D_0 + S\,D_1 \tag{14.36}$$

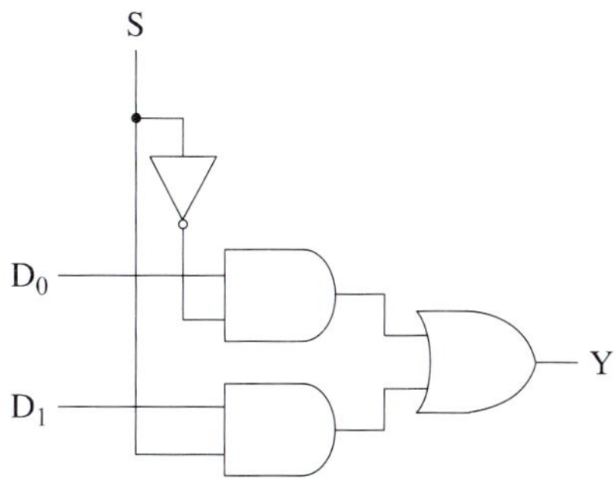

(a) 논리 회로

선택선	출력
S	Y
0	D_0
1	D_1

(b) 진리표

그림 14.20 2×1 멀티플렉서의 논리 회로와 진리표

2 4×1 멀티플렉서

4×1 멀티플렉서는 4개의 입력 가운데 1개를 선택하여 선택선 S_0, S_1에 입력된 값에 따라 출력이 결정된다. 그림 14.21은 4×1 멀티플렉서 4개의 입력이 선택선에 따라 출력 Y로 선택되는 것을 나타낸 것이며, 논리식은 다음과 같다.

$$Y = \overline{S_1}\,\overline{S_0}\,I_0 + \overline{S_1}\,S_0\,I_1 + S_1\,\overline{S_0}\,I_2 + S_1\,S_0\,I_3 \qquad (14.37)$$

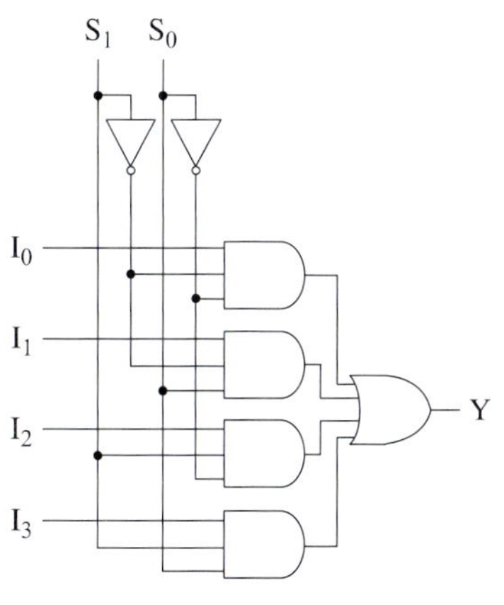

(a) 논리 회로

선택선		출력
S_0	S_1	Y
0	0	I_0
1	0	I_1
0	1	I_2
1	1	I_3

(b) 진리표

그림 14.21 4×1 멀티플렉서의 논리 회로와 진리표

14.8 디멀티플렉서

디멀티플렉서(DMUX; demultiplexer)는 분배기(分配器, data distributor)라고도 불리며, 멀티플렉서와 정반대의 기능을 갖고 있다. 따라서 1개의 입력을 여러 개의 출력선에 연결한 후에 이들 중 하나의 회선을 선택하여 출력한다. 디멀티플렉서는 2^n개의 출력선 Y 중에서 하나의 출력을 선택하기 위해서 n개의 선택선 S가 필요하다.

1 1×4 디멀티플렉서

1×4 디멀티플렉서는 1개의 입력과 4개의 출력선으로 되어 있다. 그림 14.22는 2개의 선택선에 의해 4개의 출력 중에서 하나의 회선을 선택하여 입력 'I'를 연결시키는 1×4 멀티플렉서를 나타낸 것이다.

$$D_0 = \overline{S_1}\,\overline{S_0} \tag{14.38}$$

$$D_1 = \overline{S_1}\,S_0 \tag{14.39}$$

$$D_2 = S_1\,\overline{S_0} \tag{14.40}$$

$$D_3 = S_1\,S_0 \tag{14.41}$$

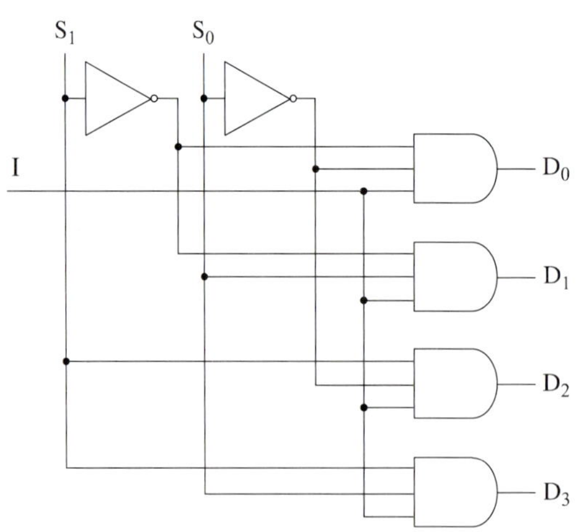

(a) 논리 회로

선택선		출력
S_0	S_1	Y
0	0	D_0
1	0	D_1
0	1	D_2
1	1	D_3

(b) 진리표

그림 14.22 1×4 디멀티플렉서의 논리 회로와 진리표

2 7-세그먼트 해독기

7-세그먼트(seven-segment) 해독기는 4비트 BCD 데이터를 입력받아 10진수를 표시하는데 필요하며, 10진수 '0'부터 '9'까지 표현할 수 있다. 숫자를 표시하기 위해 LED 7개로 구성되어 있으며, 탁상용 전자계산기, 디지털시계 등에 사용되기도 한다. LED는 맨 위에서 시계 방향으로 기호 'a'부터 'g'까지 구성되어 있고, 그림 14.23은 7-세그먼트의 10진수 표현 및 진리표를 나타낸 것이다.

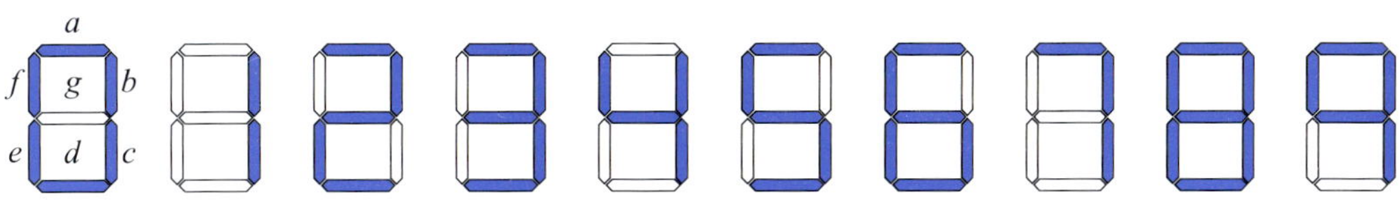

(a) 7-세그먼트의 10진수 표현

7-세그먼트 숫자	BCD	제어 입력		7-세그먼트 숫자	BCD	제어 입력	
	DCBA	$gfedcba$ (캐소드 공통)	$\overline{g}\overline{f}\overline{e}\overline{d}\overline{c}\overline{b}\overline{a}$ (애노드 공통)		DCBA	$gfedcba$ (캐소드 공통)	$\overline{g}\overline{f}\overline{e}\overline{d}\overline{c}\overline{b}\overline{a}$ (애노드 공통)
0	0000	0111111	1000000	5	0101	1101101	0010010
1	0001	0000110	1111001	6	0110	1111100	0000011
2	0010	1011011	0100100	7	0111	0000111	1111000
3	0011	1001111	0110000	8	1000	1111111	0000000
4	0100	1100110	0011001	9	1001	1100111	0011000

(b) 7-세그먼트 해독기의 진리표

그림 14.23 7-세그먼트의 10진수 표현 및 진리표

그리고 7-세그먼트는 주로 LED 소자를 이용하여 제작되며, 애노드 공통형과 캐소드 공통형 등이 있다. 그림 14.24는 7-세그먼트 LED의 구성도를 나타낸 것이다. 그림 14.24(b)의 캐소드 공통형은 숫자로 나타내기 위해 COM에 0 [V]가 접속되고, LED 세그먼트에 H 레벨 '1'을 인가되어야 한다. 그림 14.24(c)의 애노드 공통형은 COM에 V_{cc}가 접속되고 점등시키고자 하는 LED 세그먼트에 L 레벨 '0'이 인가되어야 한다.

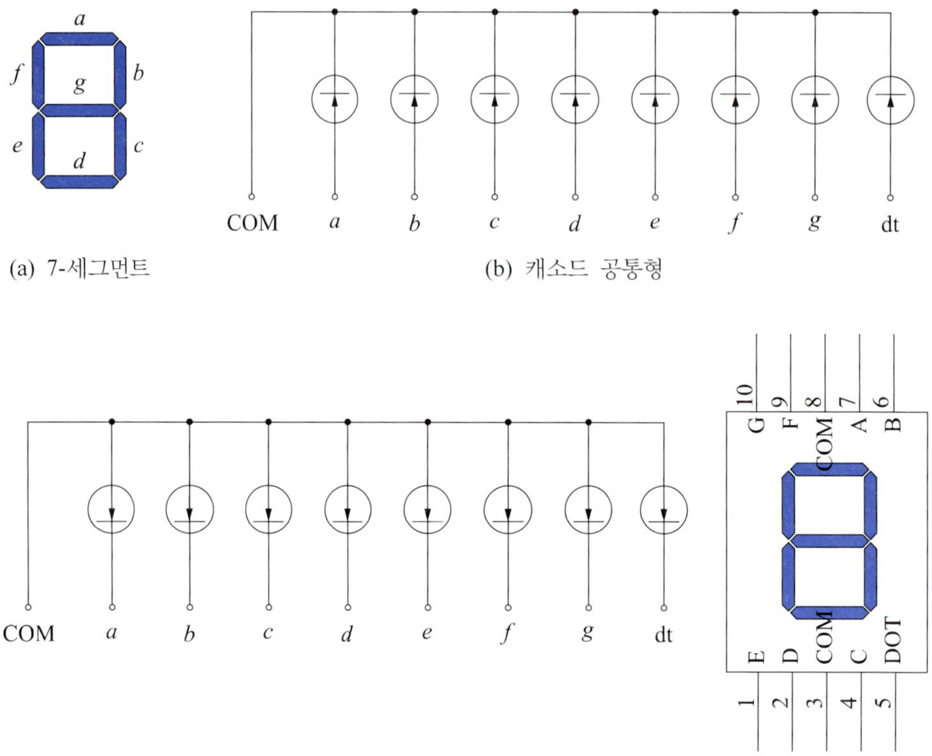

(a) 7-세그먼트 (b) 캐소드 공통형

(c) 애노드 공통형 (d) FND의 핀 접속

그림 14.24 7-세그먼트 LED의 구성도

14.9 코드 변환기

하나의 회로에서 서로 다른 두 시스템을 사용하려면 코드 변환기가 필요하다. 코드 변환기는 BCD 코드를 3 초과 코드로 바꾸거나 2진수를 그레이 코드, 그레이 코드를 2진수 등으로 변환할 때 사용된다.

1 BCD-3 초과 코드 변환

BCD 코드는 사람이 쉽게 알아 볼 수 있으나 계산기가 계산을 할 때는 처리 절차가 어렵다. 따라서 BCD 코드를 3 초과 코드로 바꾸려면 BCD 코드에 10진수 3(0011_2)을 더해주어야 한다. 즉, BCD 코드+3(0011_2)=3 초과 코드이다.

그림 14.25는 BCD-3 초과 코드의 진리표를 나타낸 것이다. 각 코드는 10진수 한 자리를 나타내는데 4비트를 사용하므로 코드 변환기는 4개의 입력 변수와 4개의 출력 변수를 갖는다. 입력 변수들은 A, B, C, D이므로 출력 변수들은 W, X, Y, Z가 1이 되는 최소항은 다음과 같다.

$$W(A, B, C, D) = \sum(5, 6, 7, 8, 9) \quad (14.42)$$

$$X(A, B, C, D) = \sum(1, 2, 3, 4, 9) \quad (14.43)$$

$$Y(A, B, C, D) = \sum(0, 3, 4, 7, 8) \quad (14.44)$$

$$Z(A, B, C, D) = \sum(0, 2, 4, 6, 8) \quad (14.45)$$

10진수	BCD 코드				3 초과 코드			
	A	B	C	D	W	X	Y	Z
0	0	0	0	0	0	0	1	1
1	0	0	0	1	0	1	0	0
2	0	0	1	0	0	1	0	1
3	0	0	1	1	0	1	1	0
4	0	1	0	0	0	1	1	1
5	0	1	0	1	1	0	0	0
6	0	1	1	0	1	0	0	1
7	0	1	1	1	1	0	1	0
8	1	0	0	0	1	0	1	1
9	1	0	0	1	1	1	0	0

그림 14.25 **BCD-3 초과 코드의 진리표**

그리고 이들의 논리식을 카르노도로 나타내면 6개의 무정 항이 있다. 즉, 1010부터 1111까지는 BCD 코드에서 사용하지 않으므로 이들을 무정의 항으로 처리한다. 그림 14.26은 BCD-3 초과 코드 변환기의 카르노도를 나타낸 것이며, 논리식은 다음과 같다. 그리고 그림 14.27은 BCD-3 초과 코드 변환기의 논리 회로이다.

$$W = A + BC + BD = A + B(C + D) \quad (14.46)$$

$$X = \overline{B}C + \overline{B}D + B\overline{C}\overline{D} = \overline{B}(C + D) + B\overline{C}\overline{D} \quad (14.47)$$

$$Y = CD + \overline{C}\,\overline{D} + C \odot D = CD + \overline{C + D} \tag{14.48}$$

$$Z = \overline{D} \tag{14.49}$$

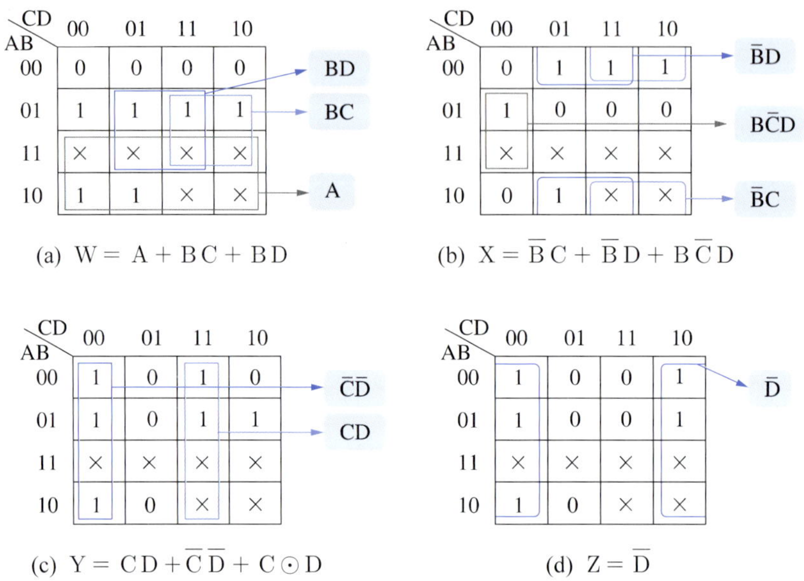

그림 14.26 BCD-3 초과 코드 변환기의 카르노도

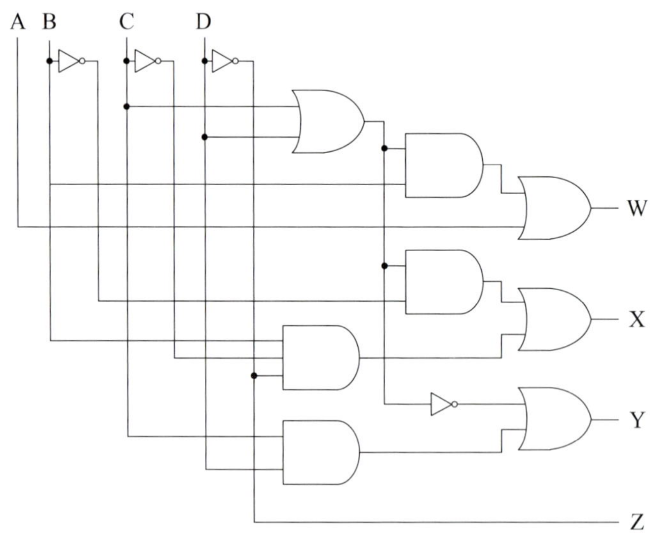

그림 14.27 BCD-3 초과 코드 변환기의 논리 회로

2 2진 코드-그레이 코드 변환기

그레이 코드(gray code)는 앞뒤의 코드가 1비트만 변화하는 특징이 있다. 이러한 특성 때문에 데이터의 전송, 입·출력 장치, A/D 변환기 등에 사용되고 있다. 그레이 코드는 언웨이티드 코드(unweighted code)이며, 연산에는 부적합하지만 어떤 코드로부터 그 다음의 코드로 증가하는데 하나의 비트만 바꾸면 되는 특성으로 데이터의 전송, 입·출력 장치, 아날로그-디지털 변환기 및 주변 장치 등에 많이 사용된다. 그림 14.28은 2진 코드-그레이 코드의 진리표를 나타낸 것이다.

10진수	2진 코드				그레이 코드			
	A	B	C	D	W	X	Y	Z
0	0	0	0	0	0	0	0	0
1	0	0	0	1	0	0	0	1
2	0	0	1	0	0	0	1	1
3	0	0	1	1	0	0	1	0
4	0	1	0	0	0	1	1	0
5	0	1	0	1	0	1	1	1
6	0	1	1	0	0	1	0	1
7	0	1	1	1	0	1	0	0
8	1	0	0	0	1	1	0	0
9	1	0	0	1	1	1	0	1
10	1	0	1	0	1	1	1	1
11	1	0	1	1	1	1	1	0
12	1	1	0	0	1	0	1	0
13	1	1	0	1	1	0	1	1
14	1	1	1	0	1	0	0	1
15	1	1	1	1	1	0	0	0

그림 14.28 **2진 코드-그레이 코드의 진리표**

그림 14.29는 2진 코드-그레이 코드의 카르노도를 나타낸 것이며, 논리식은 다음과 같다. 또한, 그림 14.30은 2진 코드-그레이 코드의 논리 회로이다.

$$W = A \quad (14.50)$$

$$X = \overline{A}B + A\overline{B} = A \oplus B \quad (14.51)$$

$$Y = B\overline{C} + \overline{B}C = B \oplus C \quad (14.52)$$

$$Z = C\overline{D} + \overline{C}D = C \oplus D \quad (14.53)$$

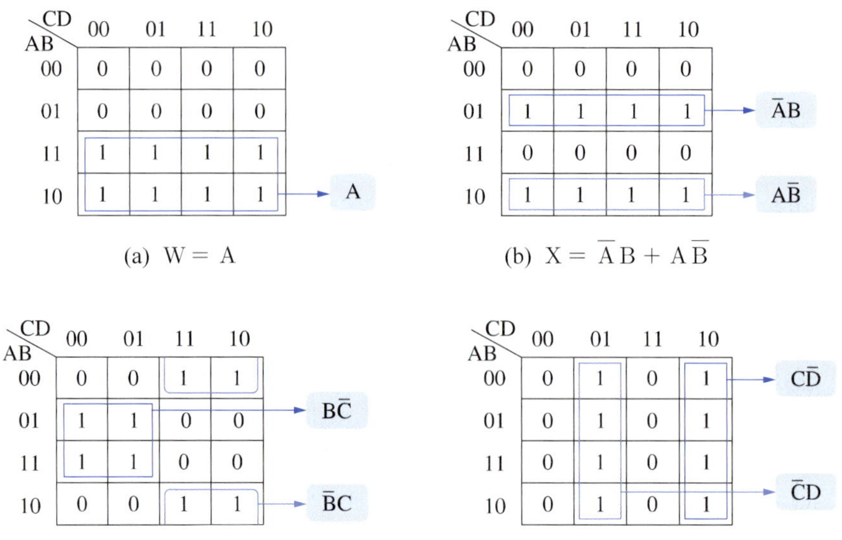

(a) $W = A$ (b) $X = \bar{A}B + A\bar{B}$

(c) $Y = B\bar{C} + \bar{B}C$ (d) $Z = C\bar{D} + \bar{C}D$

그림 14.29 2진 코드-그레이 코드의 카르노도

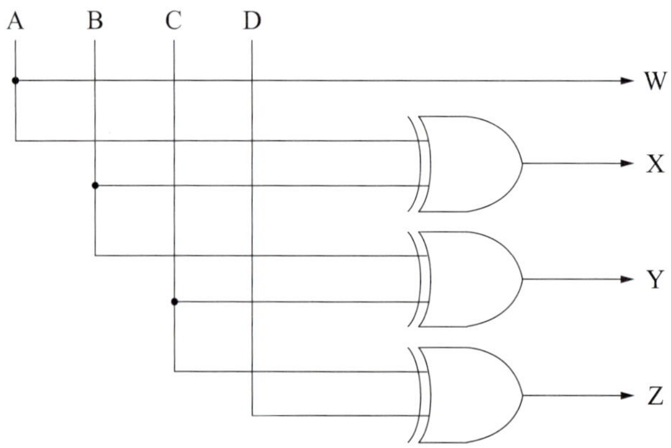

그림 14.30 2진 코드-그레이 코드의 논리 회로

3 그레이 코드-2진 변환기

그레이 코드를 2진 코드로 변환하기 위해서 두 코드 사이의 입력 변수들은 W, X, Y, Z이므로 출력 변수들은 A, B, C, D가 '1'이 되는 최소항은 다음과 같다. 그림 14.31은 그레이 코드와 2진 코드의 관계를 나타낸 진리표이다.

$$A(W, X, Y, Z) = \sum(8, 9, 10, 11, 12, 13, 14, 15) \quad (14.54)$$

$$B(W, X, Y, Z) = \sum(4, 5, 6, 7, 12, 13, 14, 15) \quad (14.55)$$

$$C(W, X, Y, Z) = \sum(2, 3, 6, 7, 10, 11, 14, 15) \quad (14.56)$$

$$D(W, X, Y, Z) = \sum(1, 3, 5, 7, 9, 11, 13, 15) \quad (14.57)$$

그레이 10진수	그레이 코드				2진 코드				10진수
	W	X	Y	Z	A	B	C	D	
0	0	0	0	0	0	0	0	0	0
1	0	0	0	1	0	0	0	1	1
3	0	0	1	1	0	0	1	0	2
2	0	0	1	0	0	0	1	1	3
6	0	1	1	0	0	1	0	0	4
7	0	1	1	1	0	1	0	1	5
5	0	1	0	1	0	1	1	0	6
4	0	1	0	0	0	1	1	1	7
12	1	1	0	0	1	0	0	0	8
13	1	1	0	1	1	0	0	1	9
15	1	1	1	1	1	0	1	0	10
14	1	1	1	0	1	0	1	1	11
10	1	0	1	0	1	1	0	0	12
11	1	0	1	1	1	1	0	1	13
9	1	0	0	1	1	1	1	0	14
8	1	0	0	0	1	1	1	1	15

그림 14.31 그레이 코드와 2진 코드의 진리표

그림 14.32는 그레이 코드와 2진 코드의 카르노도를 나타낸 것이며, 논리식은 다음과 같다. 또한 그림 14.33은 그레이 코드와 2진 코드의 논리 회로이다.

$$A = W \quad (14.58)$$

$$B = \overline{W}X + W\overline{X} = W \oplus X \quad (14.59)$$

$$C = \overline{W}\,\overline{X}Y + \overline{W}X\overline{Y} + WXY + W\overline{X}\,\overline{Y} = W \oplus X \oplus Y \quad (14.60)$$

$$D = W \oplus X \oplus Y \oplus Z \quad (14.61)$$

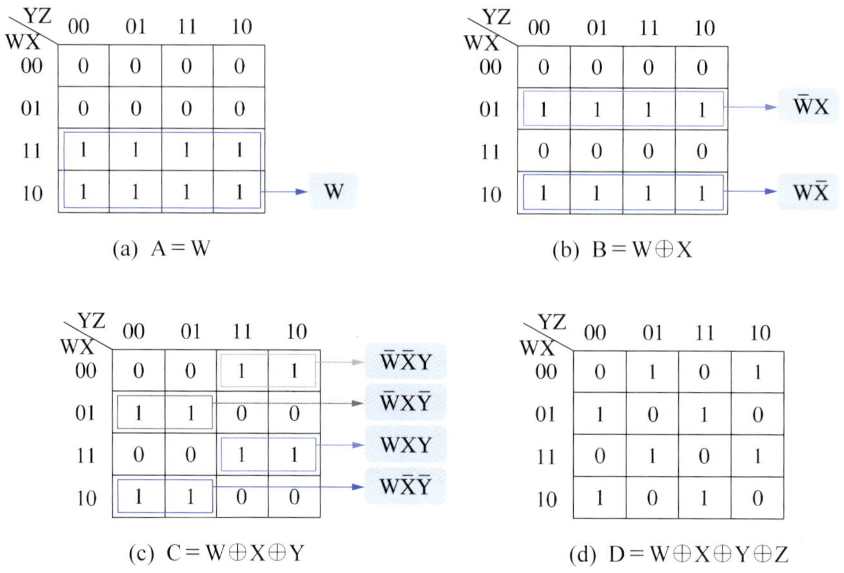

그림 14.32 그레이 코드와 2진 코드의 카르노도

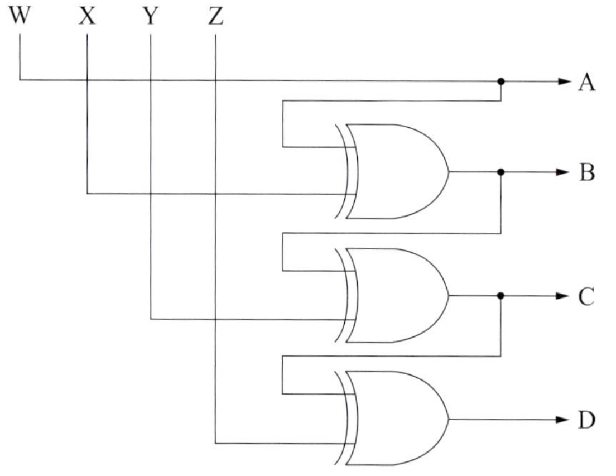

그림 14.33 그레이 코드와 2진 코드의 논리 회로

연습문제

01 논리 조합 회로에서 2진수의 덧셈을 수행하는 조합 논리 회로는 무엇인가?

정답 가산기

02 논리 조합 회로에서 2진수의 뺄셈을 수행하는 조합 논리 회로는 무엇인가?

정답 감산기

03 한 수가 다른 수보다 큰지, 같은지 또는 작은지 등을 결정하는 조합 논리 회로는?

정답 비교기

04 인코더라고도 불리며 10진수나 다른 진수를 2진수로 바꿀 때 사용하는 논리 회로는?

정답 부호기

05 디코더라고도 불리며 2진수를 10진수로 변환하는 조합 논리 회로는?

정답 해독기

06 데이터 선택기(data selector)라고도 하며 여러 개의 입력선 중에서 하나를 선택하여 출력선에 연결하는 회로는?

정답 멀티플렉서

07 분배기(data distributor)라고도 불리며 멀티플렉서와 정반대의 기능을 갖고 있는 것은?

정답 디멀티플렉서

08 4비트 BCD 데이터를 입력받아 10진수를 표시하는 데 필요하며, 10진수 0부터 9까지 표현할 수 있는 것은?

정답 7-세그먼트 해독기

09 디지털 설계에서 하나의 회로에서 서로 다른 두 시스템을 사용하려면 어떤 변환기가 필요한가?

정답 코드 변환기

10 BCD 코드는 사람이 쉽게 알아볼 수 있으나 계산기가 계산을 할 때는 처리 절차가 어렵다. 따라서 이와 같은 문제점을 보완하기 위해서 개발된 코드 변환은 무엇인가?

정답 BCD-3 초과 코드

Chapter 15

메모리와 프로그램 가능한 논리 소자

15.1 개요

컴퓨터는 중앙 처리 장치(中央 處理 裝置, CPU; central processing unit)와 기억 장치(記憶 裝置, memory unit) 및 입·출력 장치(input/output unit) 등으로 구성되어 있다. 기억 장치는 CPU에서 처리할 프로그램 또는 데이터를 저장하는 장치이다. 기억 장치는 주기억 장치와 보조 기억 장치로 구분된다. 주기억 장치는 CPU와 매우 빠른 속도로 데이터 전송이 이루어지기 때문에 반도체 메모리 소자를 사용한다. 반면 보조 기억 장치는 주기억 장치에 비해 속도는 느리지만 많은 데이터를 저장할 수 있도록 하드 디스크, 플로피 디스크, 자기 테이프 등을 사용한다.

일반적으로 메모리는 주기억 장치인 반도체 메모리를 의미한다. 메모리에 데이터를 저장하는 작업을 쓰기(write)라 하며, 저장된 데이터를 메모리로부터 CPU로 읽어 들이는 작업을 읽기(read)라 한다. 반도체 메모리에는 ROM과 RAM 등이 있다. ROM은 데이터를 읽을 수만 있고 전원이 끊겨도 저장된 데이터가 지워지지 않는다. 반면 RAM은 데이터를 자유롭게 읽고 쓸 수는 있지만 전원이 끊기면 저장된 데이터가 지워진다.

그리고 마이크로프로세서(microprocessor)는 1개의 대규모 집적 회로 LSI에 연산과 제어 장치를 내장한 것으로 1개의 칩으로 된 CPU를 의미한다.

15.2 ROM

ROM(read only memory)은 읽기만 가능하며 전원 공급과 관계없이 저장된 내용을 반영구적으로 유지할 수 있는 비휘발성 메모리이다. ROM은 사용자가 데이터를 자유롭게 저장할 수는 없지만 비휘발성이라 데이터가 지워지지 않기 때문에 언제든지 다시 사용할 수 있다. 이런 특성으로 인해 ROM은 컴퓨터 바이오스(BIOS; basic input output system), 게임, 가전 기기들의 제어 프로그램처럼 특정 작업을 처리하는 프로그램을 저장하는데 적합하다. ROM은 데이터를 기록하는 방법에 따라 마스크 ROM, PROM, EPROM, EEPROM 등이 있다. 그림 15.1은 ROM의 구성 및 명칭을 나타낸 것이며, 그림 15.2는 ROM 셀의 구조이다.

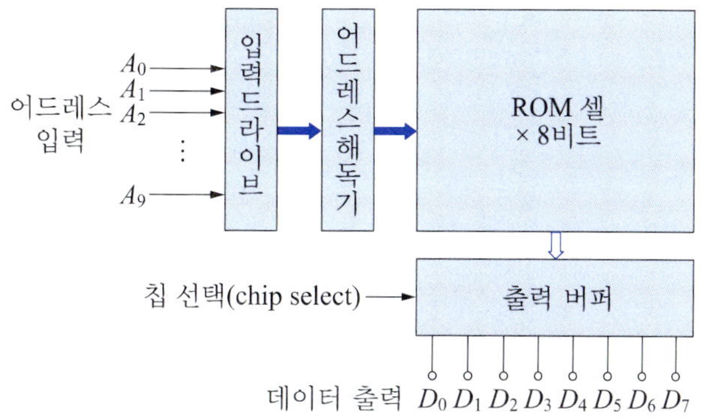

그림 15.1 ROM의 구성 및 명칭

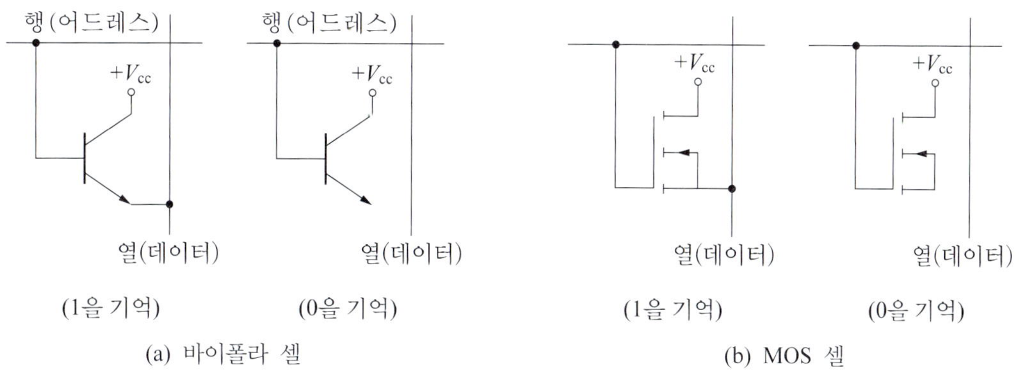

그림 15.2 ROM 셀의 구조

1 마스크 ROM

마스크 ROM(mask ROM)은 제조 과정 중 메모리 내에 영구적으로 데이터를 저장하는 메모리이다. 마스크 ROM은 주로 주문자가 반도체 제조 회사에 주문해서 만들며, 설계 단계부터 많은 데이터를 기록하도록 ROM 셀에 데이터 값이 '1'인 경우에만 트랜지스터를 배치한다. 그래서 다른 ROM에 비해 집적도는 높은 반면 마스크 비용이 많이 들기 때문에 대량 생산에 적합하다.

2 PROM

PROM(programmable ROM)은 단 한 번만 기록할 수 있는 ROM이다. 구조적으로 ROM 내부 모든 셀에 바이폴라 트랜지스터나 MOSFET가 배치된다. PROM에 모든 번지 데이터 값은 프로그램 전에는 모두 '1'이지만 프로그램 과정인 PROM 기록기를 사용해서 선택적으로 전류를 인가하면 해당 셀의 퓨즈가 끊어져 '0'이 된다. 이렇게 한 번 프로그램 된 PROM은 마스크 ROM과 유사하기 때문에 기억된 내용을 변경하거나 지울 수 없다.

3 EPROM

EPROM(erasable programmable ROM)은 쓰기와 삭제가 가능한 ROM으로 메모리 셀은 금속 산화막 반도체 전기장 효과 트랜지스터인 MOSFET(metal-oxide semiconductor field effect transistor)가 있다. EPROM은 제조 직후나 삭제가 완료된 상태에는 모든 메모리 소자의 플로팅 게이트에 전자가 존재하지 않으므로 모든 번지의 데이터 값은 모두 '1'이다. EPROM에 데이터를 저장하기 위해 ROM 기록기(ROM writer)에 데이터를 저장한 다음 EPROM에 프로그램 한다. EPROM의 데이터를 지울 때에는 ROM 소거기(ROM eraser)를 사용해서 칩 위의 창을 통해 자외선을 10~20분 정도 쬐어 데이터를 삭제한다. 그림 15.3은 EPROM 셀의 구조 및 명칭을 나타낸 것이다.

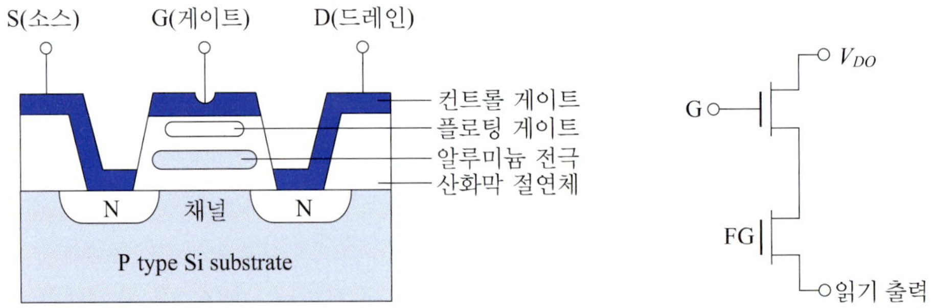

그림 15.3 EPROM 셀의 구조 및 명칭

4 EEPROM

EEPROM(electrically erasable programmable ROM)은 전기적으로 쓰기와 삭제가 가능한 ROM으로 ROM에 전체 데이터를 한 번에 삭제하지 않고 워드 단위로 삭제한다. EEPROM은 ROM 기록기만으로 쓰기와 삭제를 모두 할 수 있으며, 삭제 속도가 빠르다. 이런 장점으로 인해 EPROM보다 가격이 비싸지만 집적도는 낮은 편이다. 그리고 RAM과 달리 읽고 쓰는 횟수에 제한이 있다. 즉, RAM은 무한정 읽고 쓸 수 있지만 EEPROM은 일정 횟수 이상이 되면 쓰기와 삭제 작업을 반복할 수 없다.

5 플래시 메모리

플래시 메모리(flash memory)는 EEPROM의 한 종류이며, 블록 단위로 다시 프로그래밍이 가능한 메모리로 ROM과 RAM 특징을 모두 가진 메모리이다. 플래시 메모리에 전원을 끊어도 기억된 내용을 그대로 유지하는 비휘발성 메모리이므로 평소에는 ROM 역할을 하면서 필요에 따라 내부 데이터를 다른 내용으로 저장할 수도 있다.

15.3 RAM

RAM(random access memory)은 데이터를 자유롭게 읽고 쓸 수 있는 메모리이다. 이미 데이터가 저장된 번지에 새 데이터를 저장하면 기존에 저장된 데이터는 지워지고 새 데이터가 메모리에 저장된다. RAM을 읽거나 저장할 때 모든 주소에 대해 동일한 시간이 소요된다. RAM은 전원이 끊어지면 기억된 내용들을 모두 잃어버리는 휘발성 메모리로 셀은 바이폴라 트랜지스터나 MOSFET로 구성된다.

RAM은 크게 셀 내부가 플립플롭 조합으로 구성된 SRAM과 커패시터(capacitor)에 전하를 충전시켜 데이터를 기억하는 DRAM으로 구분된다. DRAM은 커패시터에 충전된 전하가 시간이 지나면 자동적으로 소멸되기 때문에 일정 시간 간격으로 다시 충전하는 재충전(refresh) 작업이 필요하다. 바이폴라(bipolar) RAM은 모두 SRAM이며, MOS RAM에는 SRAM과 DRAM 등이 있다.

1 SRAM

SRAM(static RAM)은 정적 RAM이라고도 하며, DRAM에 비해 속도가 빠르면서 플립플롭에 안정된 데이터를 저장하므로 재충전 작업이 필요 없다. 하지만, 셀 구조가 복잡하므로 집적도가 떨어져 칩 크기가 크고 가격도 비싸다. SRAM의 셀은 바이폴라 트랜지스터와 MOSFET로 구성할 수 있으며, MOS형이 구조가 간단하고 집적도가 높기 때문에 기억 용량이 큰 SRAM은 대부분 MOSFET 셀을 사용한다. 그림 15.4는 바이폴라 셀의 회로이며, 그림 15.5는 MOS SRAM 메모리 셀의 회로이다.

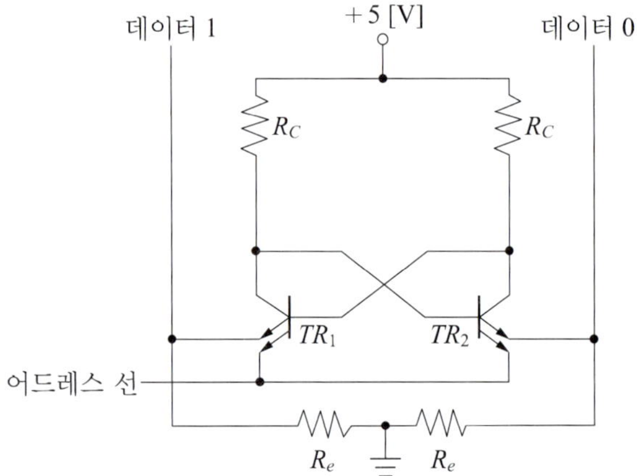

그림 15.4 바이폴라 셀

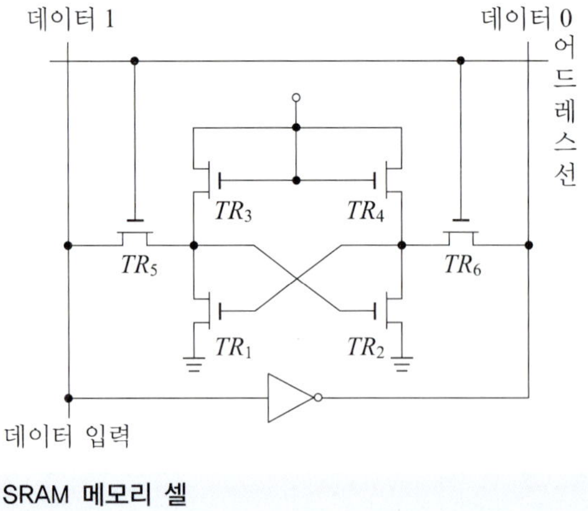

그림 15.5 MOS SRAM 메모리 셀

2 DRAM

DRAM(dynamic RAM)은 동적 RAM이라고도 하며, 메모리 셀들은 데이터를 저장할 때 플립플롭이 아닌 커패시터를 사용한다. 셀 구조는 간단하게 구현할 수 있기 때문에 집적도가 높으며, SRAM보다 비트마다 비용이 저렴하므로 대용량 메모리를 하나의 칩으로 설계할 수 있다. 그러나 DRAM은 데이터가 저장된 커패시터가 일정 시간이 지나면 그 전하를 유지할 수 없어 전하를 주기적으로 재충전시켜 주어야만 한다. DRAM의 메모리 셀은 재충전하지 않으면 데이터를 잃어버리기 때문에 부가적인 회로가 필요하다. 일반적으로 DRAM을 사용할 때에는 2～4 [ms]마다 재충전을 반복 수행해야만 하며, 재충전 기간에는 데이터를 읽거나 쓸 수 없다. 그림 15.6은 DRAM 메모리 셀의 회로를 나타낸 것이다.

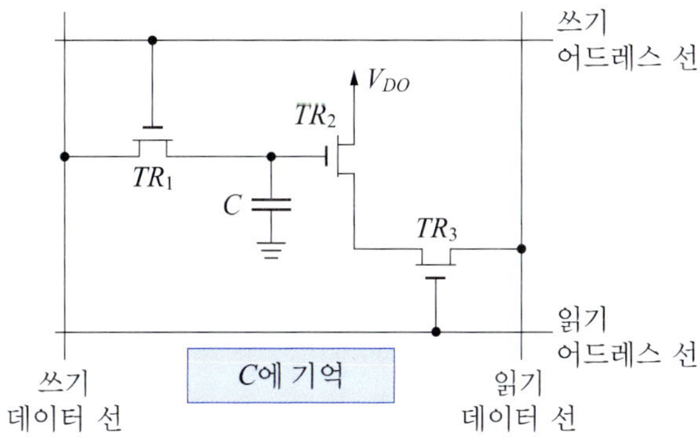

그림 15.6 DRAM 메모리 셀

15.4 PLE

PLE(programmable logic element)는 AND 입력을 고정시키고 OR 입력만 프로그램 가능한 논리 소자(PLD; programmable logic device)이다. PLE 구조는 가능한 모든 입력 조합에 대한 출력을 요구하는 응용 회로에 접합하며, 그림 15.7은 8×4 PLE의 구조를 나타낸 것이다.

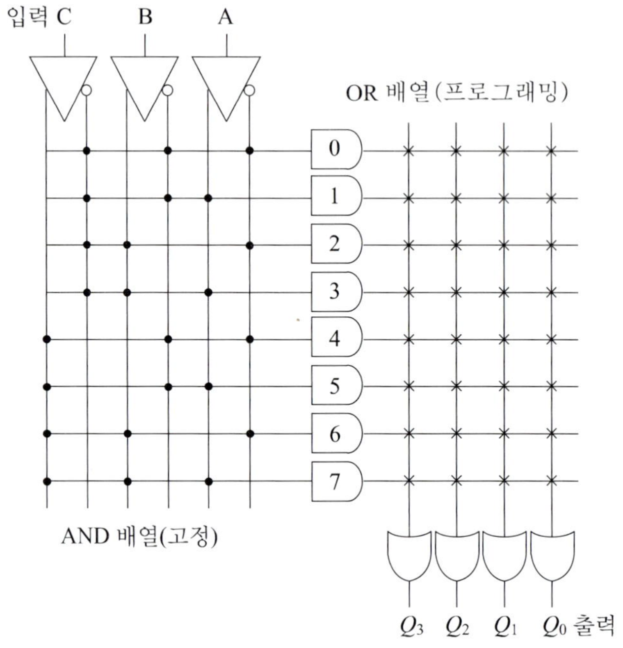

그림 15.7 8×4 PLE의 구조

15.5 PLA

PLA(programmable logic array)는 AND 입력과 OR 입력 모두를 프로그램 가능한 논리 소자이다. 따라서 프로그램을 탄력적으로 할 수 있으나 동작 속도와 집적도가 다른 PLD보다 떨어진다. 그림 15.8은 PLA의 구조를 나타낸 것이다.

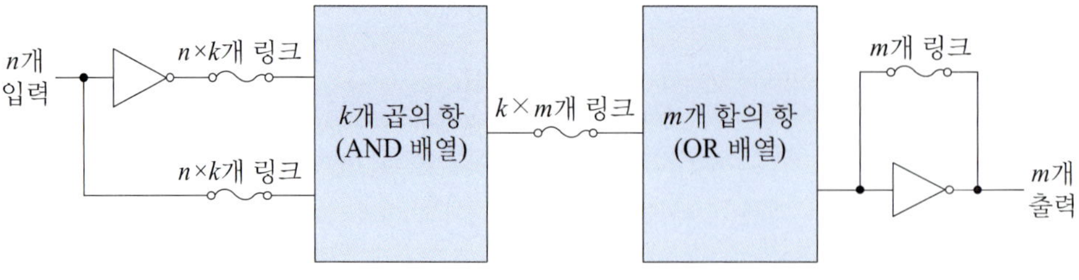

그림 15.8 PLA의 구조

15.6 PAL

PAL(programmable array logic)은 고정된 OR 배열과 프로그램 가능한 AND 배열로 구성된 프로그램 가능한 논리 소자이다. AND 게이트만 프로그램하기 때문에 PAL의 프로그램은 쉬우나 유연성이 없다. 그림 15.9는 AND 게이트 입력을 갖는 PAL의 구조를 나타낸 것이다.

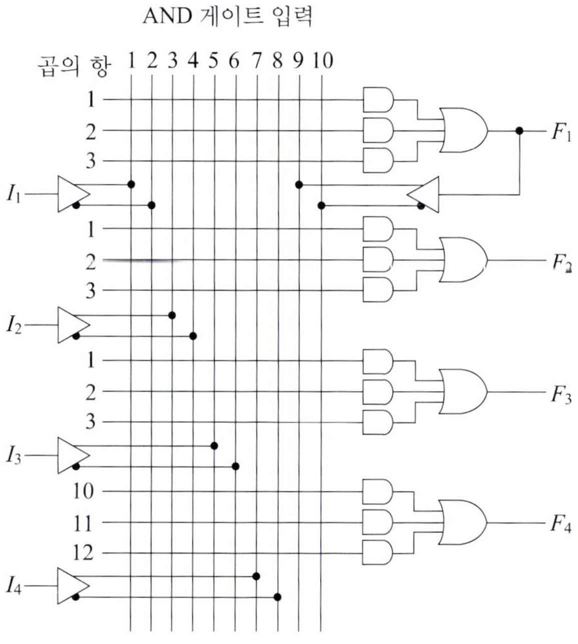

그림 15.9 PAL의 구조

15.7 마이크로프로세서

컴퓨터는 연산 장치, 제어 장치, 기억 장치, 입력 장치, 출력 장치들로 구성된다. 이 중 연산 장치와 제어 장치를 합해 중앙 처리 장치 CPU라고 하며, 입력 장치와 출력 장치를 합해 입·출력 장치 또는 주변 장치라고 한다. 마이크로프로세서(microprocessor)

는 1개의 대규모 집적 회로 LSI에 연산과 제어 장치를 내장한 것으로 1개의 칩으로 된 CPU를 의미한다. 그리고 마이크로프로세서 중 내부에 메모리와 입·출력 포트 등을 내장시켜 하나의 칩으로 설계해서 제어용으로 사용하는 컨트롤러(controller)를 원칩 마이크로프로세서(one-chip microprocessor) 또는 마이크로컨트롤러 시스템 MCS(micro controller system)라고 한다.

1 마이크로프로세서의 구조

마이크로프로세서는 처리 및 제어 부분으로 구성된다. 이를 세분화하면 연산 기능을 담당하는 연산 장치, 제어 기능을 담당하는 제어 장치, 기억 기능을 담당하는 레지스터들과 전달 기능을 담당하는 버스로 그림 15.10은 마이크로프로세서의 구조를 나타낸 것이다.

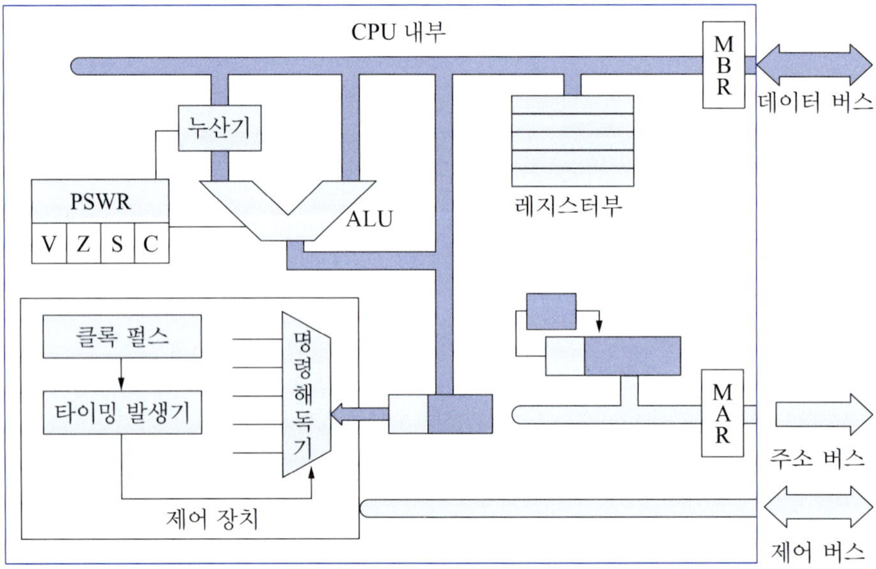

그림 15.10 마이크로프로세서의 구조

1. 연산 장치

연산 장치(ALU; arithmetic logic unit)는 산술 및 논리 연산 장치로서 산술과 논리 연산을 담당한다. 연산을 위해 데이터는 반드시 레지스터 내에 저장되어야만 한다. 연산 장치는 2개의 데이터 입력 단자와 1개의 데이터 출력 단자를 가진다. ALU의 연산

기능에는 가산기(ADD; adder)를 이용한 2진 덧셈과 뺄셈, 논리 연산, 보수 연산, 좌우측 시프트 등이 있다. 연산 장치는 2개의 레지스터로부터 데이터를 입력받아 처리하며, 이 중 하나의 레지스터에 누산기(ACC; accumulator)로 처리된 연산 결과를 다시 저장한다.

2. 레지스터

레지스터(register)는 플립플롭의 순서 논리 회로로 구성되며 임시 기억 장소로 사용된다. 레지스터는 사용되는 용도에 따라 자유롭게 사용할 수 있는 범용 레지스터와 특수 목적으로 사용되는 특수 레지스터가 있다. 레지스터에는 다음과 같은 여러 종류가 있다.

(1) 누산기

누산기(ACC; accumulator)는 연산 장치의 입력에 접속된 레지스터로 연산에 필요한 데이터를 기억하지만 연산 결과가 다시 기억되는 레지스터이다. 누산기의 내용은 프로그래머가 프로그램에 의해 직접 그 내용을 변경할 수도 있다.

(2) 명령 레지스터

명령 레지스터(IR; instruction register)는 프로그램이 현재 실행되는 명령을 기억하며 제어 장치에서 그 명령이 올바르게 처리되도록 제어 정보를 제공한다. 저장된 명령은 명령 해독기에 의해 명령 내용이 해독되어 제어 신호를 발생하고, 각 구성 요소는 제어 신호를 전달받아 명령을 처리한다. 명령 레지스터의 저장 내용은 프로그래머가 프로그램에 의해 직접 그 내용을 변경할 수 없다.

(3) 프로그램 카운터

프로그램 카운터(PC; program counter)는 다음에 실행할 명령어가 저장된 메모리 주소를 저장한다. 프로그램 카운터에 저장된 주소에 명령어를 메모리로부터 읽어 명령 레지스터에 저장하면 자동적으로 프로그램 카운터는 그 다음 명령어가 저장된 주소로 변경된다.

(4) 스택 포인터

스택 포인터(SP; stack pointer)는 스택 위치를 저장하는 레지스터이다. 스택은 후입 선출(LIFO; last in first out) 방식으로 동작하는 메모리이다. 스택의 역할은 프로그램 실행 중에 함수를 호출하거나 인터럽트가 발생해 서비스 루틴으로 제어가 옮

겨질 때 지금까지 실행한 값들을 저장한다.

(5) 메모리 주소 레지스터

메모리 주소 레지스터(MAR; memory address register)는 명령어나 데이터를 메모리로부터 읽거나 저장하기 위한 메모리 주소를 저장한다.

(6) 메모리 버퍼 레지스터

메모리 버퍼 레지스터(MBR; memory buffer register)는 메모리로부터 읽거나 저장하기 위한 명령이나 데이터를 저장한다. 즉, 메모리와 CPU 사이의 데이터 전송에 이용되는 레지스터이다.

(7) 프로그램 상태 워드 레지스터

프로그램 상태 워드 레지스터(PSWR; program status word register)는 연산 장치에서 연산된 결과에 따라 CPU 상태를 저장하는 레지스터이다. 마이크로프로세서에 따라 플래그 레지스터(flag register)라고도 한다. 일반적으로 프로그램 상태 워드 레지스터(PSWR)는 그림 15.11의 ALU와 PSWR 비트를 포함한다.

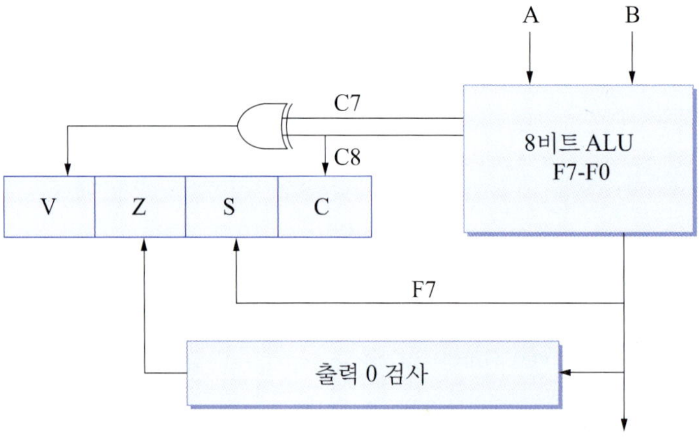

그림 15.11 ALU의 연산과 PSWR 비트

① 자리올림 수 비트

자리올림 수 비트 C(carry bit)는 연산 장치의 산술 연산 결과 누산기의 최대 유효 비트(MSB; most significant bit)에 자리 올림이 발생하거나 뺄셈 과정에서 자리 빌림이 발생하면 '1'로 설정되는 비트이다.

② **부호 비트**

부호 비트 S(sign bit)는 산술 연산 결과에 대한 부호를 나타낸다. 연산 결과가 양수이면 '0', 음수이면 '1'로 설정된다.

③ **제로 비트**

제로 비트 Z(zero bit)는 산술 및 논리 연산 결과 '0'일 때 '1'로 설정되는 비트이다.

④ **오버플로 비트**

오버플로 비트 V(overflow bit)는 산술 연산 결과가 사용할 수 있는 수의 범위를 넘었을 때 '1'로 설정된다.

3. 버스

버스(bus)는 장치들을 서로 연결한 연결선들이 모인 신호 회선이다. 버스 구조에서 볼 때 모든 장치와 CPU는 동일하게 취급된다. 즉, CPU가 직접 메모리로부터 데이터를 가져오는 것이 아니라 CPU가 버스에게 요청하면 버스는 메모리에게 요청하는 형태로 작업이 처리된다. 버스는 내부 버스(internal bus)와 외부 버스(external bus)로 구분한다. 내부 버스는 CPU 내에 정보 전달 기능을 담당하며, ALU와 레지스터들 사이나 레지스터와 레지스터들 사이의 신호 회선이다. 그러므로 연산용 레지스터 비트 수는 신호 회선 비트 수와 같으며, 병렬로 데이터를 전달할 수 있도록 구성된다. 외부 버스는 CPU와 외부에 접속된 메모리, 입·출력 장치 등 주변 장치들 사이의 정보 전달 기능을 담당한다. 버스는 데이터 버스와 주소 버스, 그리고 제어 버스로 구분된다.

(1) 데이터 버스

데이터 버스(data bus)는 CPU와 외부 장치 사이에 데이터를 서로 전송할 수 있도록 양방향성을 가지며, 버스 크기는 한 번에 전송할 수 있는 데이터 비트 수를 결정한다.

(2) 주소 버스

주소 버스(address bus)는 메모리 주소를 CPU가 지정한 메모리에 전송할 수 있도록 단방향성을 가지며, 버스 크기는 메모리의 최대 크기로 제한한다.

(3) 제어 버스

제어 버스(control bus)는 CPU가 외부 장치를 제어하는 시스템 제어신호와 외부 장치가 CPU를 제어하는 CPU 제어 신호 및 CPU 버스에 관련된 제어 신호 회선들이 있다.

4. 제어 장치

제어 장치는 프로그램을 구성하는 명령들을 프로그램 순서로 실행되도록 명령어 실행 순서를 제어하는 장치이다. 이는 특별한 경우를 제외하고는 프로그램 카운터가 가리키는 메모리에 저장된 명령어를 명령 레지스터로 읽어 이를 수행하는 일을 반복한다. 제어 장치를 구현하는 방법은 다음과 같다.

(1) 하드웨어 방식의 제어 장치

하드웨어 방식은 여러 개의 게이트들을 조합한 논리 회로에 의한 형태로 고정 배선 제어 방식이라고도 한다. 실행이 빠르고 비교적 단순한 제어 알고리즘을 적용할 때 효율적이다. 그러나 제어 장치를 변경하려면 전체 시스템을 다시 설계할 필요가 있어 시스템이 복잡한 경우 제어 장치 제작에 많은 비용이 소요된다.

(2) 소프트웨어 방식의 제어 장치

소프트웨어 방식은 마이크로프로그램에 의한 방식으로 프로그램은 주로 제어 기억 장치인 ROM에 저장된다. 이 방식은 간단한 제어 장치인 경우 하드웨어 방식보다 비싸지만 복잡한 시스템인 경우 하드웨어 방식보다 비용이 적게 든다. 모든 제어 과정이 프로그램에 의해 구성되므로 각 기능 요소가 체계적으로 변형될 수 있으며, 제어 신호의 추가 및 변경이 용이하고 새로운 명령어의 해독이 가능한 장점을 가진다. 반면, 단점은 제어 기억 장치로부터 마이크로 명령을 읽어 들이는 과정에서 시간이 필요하고, 복잡한 시스템인 경우 제어 기억 장치 자체가 차지하는 양이 커질 수 있다. 현재 사용되는 대부분의 컴퓨터 시스템은 소프트웨어 방식을 사용한다. 마이크로프로그램을 ROM에 기억시킨 것을 펌웨어(firmware)라 한다.

2 마이크로프로세서 기본 동작

마이크로프로세서의 기본 동작은 크게 명령어를 메모리로부터 읽어 해독하는 호출 동작과 해독한 내용에 따라 연산 장치나 주변 장치들이 명령어를 처리하는 실행 동작으로 구분된다. 이런 명령어의 실행 과정은 클럭 펄스에 의해 일정한 시간 간격으로 이루어지며, 이를 명령 사이클(instruction cycle)이라 한다. 명령 사이클은 호출 사이클과 실행 사이클로 구분된다.

1. 호출 사이클

호출 사이클(fetch cycle)은 CPU가 메모리에 있는 명령어를 읽어 들여 해독하는 시간으로 다음과 같은 순서로 처리되며, 처리 과정은 그림 15.12의 명령 호출 사이클과 같다. 이런 호출 사이클은 항상 일정한 시간이 소요된다.

① 프로그램 카운터에 첫 번째 명령어의 주소가 저장된다.
② 프로그램 카운터의 내용은 메모리 주소 레지스터(MAR)로 전달된다.
③ 프로그램 카운터의 값은 '1'이 증가된다.
④ MAR은 외부 주소 버스에 해당 주소를 전송한다. CPU의 제어 장치는 메모리를 사용할 수 있도록 메모리 요구 신호 MERQ, 읽기 신호 RD 등을 제어 버스를 통해 메모리에 전송한다.
⑤ 메모리는 해당 주소에 저장된 명령어를 데이터 버스에 전송한다.
⑥ 데이터 버스에 있는 명령어는 CPU의 메모리 버퍼 레지스터 MBR에 저장되고, 내부 데이터 버스를 통해 명령 레지스터 IR에 전송된다.
⑦ 명령 레지스터는 명령 해독기에 전달되고, 명령 해독기는 어떤 명령인지 해독하여 해당 제어 신호를 발생한다.

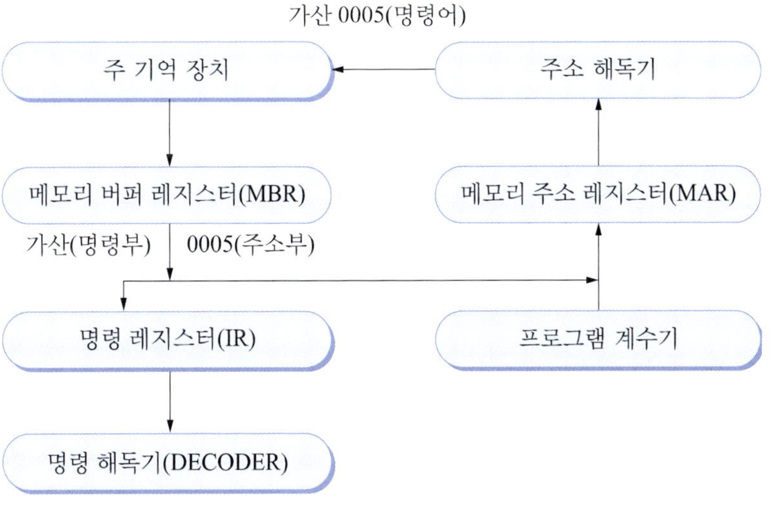

그림 15.12 명령 호출 사이클

2. 실행 사이클

실행 사이클(execution cycle)은 CPU가 해독된 명령을 처리하는 시간으로 명령어 종류에 따라 처리되는 시간 및 동작하는 장치 등이 다르다. 해독된 명령어가 메모리의 데이터와 누산기의 덧셈일 때 실행 순서는 그림 15.13과 같은 명령 실행 사이클을 갖는다.

① 프로그램 카운터에 실행 대상(operand)이 들어 있는 주소가 저장된다.
② 프로그램 카운터의 내용은 메모리 주소 레지스터로 전달되고, 계수기 값은 '1'이 증가된다.
③ 메모리 주소 레지스터는 외부 주소 버스에 해당 주소를 저장하고, 메모리는 해당 데이터를 데이터 버스를 통해 메모리 버퍼 레지스터에 전송한다.
④ 메모리 버퍼 레지스터는 연산 장치의 입력에 데이터를 전송한다.
⑤ 연산 장치는 제어 신호에 따라 가산기 회로를 이용해 입력된 데이터와 누산기 값을 가산해서 출력한다.
⑥ 가산 결과는 다시 누산기에 저장된다.

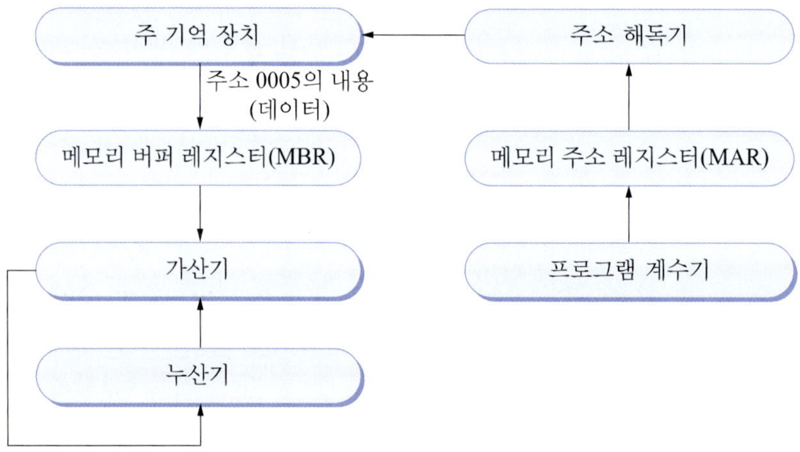

그림 15.13 명령 실행 사이클

3. 마이크로컨트롤러

마이크로프로세서를 사용한 마이크로컴퓨터는 CPU와 메모리, 입·출력 I/O 칩들을 사용해 구성하며, 그림 15.14와 같다. 제어 시스템에 마이크로컨트롤러를 사용하면 범용 마이크로프로세서나 하드웨어적인 논리 회로를 적용하며, 다음과 같은 장점이 있다.

① 제품이 작고 가벼워진다.
② 제품 가격이 싸진다.
③ 시스템 신뢰성이 향상된다.
④ 시스템의 융통성이 커진다.

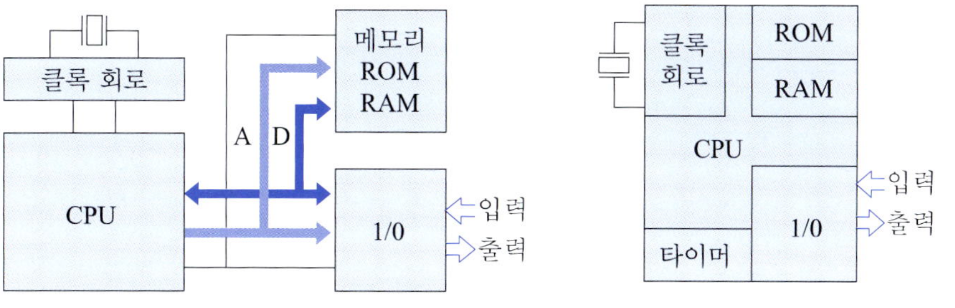

(a) 일반적인 마이크로컴퓨터의 구성 (b) 마이크로컨트롤러

그림 15.14 **마이크로컴퓨터의 구성**

4. 명령어 집합 방식

마이크로프로세서의 명령어에는 크게 연산 명령어와 비연산 명령어가 있다. 연산 명령어에는 산술 연산과 논리 연산 명령어가 있으며, 비연산 명령어에는 데이터 전송, 프로그램 분기 명령 등이 있다. 이런 명령어들을 구현하는 방식에는 복합 명령 집합 방식과 간소화된 명령 집합 방식이 있는데 마이크로프로세서를 설계할 때 명령 집합 방식을 선택해야 한다.

(1) 복합 명령 집합 컴퓨터

복합 명령 집합 컴퓨터(CISC; complex instruction set computer)는 기본적으로 모든 고급 언어의 문장들에 대해 각각 대응되는 하나의 명령어를 제공한다. 이로써 컴파일 동작을 간소화시켜 전반적인 컴퓨터 성능을 향상시키는 방식으로 그림 15.15는 CISC의 구조이며, 다음과 같은 특징을 가진다.

① 명령어 수가 많다.
② 명령어 중에는 특별한 일을 하는 것도 있다.
③ 주소 지정 방식이 다양하다.

④ 명령어 길이가 가변적이다.
⑤ 명령어 중에는 기억 장치 내에 피연산자를 처리하는 것도 있다.
⑥ 하드웨어 구성이 많아지고, 계산 속도가 느려진다.
⑦ 단일 캐시 내에 명령어와 데이터를 함께 갖는 구조이다.

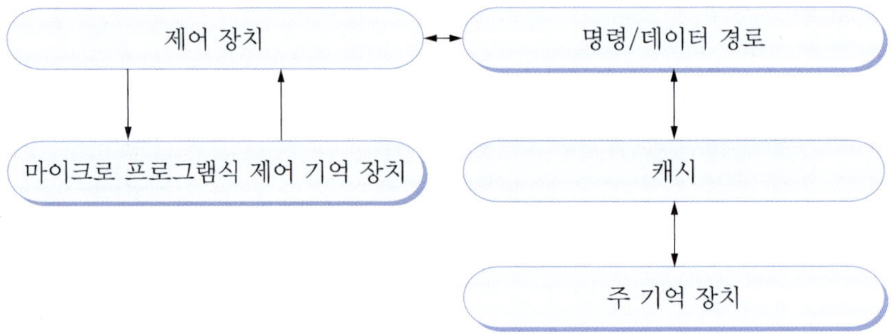

그림 15.15 CISC의 구조

(2) 간소화 명령 집합 컴퓨터

간소화 명령 집합 컴퓨터(RISC; reduced instruction set computer)는 극히 간단한 명령어들만 사용하며, 주소 지정 방식과 명령어 형식도 단순화한 방식이다. 실행하는데 필요한 마이크로 코드양이 많고 사용 빈도가 낮다. 또한 명령어들을 하드웨어에서 제거해 소프트웨어가 담당하도록 함으로써 성능을 개선한 것이다. 그림 15.16은 RISC의 구조이며, 다음과 같은 특징을 가진다.

① 명령어 수를 최소화하여 시스템을 작고 빠르게 한다.
② 주소 지정 방식을 최소화하여 제어 장치 구조를 간단하게 하고, 해독기에 필요한 결정 사항을 최소화한다.
③ 기억 장치에 대한 접근은 읽기/저장 명령만을 사용한다.
④ 모든 연산을 CPU 내의 레지스터에서 수행한다.
⑤ 명령어 길이가 고정적이어서 해독하기가 쉽다.
⑥ 읽기/저장 명령을 제외한 모든 명령어의 실행은 한 사이클로 구성된다.
⑦ 제어 장치는 고정 배선 제어 방식으로 구성한다.

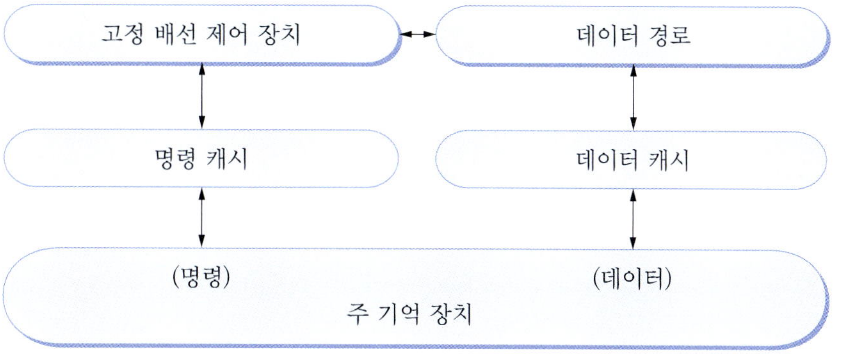

그림 15.16 RISC의 구조

연습문제

01 컴퓨터는 중앙 처리 장치(CPU)와 (　　　　) 및 입·출력 장치 등으로 구성되어 있다.

정답 기억 장치

02 디지털 회로에서 읽기만 가능하며 전원 공급과 관계없이 저장된 내용을 반영구적으로 유지할 수 있는 비휘발성 메모리는?

정답 ROM

03 디지털 회로에서 데이터를 자유롭게 읽고 쓸 수 있는 메모리는?

정답 RAM

04 AND 입력을 고정시키고 OR 입력만 프로그램 가능한 논리 소자(PLD)는?

정답 PLE

05 AND 입력과 OR 입력 모두를 프로그램 가능한 논리 소자는?

정답 PLA

06 고정된 OR 배열과 프로그램 가능한 AND 배열로 구성된 프로그램 가능한 논리 소자는?

정답 PAL

07 마이크로프로세서에서 산술 및 논리 연산 장치로서 산술과 논리 연산을 담당하는 것은?

정답 연산 장치

08 마이크로프로세서에서 플립플롭의 순서 논리 회로로 구성되며, 임시 기억 장소로 사용되는 것은?

정답 레지스터

09 마이크로프로세서에서 장치들을 서로 연결한 연결선들이 모인 신호 회선이며, 모든 장치와 CPU는 동일하게 취급되는 것은?

정답 버스

10 마이크로프로세서의 기본 동작은 크게 명령어를 메모리로부터 읽어 해독하는 (   )과 해독한 내용에 따라 연산 장치나 주변 장치들이 명령어를 처리하는 (   )으로 구분된다.

정답 호출 동작, 실행 동작

Appendix

부 록

A.1 단위의 표기, 읽는 법 및 물리량

표기	단위	단위 읽는 법	물리량	물리량(영문)
Q, q	[C]	Coulomb	전하	electric charge
			전기량	quantity of electricity
I, i	[A]	Ampere	전류	electric current
R, rr	[Ω]	Ohm	저항	electric resistance
V, v	[V]	Volt	전압	voltage
C	[F]	Farad	정전용량 커패시턴스	electrostatic capacity or capacitance
C	[Ah]	Ampere hour	축전지 용량	capacity of battery
ϵ	[F/m]	Farad per meter	유전율	permittivity
L	[H]	Henry	인덕턴스	inductance
f	[Hz]	Hertz	주파수	frequency
D	[C/m^2]	Coulomb per meter square	전속밀도	electric flux density
	[J/m^3]	Joule per meter cubic	에너지 밀도	energy flux density
E	[N/C]	Newton per Coulomb	전계의 세기	intensity of electric field
	[V/m]	Volt per meter		
σ	[W/s]	Watt per second	전도율	conductivity
ω	[rad/s]	radian per second	각주파수	angular frequency
			각속도	angular velocity
θ	[rad]	radian	각도	angular measure
N_s	[rpm]	revolution per meter	동기속도	synchronous speed
			회전속도	rotating speed
G	[S]	Siemens	컨덕턴스	conductance
	[℧]	mho		
V	[V/cell]	Volt per cell	축전기 1개의 최저허용전압	a minimum allowable voltage of a battery
P	[W]	Watt	전력	electric power
			유효전력	effective power
P_r	[Var]	Var	무효전력	reactive power
P_a	[VA]	Volt Ampere	피상전력	apparent power
Φ	[Wb]	Weber	자속	magnetic flux
μ	[H/m]	Henry per meter	투자율	permeability or magnetic permeability
F	[AT]	Ampere Turn	기자력	$m.m.f$, magnetomotive force
M	[Mx/m^2]	Maxwell per meter square	자화력	magnetizing force

표기	단위	단위 읽는 법	물리량	물리량(영문)
m	[Wb·m]	Weber meter	자기모멘트	magnetic moment
J	[G]	Gauss	자화의 세기	intensity of magnetization
	[Wb/m²]	Weber per meter square		
Gb	[Gb]	Gilbert	기자력의 단위	unit of magnetomotive force
P_e	[W/m³]	Watt per meter cubic	와전류손	eddy current loss
T, τ	[N·m]	Newton meter	회전력	torque
P	[HP]	Horse Power	마력	horse power
	[PS]	PferdeStärke		
P	[atm]	atmosphere	기압	atmosphere
			압력	pressure
t	[h]	hour	시간	time
	[s]	second		
v	[m/min]	meter per minute	속도	velocity
	[m/s]	meter per second		
A	[m²]	meter square	면적	area
l	[m]	meter	길이	length
P	[lb]	pound	중량	weight
m	[g]	gram	질량	mass
F	[N]	Newton	힘	force
	[dyne]	dyne		
w	[erg]	erg	에너지	energy
			일	work
mol	[mol]	mole	물질의 양	amount of substance
vol%	[vol%]	volume percent	퍼센트 농도	percent concentration
H	[J]	Joule	열량	quantity of heat
	[cal]	calorie		
	[BTU]	British Thermal Unit		
Q	[W/m²]	Watt per meter square	대류열	convective heat
h	[W/m²·℃]	Watt per meter square degree Celsius	열전달계수	heat transfer coefficient
k	[W/m·K]	Watt per meter Kelvin	열전도율	thermal conductivity
Q	[cal/g]	calorie per gram	융해열	heat of fusion
			증발열	heat of vaporization
W	[kg/m²]	kilogram per meter square	화재하중	fire load
σ	[W/m²·K⁴]	Watt per meter square raise Kelvin to 4th power	스테판-볼츠만 상수	Stefan-Boltzmann constant
ϕ	[rad/m]	radian per meter	위상정수	phase constant
γ	[m⁻¹]	inverse meter	감광계수	photosensitive coefficient

표기	단위	단위 읽는 법	물리량	물리량(영문)
α	[dB/m]	deciBel per meter	감쇠정수	damping integer
			감쇠상수	damping constant
K	[K]	Kelvin	켈빈온도	kelvin temperature
°F	[°F]	degree Fahrenheit	화씨온도	fahrenheit temperature
°R	[°R]	degree Rankine	랭킨온도	rankine temperature
℃	[℃]	degree Celsius	섭씨온도	celsius degree(temperature)

A.2 그리스문자의 알파벳

호칭(영어)	한국어	대문자	소문자	호칭(영어)	한국어	대문자	소문자
Alpha	알파	Α	α	Nu	누	Ν	ν
Beta	베타	Β	β	Xi	크사이	Ξ	ξ
Gamma	감마	Γ	γ	Omicron	오미크론	Ο	ο
Delta	델타	Δ	δ	Pi	파이	Π	π
Epsilon	엡실론	Ε	ε	Rho	로우	Ρ	ρ
Zeta	제타	Ζ	ζ	Sigma	시그마	Σ	σ, ς
Eta	에타	Η	η	Tau	타우	Τ	τ
Theta	세타	Θ	θ	Upsilon	입실론	Υ	υ
Iota	이오타	Ι	ι	Phi	파이	Φ	φ
Kappa	카파	Κ	κ	Chi	카이	Χ	χ
Lamda	람다	Λ	λ	Psi	프사이	Ψ	ψ
Mu	뮤	Μ	μ	Omega	오메가	Ω	ω

A.3 단위 환산표

1. 호칭, 기호 및 크기

호칭	기호	크기	호칭	기호	크기
deka	D	10^{1}	yocto	y	10^{-24}
hecto	h	10^{2}	zepto	z	10^{-21}
kilo	k	10^{3}	atto	a	10^{-18}
mega	M	10^{6}	femto	f	10^{-15}
giga	G	10^{9}	pico	p	10^{-12}
tera	T	10^{12}	nano	n	10^{-9}
peta	P	10^{15}	micro	μ	10^{-6}
exa	E	10^{18}	milli	m	10^{-3}
zetta	Z	10^{21}	centi	c	10^{-2}
yotta	Y	10^{24}	deci	d	10^{-1}

2. 길이 [L]

환산 전의 단위	환산 후의 단위	환산 계수
cm	in	0.3937
cm	ft	0.0328
ft	m	0.3048
in	cm	2.54
m	ft	3.2808
m	in	39.3701
yd (yard)	ft	3
yd	m	0.9144
자	cm	30.3030

3. 질량 [M]

환산 전의 단위	환산 후의 단위	환산 계수
kg	lb	2.2046
lb	kg	0.4536
t (metric ton)	kg	1000
t (metric ton)	lb	2204.6
돈	g	3.75
관	kg	3.75
t (long ton)	lb	2240
t (short ton)	lb	2000

4. 넓이 [L^2]

환산 전의 단위	환산 후의 단위	환산 계수
acre	ft^2	4356
acre	m^2	4046
m^2	ft^2	10.7639
평	m^2	3.3058

5. 부피 [L^3]

환산 전의 단위	환산 후의 단위	환산 계수
cm^3	ft^3	3.5314×10^{-5}
cm^3	Gal (U.S.)	2.6417×10^{-4}
ft^3	cm^3	2.8316×10^4
ft^3	Gal (U.S.)	7.4805
ft^3	L	28.3168
Gal	in^3	231
barrel	Gal (U.S.)	42
in^3	cm^3	16.3871
m^3	ft^3	35.3147
m^3	Gal (U.S.)	264.17

6. 시간 [T]

환산 전의 단위	환산 후의 단위	환산 계수
h	min	60
h	s	3600

7. 속도 [L/T]

환산 전의 단위	환산 후의 단위	환산 계수
빛의 속도	m/s	2.9979×10^8

8. 가속도 [L/T^2]

환산 전의 단위	환산 후의 단위	환산 계수
표준 중력 가속도	m/s^2	9.8066
표준 중력 가속도	ft/s^2	32.1740

9. 힘, 무게 [$ML/T^2 = F$]

환산 전의 단위	환산 후의 단위	환산 계수
N (newton)	d (dyne)	1×10^5
N	lb_f	0.2248
kg_f	N	9.8066
kg_f	lb_f	2.2046
lb_f	kg_f	0.4536
lb_f	lbl (poundal)	32.1740
lb_f	N	4.4482

10. 압력 [$F/L^2 = P$]

환산 전의 단위	환산 후의 단위	환산 계수
atm	$N/m^2 = Pa$	1.0132×10^5
atm	kg_f/cm^2	1.0133
atm	lb_f/in^2 (psi)	14.696
atm	mmHg (0℃)=torr	760
bar	$N/m^2 = Pa$	1×10^5
bar	lb/in^2	14.504
lb/in^2	$N/m^2 = Pa$	6.8947×10^5
$N/m^2 = Pa$	lb/in^2	1.4498×10^{-4}

11. 에너지, 일, 열 [$F/L = E$]

환산 전의 단위	환산 후의 단위	환산 계수
BTU	J	1054.35
BTU	cal	251.99
BTU	$lb_f \cdot ft$	777.65
$lb_f \cdot ft$	$N \cdot m = J$	1.35
$lb_f \cdot ft$	$kg_f \cdot m$	2.14
$lb_f \cdot ft$	$kW \cdot h$	3.76×10^{-7}
$J = N \cdot m$	BTU	9.48×10^{-4}
J	$W \cdot s$	1
J	$kg_f \cdot m$	0.10
$kg_f \cdot m$	BTU	9.28×10^{-3}
$kg_f \cdot m$	$N \cdot m = J$	9.80
$kg_f \cdot m$	$W \cdot h$	2.74×10^{-3}
cal	$N \cdot m = J$	4.18
cal_{IT}	J	4.18

12. 일률, 동력 [E/T, W]

환산 전의 단위	환산 후의 단위	환산 계수
HP (Horse Power)	$lb_f \cdot t/s$	550
HP	W = J/s = J	745.7
HP	$kg_f \cdot m/s$	76.040
PS (PferdeStärke)	$kg_f \cdot m/s$	75
$kg_f \cdot m/s$	W	9.8066
$lb_f \cdot ft/s$	W	1.3558

참고문헌

1. 김진수, 조정형, 진병일, 최재연, 최충석, "전기일반", 교육인적자원부, 2003.
2. 최충석, 김진수, "소방전기회로", 도서출판 동화기술, 2008.
3. 최충석, 김현우, 이경섭, 이춘하, 임양수, 정재희, "전기화재공학", 도서출판 동화기술, 2004.
4. 김현우, 백동현, 최충석, "사진으로 배우고 익히는 전기·소방회로실습", 성안당, 2009.
5. 이능헌, 이덕출, "전기회로", 동일출판사, 2002.
6. 김두현, 김상철, 김응식, 김찬오, 이동훈, 이성일, 정재희, 최충석, 강성화, 조성곤, "최신 전기안전공학", 동화기술, 2013.
7. 이덕출, "전열공학", 동일출판사, 1996.
8. 김진수, 이덕출, "전기공학기초", 동일출판사, 2000.
9. 김진수, "전기전자실습", 한국학술정보(주), 2009.
10. 용어사전편찬위원회, "전기전자정보통신 용어사전", 청문각, 2002.
11. 최충석, "소방전기설비", 도서출판 동화기술, 2014.
12. 한국화재감식학회, "화재감식평가(Ⅰ), (Ⅱ)", 도서출판 동화기술, 2013.
13. 양성렬, 안병권, 최충석, 황한열 공역, "자연과학개론", 도서출판 동화기술, 2013.
14. 신백균, 박강식, 이경섭, 이선우, 최충석, 김용혁 공저, 이덕출 감수, "전기응용(상)", 동일출판사, 2014.
15. Giorgio Rizzoni, "Electrical Engineering", Fifh Edition, Mc Graw Hill, 2008.
16. Hayt Kemmerly Durbin, "Engineering Circuit Anlaysis", Mc Graw Hill, 2008.
17. J. S. T. Looms, "Insulators for High Voltages", Peter Peregrinus Ltd., 1988.
18. J. R. Cogdell, "Foundations of Electric Power", Prentice Hall, 1999.
19. Colin Bayliss and Brian Hardy, "Transmission and Distribution Electrical Engineering", Newness, 2007.
20. 교재편찬위원회 역, "대학물리학", 북스힐, 2013.
21. 화학교재연구회 옮김, "일반화학", 사이플러스, 2014.
22. 김병희 외 15, "이화학사전", 한국사전연구사, 1992.
23. David R. Lide et al, "Handbook of Chemistry and Physics", CRC Press, 1995.

찾아보기

저자약력

최충석 (공학박사)

○ 연락처

E-mail : enetek@naver.com / choi365@jj.ac.kr

이동전화 : 010-3695-7460　연구실 : 063-220-3119

○ 학력 및 경력

(현) 전주대학교 공과대학 소방안전공학과 교수
인하대학교 공과대학 전기공학과 공학사/공학석사/공학박사
서울대학교 공과대학 산업안전최고전략과정(AIS) 수료
Kumamoto University, Japan, 객원연구원(한국과학재단우수과학자선발)
인하대학교 산업과학기술연구소 선임연구원
KESCO 전기안전연구원 과장/부장/팀장/수석연구원/부원장
2011년 전주대학교 수피스디 교수상 수상

○ 전문가 활동

(사)한국화재소방학회, 학술이사, 편집이사, 평의원, 종신회원
(사)대한전기학회, 시니어회원, 학술이사, 편집이사, 평의원, 종신회원
(사)한국조명전기설비학회, 평의원, 종신회원
(사)한국안전학회, 편집이사, 편집위원, 평의원, 종신회원
(사)한국법과학회, 이사, 평의원, 종신회원
IEEE, NFPA, JAFCN, IEEJ etc member
한국산업안전보건공단, “KOSHA CODE 제정위원회” 위원
전기신문사, “전기설비” 편집자문위원
강원도, 전라북도 “화재조사연구회” 자문위원
한국수력원자력(주), “산업안전증진위원회” 위원
서울특별시 서울메트로 기술자문위원 등
Marquis Who's Who 세계인명사전에 등재
2017, 2018 알버트 넬슨 마르퀴즈 평생공로상 수상

○ 관심 분야

첫째, 전기재해(화재, 감전, 설비사고) 원인분석 및 감정
둘째, 융합기술을 이용한 전기설비의 안전성 향성 및 신뢰성 평가
셋째, 에너지 절감 및 환경 친화적인 시스템 개발 및 현장 적용 등

전기공학개론 정가 29,000원

발 행 2018년 9월 10일 초판 1쇄
저 자 최충석
발행인 정우용
발행처 도서출판 동화기술
경기도 파주시 광인사길 201(문발동, 파주출판도시)
Tel (031)955-4211~6 donghwapub@nate.com
Fax (031)955-4217 www.donghwapub.co.kr
(등록) 1977년 12월 19일/9-16호

Printed in Korea
ISBN 978-89-425-9193-0